软件工程系列规划教材

数据库系统及应用（第2版）

◎ 魏祖宽 主编 ◎ 胡 旺 郑莉华 编著

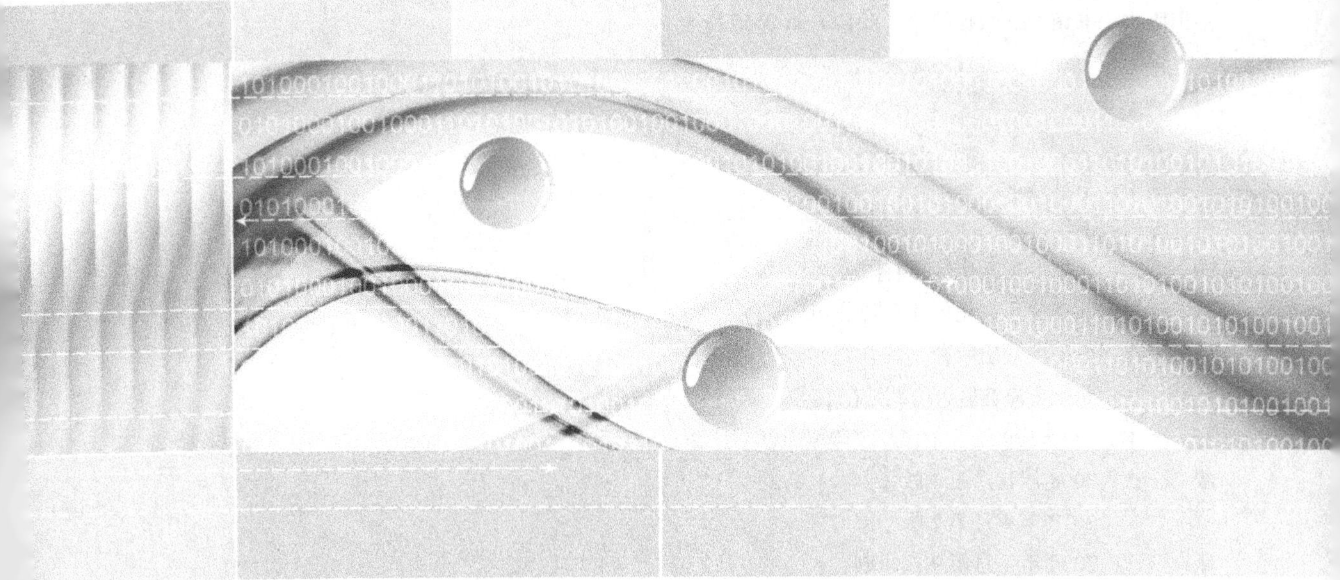

電子工業出版社
Publishing House of Electronics Industry
北京·BEIJING

内容简介

本书从实用性和先进性出发，通过一个完整的数据库应用实例，全面介绍数据库的基本理论及数据库的管理、设计与开发技术。全书共 14 章，主要内容包括：数据库系统概论、关系数据模型、关系数据库标准 SQL 语言、完整性约束、数据库安全、数据库恢复技术、并发控制、数据库设计方法、数据库高级开发技术、数据仓库技术、数据挖掘技术、地理信息系统和空间数据库、主流数据库产品介绍等。

本书可作为高等学校软件工程和计算机专业本科及研究生的教材，也可供相关领域的技术和管理人员学习、参考。

图书在版编目（CIP）数据

数据库系统及应用/魏祖宽主编；胡旺，郑莉华编著．—2 版．—北京：电子工业出版社，2012.4
软件工程系列规划教材
ISBN 978-7-121-16653-2
I. ①数… II. ①魏… ②胡… ③郑… III. ①数据库系统－高等学校－教材 IV. ①TP311.13
中国版本图书馆 CIP 数据核字（2012）第 055773 号

策划编辑：王羽佳
责任编辑：王羽佳
印　　刷：北京虎彩文化传播有限公司
装　　订：北京虎彩文化传播有限公司
出版发行：电子工业出版社
　　　　　北京市海淀区万寿路 173 信箱　邮编　100036
开　　本：787×1092　1/16　印张：20　字数：621 千字
版　　次：2008 年 8 月第 1 版
　　　　　2012 年 4 月第 2 版
印　　次：2020 年 1 月第 9 次印刷
定　　价：39.90 元

凡所购买电子工业出版社图书有缺损问题，请向购买书店调换。若书店售缺，请与本社发行部联系，联系及邮购电话：（010）88254888。
质量投诉请发邮件至 zlts@phei.com.cn，盗版侵权举报请发邮件至 dbqq@phei.com.cn。
服务热线：（010）88258888。

出版说明

为适应我国经济结构战略性调整的要求和软件产业发展对人才的迫切需要，实现我国软件人才培养的跨越式发展，教育部和国家发展计划委员会于2001年联合批准在国内部分高等学校开办示范性软件学院，努力造就一批进入国际前沿、掌握关键技术、擅长顶层设计的技术带头人，培养一批具备不同专业背景且有市场观念的开发管理、工程管理和软件经营等复合型软件人才，形成一支有相当规模和质量、从事软件开发与应用的专业技术人员队伍。

经过多年的软件人才培养和教学实践，依据国内外企业对软件人才的知识和能力需求，以培养高层次、实用型软件人才为目标，我们组织长期从事软件工程硕士教学的专家教授，编写了一套软件工程专业学位系列教材。该系列教材主要包括《软件开发技术》、《数据库系统及应用》、《操作系统原理与Linux实例设计》、《面向对象技术与工具》及《计算机网络》。本次推出的软件工程硕士系列教材内容涵盖软件工程硕士需要掌握的主要知识和基本技术，具有领域宽、实用型强的特点，既可以作为软件学院工程硕士专业基础课教材，也可作为计算机专业高年级本科生和研究生的教材，还可供软件开发和管理人员作为参考书籍。我们还将陆续推出系列教材的习题解答和上机指导及教学用多媒体电子课件，便于教师备课和学生自学，请登录华信教育资源网http://www.hxedu.com.cn注册下载。

在本系列教材的编写过程中，得到了国内众多软件学院的任课教师和软件工程专家的大力支持和帮助，他们提出了许多中肯的意见和建议，对编写工作起到很大的指导作用，对此，编委会和作者表示衷心的感谢！

我们殷切希望本套教材的出版能对国内软件人才的培养起到推波助澜的作用。

尽管我们希望全力以赴编好这套教材，但由于水平和经验有限，难免存在不足和疏漏之处，恳请读者不吝指正。

软件工程系列规划教材编委会

前言

计算机技术的发展不仅极大地促进了科学技术的发展，而且明显加快了经济信息化和社会信息化的进程。因此，计算机教育在各国都备受重视，具备计算机知识与使用能力已成为21世纪人才的基本素质之一。

数据库应用技术是其中的核心技术之一，以其为核心的各种数据库应用管理，无可争议地改变了政府部门和企事业单位的运营和管理方式。随着数据库应用广度和深度的扩展，不仅是计算机和信息技术行业，而且包括技术管理、工程管理甚至决策人员在内的众多行业都开始关心数据库技术。

教育部和国家发展计划委员会在全国设立了若干示范性软件学院，为了适应各软件学院正在开展的课程体系与教学内容的改革，及时反映相关研究成果，积极探索适应21世纪软件工程人才培养的教学模式，我们编写了这本数据库应用技术的教材。

本教材具有如下特色：

1．根据读者的层次分类。将数据库技术分为数据库基础知识、数据库管理技术、数据库应用技术、现代数据库技术四个部分，且内容上保持连贯性。读者可以根据自身需求选择适当的内容阅读，不同层次的读者可以从不同的深度学习数据库知识。这样就使得本书更加符合软件工程应用的特点。

2．面向软件工程理念，采用工程应用型学习方法，即“提出问题→解决问题→应用分析”的问题驱动方式，突出学生主动探究在整个教学中的作用。

3．在内容描述上，我们换位思考，站在学生的角度阐述概念和理论，避免堆砌大量学生不常用的专业词汇，使得整个教材通俗易懂。

4．在内容组织上，以一个典型的数据库应用系统（简化的医院管理数据库）为案例，在MS SQL Server平台上，以理论和实际相结合的方式，讲解数据库的概念和应用开发技术，以期达到高效的学习效果。

5．本教材的内容分为4部分：① 数据库基础知识，讲述数据库的基本概念和理论知识，这部分是基础，面向所有读者；② 数据库管理技术，讲述数据库维护管理技术，面向关心数据库维护的读者；③ 数据库应用技术，讲述数据库的设计开发技术，面向关心行业应用系统开发的读者；④ 现代数据库技术及主流数据库产品介绍，介绍数据库技术的前沿热点及主要的数据库管理系统的商业产品，面向关心数据库发展动向及实际数据库产品的读者。

6．本教材注重将计算机理论知识和现实中的工程应用相结合，适当引入数据库技术的的最新发展，保持了教学内容的先进性和实用性。本书源于基础教育的教学实践及科研实践中的许多心得体会，凝聚了工作在教学和科研第一线教师多年的教学与科研成果。

通过学习本书，你可以了解：

- 数据库的概念、组成结构等基础知识；
- 关系数据库的核心——关系数据模型及数据库的操作语言 SQL；
- 数据库的完整性、安全性、恢复、并发控制等数据库管理技术；
- 数据库的应用设计方法和开发技术；
- 现代数据库技术的热点——数据挖掘、数据仓库及空间数据库；
- 目前的主流数据库管理系统产品——Oracle、SQLServer、DB2、MySQL 及 Sybase 的概况。

教学中，可以根据教学对象和学时等具体情况对书中的内容进行删减和组合，也可以进行适当扩展，参考学时为 32～64 学时。为适应教学模式和教学方法的改革，本教材每章配套安排了习题及参考答案、多媒体电子课件及相应的网络教学资源，请登录华信教育资源网 http://www.hxedu.com.cn 注册下载。

本书第 1、2、12、13、14 章由魏祖宽编写，第 3、4、5、6、7 章由郑莉华编写，第 8、9、10、11 章、案例数据库、习题及附录的习题答案由胡旺编写。全书由魏祖宽统稿并定稿。参加本书编写的还有成都理工大学胡俊杰，电子科技大学的张彪、张鑫、惠李、周益民、朱小林、代林、胡红梅、陈佳、张乐信、刘小龙、张江泓，他们在收集基本素材、案例数据、相关技术资料及稿件校对等基础方面承担了大量工作。

本书在编写过程中参考了大量新近出版的相关资料和书籍，吸取了许多专家和同仁的宝贵经验，在此向他们深表谢意！

由于数据库应用技术发展迅速，作者学识有限，书中难免存在误漏之处，望广大读者批评指正。

作　者

目 录

第 1 章　数据库系统概论

数据库是数据管理的最新技术，是计算机学科的重要分支。十余年来，数据库管理系统已从专业的应用程序包发展成为通用的系统软件。由于数据库系统具有数据结构化、最低冗余度、较高的程序与数据独立性等优点，较大的信息管理系统都是以数据库作为基础的。数据管理技术的发展经历了 3 个阶段：

- 人工管理阶段
- 文件系统阶段
- 数据库系统阶段

数据库作为数据管理技术发展的最新阶段，其体系结构由 3 级模式构成：

- 模式
- 外模式
- 内模式

在这一章里，我们将学习数据库系统的基本概念和术语，了解数据管理技术的发展历史，学习数据库系统的体系结构，包括三级模式与两级映像，了解数据库的语言，为后续的学习打下一个良好的基础。

学习目标：

- 掌握数据库的基本概念和相关术语
- 了解数据库技术的产生与发展
- 掌握数据库管理技术发展的三个阶段
- 理解数据库中的各种数据模型
- 了解数据库系统的体系结构和一般组成
- 理解数据库系统的模式结构
- 了解数据库的各种语言

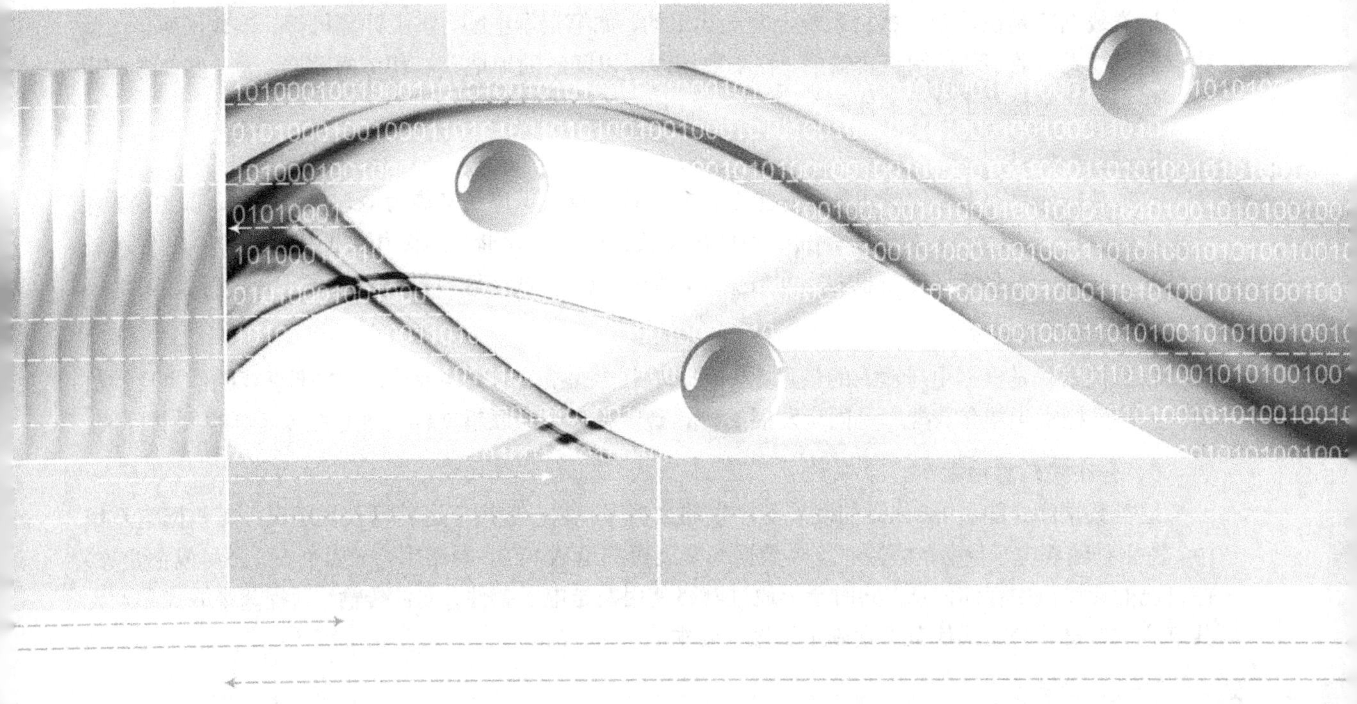

数据库和数据库系统已经成为现代社会日常生活中的重要组成部分，在日常的工作和生活中，大多数人都会或多或少地与数据库打交道。比如，到银行存钱或取钱；预定机票或宾馆房间；在图书馆的计算机管理系统中查找图书条目；或者从网上商店购买商品，所有这些活动都会涉及访问数据库系统。

在传统的数据库应用中，大多数信息都是以文本或数字形式来存储和访问的。随着技术的发展，不断出现许多新的数据库系统应用。多媒体数据库可以存储图片、视屏片段以及语音消息。地理信息系统可以存储和分析地图、气象数据和卫星图像。许多公司和政府机构使用数据仓库和联机分析处理来提取、分析大型数据库中的有用信息以辅助决策。实时数据库和主动数据库技术则用于控制工业和制造业的生产过程。数据库搜索技术还用到万维网上，改善信息搜索，满足互联网用户查找信息的要求。在本章，我们将介绍数据库应用的基础知识，为后续的学习打下基础。

1.1　数据库系统的应用及其研究领域

数据库的应用领域非常广泛，不管是学校、公司或大型企业，还是政府部门，都需要使用数据库来存储数据信息。例如，学校要存储学生的基本信息、课程信息和成绩等；医院可以用数据库来存储医生、病人、药品的基本信息，以及病人的就诊信息等；银行需要用数据库来存储客户的信息、账户以及银行的交易记录；电信业需要数据库来存储通话记录，产生每月清单，维护预付电话卡的余额和存储通信网络的信息；金融业需要数据库来存储股票、债券等金融票据的持有、出售和买入的信息……数据库已经渗入到社会日常生活中的各个方面。

传统数据库中的很大一部分用于商务领域，如证券行业、银行、销售部门、医院、公司或企业单位，以及国家政府部门、国防军工领域、科技发展领域等。随着信息时代的发展，数据库也相应产生了一些新的应用领域，主要表现在下面6个方面。

1．多媒体数据库

这类数据库主要存储与多媒体相关的数据，如声音、图像和视频等数据。多媒体数据最大的特点是数据连续，而且数据量比较大，存储需要的空间较大。

2．移动数据库

这类数据库是在移动计算机系统上发展起来的，如笔记本电脑、掌上计算机等。该数据库最大的特点是通过无线数字通信网络传输的。移动数据库可以随时随地地获取和访问数据，为一些商务应用和一些紧急情况带来了很大的便利。

3．空间数据库

这类数据库目前发展比较迅速。它主要包括地理信息数据库（又称为地理信息系统，即GIS）和计算机辅助设计（CAD）数据库。其中地理信息数据库一般存储与地图相关的信息数据；计算机辅助设计数据库一般存储设计信息的空间数据库，如机械、集成电路以及电子设备设计图等。

4．信息检索系统

信息检索就是根据用户输入的信息，从数据库中查找相关的文档或信息，并把查找的信息反馈给用户。信息检索领域和数据库是同步发展的，它是一种典型的联机文档管理系统或者联机图书目录。

5．分布式信息检索

这类数据库是随着Internet的发展而产生的数据库。它一般用于因特网及远距离计算机网络系统中。特别是随着电子商务的发展，这类数据库发展更加迅猛。许多网络用户（如个人、公司或企业等）在自己的计算机中存储信息，同时希望通过网络使用发送电子邮件、文件传输、远程登录方式和别人共享这些信息。分布式信息检索满足了这一要求。

6. 专家决策系统

专家决策系统也是数据库应用的一部分。由于越来越多的数据可以联机获取，特别是企业通过这些数据可以对企业的发展做出更好的决策，以使企业更好地运行。由于人工智能的发展，使得专家决策系统的应用更加广泛。

1.2 数据库系统概述

1.2.1 数据库的基本概念和相关术语

在系统地介绍数据库的基本概念之前，这里首先介绍一些数据库最常用的术语和基本概念。

1. 数据、信息与数据处理

在计算机应用中，数据处理和以数据处理为基础的信息系统占据着很大的比重。

人类的一切活动都离不开数据，离不开信息。在不同的领域里，信息的含义有所不同。一般认为信息是数据、消息中包含的意义。数据和信息有时可以混用，例如，数据处理也称为信息处理；有时必须分清，例如，不能把信息系统称为数据系统。

（1）数据（Data）

数据是一种符号序列，它的内容是事物特性的反映。数据是对现实世界的事物采用计算机能够识别、存储和处理的方式进行的描述，或者说是计算机化的信息。数据的概念在数据处理领域中得到不断的发展，目前数据不仅包括数字、字母、文字和其他特殊字符，而且还包括图形、图像、声音等多媒体数据。

在计算机中，为了存储和处理现实世界中的事物，就要抽出对这些事物感兴趣的特征组成一个记录来描述。例如，在员工档案中，如果人们最感兴趣的是员工的姓名、性别、年龄、籍贯、所在部门、进入公司的时间和薪水，那么可以这样描述：

（余颖，女，20，四川，销售部，2008，3000）

这里的员工记录就是数据。对于上面这条员工记录，了解其含义的人会得到如下信息：余颖是公司职员，女，20岁，四川人，2008年进入公司，月薪3000元。而不了解其语意的人则无法理解其含义。

（2）信息

信息是经过加工处理的数据，是人们消化理解了的数据，是数据的具体含义。数据与信息既有联系又有区别。数据是信息的符号表示或载体，而信息则是数据的具体含义，对数据的语义解释。而且同一数据也可能有不同的解释。数据一般都可以表示成某种信息，但并非任何数据都能包含对人们来说有用的信息。信息是抽象的，不随数据设备所决定的数据形式而变化；而数据的表现形式却具有可选择性。

信息是反映客观现实世界的知识，用不同的数据形式可以表示同样的信息。例如，同样的新闻可以通过报纸、电台和电视来报道，它的表现形式不同，但其信息的内容可以相同。

（3）数据处理

数据处理是指将数据转换成信息的过程。广义地讲，它包括对数据的收集、存储、加工、分类、检索、传播等一系列活动。狭义地讲，它是指对所输入的数据进行加工整理。基本目的是从大量、已知数据出发，根据事物之间的固有联系和规律，通过分析归纳、演绎推导等手段，提出对人们有价值、有意义的信息，作为决策的依据。数据的加工可以简单，也可以相当复杂。简单加工包括组织、编码、分类、排序等；复杂加工可以使用统计学方法、数学模型等对数据进行深层次的加工。

因此，可得：信息 = 数据 + 数据处理。

2．数据库的基本概念

数据库是什么呢？顾名思义，即存放数据的仓库。只不过这个仓库是在计算机存储设备上，而且数据是按一定的格式存放的。实质上，数据库就是一些存在了很长时间——常常是许多年的信息的聚集。通常意义下，“数据库”这个术语是指由数据库管理系统管理的数据集合。

（1）数据库

数据库（DB，Database）是指长期存储在计算机内的、有组织的、可共享的大量数据的集合。数据库中的数据按照一定的数据模型组织、描述和存储，具有较小的冗余度、较高的数据独立性和易扩展性，并为各种用户共享。

（2）数据库管理系统

了解了数据和数据库的概念，下一个问题就是如何科学地组织和存储数据，如何高效地获取和维护数据。完成这个任务的即是数据库管理系统（DBMS）。

数据库管理系统是位于用户与操作系统之间的一层数据管理软件，主要目标是使数据成为方便各种用户使用的资源，并提高数据的安全性、完整性和可用性。

DBMS 一般具有如下功能：

① 数据定义功能，提供数据定义语言 DDL（Data Definition Language），对各级数据模式进行精确定义。

② 数据操纵功能，提供数据操纵语言 DML（Data Manipulation Language），可以对数据库中的数据进行追加、插入、修改、删除、检索等操作。

③ 数据库运行控制功能，提供数据控制语言 DCL（Data Control Language），可以对数据库中的数据进行并发控制、数据的安全性控制、数据的完整性控制。

④ 数据组织、存储和管理功能，DBMS 分类组织、存储和管理各种数据，包括数据字典、用户数据、数据的存取路径。确定以何种文件结构和存取方式在存储级上组织这些数据，实现数据之间的联系。

⑤ 数据库的建立和维护功能，主要包括数据库初始数据的输入、转换功能，数据库的转储、恢复功能，数据库的重组织功能和性能监视、分析功能等。这些功能通常是由一些实用程序或管理工具完成的。

数据库管理系统是数据库系统的一个重要组成部分。

（3）数据库系统

数据库系统是由数据库及其管理软件组成的系统，一般由数据库、数据库管理系统、数据库管理员（DBA）、用户和应用程序组成。一个数据库系统应该具有如下特征：

① 允许用户使用一种叫作数据定义语言的专用语言，建立新的数据库和指定它们的模式（schema）。

② 使用户能够用适当的语言查询数据和更新数据。

③ 支持存储大量的数据——G（10^9）字节以上，经过很长一段时间以后仍保证其安全，同时允许对数据库合法的查询和更新。

④ 控制多用户的同时访问，使得一个用户的访问不影响其他用户，保证同时访问不会损害数据。

上面介绍了与数据库相关的一些基本的、抽象的概念，接下来介绍一些具体概念。

（4）实体与表

在数据库系统中，一个实体就是一个人、一个地方、一个事件，或者一个我们将要为其收集数据的物体。客观存在并可相互区别的事物称为实体。比如，在学校中，学生、教师员工、课程等都是实体。学生可以组成一个实体集。一个实体集就是实体的一个特定集合。每个实体都有某些称为属性的特征。如学生实体可能包含以下属性：学生学号、姓名、性别、入学时间、专业方向等。每个属性必须恰当地命名，以便让用户能够知道它的内容，比如学生实体，属性姓名可以存储为 STU_NAME，性别可以存储为 STU_SEX。

表是二维结构，它包括行和列。一个表包括一组相关的实体——实体集。因此，术语实体集和表经常互换使用。表 1.1 列出了一个表的特征。

表 1.1　表的特征

1	表是二维结构，它包括行和列
2	每个表行描述实体集中的一个实体
3	每个表列描述一个属性，每一列有一个明确的名字
4	每行与列的交叉描述一个数据值
5	每个表必须有一个属性或者一个属性复合体来唯一标识每一行
6	一列中的所有值必须是同一数据格式
7	每列有一个明确的数值范围
8	行和列的排列顺序对 DBMS 并不重要

（5）关系列表和关系数据库

数据库是一个自描述的数据元素的集合以及这些元素之间的联系，数据库中表之间的关系是数据元素间的重要联系。

① 关系列表

关系数据库使用表来组织数据元素，每一个表对应于一个应用实体，而每行则代表实体的一个示例。例如，医院管理系统中医生实体对应数据库中的表 Doctor，该表中的每一行则代表不同的医生。医生数据表的属性构成见表 1-2。

表 1.2　医生数据表的属性构成

医生编号	医生姓名	医生性别	医生年龄	所属部门	技术等级	工资

联系通过将来自于一个表的行标识符（医生编号）出现在一个表示诊断的行中，从而建立了该诊断与这位医生之间的联系。诊断数据表的属性构成见表 1.3。

表 1.3　诊断数据表的属性构成

诊断编号	患者编号	医生编号	症状描述	诊断描述	就诊时间

这种表之间通过属性进行联系，构成了关系列表，是关系数据库的一个基础。

② 关系数据库

1970 年，IBM 研究室的 Ted Codd 发表了一篇具有很大影响的关于关系数据库模型的论文，数据库系统发生了显著的变化。Codd 提出数据库系统应为用户提供这样一种观点，即数据库系统是用一种称为“关系”的表来组织数据的。而在背后，可能有一个很复杂的数据结构，以保证对各种查询的快速响应。但与以前的数据库系统的用户不同，关系数据库系统的用户并不关心数据的存储结构，而是使查询能用很高级的语言来实现，从而大大提高了数据库开发人员的效率。

下面先对关系做一下简单介绍，增进读者对关系模型的了解，同时，我们给出一个 SQL 的例子，以便读者了解关系模型如何支持高级语言的查询。

【例 1-1】关系就是表。表的各列以属性开始，属性是列的入口。表 1.4 是一个名为 Doctor（医生）的关系，记录的是医生的信息。

表 1.4　医生数据表

医生编号	医生姓名	医生性别	医生年龄	所属部门	技术等级	工资
001	李红	女	30	101	主任医师	3000
002	张兰	女	35	104	主治医师	1800

假设要查询李红的工资，SQL 的查询语句如下：

```
SELECT  工资
FROM    Doctor
WHERE   医生姓名='李红';
```

1.2.2　数据库技术的产生和发展

数据库技术是应数据库管理任务的需要而产生的。数据管理是指对各种数据进行分类、组织、编码、存储、检索和维护，它是数据处理的中心问题。人们借助计算机进行数据处理是从 20 世纪 60 年代开始的。

在应用需求的推动下，在计算机硬件、软件发展的基础上，数据管理技术经历了人工管理、文件系统、数据库系统三个阶段。

1．人工管理阶段

在这一阶段（20 世纪 50 年代中期以前），计算机主要用于科学计算。外部存储器只有磁带、卡片和纸带等，还没有磁盘等直接存取存储设备。软件只有汇编语言，尚无数据管理方面的软件，数据处理方式基本是批处理。这个阶段有如下特点：

① 计算机系统不提供对用户数据的管理功能。用户编制程序时，必须全面考虑好相关的数据，包括数据的定义、存储结构以及存取方法等。程序和数据是一个不可分割的整体。数据脱离了程序就无任何存在的价值，数据无独立性。

② 数据不能共享。不同的程序均有各自的数据，这些数据对不同的程序通常是不相同的，不可共享。即使不同的程序使用了相同的一组数据，这些数据也不能共享，程序中仍然需要各自加入这组数据，谁也不能省略。基于这种数据的不可共享性，必然导致程序与程序之间存在大量的重复数据，增加了数据管理的复杂性，浪费了存储空间。

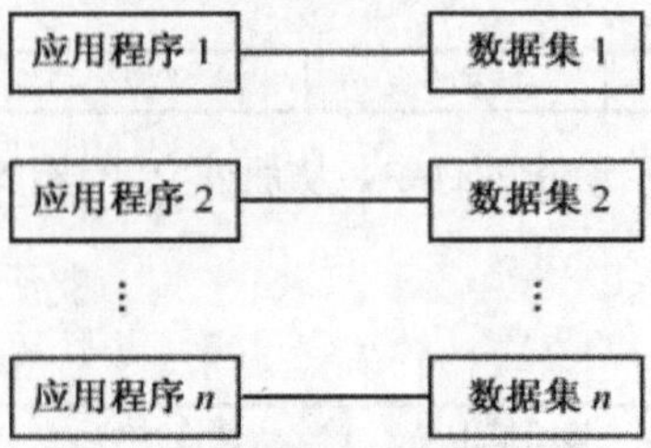

图 1.1　人工管理阶段应用程序与数据之间的对应关系

③ 不单独保存数据。基于数据与程序是一个整体，数据只为本程序所使用，数据只有与相应的程序一起保存才有价值，否则就毫无用处。所以，所有程序的数据均不单独保存。

在人工管理阶段，程序与数据之间的一一对应关系可用图 1.1 表示。

2．文件系统阶段

在这一阶段（20 世纪 50 年代后期至 60 年代中期），计算机不仅用于科学计算，还用在信息管理方面。随着数据量的增加，数据的存储、检索和维护问题的解决成为紧迫的需要，数据结构和数据管理技术迅速发展起来。此时，外部存储器已有磁盘、磁鼓等直接存取的存储设备。软件领域出现了操作系统和高级软件。操作系统中的文件系统是专门管理外存的数据管理软件，文件是操作系统管理的重要资源之一。数据处理方式有批处理，也有联机实时处理。这个阶段有如下特点：

① 数据以“文件”形式可长期保存在外部存储器的磁盘上。由于计算机的应用转向信息管理，因此对文件要进行大量的查询、修改和插入等操作。

② 数据的逻辑结构与物理结构有了区别，但比较简单。程序与数据之间具有“设备独立性”，即程序只需用文件名就可与数据打交道，不必关心数据的物理位置。由操作系统的文件系统提供存取方法。文件组织已多样化，有索引文件、链接文件和直接存取文件等，但文件之间相互独立、缺乏联系。数据之间的联系要通过程序去构造。数据不再属于某个特定的程序，可以重复使用，即数据面向应用。文件结构的设计仍然是基于特定的用途。程序基于特定的物理结构和存取方法，因此程序与数据结构之间的依赖关系并未根本改变，对数据的操作以记录为单位。这是由于文件中只存储数据，不存储文件记录的结构描述信息。文件的建立、存取、查询、插入、删除、修改等所有操作，都要用程序来实现。

随着数据管理规模的扩大，数据量急剧增加，文件系统显露出一些缺陷：

① 数据冗余。由于文件之间缺乏联系，造成每个应用程序都有对应的文件，有可能同样的数据在多个文件中重复存储。

② 不一致性。这往往是由数据冗余造成的，在进行更新操作时，稍不谨慎，就可能使同样的数据在不同的文件中不一样。

③ 数据联系弱。这是由于文件之间相互独立、缺乏联系造成的。

文件系统阶段是数据管理技术发展中的一个重要阶段。在这一阶段中，得到充分发展的数据结构和算法丰富了计算机科学，为数据管理技术的进一步发展打下了基础，现在仍是计算机软件科学的重要基础。 文件系统中的文件是为某一特定应用服务的，文件的逻辑结构对该应用程序来说是优化的，因此要想对现有的数据再增加一些新的应用会很困难，系统不容易扩充。一旦数据的逻辑结构改变，必须修改应用程序，修改文件结构的定义。应用程序的改变，例如程序改变不同的高级语言等，也将会引起文件的数据结构的改变。因此数据与程序之间仍缺乏独立性。可见，文件系统仍然是一个不具备弹性的无结构数据集合，即文件之间是孤立的，不能反映现实世界事物之间的内在联系。在文件系统阶段，程序与数据之间的关系如图 1.2 所示。

3．数据库系统阶段

现实世界是复杂的，反映现实世界的各类数据之间必然存在错综复杂的联系。为反映这种复杂的数据结构，让数据资源能为多种应用需要服务，并为多个用户所共享，同时为让用户能更方便地使用这些数据资源，在计算机科学中，逐渐形成了数据管理这一独立分支。计算机中的数据及数据的管理统一由数据库系统来完成。为此，数据管理技术进入数据库系统阶段。

数据库系统克服了文件系统的缺陷，提供了对数据更高级、更有效的管理。这个阶段的程序和数据的联系通过数据库管理系统（DBMS）来实现，如图 1.3 所示。

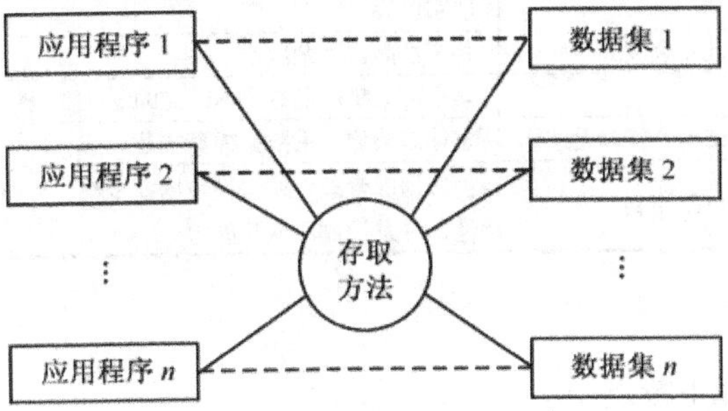

图 1.2　文件系统阶段应用程序与数据之间的对应关系

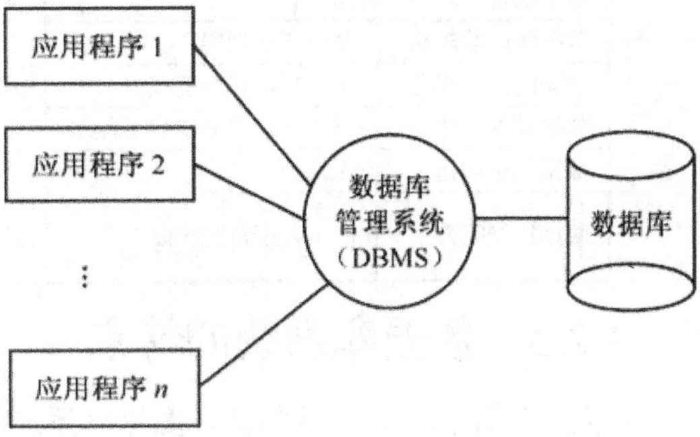

图 1.3　数据库系统阶段应用程序与数据之间的对应关系

概括起来，数据库系统阶段的数据管理具有以下特点：

（1）采用数据模型表示复杂的数据结构

数据模型不仅描述数据本身的特征，还要描述数据之间的联系，这种联系通过存取路径实现。通过所有存取路径表示自然的数据联系是数据库与传统文件的根本区别。这样，数据不再面向特定的某个或多个应用，而是面向整个应用系统。数据冗余明显减少，实现了数据共享。

（2）有较高的数据独立性

数据的逻辑结构与物理结构之间的差别可以很大。用户以简单的逻辑结构操作数据而无须考虑数据的物理结构。数据库的结构分成用户的局部逻辑结构、数据库的整体逻辑结构和物理结构三级。用户的数据和外存中的数据之间转换由数据库管理系统实现。

（3）数据库系统为用户提供了方便的用户接口

用户可以使用查询语言或终端命令操作数据库，也可以用程序方式操作数据库。

（4）数据库系统提供了数据控制功能

数据库系统提供了数据控制功能例如：

- 数据库的并发控制，对程序的并发操作加以控制，防止数据库被破坏，杜绝提供给用户不正确的数据。
- 数据库的恢复，在数据库被破坏或数据不可靠时，系统有能力把数据库恢复到最近某个正确状态。
- 数据完整性，保证数据库中数据始终是正确的。
- 数据安全性，保证数据的安全，防止数据的丢失、破坏。

数据库系统的目标是解决数据冗余问题，实现数据独立性，实现数据共享并解决由于数据共享而带来的数据完整性、安全性及并发控制等一系列问题。为实现这一目标，数据库的运行必须有一个软件系统来控制，这个系统软件称为数据库管理系统（DBMS）。数据库管理系统将程序员进一步解脱出来，就像当初操作系统将程序员从直接控制物理读写中解脱出来一样。程序员此时不需要再考虑数据是不是因为改动而造成不一致，也不用担心由于应用功能的扩充，而导致程序重写和数据结构重新变动。

综上所述，这三个阶段的特点及其比较如表 1.5 所示。

表 1.5 数据管理的发展阶段

		人工管理阶段	文件系统阶段	数据库系统阶段
背景	应用背景	科学计算	科学计算、管理	大规模管理
	硬件背景	无直接存取存储设备	磁盘、磁鼓	大容量磁盘
	软件背景	没操作系统	有文件系统	有数据库管理系统
	处理方式	批处理	联机实时处理、批处理	联机实时处理、分布处理、批处理
特点	数据的管理者	用户	文件系统	数据库管理系统
	数据面向的对象	某一应用程序	某一应用	现实世界
	数据的共享程度	无共享，冗余度极大	共享性差，冗余度大	共享性高，冗余度小
	数据的独立性	不独立，完全依赖于程序	独立性差	具有高度的物理独立性和一定的逻辑独立性
	数据的结构化	无结构	记录内有结构、整体无结构	整体结构化，用数据模型描述
	数据控制能力	应用程序自己控制	应用程序自己控制	由数据库管理系统提供数据安全性、完整性、并发控制和恢复能力

1.2.3 数据库系统的特点

与人工管理和文件系统相比，数据库系统具有如下特点：

（1）数据结构不是面向单一的应用，而是面向全组织

以医院管理为例，要想避免数据冗余和数据程序之间的依赖性，就要将医生和病人两类不同的数据之间彼此建立关系。当需要增加新的应用，比如药品管理，则只要再增加新的联系。这种思想只是数据库方法的雏形，从文件内部的记录的结构化，扩大到不同的文件记录之间建立一种联系。但是它还有局限性，因为它还是从应用的角度去看待数据，还应进一步从整个组织的数据结构考虑。假设所考虑的这个组织——医院，就还应该有医院科室信息、诊断信息、收费信息等。不同应用考虑的是整个数据集合的某个有用的子集，整个组织的数据是结构化的。这样描述数据时不仅描述数据本身，还要描述数据之间的联系。数据的结构化是数据库主要特征之一，这是数据库与文件系统的根本区别。至于这种结构化是如何实现的，则与数据库系统采用的数据模型有关。

（2）数据冗余小，易扩充

数据库从整体的观点来看待和描述数据，数据不再是面向某一应用，而是面向整个系统。这样就

减小了数据的冗余，节约存储空间，缩短存取时间，避免数据之间的不相容和不一致。对数据库的应用可以很灵活，面向不同的应用，存取相应的数据库的子集。当应用需求改变或增加时，只要重新选择数据子集或者加上一部分数据，便可以满足更多更新的要求，也就是保证了系统的易扩充性。

（3）数据独立于程序

数据库提供数据的存储结构与逻辑结构之间的映像或转换功能，使得当数据的物理存储结构改变时，数据的逻辑结构可以不变，从而程序也不用改变，这就是数据与程序的物理独立性。也就是说，程序面向逻辑数据结构，不去考虑物理的数据存放形式。数据库可以保证数据的物理改变不引起逻辑结构的改变。数据库还提供了数据的总体逻辑结构与某类应用所涉及的局部逻辑结构之间的映像或转换功能。当总体的逻辑结构改变时，局部逻辑结构可以通过这种映像的转换保持不变，从而程序也不用改变，这就是数据与程序的逻辑独立性。举例来讲，在进行病人诊断信息管理时，医生等数据来自于数据的医生部分，病人信息来自于数据的病人部分，经过映像组成局部的诊断信息，由数据库维持这种映像。当总体的逻辑结构改变时，比如医生和病人数据的结构发生了变化，数据库为这种改变建立一种新的映像，就可以保证局部数据——诊断信息的逻辑结构不变，程序是面向这个局部数据的，所以程序就无须改变。

（4）统一的数据管理功能

统一的数据管理功能，包括数据的安全性控制、数据的完整性控制及并发控制数据库是多用户共享的数据资源。对数据库的使用经常是并发的。为保证数据的安全可靠和正确有效，数据库管理系统必须提供一定的功能来保证。

① 数据库的安全性是指防止非法用户的非法使用数据库而提供的保护。比如，不是医院的成员不允许使用医院管理系统，病人允许读取诊断信息但不允许修改诊断信息等。

② 数据的完整性是指数据的正确性和兼容性。数据库管理系统必须保证数据库的数据满足规定的约束条件，常见的有对数据值的约束条件。比如在医院管理系统中，数据库管理系统必须保证输入的收费值大于 0，否则，系统发出警告。

③ 数据的并发控制是多用户共享数据库必须解决的问题。要说明并发操作对数据的影响，必须首先明确，数据库是保存在外存中的数据资源，而用户对数据库的操作是先读入内存操作，修改数据时，是在内存修改读入的数据复本，然后再将这个复本写回到外存的数据库中，实现物理的改变。

由于数据库的这些特点，它的出现使信息系统的研制从围绕加工数据的程序为中心转变到围绕共享的数据库来进行。便于数据的集中管理，也提高了程序设计和维护的效率。提高了数据的利用率和可靠性。当今的大型信息管理系统均是以数据库为核心的。数据库系统是计算机应用中的一个重要阵地。总之，数据库技术正是研究如何科学地组织和储存数据，如何高效地获取和处理数据。数据库技术是到目前为止发展成熟的数据管理的最新技术。

1.3　数据模型

对于模型，人们并不陌生。一张地图，一组建筑设计沙盘，一架精致的航模飞机都是具体的模型，模型是现实世界特征的模拟和抽象。

数据模型也是一种模型，它是对现实世界数据特征的抽象，即是用来描述数据、组织数据和对数据进行操作的。由于计算机不可能直接处理现实世界中的具体事物，所以人们必须事先把具体事物转换成计算机能够处理的数据。

现有的数据库系统均是基于某种数据模型的。数据模型是数据库系统的核心和基础。

根据模型应用的不同目的，可以将模型划分概念模型、数据模型和物理模型。其中，物理模型主要是描述数据在计算机中存储的具体细节，表示能由 DBMS 理解的概念模式。物理模型提供的概念通常对计算机专家很有意义，但对于一般最终用户则没什么用处，因此在这里我们就不加阐述了。下面简要介绍概念模型和数据模型。

1.3.1 概念模型

概念模型也称信息模型，是按用户的观点对数据和信息建模，是现实世界到机器世界的一个中间层次。

概念模型用于信息世界的建模，是现实世界到信息世界的第一层抽象，是数据库设计人员进行数据库设计的有力工具，也是数据库设计人员与用户之间进行交流的语言。因此，概念模型一方面要有较强的语义表达能力，能够方便、直接地表达应用中的各种语义知识，另一方面应该简单、清晰、易于理解。

概念模型主要涉及一些基本的概念（如实体、属性、联系等）和其相应的表示方法，即实体-联系图。实体-联系图中：

- 实体：用矩形表示，矩形框内写明实体名。
- 属性：用椭圆形表示，并用无向边将其与相应的实体连接起来。
- 联系：用菱形表示，菱形框内写明联系名，并用无向边分别与有关实体连接起来，同时在无向边旁标上联系的类型（1∶1，1∶n 或 m∶n）。

1.3.2 数据模型

数据模型即逻辑数据模型，它是按照计算机系统的观点对数据建模，表示独立于 DBMS 的逻辑视图，隐藏了数据存储的一些细节，主要用于 DBMS 的实现。它是数据库系统的核心和基础。各种机器上实现的 DBMS 软件都是基于某种数据模型或者说是支持某种数据模型的。

一般地讲，数据模型是严格定义的一组概念的集合，它描述了系统的静态特征、动态特征和完整性约束条件。因此，数据模型通常由数据结构、数据操作和完整性约束三部分组成。

目前，数据库领域中常用的数据模型主要包括层次模型、网状模型、关系模型和面向对象模型等。其中，层次模型和网状模型统称为格式化模型。

格式化模型的数据库系统在 20 世纪 70 年代至 80 年代初非常流行，在数据系统产品中占据了主导地位，现在已逐渐被关系模型的数据库系统取代。20 世纪 80 年代以来，面向对象的方法和技术在计算机各个领域，包括程序设计语言、软件工程、信息系统设计、计算机硬件设计等各方面都产生了深远的影响，也促进了数据库中面向对象数据模型的研究和发展。许多关系数据库厂商为了支持面向对象模型，对关系模型做了扩展，从而产生了对象关系模型。

1. 层次模型

层次模型是数据库系统中最早出现的数据模型。用树型（层次）结构表示实体类型及实体间联系的数据模型称为层次模型（Hierarchical Model）。

层次模型是指用树型结构表示实体及其之间的联系，树中每一个结点代表一个记录类型，树状结构表示实体型之间的联系。在一个层次模型中的限制条件是：树的根结点有且仅有一个结点，无父结点；其他结点有且仅有一个父结点。

2. 网状模型

用有向图结构表示实体类型及实体间联系的数据结构模型称为网状模型（Network Model）。

在数据库中，把满足以下两个条件的基本层次联系集合称为网状模型：

（1）允许一个以上的结点无双亲；

（2）一个结点可以有多于一个的双亲。

网状模型是一种比层次模型更具普遍性的结构，它去掉了层次模型的两个限制，允许多个结点没有双亲结点，允许结点有多个双亲结点，此外它还允许两个结点之间有多种联系（称之为复合联系）。因此网状模型可以更直接地去描述现实世界。而层次模型实际上是网状模型的一个特例。

3．关系模型

关系模型是目前最重要的一种数据模型，它是用二维表的形式表示实体和实体间联系的数据模型。

关系数据模型是以集合论中的关系概念为基础发展起来的。关系模型中无论是实体还是实体间的联系均由单一的结构类型——关系来表示。在实际的关系数据库中的关系也称表。一个关系数据库就是由若干个表组成。

关系模型由关系数据结构、关系操作集合和关系的完整性约束组成。

4．面向对象模型

面向对象模型是捕获在面向对象程序设计中所支持的对象语义的逻辑数据模型，它是持久的和共享的对象集合，具有模拟整个解决方案的能力。面向对象数据模型把实体表示为类，一个类描述了对象属性和实体行为。但和实体不同的是，一个对象所包含的信息不只是对象内部事实之间的联系，也包括它和其他对象的联系。因此，对象里的事实被赋予了更多的语义。面向对象数据库通过逻辑包含来维护联系，它是面向对象概念与数据库技术相结合的产物。

第 2 章将对各种模型进行详细介绍。

1.4　数据库系统的结构与组成

数据库系统这个术语指的是在一个数据库环境下，用来定义和控制数据的收集、存储、管理和使用的各个成分的总和。

考察数据库系统的结构可以有多种不同的角度：从数据库最终用户的角度看，数据库系统的结构分为单用户结构、主从式结构、分布式结构、客户-服务器、浏览器/应用服务器/数据库服务器多层结构等，这是数据系统外部的体系结构；从数据库管理系统的角度看，数据库系统通常采用三级模型结构，这是数据库管理系统内部的系统结构。

1.4.1　数据库系统的体系结构

目前，常用的数据库系统的体系结构主要有客户-服务器（C/S）结构和浏览器/服务器（B/S）结构两种。

（1）客户-服务器结构

客户-服务器（C/S，Client/Server）结构是目前流行的数据库系统结构。在这种结构中，客户机提出请求，服务器对客户机的请求做出回应。C/S 结构的本质在于通过对服务功能的分布，实现分工服务。每一个服务器都为整个局域网系统提供共享服务，供所有客户机共享；客户机上的应用程序借助于服务器的服务功能以实现复杂的应用功能。在 C/S 结构中，数据存储层处于服务器上，应用层和用户界面层处于客户机上。客户机负责管理用户界面，接收用户数据，处理应用逻辑，生成数据库服务请求，将该请求发送给服务器，同时接收服务器返回的结果，并将结果按一定格式显示给用户。

（2）浏览器-服务器结构

浏览器-服务器（Browser/Server, B/S）结构是针对 C/S 的不足而提出的。在 B/S 结构中，客户机端仅安装通用的浏览器软件，实现用户的输入/输出，而应用程序不再是安装在客户机端，而是在服务器端安装与运行。在服务器端，除了要有数据库服务器保存数据并执行基本的数据库操作外，还要有另外的称为应用服务器的服务器处理客户端提交的处理要求。也就是说，C/S 结构中客户端运行的程序已转移到应用服务器中，此时的客户机可称为“瘦客户”。应用服务器充当了客户机与数据库服务器的中介，架起了用户界面与数据库之间的桥梁，所以也称为三层结构。

1.4.2 数据库系统的模式结构

早在 1971 年，由数据系统语言会议（CODASYL，1971）任命的 DBTG（数据库任务组），提出了关于数据库系统的标准术语和一般体系结构的规范。DBTG 认为需要一个两层的方法，即从系统角度看的模式（schema）和从用户角度看的子模式（subschema）。美国国家标准化协会（ANSI）标准规划和需求委员会（SPARC）在 1975 年提出了一个类似的术语和体系结构，ANSI/X3/SPARC。ANSI-SPARC 提出了带系统目录的三层方法。

为此，在以后的报告中首先标识三层抽象，即描述数据的三个不同层次。这些层次形成了一个三层体系结构，包括外部层、概念层和内部层。这些分层方法能够实现以下 3 个特点：

① 程序与数据分离（程序与数据独立性和程序与操作独立性）。

② 支持多用户视图。

③ 使用编目存储数据库描述（模式）。三层体系结构实现用户的数据库视图与数据库的物理描述分离。

分层的原因是：

① 每个用户应该能够访问相同的数据，但用各自自定义的数据视图。每一个用户都应该能够改变数据视图，但这些改变不应该影响其他的用户。

② 不应该要求用户直接处理数据库物理存储的细节，例如索引。

③ 数据库管理员（DBA）应该能够在不影响用户视图的情况下，修改数据库存储结构。

下面讨论数据库系统三层模式体系结构（three-schema architecture），三层体系结构对实现上述特点非常重要。

1．模式的概念

在数据模型中有“型”和“值”的概念。型是指对某一类数据的结构和属性的说明，值是型的一个具体赋值。例如，医生记录定义为（医生编号，姓名，性别，年龄，技术职称）这样的记录型，而（161，刘景，男，66，主任医师）则是该记录型的一个记录值。

所谓模式，是数据库中全体数据的逻辑结构和特征的描述，它仅仅涉及型的描述，不涉及具体的值。模式的一个具体值称为模式的一个实例。同一个模式可以有很多实例。

模式是相对稳定的，而实例是相对变动的，因为数据库中的数据是在不断更新。模式反映的是数据的结构及联系，而实例反映的是数据库某一时刻的状态。

2．三层模式结构

如图 1.4 所示，三层模式体系结构的目的是将用户与物理数据库分离开来。在这个体系结构中，可以将模式分为如下 3 个层次。

（1）内部层有一个内模式（Internal Schema），它描述的是数据库的物理存储结构。

内模式也称存储模式，一个数据库只有一个内模式。它使用一个物理数据模型，全面描述数据库中数

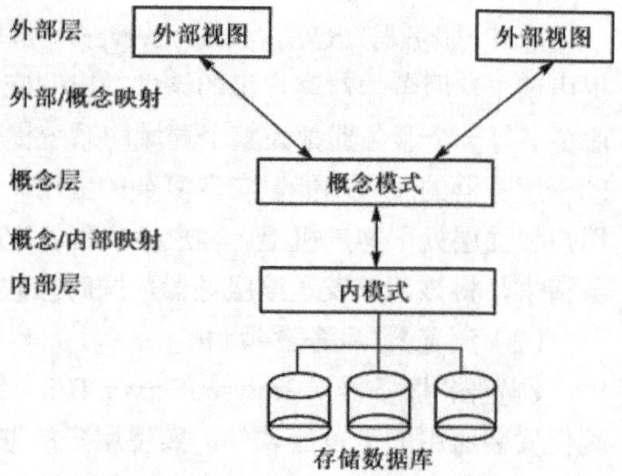

图 1.4　三层模式体系结构

据存储的全部细节和存取路径。它与操作系统接口，以便将数据存放到存储设备上，建立索引、检索数据等。内部层与以下工作相关：

- 数据和索引的存储空间分配；
- 用于数据存储的记录描述；
- 记录放置；
- 数据压缩和数据加密技术。

内部层之下是物理层，物理层可能在 DBMS 的指导下受操作系统的控制。然而，DBMS 和操作系统在物理层上的功能分割并不是十分清晰，并且因系统而异。一些 DBMS 充分利用操作系统的访问方法，而另外一些只使用一些最基本的功能，然后创建他们自己的文件组织机制。处于 DBMS 之下的物理层所包含的内容只有操作系统掌握。

（2）概念层有一个概念模式（Conceptual Schema），它为用户群体描述了整个数据库的结构。

概念模式也简称模式或逻辑模式，它隐藏了物理存储结构的细节，并重点描述实体、数据类型、关系、用户操作和约束。通常，实现了一个数据库系统之后，会使用一个表示数据模型来描述概念模式。这种概念模式通常以高级数据模型中的一个概念模式设计为基础。概念层描述如下：

- 所有的实体、实体的属性和实体间的联系；
- 数据的约束；
- 数据的语义信息；
- 安全性和完整性信息。

概念层支持所有外部视图，只要对用户可访问的数据包含在概念层或者由概念层可导出。然而，这层一定不能包括任何依赖于存储的详细信息。例如，对于实体的描述只能包括属性的数据类型（如整型、实型、字符型等）及它们的长度（如字符或者数字的最大位数），但是不能包括任何与存储相关的信息。

（3）外部层包括许多外模式（External Schema）。

外模式也称子模式。每个外模式描述的是一个特定用户组所感兴趣的那部分数据库，而对该用户组隐藏了数据库的其他部分。各个外模式通常都用一个表示数据模型实现，并且可能以高级数据模型的一个外模式设计为基础。

对于同一个数据，不同的视图可能会有不同的表达方式。例如，一些用户可能是以日、月、年的形式查看日期，而另外一些用户可能是以年、月、日的形式查看日期。一些视图可能包含导出的或者通过计算得到的数据，数据实际上没有存储到数据库中，而是当需要时才产生的。

三层模式体系结构是一个非常方便的工具，通过这个结构，用户就可以直观地了解数据库系统中的模式层次。大多数 DBMS 并不是将这三层模式完全分离开来，而只是在一定程度上支持三层模式体系结构。有些 DBMS 可能在概念模式中还包括一些物理层的细节。在大多数支持用户视图的 DBMS 中，外模式也是用描述概念层信息的同一数据模型来指定的。

3．模式间的映射与数据独立性

数据库管理系统负责三类模式之间的映射，同时检查模式以确保一致性。DBMS 必须检查每个外模式都由概念模式导出，并且它必须使用概念模式中的信息，以完成内、外模式的映射。概念模式通过概念层到内部层的映射与内部模式相联系。这样，DBMS 就能在物理存储中找出构成概念模式中逻辑记录的实际记录或者记录的组合，以及对逻辑记录进行操作过程中应执行的约束。它还允许两类模式在实体名称、属性名称、属性顺序、数据类型等方面存在不同。最后，每一个外部模式通过外部层到概念层的映射与概念模式相联系。这就允许 DBMS 将用户视图中的名称映射到概念模式中相应的部分。

图 1.5 给出了一个不同层的例子。存储两个不同的关于医生详细信息的外部视图：一个包含医生编号（Sno）、名字（Sname）、性别（Dsex）和年龄（Dage），另一个包含医生编号（Dno）、所在部门编号（Ddeptno）、技术级别（Dlevel）和工资（Dsalary）。这些外部视图归并为一个概念视图。此归并的主要不同之处是将 Sno 和 Sname 映射为 Dno 和 Dname。DBMS 维护外部视图到概念层的映射。概念层则被映射到内部层，在内部层中包含对于概念记录结构的一个物理描述。在这一层，可以看到一个用高级语言定义的结构。这个结构包含一个指针 next，靠这个指针医生记录在物理上连接成一条链。DBMS 同样要维护概念层到内部层的映射。

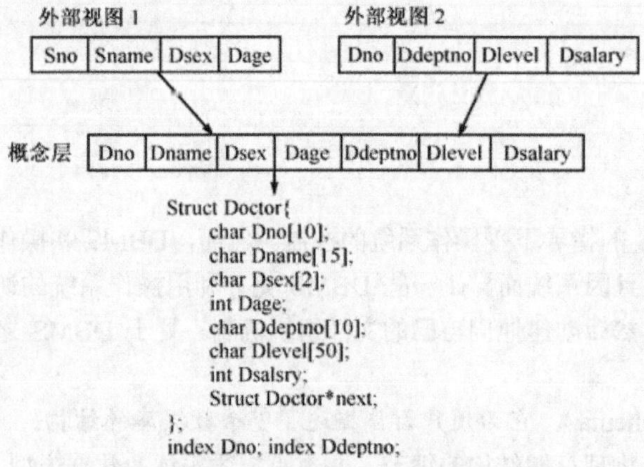

图 1.5　三个层次的不同之处

区分数据库的描述和数据库本身是很重要的。数据库的描述是数据库模式。这个模式是在数据库设计过程中指定的，并且不会经常改变。然而，数据库中的实际数据可以经常改变。例如，每次插入一个医生或病人信息时，它都会发生改变。

三层体系结构的一个主要目的是保证数据的独立性，这意味着对较低层的修改不会对较高层造成影响。数据的独立性分为逻辑独立性和物理独立性两类。

① 逻辑数据独立性是指外部模式不受概念模式变化影响。对概念模式的修改，例如新实体、属性或者联系的添加或删除，应该不影响已存在的外部模式，也不需要重新编写应用程序。显然，重要的修改只应由相关的用户知道，其他的用户不必知道。

② 物理数据独立性是指概念模式不受内部模式变化的影响。对内部模式的修改，例如使用不同的文件组织方式或者存储结构，使用不同的存储设备，修改索引或散列算法，应该不影响概念模式和外部模式。对用户来讲，唯一要注意的是对性能的影响。实际上，性能变坏是改变内部模式最常见的原因。

1.4.3　数据库系统的一般组成

如图 1.6 所示，数据库系统由五部分组成：硬件系统、数据库集合、数据库管理系统及相关软件、数据库管理员和用户。

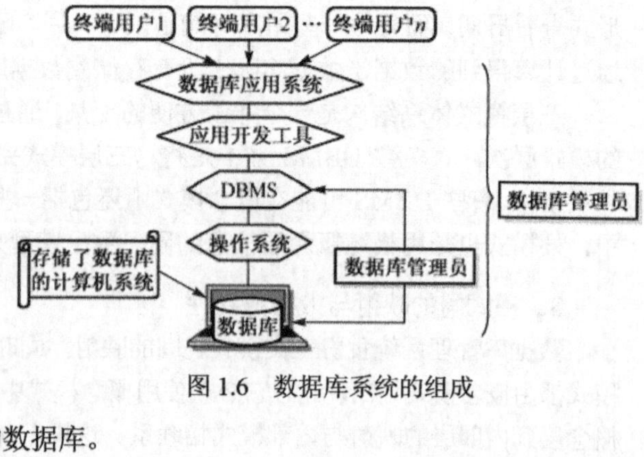

图 1.6　数据库系统的组成

1．硬件系统

运行数据库系统的计算机需要有足够大的内存、足够大容量的磁盘等联机直接存取设备和较高的通道能力，以及支持对外存的频繁访问，还需要足够数量的脱机存储介质，如软盘、光盘、磁带等存放数据库的备份。

2．数据库集合

系统包括若干个设计合理、满足应用需要的数据库。

3．系统软件

软件指的是数据库系统中被计算机使用的程序的集合。需要三种类型的软件来实现数据库系统的全部功能：操作系统、DBMS 软件和应用程序。

① 操作系统软件管理所有的硬件并确保所有的其他软件能够在计算机上运行。操作系统软件的实例包括微机上运行的磁盘操作系统（DOS）、OS/2 和 WINDOWS，小型机上运行的 UNIX 和 VMS，IBM 大型机上运行的 Z/OS。

② DBMS 软件管理在数据库系统范围内的数据库。一些 DBMS 软件包括微软公司的 Access 和 SQL Server、Oracle 公司的 Oracle、IBM 公司的 DB2 等。

③ 应用程序用来访问和操作 DBMS 里的数据，并且管理对数据访问和操作的计算机环境。应用程序大多数用来访问从数据库中获取的数据，生成报告、表格和其他辅助决策的信息。

4．数据库管理员（DBA，Database Administrator）

数据库管理系统一般需要专人来对数据库进行管理，这个人称为数据库管理员（DBA）。数据库管理员负责数据库系统建立、维护和管理。数据库管理员的职责包括：定义并存储数据库的内容、监督和控制数据库的使用、负责数据库的日常维护，必要时重组或改进数据库。

5．用户

数据库系统必然涉及不同的用户。数据库的用户分为两类：一类是最终用户，主要对数据库进行联机查询或者通过数据库应用系统提供的界面来使用数据库。这些界面包括菜单、表格、图形和报表。另一类是专业用户，即应用程序员，他们负责设计应用系统的程序模块，对数据库进行操作。

1.5　数据库语言

数据库系统提供了 4 种不同类型的语言：数据查询语言（Data Query Language）、数据定义语言（Data Definition Language）、数据操纵语言（Data Manipulation Language）和数据控制语言（Data Control Language）。其中，数据查询语言主要用来查询数据；数据定义语言用于定义、撤销和修改数据模式，如表、视图、索引；数据操纵语言用于增、删、改数据；数据控制语言用于数据访问权限的控制。

1.5.1　四大数据库语言

1．数据查询语言（DQL）

数据库查询语言是用户用于从数据库中请求获取信息的语言。它可以分为过程化语言和非过程化语言。在过程化语言中，用户指导系统对数据库执行一系列操作以计算所需结果。在非过程化语言中，用户只需描述所需信息，而不用给出获取该信息的具体过程。

目前，有很多商业性的或者实验性的数据查询语言，如现在使用最广泛的结构化查询语言。

2．数据定义语言（DDL）

数据定义语言用来定义数据的结构，如创建、修改或者删除数据库对象。

3．数据操纵语言（DML）

用户通过数据操纵语言可以实现对数据库中的数据进行追加、插入、修改、删除、检索等操作。主要包括：向数据库中插入新的信息、从数据库中删除信息和修改数据库中存储的信息。

不同的 DBMS 语言的语法格式也不相同，以其实现方式可分为两个类型：一类是 DML 可以独立交互使用，不依赖于任何程序设计语言，称为自主型语言；另一类是宿主语言 DML，嵌入到宿主语言中使用，如嵌入 C、JAVA 等程序设计语言中。在使用高级语言编写应用程序时，当需要调用数据库中的数据时，则要用 DML 语句来操纵数据。

4．数据控制语言（DCL）

数据控制语言用来授予或回收访问数据库的某种权限，并控制数据库操纵事务发生的时间及效果，对数据库实行监视等。

1.5.2 结构化查询语言 SQL

结构化查询语言 SQL（Structured Query Language）是关系数据库的标准语言。它是一种高级的非过程化编程语言，允许用户在高层数据结构上工作。它不要求用户指定对数据的存放方法，也不需要用户了解具体的数据存放方式，所以具有完全不同的底层结构。不同数据库系统可以使用相同的 SQL 语言作为数据输入与管理的接口。它以记录集合作为操作对象，所有 SQL 语句接受集合作为输入，返回集合作为输出。这种集合特性允许一条 SQL 语句的输出作为另一条 SQL 语句的输入，所以 SQL 语句可以嵌套，这使它具有极大的灵活性和强大的功能。在多数情况下，在其他语言中需要一大段程序实现的功能，而在 SQL 语言中只需要一条 SQL 语句就可以达到目的，这也意味着用 SQL 语言可以写出非常复杂功能的语句。

SQL 集数据查询、数据定义、数据操纵和数据控制功能于一体，是一个通用的、功能极强的关系数据库语言。它包含 4 个部分：

（1）数据查询语言（DQL）

例如：SELECT 语句。

（2）数据定义语言（DDL）

例如：CREATE、DROP、ALTER 等语句。

（3）数据操作语言（DML）

例如：INSERT（插入）、UPDATE（修改）、DELETE（删除）语句。

（4）数据控制语言（DCL）

例如：GRANT、REVOKE、COMMIT、ROLLBACK 等语句。

本书第 3 章将对 SQL 进行更为详尽的介绍。

1.6 数据库系统的发展趋势及前沿技术

随着数据库技术的迅速发展以及数据库管理系统的广泛应用，原有的数据库系统很难适应新的应用领域中的复杂对象和这些对象的复杂行为的需求，如传统数据模型不支持用户自定义数据类型、不支持异构数据等。新的应用需求推动了数据库技术的发展，主要有以下 3 个发展趋势。

（1）趋势一：对于异构数据的支持

在以前的数据库中，一直强调数据的标准化。也就是说，在以前，数据库主要管理的是结构化的数据，数据是以行与列的二维形式进行存储。若需要实现三维数据，如数据仓库等，都要根据一定的规则对数据库进行叠加才能够完成。但是，这个工作量会很大，而且维护起来也会很吃力。

随着企业系统集成的需要，企业想把电子邮件、多媒体文件、附件等都包含在一个系统中，以减少系统的重复投资。在这种趋势下，支持异构数据的数据库技术也纷纷出现，主要是为了让异构数据能够像结构化数据那样进行管理和查询等。

因此，从专业的角度讲，在目前数据库技术的发展中，最突出的变化就是从二维表存储方式到多维数组的存储方式的转变。通过多维数组技术，不但可以把语音文件等异构数据存入到数据库中，便于统一管理，而且还可以直接实现数据仓库。

（2）趋势二：对于网络计算的支持

网络运算技术可以让用户更好的在网络环境中分享存储资源，并且同时可以保障数据在安全方面的需求。网络数据库的最大的优势在于，数据库可以利用这个技术，将一个数据库应用部署在多台独立的服务器中，实现一个高容错的运算平台，以提高数据库应用的稳定性，减少数据库宕机的时间。这对于一些大型的数据库应用，如银行的数据库系统，具有非常现实的意义。

（3）趋势三：管理的智能化

如何让数据库系统自动优化资源用量。数据库的性能一直是数据库管理员所关心的问题。在以前的数据库系统中，数据库管理员最重要的任务就是监控数据库服务器的性能，并对其进行及时的调整，让数据库服务器达到最好的运行状态。这项工作往往需要耗费数据库管理员大量的时间与精力。不过这种状况将会在不久的将来得到彻底的改变。SQL Server 数据库将会在新版本的数据库中加入很多的自我调整功能。例如，自我调整内存分配，让数据库负责优化内存分派，以提高数据库性能。因为我们都知道，数据库系统在内存中读取数据要比在硬盘中读取数据快成百上千倍。让数据库根据内存的使用情况，合理分配内存，可以提高服务器内存的使用率。从而达到提高数据库性能的目的。

在将来，数据库厂商为了获得市场，在关注业务需求的同时，会更多地关注如何降低管理成本，如何实现管理的智能化，从而得到数据库工程师的认同。

针对上面的发展趋势，分别产生了下列新的数据库技术。

（1）XML 数据库

从近几年看，各大数据库厂商几乎无一例外地在数据库内支持 XML（Extensible Markup Language，可扩展的置标语言）。所谓 XML 是定义文档结构的机制，XML 规范定义了一个对文档进行标记的标准。目前，XML 已是各种数据特别是文档的首选格式，国际主流的数据库厂商们自然也随行就市，全都推出了兼容传统关系型数据与层次型数据（XML 数据）混合应用的新一代数据库产品。

甲骨文早在 Oracle8i 中就支持 XML，在 Oracle9i 提供了 XmlDB 功能，支持 XMLType 数据类型，并在 Oracle10g 进一步加强了功能和提高了性能，如 XQuery 的性能。

IBM DB2 9 中新的 XML 支持包括纯 XML 存储、XML 索引、XQuery 和高级的 XML 模式处理。这与商业关系数据库中以前的任何技术都不同。

微软 SQL Server 2005 为 XML 数据处理提供了广泛的支持。XML 值可以自然地存储在 XML 数据类型列中，并可以根据 XML 架构集合进行类型化，或者保持非类型化。

Sybase 公司的 ASE 数据库与其嵌入式数据库都已经支持 XML，可以从关系查询中创建 XML 格式的结果集，并且各具特色。

（2）网格计算

商业计算的需求使用户需要高性能的计算方式，而超级计算机的价格却阻挡了高性能计算的普遍能力。于是造价低廉而数据处理能力超强的计算模式——网格计算应运而生。

网格计算的主要优势在于：

① 共享资源，将可用资源汇集起来形成共享池；

② 虚拟化堆栈的每一层，可以如同管理一台计算机一样管理资源；

③ 基于策略实现自动化负载均衡。

从 IT 行业的趋势来看，企业也正在向网格计算转移，这在很大程度上是低成本的单片服务器驱动的。同时，共享存储技术也简化了硬件的虚拟化和供应，硬件供应商也开始提供实现硬件虚拟化和供应的管理软件。

（3）BI 商业智能数据库

为应对日益加剧的商业竞争，企业不断增加内部 IT 及信息系统，使企业的商业数据成几何数量级不断递增。如何能够从这些海量数据中获取更多的信息，以便分析决策将数据转化为商业价值，就成为目前数据库厂商关注的焦点，这其中离不开商业智能（BI，Business Intelligence）。

而从用户对数据管理需求的角度看，可分为两类：联机事务处理（OLTP，Online Transaction Processing）应用、联机分析处理（OLAP，Online Analysis Processing）与辅助决策支持（DSS，Decision Support System）两大类，也就是说，数据库不仅要支持 OLTP，还应该为业务决策、分析提供支持。目前，主流的数据库厂商都已经把支持 OLAP 和商业智能作为关系数据库发展的一大趋势。

从国内市场需求来看，企业信息化发展正处于一个系统集成阶段，因此对高端智能决策系统的需求增强。目前，金融、保险领域的国有企业，大部分已经建立了部门级的数据集市。今后，这些企业中企业级的 BI 系统将会逐步建立。有些发达省份的企业，已经初步建立 BI 系统，或者正在考虑建设 BI 系统。而对国外企业而言，这一趋势就更加明显了。因此，BI 将会是未来发展的重中之重。

1.7 习题

1. 什么是数据库？有什么特点？
2. 什么是数据库系统？主要由几个部分组成？简要解释各组成部分的含义。
3. 数据库管理系统的功能有哪些？
4. 数据管理技术的三个发展阶段是什么？
5. 试述数据库系统的优点。
6. 试述数据库系统的三级模式结构。
7. 解释数据与程序的物理独立性和逻辑独立性。为什么数据库系统具有数据与程序的独立性？
8. DBA 的职责是什么？
9. 自行虚拟设计一个关系数据库系统的实例，说明其可能的应用环境、希望实现的功能。

第 2 章　关系数据模型

数据库中的数据是有结构的，这些结构反映了事物与事物之间的联系。而数据模型是一种表示实体类型及实体间联系的模型。每个数据库管理系统都是基于某种数据模型的，它不仅管理数据的值，而且要按照数据模型对数据间的联系进行管理。数据模型作为数据库系统的一个基础，包含三个部分：

- 数据结构部分
- 数据操作部分
- 一组完整性规则

数据库管理系统所支持的数据模型主要有四种：

- 层次模型（Hierarchical Model）
- 网状模型（Network Model）
- 关系模型（Relational Model）
- 面向对象模型（Object Oriented Model）

在这一章里，我们将学习数据模型的基本概念和术语，了解数据模型的发展历史，并重点学习关系数据模型，掌握关系代数的基本知识，为后续学习 SQL 查询技术打下良好的基础。

学习目标：

- 了解数据模型的基本构成和发展过程；
- 掌握关系数据模型的结构和关系数据的操作与约束；
- 了解域、笛卡儿积的基本内容，掌握关系完整性的基本内容；
- 掌握基本的集合运算知识；
- 了解关系演算的基本知识。

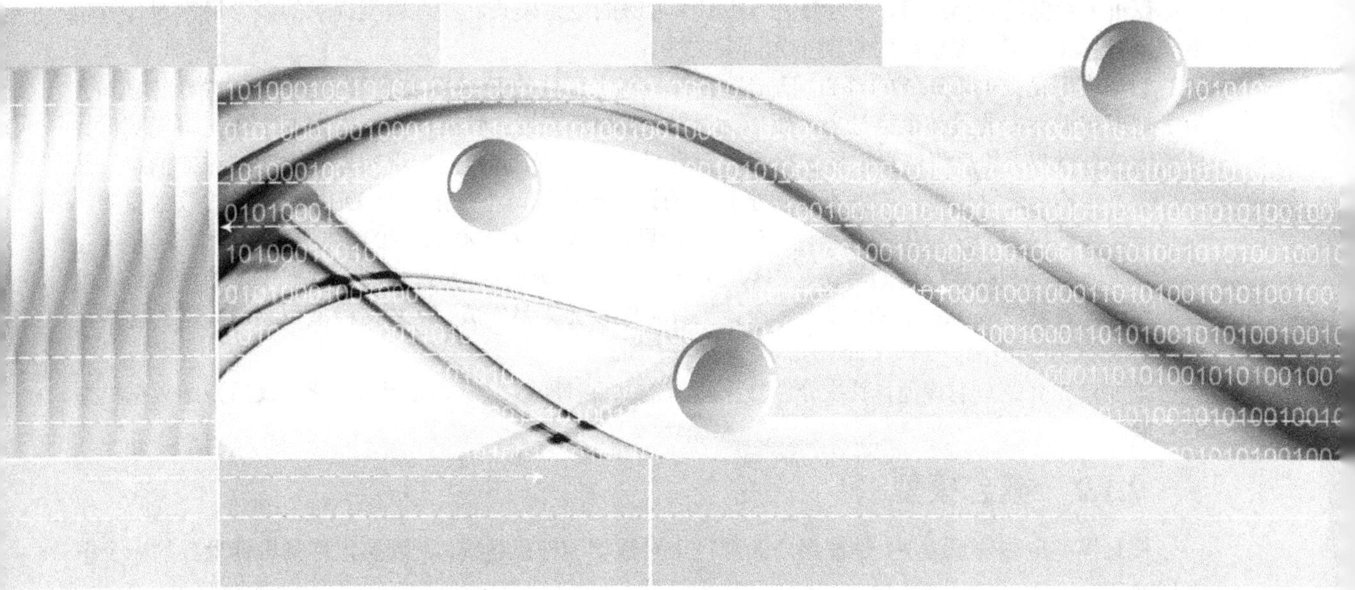

一张地图，一组建筑设计沙盘，一架精致的航模飞机都是具体的模型。模型是现实世界特征的模拟和抽象。数据模型（Data Model）也是一种模型，它是现实世界数据特征的抽象。数据库是特定企业、组织或部门所涉及的数据的综合。它不仅要反映数据本身的内容，而且要反映数据之间的联系。因为计算机不可能直接处理现实世界中的具体事物，所以我们必须先把具体的事物转换成计算机能够处理的数据。在数据库中，用数据模型这个工具来抽象、表示和处理现实世界中的数据和信息。一般讲，数据模型就是现实世界的模拟。

2.1 数据模型

现有的数据库系统都是基于某种数据模型的。因此，了解和掌握数据模型的基本概念是学习数据库的基础。

2.1.1 概述

数据模型的目的是为了表示数据并使数据容易理解，它是对现实世界数据特征的抽象。数据模型是一组集成的概念，用于描述和操作组织内的数据、数据间的联系以及对数据的约束。数据模型提供了基本的概念和表示方法，使得数据库设计人员和最终用户能明白无误地交流他们对数据组织的理解。

数据模型应满足三个方面的要求：一是能比较真实地模拟现实世界；二是容易为人所理解；三是便于在计算机上实现。一种数据模型要很好地满足这三方面的要求在目前还很困难。在数据库系统中针对不同的使用对象和应用目的，采用不同的数据模型。

不同的数据模型实际上是提供给我们模型化数据和信息的不同工具。根据模型应用的不同目的，可以将这些模型划分为三类，分属三个不同的层次。

第一类模型是概念模型，也称高级数据模型或者概念数据模型。它按照用户的观点对数据和信息建模，主要用于数据库设计，表示每一个用户对组织的视图。第二类模型是逻辑数据模型，也就是我们所说的数据模型，主要包括网状模型、层次模型、关系模型、面向对象模型等。它是按照计算机系统的观点对数据建模，表示独立于 DBMS 的逻辑视图，隐藏了数据存储的一些细节，主要用于 DBMS 的实现。第三类模型是物理模型，也称低级数据模型或物理数据模型。其提供的概念描述了数据如何在计算机中存储的具体细节，表示能由 DBMS 理解的概念模式。物理模型提供的概念通常对计算机专家很有意义，但一般最终用户则不太需要关注。

数据模型是数据库系统的核心和基础。各种机器上实现的 DBMS 软件都是基于某种数据模型的。为了把现实世界中的具体事物抽象、组织为某一 DBMS 支持的数据模型，人们通常要先将现实世界抽象为信息世界，然后将信息世界转换为机器世界。也就是说，首先把现实世界中客观对象抽象为某一种信息结构，这种信息结构并不依赖于具体的计算机系统，不是某一个 DBMS 支持的数据模型，而是概念级的模型，然后再将概念模型转换为计算机上某一 DBMS 支持的数据模型。

从现实世界到概念模型的转换是由数据库设计人员完成的，从概念模型到数据模型的转换可以由数据库设计人员完成，也可以由数据库设计工具协助设计人员完成，从数据模型到物理模型的转换一般是由 DBMS 完成的。

下面首先介绍概念模型，其次介绍数据模型的共性，即数据模型的组成要素，最后介绍数据模型的发展。

2.1.2 概念模型

概念模型也称信息模型，是按用户的观点来对数据和信息建模，是现实世界到机器世界的一个中间层次。

概念模型主要涉及到三个基本概念：实体、属性和联系。

1．实体

实体是客观世界中存在的且可互相区分的事物。实体可以是人，也可以是物或抽象的概念；可以指事物本身，也可以指事物之间的联系。例如，一个人、一件物品、一个部门、医生与医院的工作关系等，都是实体。

实体类型定义为一个具有相同属性的实体的汇集或集合。数据库中的每个实体类型由它的名称和属性描述。在任意时刻数据库内某个特定实体类型的所有实体集合称为实体集。通常，实体集使用和实体类型相同的名称。例如，医生既可以表示一个实体类型，还可以表示当前数据库中所有的医生组成的实体集。

实体类型描述了具有相同结构的实体集的模式或内涵。某个特定实体类型的实体集合组成了一个实体集，称为该实体类型的外延。

2．属性

属性指实体具有的某种特性。一个实体可以由若干个属性来刻画。例如，医生实体可由编号、姓名、性别、年龄、技术等级等属性来组成。

属性的可能取值范围称为属性域，即相同数据类型的值的集合，也称为属性的值域。抽象地说，属性将实体集合中的每一个和该属性的值域的值联系起来。实体属性的一组特定值确定了一个特定的实体，实体的属性值是数据库中存储的主要数据。值域通常使用基本数据类型。例如，姓名的域为字符串，年龄的域为整数，性别的域为（男，女）。

在一个实体中，能够唯一标识实体的属性或属性集的标识符称为“实体标识符”。一个实体只有一个标识符，没有候选标识符的概念。实体标识符有时也称为实体的主键或主属性。 例如，患者的患者编号可以作为患者的标识符。

根据不同的分类方法，可将属性分为：简单属性和复杂属性、单值属性和多值属性、存储属性和派生属性，具体内容参见第九章的 E-R 图。

3．联系

联系表示一个或多个实体之间的关联关系。现实世界的事物总是存在着这样或那样的联系，这种联系必然要在信息世界中得到反映。在信息世界中，事物之间的联系可分为两类：一是实体之间的联系；二是实体内部的联系，即组成实体的各属性之间的关系。这里主要讨论实体之间的联系。实体之间的联系又可进一步分为不同实体型中实体间的联系和同一个实体型中实体之间的联系。

联系集是同类联系的集合。

联系涉及以下几个基本概念：

（1）度

联系类型的度是指参与实体类型的个数。例如，医生与病人之间的诊断联系，度为 2。联系的度为 2 的联系类型称为二元联系，度为 3 的联系类型称为三元联系。一般来说，度可以是任意的，但最常见的是二元联系。

（2）角色名称

参与在联系类型中的每个实体类型在该联系中都扮演了一定的角色，实体在联系中的作用称为实体的角色。角色名称表示来自于该实体类型的一个参与实体在每个联系实例中所扮演的角色，并帮助解释联系所表达的含义。例如，在联系 work 中，医生扮演了管理者或者医生的角色。

（3）递归联系

在某些情况下，同一个实体类型可能以不同的角色多次参与到一个联系实体中。这时，角色名称对于区分每次参与的不同含义来说是至关重要的。这样的联系就成为递归联系。联系类型“管理”把医生和管理者联系起来，实体医生和管理者都来自同一个实体类型医生。因此，实体类型医生在“管理”联系中参与了两次。一次是以管理者的角色，一次是以医生（被管理者）的角色。

（4）联系类型的约束

联系类型上的约束限制了参与到相应联系集的那些实体的可能的组合，主要有两类联系约束：基数比和参与约束。

（5）基数比

① 二元联系的基数比

二元联系的基数比制定了一个实体能够参与的联系实例的最大个数，对于二元联系类型，可能的基数比有：

- 一对一联系：如果对于实体集 A 中的每一个实体，实体集 B 中至多有一个实体与之联系，反之亦然，则称实体集 A 与实体集 B 具有一对一联系，记为 1∶1。

例如，班级与班长之间的联系，一个班级只有一个正班长，一个班长只在一个班中任职。

- 一对多联系：如果对于实体集 A 中的每一个实体，实体集 B 中有 n 个实体（$n \geqslant 0$）与之联系，反之，对于实体集 B 中的每一个实体，实体集 A 中至多只有一个实体与之联系，则称实体集 A 与实体集 B 有一对多联系，记为 1∶n。

例如，部门与医生之间的联系：一个部门可以有多名医生，而一位医生只能在一个部门工作。

- 多对多联系（m∶n）：如果对于实体集 A 中的每一个实体，实体集 B 中有 n 个实体（$n \geqslant 0$）与之联系，反之，对于实体集 B 中的每一个实体，实体集 A 中也有 m 个实体（$m \geqslant 0$）与之联系，则称实体集 A 与实体集 B 具有多对多联系，记为 m∶n。

例如，病人与医生之间的联系：每位医生可以为多名患者看病，而每位患者可以求诊不同的医生。

可以用图形来表示两个实体型之间的这三类基数比，如图 2.1 所示。

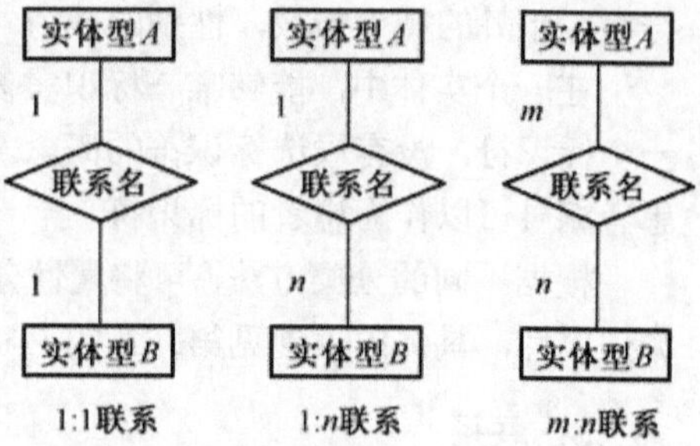

图 2.1　两个实体型之间的三类基数比

② 多元联系的基数比

对于多个实体型间的联系类型的基数比与二元联系的基数比相同，也分为三类：一对一联系、一对多联系、多对多联系。

若实体集 $E_1, E_2, \cdots, E_n$ 存在联系，对于实体集 E_j（$j = 1, 2, \cdots, i-1, i+1, \cdots, n$）中的给定实体，最多只和 E_i 中的一个实体相联系，则我们说 E_i 与 $E_1, E_2, \cdots, E_{i-1}, E_{i+1}, \cdots, E_n$ 之间的联系是一对多的。

例如，一位患者可以就诊（Diagnosis）多位医生，为多份处方交纳费用，而一份处方只属于一位患者。因此患者、医生与处方之间的联系是一对多的，如图 2.2(a)所示。

又如，对于医生、患者、药品三个实体型，一位医生可以给多位患者看病，开出多种药品，每个患者也可以就诊多位医生，每种药品可以被多位医生开给多位患者。因此，医生、患者与药品之间的联系是多对多的，如图 2.2(b)所示。

③ 同一实体型内的联系

前面介绍的参与联系的实体均是来自不同的实体类型，而实际上所有实体是有可能来自同一实体类型的。这时的联系便发生在同一实体型内，它的联系类型也分为三种：一对一、一对多、多对多。

例如，医生实体型内部具有管理与被管理的联系，即某一医生（干部）“管理”若干名医生，而一位医生仅被另一位医生直接管理。因此，这是一对多的联系，如图 2.3 所示。

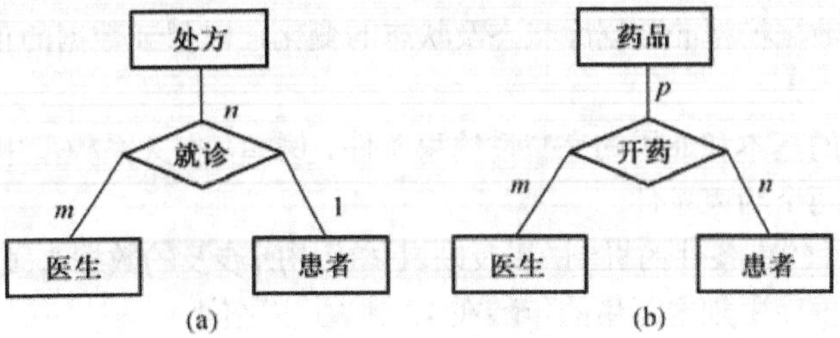

图 2.2　3 个实体型之间的联系示例

图 2.3　同一个实体型间一对多的联系示例

（6）参与约束

参与约束指定一个实体的存在是否通过联系类型依赖于其他实体，这个约束指定了每个实体所能参与的联系实例的最小个数，有时也称为最小基数约束。有两种类型的参与约束：完全参与约束和部分参与约束。如果一家医院规定，每位医生必须在某个部门工作，那么一个医生实体存在的前提是：他必须参与到某个工作的联系实例中。因此，工作中的医生是完全参与，即医生实体集中的每一个实体都必须通过工作和某个部门实体相关。完全参与也称为存在依赖。并非每个医生都管理一个部门，因此联系类型管理中的医生是部分参与，即一些医生实体或者说医生实体集中的一部分通过管理和某个部门实体相关联，但不必是全部。

联系类型也可以具有属性。例如，患者和医生之间的联系类型就诊，可以为该联系类型添加一个日期属性，以表示患者的就诊时间。

2.1.3　数据模型的基本要素

一般地讲，数据模型是严格定义的一组概念的集合。这些概念精确地描述了系统的静态特征、动态特征和完整性约束条件。因此，数据模型包含以下 3 部分：

① 数据结构部分，由一组创建数据库的规则组成；

② 数据操作部分，定义允许对数据进行操作的种类（包括更新和检索数据库中的数据）；

③ 一组完整性约束规则，确保数据的准确性。

1. 数据结构

数据结构是所描述的对象类型的集合。这些对象是数据库的组成部分，包括两类：一类是与数据类型、内容、性质有关的对象（例如，网状模型中的数据项、记录，关系模型中的域、属性、关系等），另一类是与数据之间联系有关的对象（例如，网状模型中的系型（Set Type））。

数据结构是刻画一个数据模型性质最重要的方面。因此在数据库系统中，人们通常按照其数据结构的类型来命名数据模型。例如，层次结构、网状结构和关系结构的数据模型分别命名为层次模型、网状模型和关系模型。

数据结构是对系统静态特征的描述。

2. 数据操作

数据操作是指对数据库中各种对象的实例允许执行的操作的集合，包括操作及有关的操作规则。数据库主要有检索和更新（包括插入、删除、修改）两大类操作。数据模型必须定义这些操作的确切含义、操作符号、操作规则（如优先级）及实现操作的语言。

数据操作是对系统动态特性的描述。

3. 数据的完整性约束条件

数据的完整性约束条件是一组完整性规则的集合。完整性规则是给定的数据模型中数据及其联系所具有的制约和依存规则，用以限定符合数据模型的数据库状态及状态的变化，以保证数据的正确、有效和相容。

数据模型应该反映和规定其必须遵守的基本和通用的完整性约束条件。例如，在关系模型中，任何关系必须满足实体完整性和参照完整性两个约束条件。

此外，数据模型还应该提供定义完整性约束条件的机制，以反映具体应用所涉及的数据必须遵守的特定语义约束条件。例如，在医院的数据库中规定医生的年龄在18到60岁之间。

2.1.4 数据模型的发展

每种数据模型都是由前一种发展而来。在本节中我们要研究所有不同的数据模型。经验告诉我们，一旦初步了解了每一种数据模型的概念框架，就会对数据库设计、实现和管理要点有更深刻的理解。实际上，许多新的数据模型都与一些旧的数据模型具有显著的相同之处。

1. 层次模型

层次模型是数据库系统中最早出现的数据模型。层次数据库系统采用层次模型作为数据的组织方式。层次数据库系统的典型代表是IBM公司的IMS（Information Management System）数据库管理系统。它是IBM公司在1968年推出的第一个大型商用数据库管理系统，曾经得到广泛的使用。

层次模型用树形（层次）结构来表示各类实体及实体间的联系。每一结点表示一个记录类型（实体型），每个记录类型包含若干个字段（实体的属性）。现实世界中许多实体之间的联系本来就呈现出一种很自然的层次关系，如行政机构、家族关系等。

（1）层次模型的数据结构

层次数据模型表现为倒立的树，在数据库中定义满足下面两个条件的基本层次联系的集合为层次模型：

① 有且只有一个结点没有双亲结点，这个结点称为根结点；

② 根以外的其他结点有且只有一个双亲结点。

因此，层次模型一般适合于处理一对多的实体关系。例如，要表示多对多联系，必须首先将其分解成一对多联系。分解方法有两种：冗余结点法和虚拟结点法。冗余结点法增设冗余结点，将多对多的联系（$m:n$）转换为一对多的联系（$1:n$）；虚拟结点法将冗余结点转换为虚拟结点（指引元），指向所替代的结点。

在用户的概念里，层次数据库就是结点的层次。一个结点和文件系统中一个记录类型等同。换句话说，层次数据库就是一组逻辑上组织在一起，并符合图2.4所示的自顶向下的树结构的记录集合。在这个层次结构里，最顶的一层被看作直接在它之下的结点的父结点。

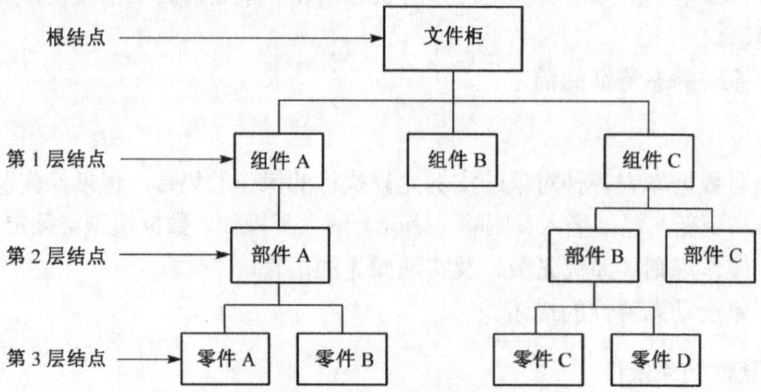

图2.4 文件柜层次结构

给定了层次结构，就可以很容易描绘出数据库的各组成部分以及它们之间的 1∶m 的联系。一般情况下，只要许多事务包含一系列的 1∶m 联系，并且这些联系在一段时间内是固定的，层次模型就是有效的。

（2）层次模型的数据操纵与完整性约束

层次数据模型的操纵主要有查询、插入、删除和更新。进行插入、删除、更新操作时要满足层次模型的完整性约束条件。

- 进行插入操作时，如果没有相应的双亲结点值就不能插入子女结点值。
- 进行删除操作时，如果删除双亲结点值，则相应的子女结点值也被同时删除。
- 进行更新操作时，应更新所有相应记录，以保证数据的一致性。

（3）层次模型的优点

层次数据库模型的特性使它在许多地方优于文件系统模型。事实上，许多层次数据库模型的特性形成了当前数据库模型的基础，并且它的许多数据库应用的优势都被移植到现在的数据库环境中，其主要优点如下：概念简单、数据库的安全性高、数据独立性高、提供了较好的数据库完整性支持、效率高。

（4）层次模型的缺点

层次模型在 20 世纪 70 年代末和 80 年代初迅速失去了市场，这是因为以下几方面的原因：实现复杂、难于管理、缺乏结构独立性、应用程序编写和使用过于复杂、实现受限、缺乏标准。

2. 网状模型

网状数据库系统采用网状模型作为数据的组织方式。网状数据模型的典型代表是 DBTG 系统，或称为 CODASYL 系统。这是 20 世纪 70 年代数据系统语言研究会 CODASYL（Conference On Data System Language）下属的数据库任务组（Data Base Task Group）提出的一个系统方案。DBTG 系统虽然不是实际的软件系统，但是它提出的基本概念、方法和技术具有普遍意义。它对于网状数据库系统的研制和发展起了重要作用。后来不少系统都采用 DBTG 模型或者简化的 DBTG 模型。例如，Cullinet Software 公司的 IDMS，Univac 公司的 DMS1100，Honeywell 公司的 IDS/2 和 HP 公司的 IMAGE 等。

（1）网状模型的数据结构

满足下面两个条件的基本层次联系的集合称为网状模型：

① 允许一个以上的结点无双亲；

② 一个结点可以有多于一个的双亲。

网状模型是一种比层次模型更具普遍性的结构。它去掉了层次模型的两个限制，允许多个结点没有双亲结点，允许结点有多个双亲结点。网状模型可以更直接得去描述现实世界，层次模型实际上是网状模型的一个特例。

在网状数据模型中，一个联系可以被称作一个系。每个系至少由两种记录类型组成：一种等同于层次模型中父结点的首记录，另一种等同于层次模型中子结点的属记录。在网状模型中，一个记录可以出现在多个系中。也就是说，一个属记录可能有多个首记录。一个系表达了首记录和属记录之间 1∶m 的联系。图 2.5 是描述这种联系的示例。

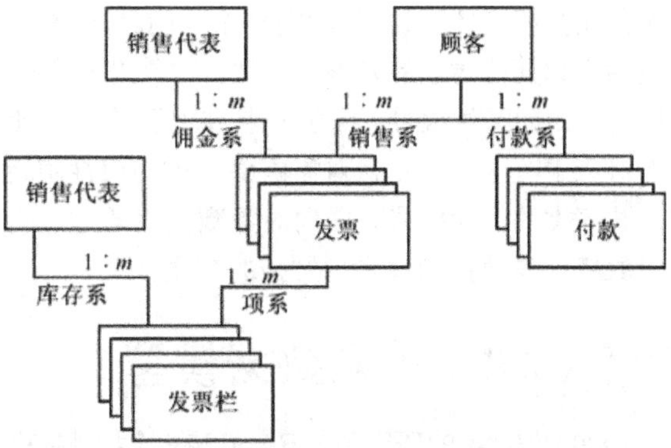

图 2.5　网状数据库模型实例

（2）网状模型的数据操纵与完整性约束

网状数据模型一般没有层次模型那样严格的完整性约束条件，但具体的网状数据库系统对数据操纵都加了一些限制，具体如下：

① 支持码的概念，码唯一地标识一条记录，数据库中不允许有重复的记录；

② 保证一个联系中双亲记录和子女记录之间是一对多的联系；

③ 可以支持双亲记录和子女记录之间某些约束条件。有些子女记录要求双亲记录存在才能插入，双亲记录删除时也连同删除。

（3）网状模型的优点

网状模型保留了许多层次数据库模型的优点。同时，它也对层次数据库进行了改进：数据访问比较灵活、提高了数据库的完整性、数据独立性高、符合标准。

（4）网状模型的缺点

相对层次模型，网状模型取得了重大进步，但它仍然存在一些致命的缺点：系统过于复杂、缺乏结构独立性、用户不容易掌握和使用。

3．关系模型

关系模型是目前最重要的一种数据模型。关系数据库系统采用关系模型作为数据的组织方式。

1970 年美国 IBM 公司 San Jose 研究室的研究员 E.F.Codd 首次提出了关系数据库系统的关系模型，开创了数据库关系方法和关系数据理论的研究，为数据库技术奠定了理论基础。由于 E.F.Codd 的杰出工作，他于 1981 年获得 ACM 图灵奖。

20 世纪 80 年代以来，计算机厂商新推出的关系数据库管理系统几乎都支持关系模型。非关系模型的产品也大都加上了关系接口。数据库领域当前的研究工作也都是以关系方法为基础。在 2.2 节将详细讲解关系数据模型。

4．面向对象模型

随着计算机技术的飞速发展，新的应用领域不断出现，对数据处理技术也提出了更高的要求。例如，在计算机辅助设计（CAD，Computer Aided Design）中的图形数据，以及多媒体应用中的图像、声音和文档等诸多数据形式中，一个对象需要由多个属性来描述，其中某些属性本身又是另一个对象，它也有自身的内部结构，从而可构成复杂对象。为了能够处理这样的数据，就产生了面向对象数据模型（OODM）。

面向对象数据模型是捕获在面向对象程序设计中所支持的对象语义的逻辑数据模型。它是持久的和共享的对象集合，具有模拟整个解决方案的能力。面向对象数据模型把实体表示为类，一个类描述了对象属性和实体行为。但和实体不同的是，一个对象所包含的信息不只是对象内部事实之间的联系，也包括它和其他对象的联系。因此，对象里的事实被赋予了更多的语义。例如，医生类不仅含有医生的属性（比如医生编号、医生姓名和工资等），还包含模仿医生行为（如开处方）的过程。类-对象的实例对应于医生个体。在对象内部，类的属性用特殊值来区分每个医生（对象），但所有对象都属于类，共享类的行为模式。面向对象数据库通过逻辑包含（Logical Containment）来维护联系，它是面向对象概念与数据库技术相结合的产物。

2.2 关系数据模型

1970 年 IBM 的研究员 E.F.Codd 在《大型共享数据银行的关系模型》中提出了关系模型的概念。后来 Codd 又陆续发表多篇文章，奠定了关系数据库的基础。

关系数据模型统一用关系表达实体及实体间的联系。关系模型中无论是实体还是实体间的联系均由单一的结构“类型-关系”来表示。在实际的关系数据库中的关系也称为表。一个关系数据库就是由若干个表组成。关系数据模型主要由三部分组成：关系数据结构，关系数据操作、关系完整性约束。

2.2.1 基本概念

关系模型是由一组相互联系的关系组成的。在关系模型中，实体和实体间的联系都是通过关系来表示的。关系模型的中心是关系（Relation）。一个关系是模式（Schema）和该模式实例（Instance）的组合。

1．关系实例

关系实例只是由命名的若干列和行组成的表格。一般情况下，用关系指代实例。关系中的列称为属性，行称为元组，类似于文件中的记录。但元组与文件记录的不同之处是，所有的元组的列数相同，并且一个关系中不存在两个相同的元组。关系实例中元组的数目称为基数（Cardinality）。

表 2.1 所示为医生关系的一个实例。由于关系是元组的集合，所以元组的次序是无关紧要的。

表 2.1 医生关系的示例①

Dno	Dname	Dsex	Dage	Ddeptno	Dlevel	Dsalary
140	郝亦柯	男	28	102	医师	1800
21	刘伟	男	43	103	副主任医师	2800
368	罗晓	女	27	102	主治医师	2000
73	邓英超	女	43	201	主任医师	3200
82	杨勋	男	36	101	副主任医师	2800

2．关系模式

关系模式是对关系的描述，一个关系模式（Relation Schema）包括如下部分：

① 关系名。关系名在数据库中必须唯一；

② 关系中属性的名字及相关联的域名。属性名是赋予关系实例中列的名字。关系中所有的列都必须被命名，且同一关系中的列不能重名。域名是为定义好的值集所赋予的名字。在编程语言中，域名通常为数据类型；

③ 完整性约束。它是施加在该关系模式实例上的限制。

3．关系数据库

在一个给定的应用领域中，所有实体及实体之间联系的关系集合构成一个关系数据库。关系数据库也有型和值之分。关系数据库的型称为关系数据库模式，是对关系数据库的描述。关系数据库的值是这些关系模式在某一时刻对应的关系实例的集合，通常简称为关系数据库。

关系数据库是关系的有限集合。因为关系由两部分组成，所以关系数据库也是由两部分组成，即关系模式的集合以及对应的关系实例的集合。关系模式的集合称为数据库模式，对应的关系实例集合称为数据库实例。

2.2.2 关系数据模型的数据结构

关系模型就是用二维表的形式表示实体和实体间联系的数据模型。关系数据模型中，实体和实体之间的联系是通过关系来表示的。关系是关系模型的唯一数据结构。关系模型是一张二维表格，在二维表中存放的数据包括以下两种：一是实体本身的数据，二是实体间的联系。

---

① 此处的医生关系仅作为一个示例。这个关系的模式存在很多问题，在第 8 章中将给出详细分析。

表2.2所示为医生与患者的关系模型。在这个关系模型中有三个关系。患者关系中的Pno是关键字，给出一个患者编号就唯一地确定一个患者。同样，Dno也是关键字，不同的Dno代表不同的医生。这个关系模型表示了医生和患者之间的关系。

在关系数据模型中，无论是实体还是实体之间的联系，都是由单一的结构类型即关系来表示的。关系的概念是关系模型的核心。现将关系模型中的一些基本术语解释如下。

① 关系：关系是笛卡儿积的一个有意义的子集。每个关系都有一个关系名。一个关系就是一张二维表，通常将一个没有重复行和重复列的二维表看成一个关系。表2.2所示的三个关系为三张二维表。

表2.2 医生与患者的关系模型

Pno	Pname	Psex	Page	Pino	Pid
161	刘景	男	66	120167699	678112194103088610
181	陈禄	男	69	120400180	546102193808151119
201	曾华	女	75	080092007	123111193209013373
421	傅伟相	男	60	070023515	490102194705172312
481	张珍	女	54	120043267	345112195312068920
501	李秀	女	71	069201544	334111193604154525

(a) 患者信息表

Dno	Dname	Dsex	Dage	Ddeptno	Dlevel	Dsalary
140	郝亦柯	男	28	102	医师	1800
21	刘伟	男	43	103	副主任医师	2800
368	罗晓	女	27	102	主治医师	2000
73	邓英超	女	43	201	主任医师	3200
82	杨勋	男	36	101	副主任医师	2800

(b) 医生信息表

DGno	Pno	Dno	Symptom	Diagnosis	DGtime	Rfee
1645	481	140	呼吸道感染	伤风感冒	2007-7-21 01:12:01	3
2170	201	21	皮肤和软组织感染	细菌感染	2007-7-22 10:10:03	5
3265	161	82	胃溃疡	螺杆菌感染	2007-7-23 10:59:42	5
3308	181	82	消化不良	胃病	2007-7-23 11:11:34	5
3523	501	73	心力衰竭	高血压	2007-7-23 02:01:05	7
7816	421	368	肾盂结石	肾结石	2008-1-8 05:17:03	3

(c) 就诊信息表

关系是一种规范化的二维表，应满足如下3个条件：

- 关系表中的每一列都是不可再分的基本属性；
- 表中各属性不能重名；
- 表中的行列次序并不重要，即可以交换行、列的前后顺序。

② 元组：表中的一行（即一个记录），表示一个实体。关系是由元组组成的。

③ 属性：二维表中的每一列在关系中称为属性。每个属性都有一个属性名。属性值则是各元组属性的取值。例如，在表2.2的(a)表中的属性有“Pno”、“Pname”、“Psex”、“Page”、“Pino”、“Pid”。

④ 域：属性的取值范围称为域。域作为属性的值的集合，其类型与范围由属性的性质及其所表示的意义具体确定。同一属性只能在相同域中取值。例如，在患者信息表中，属性“Psex”的域取值为“男”和“女”。

⑤ 度：属性域的个数称为关系的目或度。例如，表 2.2(a)中的目为 6。当度数为 1 时，称该关系为单元关系；度为 2 时，称为二元关系。

⑥ 分量：元组中的一个属性值。

⑦ 键：关系中能唯一区分不同元组的属性或属性组合，称为关系的一个键（Key），或者称为关键字或码。需要强调的是，关键字的属性值不能取"空值"。所谓空值就是"不知道"或"不确定"的值，因而空值无法唯一地区分元组。例如，在表 2.2(a)表中，"Pno"为该关系的键，因为患者编号不允许重复，它的每个值能唯一地把每个患者元组区分开来，而"Pname"则不能作为关键字，因为患者中可能出现重名。

⑧ 候选键：关系中能够成为关键字的属性或属性组合可能不是唯一的。凡在关系中能够唯一区分确定不同元组的属性或属性组合，称为候选键（Candidate Key）。候选键的特征主要包括两点：唯一性和最小性。唯一性指关系 R 的任意两个不同元组，其属性值不同。最小性是指组成关系键的属性集中，任一属性都不能从属性集中删除，否则破坏唯一性。

例如，在表 2.2(a)中，Pno 肯定为一个候选键，如果规定患者名不允许重名，则 Pname 也是患者关系的一个候选键，那么这个患者关系就有两个候选键存在。

包括在候选键中的属性称为主属性(Prime Attribute)，不包括在任何候选键中的属性称为非主属性。

在最简单的情况下，候选键只包含一个属性。在最极端的情况下，关系模式的所有属性是这个关系模式的候选键，称为全码（All Key）。

⑨ 主键：当一个关系中有多个候选键的时候，则从中选定一个作为关系的主键（Primary Key），关系中主关键字是唯一的。每个关系中都必定有且只有一个主键。

若一个关系有多个候选键，其中任何一个都可以做主键（不一定只是含有一个属性）。

如上所述，Pno 和 Pname 都是候选键，可以从中任选一个作为该关系的主键，可以选择 Pno 作为主键。

⑩ 外键：设 F 是关系 R 中某个属性或属性组合而并非该关系的键，但 F 却是另一个关系 S 的主键，则称 F 为关系 R 的外键（Foreign Key）。其中，关系 R 称为参照关系（Referencing Relation），关系 S 称为被参照关系（Referenced Relation）。关系 R 和 S 既可以是同一个关系，也可以是不同的关系。被参照关系 S 的主键和参照关系 R 的外键 F 必须定义在同一个（或一组）域上，R 中的外键并不一定要与 S 中的主键同名，当外键与相应的主键属于不同关系时，往往取相同的名字，以便于识别。

例如，表 2.2 所示的患者与医生的关系模型中，Dno 并不是表 2.2(c)处方信息表的主键，但它是表 2.2(b)医生信息表的关系主键，于是称它为处方信息表的外键。通过这个外键，处方信息表与医生信息表之间则可以联系起来。

⑪ 关系模式：即对关系的描述，它是型，是静态的，一般表示为：

关系名（属性 1, 属性 2, …, 属性 n）

2.2.3 数据操作

关系操作采用集合操作方式，即操作的对象和结果都是集合。这种操作方式也称为一次一集合的方式。相应地，非关系数据模型的数据操作方式则称为一次一记录的方式。模型中常用的关系操作包括两类：查询和更新操作。查询操作用于各种检索操作，更新操作用于插入、删除和修改等操作。

早期的关系操作能力通常用代数方式或逻辑方式来表示，分别称为关系代数和关系演算。关系代数是用对关系的运算来表达查询要求的。关系演算是用谓词来表达查询要求的。关系演算，可按谓词变元的基本对象是元组变量还是域变量，分为元组关系演算和域关系演算。关系代数、元组关系演算和域关系演算三种语言在表达能力上时完全等价的，均是抽象的查询语言。此外，还有一种介于关系代数和关系演算之间的结构化查询语言（SQL，Structed Query Language）。SQL 不仅具有丰富的查询功能，而且具有数据定义和数据控制功能，是集数据查询语言（DQL，Data Query Language），数据定义语言（DDL，Data Definition Language），数据操作语言（DML，Data Manipulate Language）和数据控制语言（DCL，Data Control Language）于一体的关系数据语言。因此，关系数据语言可以分为三类：

① 关系代数语言，如 ISBL；

② 关系演算语言，包括元组关系演算语言（如 APLHA，QUEL）和域关系演算语言（如 QBE）；

③ 具有关系代数和关系演算双重特点的语言，如 SQL。

用户可以通过一种数据库语言来完成对数据的各种操作。关系数据库所使用关系语言是数据库语言的一种，是关系数据库管理系统（RDBS）提供的对关系进行各种操作的语言。其特点是高度非过程化，即用户只需说明“做什么”而不必说明“怎么做”。用户不必请求数据库管理员为其建立特殊的存取路径。存取路径的选择是由数据库管理系统（DBMS）自动完成的。这也是关系数据库的主要优点之一。

2.2.4 数据约束

通常可以将关系数据库的约束划分为以下三类：

① 数据模型中固有的约束。例如，要求关系中不能出现重复元组的约束就是一个固有约束；

② 可以在数据模型的模式中直接表述的约束，通常用 DDL 加以指定。关系模型的完整性约束就是可以在模式中直接表述的约束；

③ 不能在数据模型的模式中直接表述的约束，因此必须由应用程序表示和执行。

另一类重要的约束是数据依赖，这包括函数依赖和多值依赖。它们主要用于测试关系数据库设计的好坏，并在一个称为规范化的过程中使用，这部分内容将在第 8 章中进行介绍。

2.2.5 关系数据模型的优缺点

网状数据模型和层次数据模型已经很好地解决了数据的集中和共享问题。但是在数据独立性和抽象级别上仍有很大欠缺。与层次模型和网状模型不同的是，层次模型和网状模型都基于某种记录结构，而关系数据模型是以集合论中的关系概念为基础发展起来的，有坚实的理论基础，抽象级别比较高，而且简单清晰，便于理解和使用。关系数据模型没有指针、树、链表等这些底层技术细节。但是完全具有层次、网状数据模型的表达能力。因此很快取代层次、网状数据模型，成为目前占主导地位的数据模型。

与网状数据模型和层次数据模型相比，关系数据模型的优点主要有以下几点：

① 关系模型与非关系模型不同，它是建立在严格的数学概念的基础上的。

② 无论实体还是实体之间的联系都用关系来表示。对数据的检索结果也是关系（即表），概念单一，其数据结构简单、清晰。

③ 关系模型的存取路径对用户透明，从而具有更高的数据独立性，更好的安全保密性，简化了程序员的工作和数据库开发建立的工作。

④ 关系模型具有丰富的完整性，如实体完整性、参照完整性和用户定义的完整性，大大降低了数据的冗余和数据不一致的概率。

但是关系数据模型也具有一定的缺点。例如，对“现实世界”实体的表达能力弱，不能很好的支持业务规则。当然最主要的缺点是，由于存取路径对用户透明，查询效率往往不如非关系数据模型。因此，为了提高性能，必须对用户的查询请求进行优化，从而增加了开发数据库管理系统的负担。

2.3　关系

关系数据库是一种在二维表中存储信息的数据库，是建立在关系数据模型基础上的数据库。使用两个表中的匹配值将一个表中的数据与另一个表中的数据相关。在关系数据库中，通常只存储特定类型的数据。

在关系模型中，实体以及实体间的联系都是用关系表示的，可以用二维关系表达实体间的联系。

2.3.1　域、笛卡儿积和关系

1．域（Domain）

域是一组具有相同数据类型的值的集合。

例如，自然数、整数、实数、长度小于 25 字节的字符串的集合、大于等于 0 小于等于 100 的正整数等，都可以是域。

域中所包含的值的个数称为域的基数。

2．笛卡儿积（Cartesian Product）

给定一组域 $D_1, D_2, \cdots, D_n$，这些域中可以有相同的域。$D_1, D_2, \cdots, D_n$ 的笛卡儿积为：

$$D_1 \times D_2 \times \cdots \times D_n = \{(d_1, d_2, \cdots, d_n) | d_i \in D_i,\ i = 1, 2, \cdots, n\}$$

其中，每一个元素$(d_1, d_2, \cdots, d_n)$叫作一个 n 元组（n-tuple），元组中每一个值 d_i 叫作一个分量。

若 $D_i(i = 1, 2, \cdots, n)$为有限集，其基数为 $m_i\ (i = 1, 2, \cdots, n)$，则 $D_1 \times D_2 \times \cdots \times D_n$ 的基数 M 为：

$$M = \prod_{i=1}^{n} m_i$$

例如，给出三个域：

D_1 = name = {刘伟，罗晓，杨勋}

D_2 = level = {主治医师，主任医师}

D_3 = department = {门诊部，消化内科}

则 D_1、D_2、D_3 的笛卡儿积为 D：

$D = D_1 \times D_2 \times D_3$ = {(刘伟，主治医师，门诊部), (刘伟，主治医师，消化内科), (刘伟，主任医师，门诊部), (刘伟，主任医师，消化内科), (罗晓，主治医师，门诊部), (罗晓，主治医师，消化内科), (罗晓，主任医师，门诊部), (罗晓，主任医师，消化内科), (杨勋，主治医师，门诊部), (杨勋，主治医师，消化内科), (杨勋，主任医师，门诊部), (杨勋，主任医师，消化内科)}

D 的基数为 $3 \times 2 \times 2 = 12$，即 $D_1 \times D_2 \times D_3$ 共有 12 个元组。这 12 个元组可列成一张二维表，如表 2.3 所示。

表 2.3　二维表

Name	Level	Department
刘伟	主治医师	门诊部
刘伟	主治医师	消化内科
刘伟	主任医师	门诊部
刘伟	主任医师	消化内科
罗晓	主治医师	门诊部
罗晓	主治医师	消化内科
罗晓	主任医师	门诊部
罗晓	主任医师	消化内科
杨勋	主治医师	门诊部
杨勋	主治医师	消化内科
杨勋	主任医师	门诊部
杨勋	主任医师	消化内科

3．关系

笛卡儿积 $D_1 \times D_2 \times \cdots \times D_n$ 的子集叫作在域 D_1，D_2，…，D_n 上的 n 元关系（Relation）。用 R（D_1，D_2，…，D_n）表示，R 是关系名，n 是关系的目或度。

关系中的每个元素是关系中的元组，通常用 t 表示。关系是笛卡儿积的有一定意义的、有限的子集，所以关系也是一个二维表。表的每一行对应一个元组，表的每一列对应一个域。由于域可以相同，为了加以区分，必须对每列起一个唯一的名字，称为属性。n 目关系有 n 个属性。当 $n=1$ 时，称该关系为单元关系，当 $n=2$ 时，称该关系为二元关系。

关系可以有三种类型：基本关系（通常又称为基本表）、查询表和视图表。基本表是实际存在的表，它是实际存储数据的逻辑表示。查询表是查询结果对应的表。视图表是由基本表或其他视图导出的表，是虚表，不对应实际存储的数据。

2.3.2 关系的性质

一个关系通常有如下性质：

- 有一个关系名，它跟关系模式中所有其他关系不重名；
- 关系中的每一个分量都必须取原子值，即每一个分量都必须是不可分的数据项；
- 同一属性名下的各个属性值都取自相同的域，是同一数据类型；
- 每个属性都有一个不同的名字，不同的属性可以来自同一个域；
- 任意两个元组的候选码不能相同，不存在重复元组；
- 属性的顺序并不重要，可以任意交换；
- 理论上讲，元组的顺序并不重要。

现在说明这些约束的含义，参见表 2.1 所示的医生关系示例。因为每个单元格中只能包含一个值，那么在一个单元格中存储两名医生的编码就是非法的。换句话说，不允许“表中有表”。满足这一性质的关系称为第一范式关系。

在每一列的顶端所给出的列名与关系的各个属性相对应。医生的姓名都取自字符域，医生编号的值就不能出现在这一列中。关系中不存在重复的元组，例如（368, 罗晓, 女, 27, 102, 主治医师）这一行就只能出现一次。

如果将属性名与相应的属性取值一起向前移动，就可以对列进行交换。如果把医生编号和医生姓名交换，所得到的表仍代表同样的关系。同样，元组的顺序也可以交换，因此，医生罗晓和杨勋所在的元组相互交换位置，而关系仍是同一关系。

2.3.3 关系模式

关系模式（Relation Schema）是型，关系是值。关系模式是一个五元组，形式化定义为：

$$R\ (U, D, \mathrm{DOM}, F)$$

其中，R 为关系名，U 为组成该关系的属性名集合，D 为属性组 U 中属性所来自的域，DOM 为属性向域的映像集合，F 为属性间数据的依赖关系集合。

通常，关系模式可以简记为 R（U）或 R（$A_1, A_2, \cdots, A_n$）。其中，R 为关系名，$A_1, A_2, \cdots, A_n$ 为属性名。而域名及属性向域的映像常常直接说明为属性的类型、长度。

例如，表 2.2 中(a)可描述为：Patient（Pno, Pname, Psex, Page, Pino, Pid）。

一个关系模式实际上确定了这个关系的二维表形式。关系既可以用二维表格来描述，也可以用数学形式的关系模式来描述。一个关系模式对应一个关系的结构。

关系数据库通常都包含多个关系，而且这些关系中的元组会以多种不同的形式彼此关联。关系数据库模式 S 包含关系模式的集合 $S=\{R_1, R_2, \cdots, R_m\}$ 和完整性约束的集合 IC。表 2.4 所示为一个关系数据库模式，记作 HIS={Dept,Doctor,Patient,Diagnosis}。带下画线的表示主键。

表 2.4 HIS 关系数据库模式的模式图

Patient

Pno	Pname	Psex	Page	Pino	Pid

Doctor

Dno	Dname	Dsex	Dage	Ddeptno	Dlevel	Dsalary

Diagnosis

DGno	Pno	Dno	Symptom	Diagnosis	DGtime	Rfee

Dept

DeptNo	DeptName	ParentDeptNo	Manager

在表 2.4 中，Patient 和 Diagnosis 中的病人编号（Pno）属性代表同一现实世界概念。这个概念在 HIS 模式中的其他关系里也可以表示为不同的属性名。

2.3.4 关系完整性

每个关系 DBMS 都必须有一个数据定义语言（DDL）来定义关系数据库模式。要为数据库模式指定完整性约束，并希望此模式的所有有效数据库状态都保证这个约束。完整性约束通常认为是数据库模式的一个组成部分。

因为每个属性都具有一个关联的域。因此存在这样的约束，它用来限定关系中各个属性的取值集合。另外，还有实体完整性和引用完整性作为关系模型的主要规则。在定义这些术语前，我们有必要对空值（NULL）的概念有所了解。

1. 空值

空值代表当前不知道或是对这个元组不可用的一个属性值。空值是处理不完整或异常数据的一种方法。但空值并不等于零值，或者空格所组成的字符串。零值和空格都是实际存在的值，而空值则表示没有这么一个值。因此，应该将空值与其他值区别对待。

2. 实体完整性

实体完整性指表中行的完整性。要求表中的所有行都有唯一的标识符，称为主关键字。主关键字是否可以修改，或整个列是否可以被删除，取决于主关键字与其他表之间要求的完整性。实体完整性规则规定基本关系的所有主关键字对应的主属性都不能取空值。例如，医生关系 Doctor（Dno, Dname, Dsex, Dage, Ddeptno, Dlevel,Dsalary）中，Dno 是主关键字，则 Dno 属性都不能为空值。

对于实体完整性，有如下规则：

① 实体完整性规则针对基本关系。一个基本关系表通常对应一个实体集。例如，医生关系对应医生集合。

② 现实世界中的实体是可以区分的，它们具有一种唯一性质的标识。例如，医生的编号，患者的编号等。

③ 在关系模型中，主关键字作为唯一的标识，且不能为空值。

3. 参照完整性

简单地说，参照完整性就是表间主键与外键之间的引用规则。

参照完整性规则若属性（或属性组）F 是基本关系 R 的外键，它与基本关系 S 的主键相对应（基本关系 R 和 S 不一定是不同的关系），则对于 R 中每个元组在 F 上的值必须为——或者取空值（F 的每个属性值均为空值），或者等于 S 中某个元组的主键值。

参照完整性表现为：对于永久关系的相关表，在更新、插入或删除记录时，如果只改其一不改其二，就会影响数据的完整性。例如，修改父表中关键字值后，子表关键字值未做相应改变；删除父表的某记录后，子表的相应记录未删除，致使这些记录称为孤立记录；对于子表插入的记录，父表中没有相应关键字值的记录等。

4．用户自定义完整性

实体完整性主要是针对关系的主关键字和外部关键字取值必须有效而做出的约束。用户定义完整性则是根据应用环境的要求和实际的需要，对某一具体应用所涉及的数据提出约束性条件。例如，某个属性必须取唯一值，规定某个属性的取值范围等。这一约束机制一般不应由应用程序提供，而应由关系模型提供定义并检验。用户定义完整性主要包括字段有效性约束和记录有效性。

2.4 关系代数和关系演算

Codd 在 1971 年将集合运算和关系演算定义为关系语言的基础。非严格说，可以将集合运算描述为一种过程式语言，可以用它告诉 DBMS 如何从数据库一个或多个关系中构建新关系。同样，可以将关系演算看成是一种非过程式语言：它用公式给出由数据库中一个或多个关系构成的新关系定义。

2.4.1 关系代数

关系代数是一个由各种运算组成的系统，每种运算以一个或两个关系作为输入，生成一个新的关系作为输出结果。任何一种运算都是将一定的运算符作用于一定的运算对象上，得到预期的运算结果。所以，运算对象、运算符、运算结果是运算的三大要素。

将关系运算作用于一个或多个关系，总是生成一个新的关系。这个新生成的关系可被其他的运算用来进行进一步的操作。如果任何对对象进行的操作生成的结果仍在这个集合中，则一组对象和运算符构成的集合是封闭的。因此，关系和关系运算符构成的集合是封闭。可以利用闭包性质来构造复杂的关系表达式，将其中一种操作的结果作为另一种操作的操作数。这些操作序列就构成了查询语句，可以从数据库中提取信息。

关系代数用到的运算符包括四类：专门的集合运算符，专门的关系运算符，比较运算符和逻辑运算符，如表 2.5 所示。

表 2.5 关系代数运算符

运算符		含义	运算符		含义
专门的集合运算符	∪ − ∩ ×	并 差 交 笛卡儿积	比较运算符	> ≥ < ≤ = ≠	大于 大于等于 小于 小于等于 等于 不等于
专门的关系运算符	σ π ∞ ÷ ρ	选择 投影 连接 除 更名	逻辑运算符	¬ ∧ ∨	非 与 或

关系代数是与关系模型有关的查询语言。通过对关系的运算来表达查询，其操作对象是关系，操作结果亦为关系。每个操作符接受一个或二个关系实例作为参数，并返回一个关系实例作为结果。下面通过关系代数来说明关系操作是如何实现的。

关系代数中的操作可分为三类。

- 传统的集合运算：并、差、交、笛卡儿积；
- 专门的关系运算：投影、选择、连接、除、更名；
- 扩展的关系运算：广义投影、聚集函数和分组、递归闭包。

1．传统的集合运算

传统集合运算都是二目运算，包括并、差、交和笛卡儿积四种运算。

设关系 R 和 S 具有相同的关系模式，t 是元组变量，$t \in R$ 表示 t 是 R 的一个元组。则并、差、交和笛卡儿积运算定义如下：

（1）并运算

R 和 S 的并是由属于 R 或属于 S 的元组构成的集合，记为：

$$R \cup S = \{t \mid t \in R \vee t \in S\}$$

式中，“$\cup$”为并运算符。并运算就是把两个关系中的所有元组集合在一起，形成一个新的关系。由于关系中的元组是集合运算，所以相同的元组不能在关系中重复出现。

（2）差运算

R 和 S 的差是由属于 R 但不属于 S 的元组构成的集合，记为：

$$R - S = \{t \mid t \in R \wedge t \notin S\}$$

式中，“$-$”为差运算符。

（3）交运算

R 和 S 的交是由既属于 R 又属于 S 的元组构成的集合，其结果关系仍为 n 目关系，记为：

$$R \cap S = \{t \mid t \in R \wedge t \in S\}$$

式中，“$\cap$”为交运算符。关系的交可以用差来表示，即

$$R \cap S = R - (R - S) = S - (S - R)$$

（4）笛卡儿积运算

两个分别为 n 目和 m 目的关系 R 和 S 的笛卡儿积是一个（$n+m$）列的元组的集合。元组的前 n 列是关系 R 的一个元组，后 m 列是关系 S 的一个元组。若 R 有 k_1 个元组，S 有 k_2 个元组，则关系 R 和关系 S 的笛卡儿积有 $k_1 \times k_2$ 个元组。记作：

$$R \times S = \{\widehat{t_r t_s} \mid t_r \in R \wedge t_s \in S\}$$

因为笛卡儿乘积生成关系的属性是参与运算的各个关系属性的并，所以可能会存在一个问题：如果在两个或多个操作数中出现相同的属性名，则只会有一个属性副本出现在并的结果中。若想让所有操作数的属性都出现在结果中（甚至当各个操作数有重名属性时），则可以对笛卡儿乘积操作加以限制，将之限制到不含相同属性名的关系中。如果有必要，可以采用更名的办法来做到这一点。如果两个关系不含相同的属性，则称它们是“笛卡儿乘积相容的”。

笛卡儿乘积中属性的顺序是没有意义的。从这一点来看，关系上的笛卡儿乘积不同于数学上的笛卡儿乘积。

【例 2-1】 给定以下三个关系 R_1 和 R_2、R_3，如表 2.6～表 2.8 所示，求（1）$R_1 \cup R_2$、（2）$R_1 - R_2$、（3）$R_1 \cap R_2$、（4）$R_1 \times R_3$。

表 2.6　R_1

患者编号	患者姓名	患者性别	患者年龄	社会保险号
206001	金荣	男	24	500230241
206002	丁冬	男	21	301236542
206003	唐雯	女	50	250413692

表2.7 R_2

患者编号	患者姓名	患者性别	患者年龄	社会保险号
206004	李华林	男	65	111425255
206003	唐雯	女	50	250413692

表2.8 R_3

患者编号	电话类型	电话号码
206001	家庭电话	85639456
206003	手机	1301525xxxx

（1）$R_1 \cup R_2$

查询结果为：(206001, 金荣, 男, 24, 500230241)、(206002, 丁冬, 男, 21, 301236542)、(206003, 唐雯, 女, 50, 250413692)、(206004, 李华林, 男, 65, 111425255)。

（2）$R_1 - R_2$

查询结果为：(206001, 金荣, 男, 24, 500230241)、(206002, 丁冬, 男, 21, 301236542)。

（3）$R_1 \cap R_2$

查询结果为：(206003, 唐雯, 女, 50, 250413692)。

（4）$R_1 \times R_3$

查询结果如表2.9所示。

表2.9 $R_1 \times R_3$

患者编号	患者姓名	患者性别	患者年龄	社会保险号	患者编号	电话类型	电话号码
206001	金荣	男	24	500230241	206001	家庭电话	85639456
206001	金荣	男	24	500230241	206003	手机	1301525xxxx
206002	丁冬	男	21	301236542	206001	家庭电话	85639456
206002	丁冬	男	21	301236542	206003	手机	1301525xxxx
206003	唐雯	女	50	250413692	206001	家庭电话	85639456
206003	唐雯	女	50	250413692	206003	手机	1301525xxxx

传统的集合运算将关系看成元组的集合。其运算是从关系的“水平”方向即行的角度来进行。而专门的关系运算不仅涉及行而且涉及列。比较运算符和逻辑运算符是用来辅助专门的关系运算符进行操作的。

2. 专门的关系运算

专门的关系运算包括选择、投影、连接、除和更名运算。

（1）选择运算

选择即从关系中找出满足给定条件的所有元组。

选择运算是对单个关系施加的运算。其中的条件是以逻辑表达式给出的，该逻辑表达式的值为真的元组被选取。这是从行的角度进行的运算，即水平方向抽取元组。经过选择运算得到的结果可以形成新的关系。其关系模式不变，但其中元组的数目小于或等于原来的关系中的元组的个数，它是原关系的一个子集。

使用“选择”运算符，可以提取关系水平方向的切片。选择运算符用σ_b表示，这里b给出了用来提取关系水平切片的布尔谓词。

选择运算记为：

$$F(R) \equiv \{x \mid x \in R \mid x \text{满足} F\}$$

其中，F是一个条件，有以下三部分组成：运算对象、算术比较符、逻辑运算符。

一个关系和选择运算符σ_b是相容的，如果选择运算符σ_b中的谓词b只涉及常数和这个关系中的属性。选择运算符只能用于与之相容的关系。

【例2-2】在表2.10所示患者信息表中，利用选择运算把30岁以下男患者找出来。

σ（患者性别 ='男'）∧（患者年龄< '30'）(R) =（206001，金荣，男，24，500230241）、（206002，丁冬，男，21，301236542）

得到的新关系 $\sigma_F(R)$，如表 2.11 所示。

表 2.10　患者信息表 R

患者编号	患者姓名	患者性别	患者年龄	社会保险号
206001	金荣	男	24	500230241
206002	丁冬	男	21	301236542
206003	唐雯	女	50	250413692
206004	李华林	男	65	111425255
206005	文娟	女	45	789256342

表 2.11　$\sigma_F(R)$

患者编号	患者姓名	患者性别	患者年龄	社会保险号
206001	金荣	男	24	500230241
206002	丁冬	男	21	301236542

（2）投影运算

从关系中挑选若干属性组成的新的关系称为投影。投影运算也是对单个关系施加的运算，这是从列的角度进行运算。经过投影运算可以得到一个新关系，其关系所包含的属性个数往往比原关系少，或者属性的排列顺序不同。如果新关系中包含重复元组，则要删除重复元组。

投影运算符 π_q 对选择运算符进行了补充。它能提取关系中的垂直部分片断。投影运算符 π_q 中的下标 q 指明了垂直选择要保留的属性名。

投影运算记作 $\pi_{i,j}(R)$，其中，i 和 j 分别是关系 R 的第 i 个和第 j 个属性。

一个关系和投影运算 π_q 是相容的，如果属性列表 q 只包含这个关系的属性。

【例 2-3】如表 2.10 所示，利用投影运算得到患者的姓名和社会保险号，投影结果如表 2.12 所示。

表 2.12　将 R_1 关系在患者姓名和社会保险号属性上投影

患者姓名	社会保险号
金荣	500230241
丁冬	301236542
唐雯	250413692
李华林	111425255
文娟	789256342

（3）连接运算

连接也称为 θ 连接。它是从两个关系的笛卡儿积中选取属性间满足一定条件的元组。连接运算从 R 和 S 的笛卡儿积 $R\times S$ 中选取（R 关系）在 A 属性组上的值与（S 关系）在 B 属性组上值满足比较关系的元组。θ 可以表示 =、<、>、„ 和 …等比较运算符中的任一个或它们中任一个的补（比如≠）。

连接运算中有两种最为重要也最为常见的连接，一种是自然连接，另一种是条件连接。

① 自然连接

自然连接是一种特殊的等值连接，它要求两个关系中进行比较的分量必须是相同的属性组，并且要在结果中将重复的属性去掉。它的形式定义为：

$$R\infty S=\{t\mid t=<t_r,t_s>t_r\in R\wedge t_s\in S\wedge t_r[B]=t_s[b]\}$$

连接运算一般是从行的角度进行的操作，但自然连接是同时从行和列的角度进行的操作。

使用笛卡儿乘积和自然连接运算，可以进行多表查询。对于一个笛卡儿乘积和自然连接的操作序列，可以按任意的顺序加以组合而得到相同的结果。

进行自然连接的步骤如下：

- 计算 $R\infty S$；
- 选择同时出现在 R 和 S 中属性相等元组；
- 去掉重复属性。

可以看出，如果两个关系没有公共属性，自然连接就是笛卡儿积。

【例 2-4】定义如表 2.13 和表 2.14 所示的两个关系 R_1 和 R_2，求 $R_1\infty R_2$。

表 2.13 R_1

A 医生姓名	B 医生性别	C 工资
郝亦柯	男	2500
刘伟	男	2850
邓英超	女	3000

表 2.14 R_2

D 职称	E 工资
医师	2500
副主任医师	2850
主任医师	3000

将关系 R_1 和 R_2 进行自然连接，结果如表 2.15 所示。

② 条件连接

条件连接就是把两个关系按照按某种条件约束以一切可能的组合方式结合在一起形成新的关系。从定义上可以看出连接运算就是在两个关系的笛卡儿积上进行的选择运算。

假定 θ 为算术运算符，则关系 R 的第 i 个属性（第 i 列）和关系 S 的第 j 个属性（第 j 列）的连接定义为：$R \underset{[i]\theta[j]}{|\times|} S = \sigma_{[i]\theta[j]}(R \times S)$。

当 θ 为“=”时的联接称为等值连接。

【例 2-5】如表 2-15 所示的关系 R_1 和 R_2，求 $R_1 \underset{C=E}{|\times|} R_2$。

先计算 $R_1 \times R_2$，在 $R_1 \times R_2$ 运算结果的基础上，选择满足 $C=E$ 的元组，结果如表 2.16 所示：

表 2.15 $R_1 \infty R_2$

A 医生姓名	B 医生性别	C 工资	D 职称
郝亦柯	男	2500	医师
刘伟	男	2850	副主任医师
邓英超	女	3000	主任医师

表 2.16 $R_1 \underset{C=E}{|\times|} R_2$

A 医生姓名	B 医生性别	C 工资	D 职称	E 工资
郝亦柯	男	2500	医师	2500
刘伟	男	2850	副主任医师	2850
邓英超	女	3000	主任医师	3000

除了以上两种常见连接外，还有半连接。它是给自然连接的第一个操作数加上投影运算，记作 $R_1 \infty R_2$。于是 $R_1 \infty R_2 = \pi_{R_1}(R_1 * R_2)$。半连接的结果只保留 R_1 的属性，R_2 只用于对 R_1 中的元组进行简化，只保留 R_1 中的那些与 R_2 有相同属性，且相同属性的取值也在 R_2 中出现的元组。

（4）除运算

在介绍除运算之前先需了解几个基本概念：分量和象集。

设关系模式为 $R(A_1, A_2, \cdots, A_n)$。它的一个关系设为 R，$t[A_i]$则表示元组 t 中相应于属性 A_i 的一个分量。

给定一个关系 $R(X, Z)$，X 和 Z 为属性组。当 $t[X]=x$ 时，x 在 R 中的象集（Images Set）为：

$$Z_x = \{t[Z] \mid t \in R, t[X] = x\}$$

它表示 R 中属性组 X 上值为 x 的诸元组在 Z 上分量的集合。

下面引入除的定义。给定关系 $R(X, Y)$和 $S(Y, Z)$，其中 X、Y、Z 为属性组。R 中的 Y 与 S 中的 Y 可以有不同的属性名，但必须出自相同的域集，Z 可以为空。R 与 S 的除运算得到一个新的关系 $P(X)$。P 是 R 中满足下列条件的元组在 X 属性列上的投影：元组在 X 上分量值 x 的象集 Y_x 包含 S 在 Y 上投影的集合。记为：$R \div S = \{t_r[X] \mid t_r \in R \wedge \pi_Y(S) \subseteq Y_x\}$

其中，Y_x 是 x 在 R 中的象集，$x = t_r[X]$。

除操作是同时从行和列角度进行运算，适合于包含了短语“对所有的”、“全部”之类的查询。

【例 2-6】如表 2.17 所示，给定两个关系 R_1、R_2，求 $R_1 \div R_2$。

在关系 R_1 中，Pid 可以取 3 个值{206001, 206002, 206003}。其中：

- 206001 的象集为{3501,3502,3503}
- 206002 的象集为{3501,3502}
- 206003 的象集为{3502}
- R_2 在 Did 上的投影为{3501,3502}

于是可以得出：206001 和 206002 的象集包含了 R_2 在 did 上的投影，即

$$R_1 \div R_2 = \{206001, 206002\}$$

表 2.17　除法操作

Pid	Did
206001	3501
206002	3501
206003	3502
206001	3502
206002	3502
206001	3503

(a) R_1

Did
3501
3502

(b) R_2

Pid
206001
206012

(c) $R_1 \div R_2$

（5）更名运算

关系代数表达式的结果不像数据库中的关系那样，关系代数表达式的结果没有可供引用的名字。具有可赋给它们名字的能力是很有用的，用小写希腊字母 ρ 表示的更名运算使得我们可以完成这一任务。对给定关系代数表达式 E，有表达式 $\rho_x(E)$
返回表达式 E 的结果，并把名字 x 赋给了它。

关系 R 自身被认为是一个（最小的）关系代数表达式。因此，也可以将更名运算运用于关系 R，这样可得到具有新名字的一个相同的关系。

更名运算的另一形式如下。假设关系代数表达式 E 是 n 元的，则有表达式

$$\rho_x(A_1, A_2, \cdots, A_n)(E)$$

返回表达式 E 的结果，并赋给它名字 x。同时将各属性更名为 $A_1, A_2, \cdots, A_n$。

例如，查询所有医生的编号、姓名及其出生年份。

$$\rho_{\text{doc\_year(医生编号, 姓名, 出生年份)}}(\pi_{\text{医生编号, 医生姓名, 2010–年龄}}(\text{医生}))$$

使用更名运算符将投影属性依次更名为医生编号、姓名和出生年份，并将该表达式的结果更名为 doc_year。

更名运算一般运用于以下情况：给属性重新命名、给表达式结果重新命名、关系的自身连接（即单个关系与自己进行连接）中，将一个关系命名为多个名称便于区分等。例如，在关系医生中，查询与刘伟职称相同的所有医生的基本信息，则需要查询医生表两次。第一次查询刘伟的职称，第二次根据该职称查询所有职称与其相同的医生的基本信息。为了便于操作，我们可以将其分别更名。

3. 关系代数操作的完备集

关系代数操作集{σ, π, ∪, −, ×}已经被证明是一个完备集（Complete Set）。换句话说，任何其他代数操作都可以用这个集合中的操作构成的操作序列来表示。例如，交操作可以使用差来表示，如下：

$$R \cap S = R - (R - S)$$

连接操作可以由笛卡儿积和投影操作来表示等。因此，由于关系代数具有强大的表达能力，各种各样的连接操作严格来说不是必需的。然而，它们作为独立操作也是很重要的，因为它们很容易使用，而且在数据库应用中非常普遍。

4. 关系代数的查询优化

关系代数表达式中经常包含大量的笛卡儿乘积和自然连接运算。这些运算很耗时，并且会产生大量的中间表。为了能高效地对查询进行相应，关系代数系统必须考虑用其他的表达式进行替换，且能生成同样的结果。将一个关系代数表达式转换为另一个具有较高效率的关系代数表达式的过程称为"查询优化"。

下面介绍关系代数表达式的优化准则：

① 提早执行选择运算。对于有选择运算的表达式，应优化成尽可能先执行选择运算的等价表达式，以得到较小的中间结果，减少运算量和从外存读块的次数。

② 合并笛卡儿积与其后的选择运算为连接运算。在表达式中，当笛卡儿积运算后面是选择运算时，应该合并为连接运算，使选择与笛卡儿积一道完成，以避免做完笛卡儿积后，需再扫描一个大的笛卡儿积关系进行选择运算。

③ 将投影运算与其后的其他运算同时进行，以避免重复扫描关系。

④ 将投影运算和其前后的二目运算结合起来，以避免为去掉某些字段再扫描一遍关系。

⑤ 在执行连接前对关系适当地预处理，就能快速地找到要连接的元组。

⑥ 存储公共子表达式。如果一个表达式中多次出现某一个子表达式，那么应该把该子表达式计算的结果预先计算和保存起来，以便以后使用，减少重复计算的次数。

查询优化是一种重写关系代数表达式的方法。它能提高查询效率，并保持表达式的功能等价。简单地运用如下两种策略能大幅度地提高查询性能：移动选择运算符，使之靠近它们的操作数；除去那些对于保持数据库路径中的连接不必要的中间表。查询优化的主要目标是减少参加笛卡儿乘积运算的操作数的个数和大小。

2.4.2 关系演算

同关系代数一样，关系演算也是一种对关系数据库内容进行操作的语言。然而，关系演算是非过程的。换句话说，关系代数用过程化的方式指定了操作序列，但是关系演算仅仅指明获得什么信息而没有指明如何获得信息。用最一般的术语解释，一个关系演算采用的查询模式为：从数据库中检索出满足条件 Y 的 X，DBMS 将条件 Y 应用到数据库中大量的元组中，一些元组满足条件而另一些元组可能不满足条件。关系演算查询语法强调的是测试条件本身而不是构造测试的过程。选择满足条件的元组需要使用谓词，它是一种当应用于候选元组时返回真（成功）或假（失败）的函数。

谓词演算研究的是谓词及谓词的逻辑组合，它在数学中已有很长的历史。关系演算是谓词演算在数据库检索问题中的自然扩展。事实上，将谓词演算应用到关系数据库中去，用最基本的判断从数据库中得出明确的事实，就是关系演算。理论上，关系代数和关系演算被证明是完全等价的。

按谓词变元的不同，关系演算可以分为元组关系演算和域关系演算。

1. 元组关系演算

元组关系演算以元组变量作为谓词变元的基本对象。每个元组变量值域通常会覆盖一个特定的数据库关系，也就是说，该变量可以从此关系中任选一个元组作为其值。元组关系演算中的查询表达式为：

$$\{t \mid \Phi(t)\}$$

该表达式的含义是使谓词 Φ 为真的元组 t 的集合。其中 t 为元组变量，表示一个定长的元组。谓词演算公式 $\Phi(t)$ 是由原子公式和运算符组成的公式。

原子公式有以下三类：

① $R(t)$。R 是关系名，t 是元组变量。

② $t[X]\theta u[Y]$。t 和 u 是元组变量，θ 是算术比较运算符。$t[X]$和 $u[Y]$分别表示 t 的 X 分量和 u 的 Y 分量。$t[X]\theta u[Y]$表示“t 的 x 分量与 u 的 Y 分量满足比较关系 θ”。

③ $t[X]\theta C$。这里 C 是常量。

例如，查询医院里面年龄大于 40 岁的医生的全部信息，其元组关系演算表达式为：

$$\{t \mid 医生(t) \wedge t[年龄] > 40\}$$

元组演算公式中，运算符的优先级有下面四项：

① 算术比较运算符=，≠，<，≤，>，≥最高；

② 存在量词∃，全称量词∀；

③ 逻辑运算符最低，按¬、∧、∨的先后次序进行；

④ 如果有括号，则括号的优先级别最高。

按照以上四项优先级的要求对原子公式进行有限次的复合，即时求得元组演算的所有公式。

下面用元组关系演算进行查询。

【例 2-7】查询医院里所有职称为'主任医师'且年龄 <45 的医生的编号、姓名和工资。

$$\{t[医生编号], t[医生姓名], t[工资] \mid (\exists t)(医生(t) \wedge t[职称] = '主任医师' \wedge t[年龄] < 45)\}$$

在演算表达式中使用全称量词、存在量词或谓词否定时，必须确保得到的表达式是有意义的。关系演算中的安全表达式使该表达式可以保证得到的结果一定是有限数目的元组否则就称该表达式是不安全的。

2．域关系演算

关系演算的另一种形式称为域关系演算。使用从属性域中取值的域变量，而不是整个元组的值。尽管如此，域关系演算同元组演算联系紧密，它是被广泛采用的 QBE 语言的理论基础。

域关系演算的表达式形式如下：

$$\{t_1, t_2, \cdots, t_n \mid F(t_1, t_2, \cdots, t_n)\}$$

其中，$t_1, t_2, \cdots, t_n$ 代表域变量，F 表示原子构成的公式。其含义为，这是一个域集合，其中每个域变量的取值关系满足公式 F 所规定的条件。

例如，查询所有医院中所有男医生的编号、姓名和技术等级。

其域关系表达式为：

$$\{t_1, t_2, t_6 \mid (\exists t_3)(\exists t_4)(\exists t_5)(\exists t_7)(医生(t_1\, t_2\, t_3\, t_4\, t_5\, t_6\, t_7) \wedge t_3 = '男')\}$$

对于关系医生，需要 7 个变量，每个变量依次覆盖各个属性的域。在 7 个变量中，首先指定请求属性编号、姓名和技术等级。其中 t_1 对应医生编号，t_2 对应医生姓名，t_6 对应技术等级。然后在竖线(|)后制定选择元组的条件。即赋予变量 $t_1\, t_2\, t_3\, t_4\, t_5\, t_6\, t_7$ 的值序列应是关系医生的一个元组，并且 t_3（性别）的值为'男'。

域关系演算与元组关系演算类似，但它们的变量变化范围不同。元组关系演算使用的变量在数据库中所有元组的范围内变化，而域关系演算使用的变量在数据库中所有的域的范围内变化。因此，尽管两者都是从数据库中提取基本事实，原子谓词的形式却不同。

2.5　习题

1．试述数据模型的概念、作用及三个要素。

2．试述各种数据模型的优缺点。

3．解释实体、属性、实体型、实体集、联系、E-R 模型的概念。

4．解释联系中涉及的基本概念：度、角色名称、递归联系、基数比、参与约束、存在约束。

5．试给出医院信息管理中三个实际的E-R 图，要求实体型之间具有一对一、一对多、多对多各种不同的联系。

6．试述关系数据库中关系的性质。

7．试述关系模型的三个组成部分。

8．试述关系数据语言的特点和分类。

9．关系模型的三个组成部分是什么？

10．试述关系模型的完整性约束条件。

关系模型有三类完整性：实体完整性、参照完整性、用户定义的完整性。

① 实体完整性规则：若属性 A 是基本关系 R 的主属性，则属性 A 不能取空值。

② 参照完整性规则：若属性（或属性组）F 是基本关系 R 的外码，它与基本关系 S 的主码 KS 相对应（基本关系 R 和关系 S 不一定是不同的关系），则对于 R 中的每个元组在 F 上的值必须为：或者取空值（F 的每个属性值均为空值），或者等于 S 中某个元组的主码值。

③ 用户定义的完整性：用户针对某一具体数据库的约束条件，它反映某一具体应用所涉及的数据必须满足的语义要求。

11．试述等值连接与自然连接的区别和联系。

12．解释如下术语：

域、笛卡儿积、关系、键、候选键、主键、外键、关系模式。

13．关系代数的基本运算有哪些？

并、差、笛卡儿积、投影和选择 5 种运算为基本的运算。其他 3 种运算，即交、连接和除，均可以用这 5 种基本运算来表达。

14．设有如表 2.18 所示关系 R 和 S。

表 2.18　关系

A	B	C
a	b	c
d	a	f
a	b	d

(a) 关系 R

B	C
b	c
b	d

(b) 关系 S

给出下列关系代数式的结果。

① $R \div S$　② $R \times S$　③ $R \infty S$　④ $\pi A, B\ (\sigma B = \text{b}(R))$

15．设有两个关系如图 2.6 所示，计算 $\prod_{A,D}(R \bowtie S)$ 的值。

R	A	B	C
	1	2	3
	4	5	6
	7	8	9

S	B	C	D
	2	4	6
	5	6	8
	8	9	3

图 2.6　两个关系

16．设图 2.7 所示的医院组织。试画出其 E-R 图，并用关系代数方法写出查询公式。

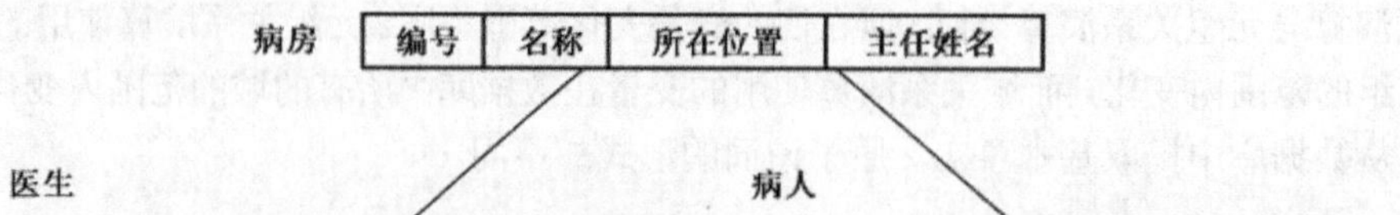

图 2.7　医院组织

① 找出管辖 7 号病房的主任姓名。

② 找出管辖病员王小慧的医生姓名。

17．针对第 1 章中习题 9，提出与该数据库实例相对应的 E-R 图及关系模式。

第 3 章 关系数据库标准语言 SQL

在第 2 章，我们介绍了如何使用关系代数进行数据操作以获取有用的数据。本章开始介绍另外一种数据操作语言 SQL。目前，SQL 作为标准化的关系数据库语言已在数百个数据库管理系统中使用，运行环境包括了从 PC 到大型主机的多种硬件平台。它的广泛应用使数据库用户受益匪浅，包括应用程序员、DBA 和终端用户。正是基于 SQL 的重要性，SQL 在本书的很多章节中都有介绍。本章重点关注关系模式的定义，数据的查询，数据的更新，视图及索引。第 4 章进一步为大家介绍如何用 SQL 实现完整性约束的定义。第 5 章使用控制命令 grant、revoke 进行权限设置。第 6 章、第 7 章涉及 SQL 语言的控制命令 commit、rollback 等。

学习目标：

- 了解使用 SQL 的目的及其重要性
- 了解 SQL 的发展历史
- 掌握用 SELECT 命令从数据库中提取数据，并熟悉选择、投影和集合等各种操作
- 掌握用 SELECT 命令完成多表连接和自连接操作
- 掌握用 SELECT 命令对数据进行分组和排序输出
- 学会使用嵌套查询
- 掌握用 INSERT、UPDATE、DELETE 进行数据更新
- 理解数据定义功能

3.1 SQL 简介

在使用 SQL 之前，有必要先了解一下 SQL 的发展历史，SQL 提供的功能及 SQL 的特点。

一般来说，用户使用数据库时需要对数据库进行各种各样的操作，例如，创建、修改数据模式；完成对数据的管理，如查询、添加、修改和删除数据。

一种数据库语言应能实现上述功能，且语法结构相对简单，易于用户掌握。SQL 作为关系数据库的标准语言具有上述特点。

3.1.1 SQL 的发展史

最早的 SQL 原型是 IBM 的研究人员在 20 世纪 70 年代开发的，该原型被命名为 SEQUEL（Structured English Query Language）。在 1976 年又出了一个改进版 SEQUEL/2，并更改名字为现在使用的 SQL（Structured Query Language）。随着 SQL 语言的发布，各数据库厂商纷纷在其产品中引入并支持 SQL 语言。20 世纪 70 年代末出现的第一个商业数据库系统 Oracle 就是以 SQL 为基础的关系 DBMS 产品。尽管大多数生产厂商对 SQL 语言的支持大部分是相似的，但它们之间仍存在一定的差异，SQL 的使用处于一种混乱的状态。

1986 年，第一个 SQL 标准 SQL—86 由美国 ANSI（American National Standards Institute）颁布的。

随后，ISO（International Standards Organization）于 1987 年采纳它为国际标准。

1989 年，ISO 对 SQL—86 做出改进，颁布了具有完整性特征的 SQL，称为 SQL—89。

在 1992 年，ISO 和 ANSI 又共同颁布了新的 SQL 标准，对 SQL—89 中存在的不足进行改进，但没有增加新的特征。这个版本称为 SQL—92，又称为 SQL2。目前，所有主要的关系数据库管理系统支持某些形式的 SQL 语言，大部分数据库遵守 ANSI SQL92 标准，支持 SQL—92 标准的一个子集/超集，并在此基础上进行了扩展。

1999 年，新颁布的 SQL:1999（又称为 SQL3）标准中增加了一些额外的特征以支持面向对象的数据管理。最新的 SQL 版本是 2003 年颁布的 SQL:2003。SQL:1999 和 SQL:2003 标准与单一级别 Core SQL 保持一致。除 Core SQL 外，SQL:1999 和 SQL:2003 将不包含在 Core SQL 中的其余的特征以包的形式出现。虽然一些商家似乎与 Core SQL 接近一致，但还没有商家宣称与 Core SQL 完全保持一致。

本书我们主要以 SQL Server 2000 使用的 SQL 语言介绍 SQL 的功能。

3.1.2 SQL 提供的功能

SQL 语言提供的功能可分为三部分，主要命令如表 3.1 所示。大多数的数据定义命令及数据控制命令只有数据库管理员才会使用到。

数据定义功能：SQL 的 DDL（Data Definition Language）提供命令定义关系模式、索引、视图；

数据操纵功能：SQL 的 DML（Data Manipulation Language）包括数据查询命令 SELECT，向数据库追加新的数据命令 INSERT，修改数据库中数据 UPDATE 命令，删除数据库中数据 DELETE 命令；

数据控制命令：SQL 的 DCL（Data Control Language）提供对关系和视图的授权命令、事务的控制命令以及并发控制中的加锁操作等。

前面给大家介绍了 HIS 系统中的一部分关系模式，本章的例子仍沿用这些关系模式：

Doctor（Dno，Dname，Dsex，Dage，Ddeptno，Dlevel，Dsalary）
Patient（Pno,Pname,Psex,Page,Pino,Pid）

Dept（DeptNo,DeptName,ParentDeptNo,Manager）
Medicine（Mno,Mname,Mprice,Munit,Mtype）
Diagnosis（DGno,Pno,Dno,Symptom,Diagnosis,DiagDateTime）
RecipeMaster（Rno,Pno,Dno,DGno,Rdatetime）
ReciprDetail（Rno,Mno,Mamount）

表 3.1　SQL 功能

SQL 功能	命　令	目　的
数据定义功能	CREATE DATABASE,TABLE,INDEX,VIEW ALTER DATABASE,TABLE	创建新的库、表、索引、视图 修改库定义、表定义
数据操纵功能	SELECT UPDATE,DELETE,INSERT	检索表中的内容 修改、删除、增加元组
数据控制功能	GRANT,REVOKE COMMIT,ROLLBACK CREATE ASSERTION CREATE TRIGGER	授予/回收用户的存取权限 提交、回滚事务 定义断言约束 定义触发器

3.1.3　SQL 的特点

1．非过程化语言

非关系数据模型的操纵语言是过程性的语言，用户在使用其进行数据库操作时必须指定存取路径。SQL 是一个非过程化的语言，不要求用户指定对数据的存放方法，用户无须了解存取路径。所有的关系型数据库系统都使用查询优化器，由查询优化器进行存取路径的选择。这种特性使用户更易集中精力于要得到的结果，提高了数据的独立性。

2．统一的语言

SQL 语言集 DDL、DML、DCL 功能为一体，能完成数据库的所有操作。用户在数据库系统运行期间可以随时根据需要修改模式，而不会像非关系数据模型的语言一样会影响数据库的运行。因此，系统具有良好的扩展性。

此外，关系模型中的实体和实体之间的联系在数据库中都使用关系表来表示的，由此带来数据操作符的统一。用户在对其进行操作的过程中无须关注他的操作对象是实体还是实体之间的联系，操作符只有一种。而在非关系模型中，用户就必须对其加以区分，以决定选择什么样的操作符。

3．面向集合的操作方式

非关系数据模型的操作语言其操作方式是面向记录的，操作对象是一条记录。而 SQL 的操作方式是面向集合的，一次操作的操作对象可以是一批元组。

4．可独立使用又可嵌入主语言使用

SQL 语言可以在带有专用编辑器的独立语言环境使用，也可以嵌入到其他计算机语言中使用。即 SQL 语言能在两种环境中使用：独立语言和嵌入式语言。在独立语言中，使用者在专用的编辑器中提交 SQL 语句。这种编辑器能检查并报告语法错误给用户，并且将 SQL 语句提交 DBMS 处理。在本章中，使用独立语言的用法。 在嵌入式语言中，可执行程序提交 SQL 语句，DBMS 返回结果给执行程序。这种程序包括 SQL 语言和主语言程序语句，主语言如 C++、Visual Basic、Delphi、PowerBuilder 等，开发工具都支持 SQL 语句的嵌入使用。

3.2 数据定义

SQL 语言支持关系数据库系统的三级模式结构。与模式、外模式和内模式相对应的对象包括表、视图、索引。因此数据的定义功能包括定义表，定义视图，定义索引。这些对象都是存储在一个数据库实例当中的。因此在定义它们之前还应先创建一个数据库实例。SQL 的数据定义语言如表 3.2 所示。

表 3.2 SQL 的数据定义语言

操作对象	操作方式		
	创　建	修　改	删　除
数据库	CREATE DATABASE	ALTER DATABASE	DROP DATABASE
表	CREATE TABLE	ALTER TABLE	DROP TABLE
视图	CREATE VIEW		DROP VIEW
索引	CREATE INDEX		DROP INDEX

大多数数据库系统不提供对视图和索引的修改功能。用户如需修改视图和索引，只能先将其删除，再重新创建。

本节只介绍数据库及表的定义，视图的定义放在 3.5 节，索引的定义在 3.6 节阐述。定义关系表时对表中完整性约束条件的描述在第 4 章专门讨论。

3.2.1 数据库的创建、修改与删除

数据库的创建一般由 DBA 来完成。ISO 标准并没有对如何创建数据库进行详细规定，因此数据库的创建过程在不同的商用数据库系统中差异较大。

在 SQL Server 中使用一组操作系统文件来映射数据库。数据库中的所有数据和对象（如表、存储过程、触发器和视图）都存储在三类操作系统文件中：

第一类是主文件，扩展名为 mdf。该文件包含数据库的启动信息及数据信息，每个数据库都有一个主文件。

第二类是次要文件，也称从文件，扩展名为 ndf。这些文件含有主文件以外的所有数据。如果主文件可以包含数据库中的所有数据，那么数据库就不需要次要文件。次要文件的主要用处是，当数据库中的数据量非常大时，需要多个次要文件来提高数据访问效率，或使用多个次要文件将数据扩展到多个不同的磁盘驱动器上。

第三类是事务日志，扩展名为 ldf。这些文件包含用于恢复数据库的日志信息。每个数据库都必须至少有一个日志文件。

1. 数据库的创建

为了创建数据库，用户必须是系统管理员或者被授权使用 CREATE DATABASE 语句。CREATE DATABASE 命令的语法形式如下：

```
CREATE DATABASE <数据库名>
[<On Primary>
    ([Name= 系统使用的逻辑名],
    [Filename= 完全限定的 NT Server 文件名],
    [Size= 文件的初始大小],
    [MaxSize= 最大的文件尺寸],
    [FileGrowth= 系统的扩展文件量])…]
    [<Log On>
    ([Name= 系统使用的逻辑名],
```

```
[Filename = 完全限定的 NT Server 文件名],
[Size = 文件的初始大小],
[FileGrowth = 系统的扩展文件量])]
```

上述语法中用到一些文法描述的常用符号，它们不是 SQL 语句的部分。这里我们简单介绍一下这些符号的含义。

尖括号（<>）中的内容表示是必须要有的。方括号（[]）中的内容表示是可选的，可出现 0 次或 1 次。花括号（{}）与省略号（…）一起，表示其中的内容可以出现 0 次或多次。竖杠（|）表示在多个选择中选择一个。

On Primary 为关键字，表明与该关键字相邻的文件为主文件。它用于存储该数据库的系统表和初始化信息，指定的其他次要文件用于保存和其他对象中的数据。

Name 为关键字，用来指定 SQL Server 使用的逻辑名称。

Filename 为关键字，用来指定完全限定的 NT Server 文件名。

Size 为关键字，用来指定文件的初始大小，默认值是 model 数据库主文件（model.mdf）的大小。

MaxSize 为关键字，用来指定最大的文件尺寸，默认值是占满整个空间。

FileGrowth 为关键字，用来指定 SQL Server 扩展文件的量，默认值是 10%。

Log On 为关键字，用来指定数据库的 SQL Server 事务日志将存储在一个与数据库对象不同的设备上。如果数据库所在的物理设备被破坏而日志还可以使用（如果该日志所在的设备没有被破坏），使用一个以前的数据库备份和一个未破坏的日志的脱机复制，可以将数据库恢复到发生故障时刻的数据库的状态。

如果在创建数据库时，只指定数据库名，而不指定其他参数，系统默认把 SQL Server 的 model 数据库定义的默认信息复制到新创建的数据库中。

【例 3-1】 如果要使用默认参数创建医院信息系统数据库 HIS，可以使用如下命令：

```
CREATE DATABASE HIS;
```

如果希望为数据库或事务日志指定一个或多个特定文件，可在 On Primary 子句后增加列出一个或者多个文件，并为这些文件的空间（以 MB 为单位）指定一个可选值，其命令形式如下：

```
CREATE DATABASE HIS
ON Primary
( NAME = HIS_DATA1,
    FILENAME = 'c:\program files\microsoft sql server\mssql\data\ HIS_DATA1.mdf',
    SIZE = 10,
    MAXSIZE = 1500,
    FILEGROWTH = 5 )
( NAME = HIS_DATA2,
    FILENAME = 'c:\program files\microsoft sql server\mssql\data\ HIS_DATA2.ndf',
    SIZE = 10,
    MAXSIZE = 500,
    FILEGROWTH = 5 )
LOG ON
( NAME = HIS_LOG,
    FILENAME = 'c:\program files\microsoft sql server\mssql\data\ HIS_LOG.ldf',
    SIZE = 5,
    MAXSIZE = 500,
    FILEGROWTH = 5 )
```

注意：如果为了提高性能和可恢复性，则可以使用 Log On 子句来指定数据库的 SQL Server 事务日志将存储在一个与数据库对象不同的设备上。

2．数据库的修改

创建数据库后，可以对其原始定义进行更改。更改包括：扩充数据库的数据或事务日志存储空间、收缩分配给数据库的数据或事务日志空间、添加或删除数据和事务日志文件、更改数据库的配置设置、更改数据库名称、更改数据库的所有者等。

注意：在更改数据库之前，有时需要使数据库退出正常操作模式，终止事务的运行。

在数据库创建之后，可以使用 ALTER DATABASE 语句为数据库增加新文件、删除或修改已有的文件。其语法如下：

```
ALTER DATABASE <数据库名>
[<Add File>
(<Name = 系统使用的逻辑名>,
[Filename = 完全限定的 NT Server 文件名],
[Size = 文件的初始大小],
[MaxSize = 最大的文件尺寸],
[FileGrowth = 系统的扩展文件量])…]
[<Modify File>
(<Name = 系统使用的逻辑名>,
[Filename = 完全限定的 NT Server 文件名],
[Size = 文件的初始大小],
[MaxSize      = 最大的文件尺寸],
[FileGrowth = 系统的扩展文件量])…]
[<Remove File><系统使用文件的逻辑名>,…]
[<Add Log File>
(<Name = 系统使用的逻辑名>,
[Filename = 完全限定的 NT Server 文件名],
[Size = 文件的初始大小],
[MaxSize = 最大的文件尺寸],
[FileGrowth = 系统的扩展文件量])…]
```

其中，Add File 用以表示按后面的文件说明，在指定的数据库中增加相应数据库文件；Modify File 用以表示按后面的文件说明，在指定的数据库中修改相应数据库文件；Remove File 用以表示在指定的数据库中，删除指定的数据库文件。但只有在文件为空时才能删除；Add Log File 用以表示按后面的文件说明，在指定的数据库中增加相应数据库日志文件。

【例 3-2】下面的语句可在医院信息系统数据库 HIS 中增加一个新数据库文件，同时要修改原数据库文件 HIS_DATA1 的最大文件尺寸为 1800MB，并且要删除医院信息系统数据库 HIS 的次要文件 HIS_DATA2。

```
ALTER DATABASE HIS
Add File
( NAME = HIS_DATA3,
    FILENAME = 'c:\program files\microsoft sql server\mssql\data\ HIS_DATA3.mdf',
    SIZE = 10,
    MAXSIZE = 1000,
    FILEGROWTH = 5 )
Modify File
( NAME = HIS_DATA1,
    FILENAME = 'c:\program files\microsoft sql server\mssql\data\ HIS_DATA1.ndf',
    SIZE = 10,
    MAXSIZE = 1800,
    FILEGROWTH = 5 )
Remove File HIS_DATA2
```

3．数据库的删除

当不再需要数据库，或者数据库数据被移到其他数据库或服务器时，即可删除该数据库。数据库删除之后，该数据库的文件及其数据都从服务器的磁盘删除。不能删除系统数据库 msdb、master、model 和 tempdb。如果在以前对系统数据库 master 进行了备份，建议在删除用户数据库后，重新备份 master 系统数据库。因为删除数据库将更新 master 中的系统表。如果用上次备份的 master 数据库进行还原，可能导致出现错误信息。

删除数据库的命令格式为：

```
DROP DATABASE 需要删除的数据库名;
```

【例 3-3】如果需要删除医院信息系统数据库 HIS，其删除操作为：

```
DROP DATABASE HIS;
```

3.2.2　基本表的定义、修改与删除

在创建了数据库之后就可以定义表结构了。在第 1 章给大家介绍关系数据库时曾指出，关系数据库的表结构由列构成。每一列表明了要存储数据的某一方面的含义，以及要存储的数据的类型。因此，在定义表结构时，必须要指明每一列的数据类型。

不同的数据库厂商提供的数据库管理系统所支持的数据类型并不完全相同，与标准 SQL 也有差异。这里，只列出标准 SQL 支持的数据类型。具体到不同的数据库产品能够使用的数据类型请查阅相关的用户手册。

1．ISO SQL 数据类型

表 3.3 是 ISO 标准所支持的数据类型。

表 3.3　SQL 数据类型

数 据 类 型	申　　明
boolean	BOOLEAN
character	CHAR ，VARCHAR
bit	BIT，BIT VARYING
exact numeric	NUMERIC，DECIMAL，INTEGER，SMALLINT
approximate numeric	FLOAT，REAL，DOUBLEPRECISION
datetime	DATE，TIME，TIMESTAMP
interval	INTERVAL
large objects	CHARACTERLARGE OBJECT，BINARY LARGE OBJECT

2．基本表的定义

表是数据库中非常重要的对象，用于存储用户的数据。表的定义通过 CREATE TABLE 命令完成，其基本语法形式如下：

```
CREATE TABLE [数据库名.][用户名.]<基表名>(
    <列名 1><列类型><列级约束>,
    <列名 2><列类型><列级约束>,
    …
    <列名 n><列类型><列级约束>,
    < 表级约束>
);
```

创建基本表时建议明确指定基本表所属的数据库，所属的用户。如果默认，则为在当前用户当前打开的数据库中创建基本表。同一数据库中，同一用户定义的基本表表名应是唯一的。

在定义表的同时还可以定义与表相关的完整性约束条件，这些完整性约束条件都会存储在系统的数据字典中。如果完整性约束只涉及表中的一列，则这些约束条件可以在“列级约束”处定义，也可以在“表级约束”处定义；若完整性约束条件涉及表中多个属性列，则必须在“表级约束”处定义。

在完整性约束定义处能够定义的约束如下。

- NOT NULL ：限制列取值非空。
- DEFAULT：指定列的默认值。
- UNIQUE：限制列取值不能重复。
- CHECK：限制列的取值范围。
- PRIMARY KEY：指定表的主键。
- FOREIGN KEY：指定表的外键。

本节只简单介绍表的基本定义以及约束中非空约束，默认值约束，唯一约束，主键约束，外键约束的实现。在第4章将详细介绍数据完整性约束的实现方法。

用 SQL 语句创建如下表：药品表 Medicine，患者表 Patient，处方主表 RecipeMaster，处方从表 RecipeDetail。其结构如表3.4～表3.7所示。

表3.4 药品（Medicine）表结构

属性名称	中文释义	类型	约束
Mno	药品编号	Char（10）	PK
Mname	药品名称	Varchar(50)	非空
Mprice	价格	Decimal(18,2)	非空
Munit	包装单位	Varchar(10)	默认值'克'
Mtype	药品类型	Char(10)	

表3.5 患者（Patient）表结构

属性名称	中文释义	类型	约束
Pno	患者编号	Char（10）	PK
Pname	患者姓名	Varchar(50)	
Psex	性别	Char(2)	
Page	年龄	Int	
Pino	社会保险号	Varchar(20)	
Pid	身份证号	Char(18)	唯一

表3.6 诊断与药品之间的处方主表（RecipeMaster）结构

属性名称	中文释义	类型	约束
Rno	处方编号	Char(8)	PK
DGno	诊断编号	Char(8)	
Rdatetime	处方时间	Datetime	

表3.7 诊断与药品之间的处方从表（RecipeDetail）结构

属性名称	中文释义	类型	约束
Rno	处方编号	Char(8)	FK，参考 RecipeMaster（Rno）
Mno	药品编号	Char(10)	FK，参考 Medicine（Mno）
Mamount	药品数量	Decimal(5,0)	

微软的 SQL SERVER 规定一个表可有1～1024个列定义。

表中通常使用一个列或列的组合，其值能唯一地标识表中的每一行。这样的一列或多列称为表的主键。主键不允许空值。当创建或更改表时可通过定义 PRIMARY KEY 约束来创建主键。一个表只定义一个主键。

当某个字段不允许为空时，则在相应字段后加上关键字 NOT NULL，默认时允许为空（NULL）。使用关键字 DEFAULT 可指定字段的默认值，格式为 DEFAULT 常量。

【例3-4】 在医院信息系统的数据库中，建立药品基本信息表 Medicine 如下：

```
CREATE TABLE Medicine (
    Mno CHAR(10) PRIMARY KEY,
    Mname VARCHAR(50) NOT NULL,
    Mprice DECIMAL(18,2) NOT NULL,
    Munit VARCHAR(10) DEFAULT '克',
    Mtype CHAR(10)
);
```

系统执行上面的 CREATE TABLE 语句后，就在数据库中建立一个新的空的“药品”表 Medicine。并将有关“药品”表的定义及相关约束条件存放在数据字典中。

若表中具有唯一标识要求的列有多个时，因每个表只能定义一个主键约束，因此可以在其他具有唯一标识功能的列上通过使用 UNIQUE 来定义唯一约束。一般来讲，每个表可以定义多个 UNIQUE 约束，并且允许定义为 UNIQUE 的列出现空值。

【例 3-5】在登记患者的基本信息时，如果要求每个患者的就诊卡有唯一的编号，患者提供的身份证号码也是唯一的，就可以在该表定义一个主键约束和一个唯一约束。创建患者基本信息表 Patient 如下：

```
CREATE TABLE Patient (
        Pno CHAR (10) PRIMARY KEY,
        Pname VARCHAR (50) ,
        Psex CHAR (2) ,
        Page INT,
        Pino VARCHAR (20) ,
        Pid CHAR(18) UNIQUE
);
```

外键约束指定外键的列与被参照表中主键列相关联。也就是说，外键的每一个值若不为空则至少能在被参照表的主键列中找到一个相同的列值。外键是在参照表上定义，当修改或删除被参照表的记录，或者在参照表上修改或插入数据时，由数据库管理系统自动进行检查。

这里只涉及外码的简单描述，详细内容见第 4 章。

【例 3-6】在医院信息系统的患者处方详细信息表中，一个处方有多种药品，一种药品可以被多个处方使用，医生处方用药必须是医院药房能提供的药品。因此，需要创建处方明细表 RecipeDetail 存储处方的详细信息；处方编号（Rno）要参照处方的主要信息表的处方编号，药品编号（Mno）需要参照药品基本信息表的药品编号。

```
CREATE TABLE RecipeMaster (
      Rno CHAR(8) PRIMARY KEY,
      DGno CHAR(8),
      Rdatetime DATETIME
);
CREATE TABLE RecipeDetail (
      Rno CHAR (8) ,
      Mno CHAR (10) ,
      Mamount DECIMAL(5, 0),
      CONSTRAINT Rnoforeignkey FOREIGN KEY(Rno) REFERENCES RecipeMaster(Rno),
      CONSTRAINT mnoforeignkey FOREIGN KEY(Mno) REFERENCES medicine(Mno)
);
```

要使 RecipeDetail 中的外码约束创建成功，必须保证 Recipemaster 和 Medicine 两个表已经存在，且已分别定义其主码为 Rno 和 Mno。

3. 基本表的修改

当创建数据库表之后，如果需求有变化，现有的表在结构方面不能满足实际需要，就需用 ALTER TABLE 命令修改基表结构。ISO 标准提供的 ALTER TABLE 语句包含 6 个方面的选择：为一个表增加新的列，删除已有的一列，增加新的约束，删除已有的约束，为一列设置默认值，删除一列的默认值。即可以通过更改类型、长度或指定默认值等来修改列的属性，也有可能需要增加、删除表的列或约束。但是，当修改列的数据类型时，如果已经有数据，只有原数据类型能够隐式转换为新的数据类型，才可对该列的数据类型进行修改，否则数据将丢失。

不同数据库产品的 ALTER TABLE 命令的格式存在差异，SQL SERVER 中该命令的基本语法格式如下：

```
ALTER TABLE 〈基表名〉
        [ ALTER COLUMN <列名> <数据类型>],
        | [ ADD   <新列名> <数据类型> <约束定义>],
        | [ DROP COLUMN <列名>],
        | [ADD [CONSTRAINT <约束名>]<约束定义>]
        | [ DROP [CONSTRAINT] <约束名>];
```

本节介绍添加、删除和修改列定义的例子，第 4 章再为大家介绍添加和删除约束的例子。

【例 3-7】在医院信息系统的数据库中，如果医院的某些药品价钱随着市场供求在不断调整，不同阶段的处方药品价钱不一样，因此在处方明细表 RecipeDetail 需要增加一列存储药品单价。

```
ALTER TABLE RecipeDetail
        ADD Price Decimal ( 5,3 );
```

注意，使用 ALTER TABLE 语句在表中增加列。如果新增列定义为 NOT NULL 列，必须用 Default 子句指定默认值。否则，当给表增加新列时，表中原有记录的新增列将自动为 NULL，这样就会违背 NOT NULL 的定义而出错。

微软的 SQL Server 数据库管理系统，允许使用 Alter COLUMN 改变列的数据类型、大小和可空性，需要注意如下几点。

① 不能修改 Tex、nText、Image 等类型的列；

② 不能修改计算的列、约束、默认值或索引中引用的列；

③ 不能对已有空值的列设为 NOT NULL；

④ 可以增加在索引引用的可变列的宽度，而且可修改带有唯一性约束或检查约束的可变列的宽度。

【例 3-8】在医院信息系统的数据库中，改变医生基本信息表中医生的年龄列数据类型。

```
ALTER TABLE Doctor
        ALTER COLUMN Dage smallint;
```

使用 ALTER TABLE 语句还可以从表中删除已有的列。但删除列之前，必须删除任何引用该列的约束，默认表达式，计算列表达式或索引。

【例3-9】在医院信息系统的数据库中，患者基本信息表中，如果患者的社会保险号没有用时，则需要删除该列。

```
ALTER TABLE Patient
        DROP COLUMN Pino;
```

4．基本表的删除

当基表建立后，由于用户需求的变化，有些基表将不再需要，可以将这些基表删除。只有基表的拥有者或有 DBA（数据库管理员）权限的用户才能执行删除操作。当删除生效之后，数据将不再存在，直接或间接地建立在该基表之上的视图将不能正常运行，与该基本表相关的所有授权将被自动撤销。

删除基表的命令如下：

```
DROP TABLE   <基表名>;
```

【例 3-10】如要删除 RecipeMaster 表，其示例如下：

```
DROP TABLE RecipeMaster;
```

3.3　数据查询

查询功能是 SQL 语言的核心功能，是数据库中使用最频繁的操作。查询语句也是 SQL 语句中比较复杂的一个语句。

SQL 中最简单的查询是找出关系中满足特定条件的元组。这种查询和关系代数中的选择操作类似。在介绍查询语句的格式之前，我们先来看一下用 SELECT、FROM 和 WHERE 表达的简单查询语句。

【例 3-11】从关系 Doctor（Dno, Dname, Dsex, Dage, Ddeptno, Dlevel, Dsalary）中找出所有主任医师级别的男医生的信息，其 SQL 语句为：

```
SELECT *
FROM Doctor
WHERE Dlevel='主任医师' and Dsex='男';
```

该查询语句显示了大部分 SQL 查询语句的结构特征，即 select-from-where 形式。它的特点如下：

① FROM 子句给出查询所引用的关系，在本例中引用的关系是 Doctor。

② WHERE 子句是一个条件子句，就像关系代数中的选择条件。引用关系中的元组应满足查询条件。在本例中，查询条件是：元组中的 Dlevel 属性的分量值为“主任医师”，Dsex 属性的分量值为“男”。同时满足这两个约束的元组符合条件，否则不符合条件；

③ SELECT 子句说明满足约束条件的元组的哪些属性列显示输出。在本例中，输出显示满足男性主任医师条件的医生的所有信息，包括医生的编号、医生的姓名、医生的性别、医生的年龄、医生所属的部门编号、医生的职称级别及医生的工资。

下面介绍 SELECT 语句的基本结构。

3.3.1　格式

SELECT 语句用于从数据库的一个或多个数据表（或视图）中检索满足条件的数据并显示出来。该语句功能非常强大，可以在一个语句中完成关系代数中的选择、投影和连接操作，并可以对查询的结果进行排序、汇总、分组等。

查询语句的基本结构为：

```
SELECT [DISTINCT|ALL]{*|属性列表达式[AS 新的属性列名][,…] }
FROM <基表名|视图名>[别名][,…]
[INTO <新表名>]
[WHERE <行选择条件>]
[GROUP BY <分组依据列>]
[HAVING <分组选择条件>]
[ORDER BY <排序依据列>[ASC|DESC]];
```

上述结构中各子句的排列顺序不能改变。SELECT 子句和 FROM 子句是必须的，其他子句都是可选的。SELECT 操作是一个闭包操作，对一个表的查询结果产生另外一个表。

SELECT 语句的处理顺序如下。

FROM：指定数据的来源（可以是一张表，也可以是多张表，甚至是视图）。

WHERE：依据约束条件对元组进行过滤。

GROUP BY：对检索到的满足约束条件的元组按照指定分组列进行分组，在指定的分组列上具有相同分量值的元组归为同一组。

HAVING：依据分组的选择条件对组进行过滤（与 GROUP BY 搭配使用）。

SELECT：对查询的结果按照列表达式选出元组中的属性分量值，形成结果集（DISTINCT 选项表示去掉结果集中的重复元组；系统默认为 ALL，表示不去重复）。

ORDER BY：对结果集按指定列进行排序，ASC 表示将结果按升序排序，DESC 表示按降序排序（系统默认为 ASC）。

INTO：将查询形成的结果放入指定的新表（若默认输出到屏幕）。

查询语句结构中，SELECT 子句中的*表示选出基表（或视图）中的所有属性列。属性列的显示顺序与其在基表（或视图）中的定义顺序相同。SELECT 子句中的属性列表达式可以是一个列名，也可以是属性列的聚集函数表达式或属性列与常量之间的算术运算表达式。

SELECT 语句既可以完成简单的单表查询，也可以完成复杂的连接查询和嵌套查询。下面以 HIS 数据库为例说明 SELECT 语句的各种用法，各关系表的实例见附录 A。

3.3.2 简单查询

本节介绍单表查询，即数据源只涉及一张表的查询。

1. 选择表中若干列

选择表中若干列或全部列，就类似于关系代数中的投影运算。这里先介绍无条件的查询，即查询数据源中的所有数据集。

（1）查询指定列

在很多情况下，用户只对数据源中的一部分属性列感兴趣。这可以通过在 SELECT 子句中指定要查询的属性列来实现。

【例 3-12】查询所有医生的姓名、编号及所在科室。

```
SELECT Dname,Dno ,Ddeptno FROM Doctor
```

该语句的执行过程可以是这样的：从 Doctor 表中取出一个元组，取出该元组在属性 Dname、属性 Dno 和属性 Ddeptno 上的分量值，形成一个新的元组输出。对 Doctor 表中的所有元组做相同的处理。

查询结果如图 3.1 所示。

【例 3-13】查询医院的所有科室。

```
SELECT    Ddeptno FROM Doctor
```

查询结果如图 3.2 所示。

【例 3-14】查询医院的所有科室，要求不重复显示。

```
SELECT DISTINCT Ddeptno FROM Doctor
```

查询结果如图 3.3 所示。

注意 DISTINCT 短语的作用范围是 SELECT 子句中的所有目标列。以下写法是错误的：

```
SELECT DISTINCT Dno,DISTINCT Pno
FROM Diagnosis
```

正确的写法应该是：

```
SELECT DISTINCT Dno,Pno FROM Diagnosis
```

	Dname	Dno	Ddeptno
1	郝亦伟	140	102
2	刘伟	21	103
3	罗晓	368	102
4	邓英超	73	201
5	杨勋	82	101

图 3.1 例 3-12 查询结果

	Ddeptno
1	102
2	103
3	102
4	201
5	101

图 3.2 例 3-13 查询结果

	Ddeptno
1	101
2	102
3	103
4	201

图 3.3 例 3-14 查询结果

（2）查询所有列

要查询表中的所有列有两种表达方式，一种是使用简略地表达形式，直接写星号*；另一种是逐一列出表中的所有属性列。前面我们说过，使用*，属性列的显示顺序与其在基表（或视图）中的定义顺序相同；而采用第一种方式可以改变属性列之间的排列顺序。

【例 3-15】 查询医生的所有信息。

```
SELECT * FROM Doctor
```

等价于：

```
SELECT Dno,Dname,Dsex,Dage,Ddeptno,Dlevel,Dsalary FROM Doctor
```

查询结果如图 3.4 所示。

（3）查询经过计算的列

SELECT 子句中的属性列表达式除上述的列名表示外，还可以是属性列的库函数运算表达式或属性列与常量之间的算术运算表达式。

【例 3-16】 查询医生的姓名和出生年份。

```
SELECT Dname,2010-Dage FROM Doctor
```

查询结果如图 3.5 所示。

【例 3-17】 查询医生的姓名及年薪。

```
SELECT Dname,Dsalary*12 FROM Doctor
```

查询结果如图 3.6 所示。

	Dno	Dname	Dsex	Dage	Ddeptno	Dlevel	Dsalary
1	140	郝亦伟	男	28	102	医师	1800.00
2	21	刘伟	男	43	103	副主任医师	2800.00
3	368	罗晓	女	27	102	主治医师	2000.00
4	73	邓英超	女	43	201	主任医师	3200.00
5	82	杨勋	男	36	101	副主任医师	2800.00

图 3.4 例 3-15 查询结果

	Dname	（无列名）
1	郝亦柯	1982
2	刘伟	1967
3	罗晓	1983
4	邓英超	1967
5	杨勋	1974

图 3.5 例 3-16 查询结果

	Dname	（无列名）
1	郝亦柯	21600.00
2	刘伟	33600.00
3	罗晓	24000.00
4	邓英超	38400.00
5	杨勋	33600.00

图 3.6 例 3-17 查询结果

（4）列的别名定义

从查询结果可以看到，经过计算的表达式在显示结果时都没有列标题，这不利于人们对输出结果的理解。通过指定列的别名的方法可以改变这种现象。

【例 3-18】 查询医生的姓名及年薪。

```
SELECT Dname 姓名,Dsalary*12 年薪 FROM Doctor
```

查询结果如图 3.7 所示。

	姓名	年薪
1	郝亦柯	21600.00
2	刘伟	33600.00
3	罗晓	24000.00
4	邓英超	38400.00
5	杨勋	33600.00

图 3.7 例 3-18 查询结果

2. 选择表中的若干元组

以上 SELECT 语句展示的都是检索一个表的所有元组，没有对表中的元组进行任何有条件的筛选。实际上，我们经常需要对检索的元组附加检索条件，使检索结果更加满足用户的要求。这可以通过在查询语句中增加 WHERE 子句来实现。

WHERE 子句中的<行选择条件>表达形式主要有：

```
属性列 θ {属性列|常量}
属性列 [NOT] BETWEEN 常量 1 AND 常量 2
属性列 [NOT] LIKE 字符串常量
属性列 IS[NOT] NULL
{属性列|常量}{[NOT] IN| θ {ANY|ALL}{常量 1[,常量 2…]|(SELECT 子句)}
[NOT] EXISTS (SELECT 子句)
<行选择条件>{AND|OR}<行选择条件>
```

上述表达形式中θ表示算术比较运算符。需要注意的是，表达式两边的数据类型必须一致或者兼容，才能进行比较。

（1）比较大小

SQL 语句中比较大小的语法格式为：

属性列θ {属性列|常量}

在 SQL 中，比较大小的谓词包括：

= 相等　　!= 　不等于　　<>不等　　于<= 　小于等于

< 　小于　　>= 　大于等于　　> 　大于

【例 3-19】查询所有男医生的基本信息。

```
SELECT * FROM Doctor
WHERE Dsex='男'
```

查询结果如图 3.8 所示。

	Dno	Dname	Dsex	Dage	Ddeptno	Dlevel	Dsalary
1	140	郝亦柯	男	28	102	医师	1800.00
2	21	刘伟	男	43	103	副主任医师	2800.00
3	82	杨勋	男	36	101	副主任医师	2800.00

图 3.8　例 3-19 查询结果

【例 3-20】查询年龄在 40 岁以下的医生信息。

```
SELECT * FROM Doctor
WHERE Dage<40
```

查询结果如图 3.9 所示。

	Dno	Dname	Dsex	Dage	Ddeptno	Dlevel	Dsalary
1	140	郝亦柯	男	28	102	医师	1800.00
2	368	罗晓	女	27	102	主治医师	2000.00
3	82	杨勋	男	36	101	副主任医师	2800.00

图 3.9　例 3-20 查询结果

另外，通过使用逻辑运算符 AND、OR 和 NOT 可以构造更复杂的表达形式。

【例 3-21】查询年龄在 40 岁以下的男医生信息。

```
SELECT * FROM Doctor
WHERE Dsex='男' AND Dage<40
```

查询结果如图 3.10 所示。

	Dno	Dname	Dsex	Dage	Ddeptno	Dlevel	Dsalary
1	140	郝亦柯	男	28	102	医师	1800.00
2	82	杨勋	男	36	101	副主任医师	2800.00

图 3.10　例 3-21 查询结果

（2）确定集合

IN 作为逻辑运算符可以用来查找属性值属于指定集合的元组。语法格式为：

属性列 [NOT] IN (常量 1[,常量 2,…..])

IN 的含义是指当属性列的值与指定集合中的某一个常量相等时，结果为真，此元组是符合查询条件的元组。NOT IN 含义正好相反，当属性列的值与指定集合中的某一个常量相等时，结果为假，此元组不是符合查询条件的元组。

【例 3-22】查询部门编号为 102，103 和 201 的医生信息。

```
SELECT * FROM Doctor
WHERE Ddeptno IN ('102','103','201')
```

查询结果如图 3.11 所示。

	Dno	Dname	Dsex	Dage	Ddeptno	Dlevel	Dsalary
1	140	郝亦柯	男	28	102	医师	1800.00
2	21	刘伟	男	43	103	副主任医师	2800.00
3	368	罗晓	女	27	102	主治医师	2000.00
4	73	邓英超	女	43	201	主任医师	3200.00

图 3.11　例 3-22 查询结果

【例 3-23】查询既不是 102 科室，也不是 201 科室的医生信息

```
SELECT * FROM Doctor
WHERE Ddeptno NOT IN ('102','201')
```

查询结果如图 3.12 所示。

	Dno	Dname	Dsex	Dage	Ddeptno	Dlevel	Dsalary
1	21	刘伟	男	43	103	副主任医师	2800.00
2	82	杨勋	男	36	101	副主任医师	2800.00

图 3.12　例 3-23 查询结果

IN 操作并没有增强 SQL 语句的表达能力，我们可以用另外的方式来表示此类查询。比如例 3-22 可以表述为：

```
SELECT * FROM Doctor
```

```
WHERE Ddeptno='102' OR Ddeptno='103' OR Ddeptno='201'
```

例 3-23 可以等价的表述为：

```
SELECT * FROM Doctor
WHERE Ddeptno!='102' AND Ddeptno!='201'
```

（3）确定范围

BETWEEN…AND 是逻辑运算符，可用来查找属性值在指定范围内的元组。语法格式为：

属性列 [NOT] BETWEEN 常量 1 AND 常量 2

常量 1 指定范围的下限，常量 2 指定范围的上限。

BETWEEN…AND 的含义是如果属性列的取值在上限值和下限值的范围内，结果为真，此元组是符合查询条件的元组。NOT BETWEEN…AND 的含义正好相反，如果属性列的取值在上限值和下限值的范围内，结果为假，此元组不是符合查询条件的元组。

【例 3-24】查询年龄在 35～40 岁之间的医生信息。

```
SELECT * FROM Doctor
WHERE Dage BETWEEN 35 AND 40
```

	Dno	Dname	Dsex	Dage	Ddeptno	Dlevel	Dsalary
1	82	杨勋	男	36	101	副主任医师	2800.00

图 3.13 例 3-24 查询结果

查询结果如图 3.13 所示。

与 IN 操作相同，BETWEEN…AND 并没有增强 SQL 语句的表达能力。可以用另外的方式来表示此类查询。比如上例可以表述为：

```
SELECT * FROM Doctor
WHERE Dage>=35 AND Dage<=40
```

（4）字符串比较

当两个字符串里的字符序列完全相同时称两个字符串相等。使用如< 或 >等比较运算符对字符串作比较运算时，实际上比较的是它们的字母表顺序。SQL 提供的另外一种字符串比较方式是：

属性列 [NOT] LIKE 字符串常量

这里的字符串常量不仅指普通的字符，还可以包括通配符。使用 LIKE 运算符和通配符可以实现模糊查询。

通配符包括：

- _（下画线）：匹配任意一个字符。
- %（百分号）：匹配任意长度的字符。
- [ ]：查询一定范围的数据。[ ]用于指定一定范围内的任何单个字符，包括两端数据。
- [^]：用来查询不属于指定范围（如[a-f]）或集合（[abcdef]）的任何单个字符。

当用户要查询的字符串本身就含有 % 或 _ 时，要使用 ESCAPE '<换码字符>' 短语对通配符进行转义。

【例 3-25】查询编号为 140 的医生的详细情况。

```
SELECT * FROM   Doctor
WHERE   Dno LIKE '140 '
```

	Dno	Dname	Dsex	Dage	Ddeptno	Dlevel	Dsalary
1	140	郝亦柯	男	28	102	医师	1800.00

图 3.14 例 3-25 查询结果

查询结果如图 3.14 所示。

如果 LIKE 后面的匹配串中不含通配符，则可以用等号取代 LIKE 谓词，用不等号取代 NOT LIKE 谓词。上例等价于：

```
SELECT * FROM   Doctor
WHERE   Dno = '140 '
```

【例 3-26】查询副级职称的医生信息。

```
SELECT * FROM Doctor
WHERE Dlevel LIKE '副%'
```

	Dno	Dname	Dsex	Dage	Ddeptno	Dlevel	Dsalary
1	21	刘伟	男	43	103	副主任医师	2800.00
2	82	杨勋	男	36	101	副主任医师	2800.00

图 3.15　例 3-26 查询结果

查询结果如图 3.15 所示。

【例 3-27】查询姓“杨”且全名为三个汉字的医生的姓名。

```
SELECT Dname
FROM    Doctor
WHERE   Dname LIKE '杨__'
```

Dname

图 3.16　例 3-27 查询结果

查询结果如图 3.16 所示，这个医生在医院不存在。

【例 3-28】查询名字中第 2 个字为“英”字的医生的姓名和编号。

```
SELECT Dname,Dno
FROM Doctor
WHERE Dname LIKE '_英%'
```

	Dname	Dno
1	邓英超	73

图 3.17　例 3-28 查询结果

查询结果如图 3.17 所示。

【例 3-29】查询容量为 150 mL 的 5%的替硝唑葡萄糖。

```
SELECT *
FROM Medicine
WHERE   Mname LIKE '%葡萄糖\_5\%\_150mL%'escape '\'
```

查询结果如图 3.18 所示。

	Mno	Mname	Mprice	Munit	Mtype
1	314419	替硝唑葡萄糖_5%_150mL	8.0000	瓶	西药

图 3.18　例 3-29 查询结果

（5）NULL

空（NULL）在数据库里有特殊的含义，它表示不确定的值。语法格式为：

属性列 IS[NOT] NULL

【例 3-30】查询没有药品信息的处方。

```
SELECT * FROM RecipeDetail
where Mno IS NULL
```

利用 NULL 我们可以找出没有开出药品的处方信息。查询结果如图 3.19 所示，表明所有医生开出的处方都包含有开出的药品。

Rno	Mno	Mamount

图 3.19　例 3-30 查询结果

3．输出排序

一般来说，一个 SQL 查询语句生成的结果表并没有按照某一特定的顺序进行组织。当需要对查询结果以某种顺序输出显示时，可以在 SELECT 语句中使用 ORDER BY 子句将结果表按照某一属性列（或某些属性列）进行排序。SQL 语句中用 ASC 和 DESC 分别表示升序和降序，用户可以任选，系统默认为升序。

当排序列含空值时，若为按升序排序，排序列为空值的元组最后显示；若为按降序排序，排序列为空值的元组最先显示。

【例 3-31】查询所有男医生的基本信息，按照年龄升序输出显示。

```
SELECT * FROM Doctor
WHERE Dsex='男'
ORDER BY Dage
```

该例与例 3-19 很类似，差别就在于本例的输出按照年龄的升序加以排序。这是通过在 SELECT 语句中使用 ORDER BY 子句，指定按照属性列 Dage 进行排序得到的。Dage 后面没有跟任何选项，表明采用系统的默认设置，按升序进行排序。

查询结果如图 3.20 所示。

	Dno	Dname	Dsex	Dage	Ddeptno	Dlevel	Dsalary
1	140	郝亦伟	男	28	102	医师	1800.00
2	82	杨勋	男	36	101	副主任医师	2800.00
3	21	刘伟	男	43	103	副主任医师	2800.00

图 3.20 例 3-31 查询结果

【例 3-32】查询所有医生信息，按部门编号升序及年龄降序排序显示。

```
SELECT * FROM Doctor
ORDER BY Ddeptno ASC ,Dage DESC
```

该例在输出显示结果时，首先按照员工所属的部门编号 Ddeptno 的升序排序输出。若遇到两个元组在该属性列下取值相同（即为同一部门的员工），则再比较二者的年龄，年龄大的员工先输出，年龄小的员工后输出。

查询结果如图 3.21 所示。

4．带表达式的查询

在 SQL 查询中，可以使用由加（+）、减（–）、乘（*）、除（/）等算术运算符组成表达式。它们之间的优先顺序和普通的算术运算的优先顺序一致。即乘、除运算优先于加、减运算，表达式的运算遵循左结合。如果有括号，则优先处理括号内的表达式。除 FROM 子句外，其他的查询子句均可使用表达式。

【例 3-33】在药品信息表中，查询药品单价提高 15%后超过 30 元的药品信息。

```
SELECT Mno 编号, Mname 药品名, Mprice 单价, Mprice*1.15 调整单价, Munit 单位, Mtype 类型 FROM Medicine
WHERE Mprice*1.15>=30
```

查询结果如图 3.22 所示。

	Dno	Dname	Dsex	Dage	Ddeptno	Dlevel	Dsalary
1	82	杨勋	男	36	101	副主任医师	2800.00
2	140	郝亦伟	男	28	102	医师	1800.00
3	368	罗晓	女	27	102	主治医师	2000.00
4	21	刘伟	男	43	103	副主任医师	2800.00
5	73	邓英超	女	43	201	主任医师	3200.00

图 3.21 例 3-32 查询结果

	编号	药品名	单价	调整单价	单位	类型
1	314941	肾石通颗粒	27.1000	31.165000	盒	西药
2	315189	心胃止痛胶囊	26.9000	30.935000	盒	西药
3	315722	L-谷氨酰胺胶囊	26.9000	30.935000	盒	西药
4	315977	胃立康片	26.5000	30.475000	盒	西药
5	316910	依诺沙星注射液	46.0000	52.900000	支	西药

图 3.22 例 3-33 查询结果

5．使用聚集函数的查询

在实际应用中，经常要对一个数据集进行统计、求和、求平均等汇总操作。一般数据库系统都提供了聚集函数可以实现这一功能。聚集函数在有些地方又称统计函数、集合函数。

SQL 提供的的聚集函数主要有如下几种。

count(*) ：统计表中元组个数。

count([DISTINCT]属性列名)：统计属性列下非空的分量值个数（加 DISTINCT 选项表示重复的分量值不计入结果）。

sum([DISTINCT]属性列名)：数值型属性列下的所有非空分量值求和（加 DISTINCT 选项表示重复的分量值不参与求和）。

avg([DISTINCT]属性列名)：数值型属性列下的所有非空分量值求平均值（加 DISTINCT 选项表示重复的分量值不参与求平均值）。

max(属性列名)：找出属性列下的最大分量值。

min(属性列名)：找出属性列下的最小分量值。

聚集函数的计算范围可以是满足 WHERE 条件的元组，也可以对满足条件的分组进行计算。分组将在后面介绍。

【例 3-34】统计年龄在 45 岁以下的青年医生人数。

```
SELECT   count(*)   AS 青年医生人数
FROM Doctor
```

```
WHERE Dage<45
```

查询首先使用 WHERE 子句检索出满足年龄在 45 岁以下条件的医生集，然后运用聚集函数统计出满足这个条件的医生数量。

查询结果如图 3.23 所示。

	青年医生人数
1	5

图 3.23　例 3-34 查询结果

【例 3-35】统计在岗医生人数。

```
SELECT COUNT(DISTINCT Dno)
FROM Diagnosis
```

在诊断表中同一个医生的编号可能出现多次。因此，利用诊断表统计医生人数需要去掉重复的分量值。查询结果如图 3.24 所示。

	(无列名)
1	5

图 3.24　例 3-35 查询结果

【例 3-36】计算医生的平均年龄。

```
SELECT AVG(Dage)    平均年龄
FROM Doctor
```

查询结果如图 3.25 所示。

	平均年龄
1	35

图 3.25　例 3-36 查询结果

【例 3-37】统计主任医师的人数及他们总的年薪。

```
SELECT COUNT(Dno) AS 人数, SUM(Dsalary*12) AS  年薪
FROM    Doctor
WHERE Dlevel ='主任医师'
```

查询首先使用 WHERE 子句检索出满足条件的医生集合，然后运用两个聚集函数分别统计出集合中医生的数量及他们的工资总和。查询结果如图 3.26 所示。

	人数	年薪
1	1	38400.00

图 3.26　例 3-37 查询结果

要注意的是，聚集函数只能出现在 SELECT 子句或分组的 HAVING 子句中，不能在 WHERE 子句中出现。例如，查询年龄最大的医生的姓名，如下写法是错误的。

```
SELECT Dname FROM Doctor WHERE Dage=MAX (Dage)
```

6. 分组

上面使用聚集函数的查询输出结果有点像报表最后的汇总数据，我们用一行数据显示报表中所有详细数据的一个汇总情况。当然，很多时候我们还希望看到报表中的各种分类汇总。如每一类药品的总价格、每一个学生所有功课的平均成绩、每一部门人员的平均年龄等。这种分类汇总的功能可以通过 SELECT 语句中的 GROUP BY 子句实现，称为分组查询。即将 SELECT 语句生成的结果按照 GROUP BY 后面给出的分组依据列进行分组，输出显示每一组的数据或对每一组的数据按照聚集函数的要求分别进行统计输出。

根据 ISO 标准，若使用了 GROUP BY 子句，SELECT 目标列中的每一项在每一个组中都必须是单值的，即 SELECT 语句的查询目标列只能是：分组依据列、聚集函数、常量。三种形式的组合。

所有出现在 SELECT 查询列表中的属性列必须来自于 GROUP BY 子句中分组依据列，但聚集函数引用的属性列除外。另外，分组依据列不能是 text、ntext、image 和 bit 类型的属性列。

【例 3-38】按部门编号统计不同部门的医生人数。

```
SELECT Ddeptno    部门编码,COUNT(Dno)  人数
FROM Doctor
GROUP BY Ddeptno
```

属性列 Dno 出现在 SELECT 查询列表的聚集函数中，因此该属性列可以不出现在 GROUP BY 子句中；但属性列 Ddeptno 没有和一个聚集函数相关联，因此它必须作为分组依据列出现在 GROUP BY 子句中。该查询的结果如图 3.27 所示。

SQL 是按照如下过程执行上述查询语句的，见图 3.28。

① SQL 将医生按照他们所属的部门进行分组，这样就将所有的医生分为四组。在每一组中，所有的医生具有相同的部门编号。

② 对每一组，SQL 计算该组的人员个数。

	部门编码	人数
1	101	1
2	102	2
3	103	1
4	201	1

图 3.27　例 3-38 查询结果

	Ddeptno	Dno
1	101	82
2	102	140
3	102	368
4	103	21
5	201	73

	count (Dno)
1	1
2	2
3	1
4	1

图 3.28　执行过程

当 WHERE 子句和 GROUP BY 子句一起使用时，WHERE 子句必须在 GROUP BY 子句的前面。其执行过程是先按 WHERE 子句找出满足条件的数据行，然后按 GROUP BY 子句指定的列对经 WHERE 子句筛选后的结果数据进行分组。若未对查询结果分组，聚集函数将作用于整个查询结果；对查询结果分组后，聚集函数将分别作用于每个组。

当需要选出符合条件的分组统计值时，在 GROUP BY 子句之后，可使用 HAVING 子句实现。HAVING 子句必须在含有 GROUP BY 子句的查询语句使用，不能单独使用。HAVING 子句与 WHERE 子句的区别是：WHERE 子句作用在分组之前选择符合条件的记录，而 HAVING 子句是作用在分组之后选择符合条件的分组结果。

在 HAVING 子句后若使用 ORDER BY 排序子句，对各分组结果进行排序，则要求必须在 ORDER BY 子句中使用聚集函数或 GROUP BY 的分组依据列。

【例 3-39】 按部门统计男医生的平均年龄不超过 40 岁的部门编号，并按平均年龄升序显示。

```
SELECT Ddeptno 部门编号,AVG(Dage) 平均年龄
FROM Doctor
WHERE Dsex='男'
GROUP BY Ddeptno
HAVING AVG(Dage)<=40
ORDER BY AVG(Dage)
```

	部门编号	平均年龄
1	102	28
2	101	36

图 3.29　例 3-39 查询结果

查询结果如图 3.29 所示。

3.3.3　连接查询

在前面介绍的查询操作中，查询的内容只涉及一张关系表。很多时候，我们要查找的内容是分布在不同的关系表中。比如：查询患者和他的处方用药信息。这个查询就涉及 Medicine、Patient、Diagnosis、RecipMaster、RecipDetail 关系表，需要对这些关系表进行连接操作。

同时涉及多个关系表的查询称为连接查询。用来连接两个表的条件称为连接条件或连接谓词。多表间的连接运算遵循笛卡儿规则，但“笛卡儿”查询是无条件查询。这种连接操作会产生大量的无意义的数据记录。因此，在进行连接时加上一些限制条件，进行连接运算，这样产生的数据记录是笛卡儿连接结果集的子集。进行连接运算的表，必须存在着有某种关系的公共列，连接运算实际是比较各表的公共列值，如果满足条件的连接产生组合输出行。

1．连接操作的执行

连接操作的执行大致有三种方法：嵌套循环法，排序合并法和索引连接法。下面简单介绍这三种方法的执行步骤。

（1）循环嵌套法（NESTED-LOOP）

① 在表1中找到第一个元组，然后从头开始扫描表2，逐一查找满足连接条件的元组，找到后就将表1中的第一个元组与该元组拼接起来，形成结果表中一个元组。

② 表2全部查找完后，再找表1中第二个元组，然后再从头开始扫描表2，逐一查找满足连接条件的元组，找到后就将表1中的第二个元组与该元组拼接起来，形成结果表中一个元组。

③ 重复上述操作，直到表1中的全部元组都处理完毕。

（2）排序合并法（SORT-MERGE）

① 按连接属性对表1和表2排序。

② 对表1的第一个元组，从头开始扫描表2，顺序查找满足连接条件的元组，找到后就将表1中的第一个元组与该元组拼接起来，形成结果表中一个元组。当遇到表2中第一条大于表1连接字段值的元组时，对表2的查询不再继续。

③ 找到表1的第二条元组，然后从刚才的中断点处继续顺序扫描表2，查找满足连接条件的元组，找到后就将表1中的第一个元组与该元组拼接起来，形成结果表中一个元组。直接遇到表2中大于表1连接字段值的元组时，对表2的查询不再继续。

④ 重复上述操作，直到表1或表2中的全部元组都处理完毕为止。

（3）索引连接法（INDEX-JOIN）

① 对表2按连接字段建立索引。

② 对表1中的每个元组，依次根据其连接字段值查询表2的索引，从中找到满足条件的元组，找到后就将表1中的一个元组与该元组拼接起来，形成结果表中一个元组。

2．连接方式

根据连接运算符不同特点，连接运算可分为内连接和外连接。下面分别讨论其连接查询操作。

（1）内连接

内连接是一种最常用的连接类型，要求参与连接运算的表（或视图）满足给定的连接条件。在非ANSI标准中，连接操作是通过在WHERE子句中指定连接条件来执行的；在ANSI SQL—92中，连接是在JOIN子句中实现的。其格式为：

FROM 表1 [INNER] JOIN 表2 ON <连接条件>

在连接条件中指定两个表按照什么条件进行连接。连接条件的一般格式为：

[<表名1>.]<列名1> <比较运算符> [<表名2>.]<列名2>

为避免相同列名出现在同一查询的多个表（或视图）中引起二义性，则需要在列的前面加上限定前缀，可以使用表名或表的别名作为前缀。

根据连接条件的不同特点，可分为等值连接，非等值连接。如果连接运算符是相等（=）运算，并且参与比较运算的列的数据类型兼容，则称为等值连接；如果比较运算是除等号以外的运算符，则称为非等值连接。

【例3-40】查询每个处方的用药信息。

```
SELECT RecipeDetail.*,Medicine.*
FROM RecipeDetail,Medicine
WHERE RecipeDetail.Mno=Medicine.Mno
```

这是一个等值连接查询。在两个关系表中都存在属性列Mno，这两个列的值是完全相同的。因此引用该属性列时使用表名做前缀。查询结果如图3.30所示。

	Rno	Mno	Mamount	Mno	Mname	Mprice	Munit	Mtype
1	1282317	314418	1	314418	替硝唑葡萄糖针	11.5000	瓶	西药
2	1282317	316910	2	316910	依诺沙星注射液	46.0000	支	西药
3	1282872	315501	1	315501	阿奇霉素胶囊	21.0000	盒	西药
4	1282872	317660	1	317660	蒲公英胶囊	25.5000	盒	中成药
5	1283998	315189	2	315189	心胃止痛胶囊	26.9000	盒	西药
6	1283998	316792	12	316792	复方雷尼替丁胶囊	2.3000	粒	西药
7	1284041	315722	2	315722	L-谷氨酰胺胶囊	26.9000	盒	西药
8	1284041	315805	30	315805	盐酸雷尼替丁胶囊	0.1267	粒	西药
9	1284041	315977	2	315977	胃立康片	26.5000	盒	西药
10	1284256	314172	200	314172	卡托普利片	0.0370	片	西药
11	1458878	314941	1	314941	肾石通颗粒	27.1000	盒	西药

图3.30 例3-40查询结果

在等值连接中连接条件涉及的列名不一定是同一个属性列，只要它们具有可比性就行。

【例 3-41】查询急诊内科医生的出诊信息。

```
SELECT Doctor.Dname,Diagnosis.*
FROM Doctor,Diagnosis,Dept
WHERE Doctor.Dno=Diagnosis.Dno AND
      Doctor.DdeptNo=Dept.DeptNo AND
      Dept.DeptName='急诊内科'
```

查询结果如图 3.31 所示。

	Dname	DGno	Pno	Dno	Syeptom	Diagnosis	DiagDateTime
1	郝亦伟	1645	481	140	呼吸道感染	伤风感冒	2007-07-21 13:12:01.000
2	罗晓	7816	421	368	肾盂结石	肾结石	2008-01-08 17:17:03.000

图 3.31　例 3-41 查询结果

在第 2 章中，还介绍过一种特殊的等值连接：自然连接。自然连接要求连接属性列为同一个属性列且查询结果列不重复。

【例 3-42】查询开出处方的医生信息。

```
SELECT Rno,Pno,D.Dno,Dname,Dsex,Dage,Ddeptno,Dlevel
FROM RecipeMaster R,Doctor D
WHERE R.Dno=D.Dno
```

查询结果如图 3.32 所示。当为表指定了别名时，在查询语句中的其他用到表名的地方都要使用别名，不能再使用原表名。

【例 3-43】查询急诊内科每位医生的出诊数量。

```
SELECT Doctor.Dname,count(*) 出诊数量
FROM Doctor,Diagnosis,Dept
WHERE Doctor.Dno=Diagnosis.Dno AND
      Doctor.Ddeptno=Dept.Deptno AND
      Dept.DeptName='急诊内科'
GROUP BY Doctor.Dname
```

这是一个有分组和行过滤的多表连接查询。查询结果如图 3.33 所示。

	Rno	Pno	Dno	Dname	Dsex	Dage	Ddeptno	Dlevel
1	1282317	481	140	郝亦伟	男	28	102	医师
2	1282872	201	21	刘伟	男	43	103	副主任医师
3	1283998	161	82	杨勋	男	36	101	副主任医师
4	1284041	181	82	杨勋	男	36	101	副主任医师
5	1284256	501	73	邓英超	女	43	201	主任医师
6	1458878	421	368	罗晓	女	27	102	主治医师

图 3.32　例 3-42 查询结果

	Dname	出诊数量
1	郝亦伟	1
2	罗晓	1

图 3.33　例 3-43 查询结果

（2）自连接

自连接是一种特殊的内连接。它是指相互连接的表在物理上为同一张表，但可以在逻辑上分为两张表。

使用自连接时必须为两个表取别名，使之在逻辑上成为两张表。可以把自连接理解为同一张表（或视图）的两个副本之间的连接，使用不同别名来区别副本，处理过程与不同表之间的连接相同。其命令如下：

```
SELECT <查询列表>
FROM <基表 1> [ 别名 1 ] [,<基表 1> [ 别名 2 ]] …
WHERE <别名 1.列名 1> = <别名 2.列名 2> …
[ GROUP BY <分组内容>]
```

```
[ HAVING <组内条件>]
[ ORDER BY <排序列名>[ ASC | DESC ] ]
```

【例 3-44】在医院部门表中，需要医院的各部门名称和上级部门名称。

```
SELECT First.DeptName 部门名称,Second.DeptName 上级部门
FROM Dept First ,Dept Second
WHERE First.ParentDeptNo=Second.DeptNo
```

查询结果如图 3.34 所示。

	部门名称	上级部门
1	门诊部	XX医院
2	消化内科	门诊部
3	急诊内科	门诊部
4	门内三诊室	门诊部
5	社区医疗部	XX医院
6	家庭病床病区	社区医疗部

图 3.34 例 3-44 查询结果

（3）外连接

内连接操作只从两个表中找出满足连接条件记录的结果输出。在某些应用中，我们也希望输出那些不满足连接条件的元组的信息。比如查看全部医生所属的部门信息，包括暂时没有医生的部门情况。如果用内连接实现，则只能找出有医生的部门信息，对不满足关系表 Doctor.DdeptNo=Dept.DeptNo 条件的元组是查找不出来的。这种情况就需要用外连接来实现。即两张表的连接查询，要输出一张表的所有元组，另外一张表输出满足连接条件的记录。如果没有满足条件的元组，则用 NULL 匹配输出。我们称这种连接查询为外连接，是其他连接方式的扩展。不同数据库产品的外连接查询命令有所不同，下面分别以 SQL SERVER 和 ORACLE 数据库的命令格式为例介绍外连接。

SQL SERVER 数据库系统的命令格式：

```
SELECT <查询列表>
[ INTO <新表名>
FROM <基表 1|视图 1> [AS 别名 1]
{< LEFT | RIGHT | FULL > [OUTER ] JOIN}
        <基表 2|视图 2> [AS 别名 2]
ON <连接条件>
```

注意：LEFT OUTER JOIN 表示左外连，输出左表的所有记录相关列值；右表输出与左表匹配的记录，如果没有与左表匹配的记录，则使用 NULL 匹配输出；RIGHT OUTER JOIN 表示右外连，输出右表的所有记录相关列值；左表输出与右表匹配的记录，如果没有与右表匹配的记录，则使用 NULL 匹配输出；FULL OUTER JOIN 表示全外连接，是左外连接与右外连接所产生结果的并集。

【例 3-45】在医院部门表中，查询医院的各部门名称和该部门医生姓名。

```
SELECT DeptName 部门名称, DName 医生姓名
FROM Dept LEFT OUTER JOIN Doctor
ON Dept.DeptNo=Doctor.Ddeptno
```

查询结果如图 3.35 所示。

	部门名称	医生姓名
1	XX医院	NULL
2	门诊部	NULL
3	消化内科	杨勋
4	急诊内科	郝亦伟
5	急诊内科	罗晓
6	门内三诊室	刘伟
7	社区医疗部	NULL
8	家庭病床病区	邓英超

图 3.35 例 3-45 查询结果

ORACLE 数据库系统的命令格式：

```
SELECT <查询列表>
[ INTO <新表名> ]
FROM <基表名 1|视图名 1> [ 别名 1 ] [, <基表名 2|视图名 2> [ 别名 2 ]]…
WHERE {<别名 1.列名 1> = <别名 2.列名 2>(+)|<别名 1.列名 1> (+)= <别名 2.列名 2>}
```

注意，(+) 是 ORACLE 数据库的外连接符号。如果在“=”号的左边，则为左外连接，表示“=”右边列所在的表没有匹配的记录时，则用 NULL 相匹配输出；如果在“=”号的右边，则为右外连接，表示“=”左边列所在的表没有匹配的记录时，则用 NULL 相匹配输出。这两种情况分别和 SQL SERVER 的 LEFT OUTER JOIN 和 RIGHT OUTER JOIN 功能一样。在 ORACLE 系统中，把左、右两种外连接和后面 UNION 结合起来实现全外连接。有关 UNION 的使用方法在后面将予以介绍。

【例 3-46】对于例 3-45 用 ORACLE 语法实现如下：

```
SELECT DeptName 部门名称, DName 医生姓名
FROM Dept , Doctor
WHERE Dept.DeptNo (+) = Doctor.Ddeptno
```

3.3.4　用 TOP 限制结果集

使用 SELECT 语句进行查询时，可能只希望列出结果集中的前几个结果而不是全部结果。例如，统计医生的年薪时只取薪水最高的前三名，这时就可以使用 TOP 谓词限制输出的结果。

TOP 谓词的格式如下：

```
TOP n[percent][WITH TIES]
```

TOP n 表示取查询结果的前 n 行，n 为非负整数；TOP n percent 表示取查询结果的前 n%行；WITH TIES 表示包括并列的结果。

TOP 谓词放在 SELECT 单词的后面（如果有 DISTINCT，则在 DISTINCT 之后），查询列表的前面。

使用 TOP 谓词时通常会与 ORDER BY 子句一起使用，以表达前几名的含义。当使用 WITH TIES 时，要求必须使用 ORDER BY。

【例 3-47】查询医院年龄最大的三名医生姓名，年龄。

```
SELECT TOP 3 Dname,Dage
FROM Doctor
ORDER BY Dage DESC
```

	Dname	Dage
1	邓英超	43
2	刘伟	43
3	杨勋	36

图 3.36　例 3-47 查询结果

查询结果如图 3.36 所示。如果不使用 ORDER BY 子句，则查询变为查找医生姓名，只显示前三个元组的结果。

【例 3-48】查询医院三名医生的姓名，年龄。

```
SELECT TOP 3 Dname,Dage
FROM Doctor
```

	Dname	Dage
1	郝亦伟	28
2	刘伟	43
3	罗晓	27

图 3.37　例 3-48 查询结果

查询结果如图 3.37 所示。

显然显示的结果与例 3-47 不同，并不是年龄最大的前三名医生。造成这种情况的原因是系统对数据的默认排序方式通常是按主键进行的。当我们要求系统返回前三行结果时，系统按它的默认排序方式产生的结果来提取数据。因此，在使用没有 WITH TIES 谓词的 TOP 子句时，为使结果满足要求应考虑清楚是否要加上 ORDER BY 子句。

【例 3-49】查询医院年龄最大的医生姓名，年龄。

```
SELECT TOP1 WITH TIES Dname,Dage
FROM Doctor
ORDER BY Dage DESC
```

	Dname	Dage
1	刘伟	43
2	邓英超	43

图 3.38　例 3-49 查询结果

查询结果如图 3.38 所示：

上述查询若没有 WITH TIES 子句，则结果集中只包括一条元组，如图 3.39 所示。

	Dname	Dage
1	刘伟	43

图 3.39　例 3-49 不带 WITH TIES 子句查询结果

3.3.5　嵌套查询

上述查询语句的条件子句是简单运算表达式，查询返回值作为输出结果。如果在查询的条件子句含有 SELECT 查询子句，称这样的查询为嵌套查询；外层的查询被称为主查询（或父查询），内

层的 SELECT 查询子句被称为子查询。子查询不仅允许返回单条单列记录，也允许返回多条多列记录；子查询的查询对象可以是多个表，并且可以有条件子句和分组子句；子查询还允许嵌套子查询，但最多嵌套 255 层。按照主查询与子查询关系，嵌套查询可分为不相关子查询和相关子查询。其语法形式如下：

```
SELECT <查询列表>
[ INTO <新表名> ]
FROM <基表名|视图名> [ 别名 ] …
WHERE <列名或列表达式> <比较运算符>
( SELECT <查询列>
FROM <基表名|视图名> [ 别名 ] …
WHERE <条件表达式>
[ GROUP BY <分组内容>]
[ HAVING <组内条件>] )
[ GROUP BY <分组内容>]
[ HAVING <组内条件>]
[ ORDER BY <排序列名>[ ASC | DESC ]
```

注意：在嵌套查询中，子查询只能在比较运算符的右边，不能在比较运算符左边；与=、<>、<、<=、>、>= 等比较运算相连的子查询，必须是返回非空的单值集合；如果子查询返回是空集或多值集合时，子查询只能与 IN、NOT IN、ANY、ALL、EXISTS、NOT EXISTS 等比较运算符相连。

1. 嵌套查询

【例 3-50】查询与医生刘伟有诊断关系患者姓名。

```
SELECT Pname FROM Patient
WHERE Pno IN ( SELECT Pno FROM RecipeMaster
               WHERE Dno = ( SELECT Dno FROM doctor
                             WHERE Dname='刘伟')
)
```

该查询首先执行 SELECT Dno FROM doctor WHERE Dname='刘伟'，返回 21；然后执行 SELECT Pno FROM RecipeMaster WHERE Dno ='21'，返回 201；最后执行 SELECT Pname FROM Patient WHERE Pno IN('201')，返回查询结果。查询结果如图 3.40 所示。

注意该查询的写法。当医院有且仅有一个名字叫刘伟的医生时，该查询才能正确运行；如果有多个或者没有名字叫刘伟的医生，该查询将会出错。主要原因是比较运算符=、<>、<、<=、>、>=只能与返回单值的子查询相连。所以，建议这些运算符最好不要与子查询连接使用，最好用 IN、NOT IN、ANY、ALL、EXISTS、NOT EXISTS 等比较运算符代替。

（1）IN 和 NOT IN 运算符

IN 表示某元素值是属于集合，而 NOT IN 则表示元素不属于集合。

【例 3-51】查询所开处方不包含药品“胃立康片”的医生姓名。

```
SELECT Dname FROM doctor
WHERE Dno IN ( SELECT Dno FROM RecipeMaster
               WHERE Rno IN ( SELECT Rno FROM RecipeDetail
                              WHERE Mno NOT IN ( SELECT Mno FROM Medicine
                                                 WHERE Mname='胃立康片')
                            )
             )
```

查询结果如图 3.41 所示。

	Pname
1	曾华

图 3.40　例 3-50 查询结果

	Dname
1	郝亦伟
2	刘伟
3	罗晓
4	邓英超
5	杨勋

图 3.41　例 3-51 查询结果

（2）ANY 和 ALL 运算符

ANY 运算符是检查在子查询结果集中是否满足给定的条件。如果子查询的结果集中至少有一个值满足条件，则比较运算结果为真，否则为假。

ALL 运算符是检查在子查询结果集中所有值是否都满足给定的条件。只有当结果集的所有值均满足给定的条件，则比较运算结果为真，否则为假。

【例 3-52】查询小于任何男医生年龄的女医生姓名和年龄

```
SELECT Dname 姓名,Dage 年龄
FROM Doctor
WHERE Dsex='女' AND Dage <ALL(SELECT Dage
                              FROM Doctor
                              WHERE Dsex='男')
```

等价于：

```
SELECT Dname 姓名,Dage 年龄
FROM Doctor
WHERE Dsex='女' AND Dage < (SELECT MAX(Dage)
                            FROM Doctor
                            WHERE Dsex='男')
```

	姓名	年龄
1	罗晓	27

图 3.42　例 3-52 查询结果

查询结果如图 3.42 所示。

（3）EXISTS 运算符

嵌套查询中，还可用 EXISTS 运算符与相关子查询相连。其形式如下：

```
WHERE [NOT] EXISTS (子查询)
```

带 EXISTS 谓词的子查询不返回查询的数据，只产生逻辑真值和逻辑假值。基本思想为：如果 EXISTS 运算符限定的子查询有查询记录返回，那么该条件为真，否则为假。NOT EXISTS 运算符限定的子查询返回的记录集为空，那么该条件为真，否则为假。

【例 3-53】查询给姓名为“刘景”的患者开过处方的医生。

```
SELECT Dno 医生编号,Dname 姓名,Dsex 性别,Dage 年龄,Dlevel 职称
FROM Doctor
WHERE EXISTS ( SELECT * FROM RecipeMaster
               WHERE RecipeMaster.Dno=Doctor.Dno
                     AND EXISTS ( SELECT * FROM Patient
                                  WHERE Patient.Pname='刘景'
                                        AND Patient.Pno=RecipeMaster.Pno ) )
```

带 EXISTS 谓词的查询是先执行外层查询，然后再执行内层查询。由外层查询的值决定内层查询的结果，内层查询的执行次数由外层查询的结果决定。

上述查询处理过程为：首先从医生基本信息表 Doctor 中取出结果集，对结果集中的第一条元组在处方主信息表 RecipeMaster 中找出医生编号等于相应编号的记录，读出患者编号，然后查询患者信息表 Patient。如果 Patient 表中有记录的姓名为“刘景”，并且患者编号等于父查询读出的患者编码时，

则在最外层查询输出该医生的信息，否则不输出。这样循环操作，直到处理完医生信息表的最后一条记录。查询结果如图 3.43 所示。

	医生编号	姓名	性别	年龄	职称
1	82	杨勋	男	36	副主任医师

图 3.43 例 3-53 查询结果

EXISTS 运算符只关心子查询是否有记录返回，不关心返回的具体值。因此，尽管子查询的选择列表可以指定任意多个列，但返回记录的具体内容被忽略，所以可以只使用*作为选择列表。

EXISTS 运算符和前面讲的 IN、ANY、ALL 所带的子查询方式基本相似。但有一些区别：

- 不用指定匹配的列值，而使用*作为选择列表；
- EXISTS、ANY、ALL 只能用于嵌套查询，而 IN、NOT IN 也可用于集合。

上述查询也可以使用如下的不相关子查询。

```
SELECT Dno 医生编号,Dname 姓名, Dsex 性别,Dage 年龄,Dlevel 职称
FROM Doctor
WHERE Doctor.Dno IN ( SELECT Dno
                      FROM RecipeMaster
                      WHERE RecipeMaster.Pno IN ( SELECT Pno
                                                  FROM Patient
                                                  WHERE Patient.Pname='刘景' ) )
```

同样，上述查询还可以使用下列连接查询来实现。

```
SELECT D.Dno 医生编号,Dname 姓名,Dsex 性别,Dage 年龄,Dlevel 职称
FROM Doctor D,RecipeMaster R,Patient P
WHERE D.Dno=R.Dno AND R.Pno=P.Pno AND Pname='刘景'
```

这说明同一个查询可以有多种实现方式。由于查询优化器可以对多表连接查询进行更多的优化，总体上来说，多表连接查询的执行效率会高于子查询的执行效率。

2. FROM 子句中的子查询

子查询可以在 FROM 子句中当关系使用。在 FROM 列表中，除使用关系名称之外，还可以使用括起来的子查询。由于这个子查询的结果没有名字，必须给它取一个别名。

重新考虑例 3-53 中的问题。

【例 3-54】查询给姓名为“刘景”的患者开过处方的医生。

```
SELECT Doctor.Dno 医生编号,Dname 姓名,Dsex 性别,Dage 年龄,Dlevel 职称
FROM Doctor,( SELECT RecipeMaster.Dno FROM RecipeMaster,Patient
              WHERE RecipeMaster.Pno=Patient.Pno AND
                    Patient.Pname='刘景' ) AS R
WHERE Doctor.Dno=R.Dno
```

3.3.6 集合查询

在关系代数中可以用集合操作的并、交、差来组合关系。在查询结果上，SQL 提供了对应的操作，条件是这些查询结果提供的关系具有相同的属性和属性类型列表。保留字 UNION、INTERSECT、EXCEPT 分别对应关系代数中的并、交和差运算符。

进行集合查询连接多个 SELECT 语句时，只能在最后 SELECT 查询表达式之后指定 ORDER BY 子句，决定查询记录的输出顺序。但 ORDER BY 子句后面不能引用列名，仅能引用相应列在查询列表中的顺序号。

【例 3-55】在医院数据库中，为了提高系统处理效率，要定期对患者的诊断信息归档。假定患者

诊断归档信息表为 DiagnosisBak，如果医生要查询患者“刘景”的近期和历史诊断信息，以便分析患者的病因。其查询语句如下：

```
SELECT DGno 诊断号, Dname 医生姓名, Symptom 症状,Diagnosis 诊断,DiagDateTime 时间
FROM DiagnosisBak DiagB , Doctor Doc, Patient P
WHERE DiagB.Dno=Doc.Dno AND P.Pno=DiaB.Pno AND P.Pname='刘景'
UNION
SELECT DGno, Dname, Symptom,Diagnosis,DiagDateTime
FROM Diagnosis Diag , Doctor Doc, Patient P
WHERE Diag.Dno=Doc.Dno AND P.Pno=DiaB.Pno AND P.Pname='刘景'
```

3.4 数据更新

上一节集中讨论了如何检索数据库中的数据，通过 SELECT-FROM-WHERE 句子将返回的行和列组成结果。还有很多其他形式的不返回结果的句子，它们只改变数据库的状态。在本节中，我们将讨论添加新数据，修改数据和删除数据的句子。

3.4.1 插入

在创建表之后，就可以使用 INSERT 语句往数据库中添加元组。插入语句通常有两种形式：一种是插入一个元组，另一种是插入子查询的结果。

1．插入元组

插入元组的 INSERT 语句格式为：

```
INSERT INTO <基表名>[(<属性列表>)] VALUES (<属性值列表>)
```

其中，<基表名>是指要插入数据的目标表。<属性列表>是表中已经定义好的属性列名，<属性值列表>指定具体要插入的值，可以是常量也可以是 NULL，它们之间用逗号分隔。

如果<属性列表>给出要插入数据的列，则 VALUES 指定的值的顺序与指定的列顺序相对应，且数据类型和长度兼容；如果不指明具体的列，则要求 VALUES 指定的值与基表列的顺序相对应，且数据类型和长度兼容。

表中属性列若在 INTO 子句中没有出现，则新元组在这些列上将取空值。但是，必须保证在创建表时定义允许为 NULL，否则系统将拒绝插入。

若 INTO 子句没有指明任何属性列，则新插入的元组必须为每一个属性列赋予一个值，且赋值顺序必须与该表属性列在定义时的描述顺序一致。

【例 3-56】 向医生信息表中插入('145','王军','男',28,'101','医师')记录

```
INSERT
INTO Doctor(Dno, Dname, Dsex, Dage, Ddept, Dlevel)
VALUES('145', '王军', '男', 28, '101', '医师')
```

在 INTO 子句中指出了表名 Doctor，指出了新增加的元组在哪些属性上要赋值，属性的顺序可以与 CREATE TABLE 中属性的描述顺序不一样。VALUES 子句对新元组的各属性赋值。

上例还可以用如下方式表述：

```
INSERT
INTO Doctor
VALUES('145','王军','男',28,'101','医师')
```

表名 Doctor 之后没有给出属性列名，VALUES 子句对新元组的各属性赋值的顺序就必须与 Doctor 表创建时属性列的描述顺序相一致。

【例 3-57】向部门表中插入一条新部门信息('104','门诊外科')记录

```
INSERT
INTO Dept(DeptNo,DeptName)
VALUES('104', '门诊外科')
```

RDBMS 将自动为新插入元组的部门所属上级部门编号以及部门领导者编号两个属性列赋予空值。或者：

```
INSERT INTO Dept
VALUES('104', '门诊外科',NULL,NULL)
```

由于没有指出 Dept 的属性，在 ParentDeptNo,Manager 列上要明确给出空值。

2．插入子查询结果

上面给出的 INSERT 语句仅仅只插入一个元组到关系中去，我们还可以将子查询计算出的元组集合插入到一个关系中，即插入批量数据。

插入子查询的 INSERT 语句格式为：

```
INSERT INTO <基表名>[(<属性列表>)]
子查询
```

其中，子查询可以使用前面介绍的所有 SELECT 查询语句，但要保证子查询中选择的列与<属性列表>中的列一一对应，且数据类型和长度兼容。列名可以不同，只要求位置相对应。

【例 3-58】在医院数据库中，如果需要统计每个医生每天诊断的患者数量，并把结果存入数据库。则首先要建立一个新表，包含医生编码、诊断日期和患者数量：

```
CREATE TABLE DiagNum (Dno VARCHAR(10) NOT NULL,
                      DiagDate DATETIME,
                      PatientNum INT)
```

然后根据主处方统计每个医生每天的诊断数量：

```
INSERT
INTO DiagNum (Dno, DiagDate, PatientNum)
SELECT Dno,Rdatetime,COUNT(DGno)
FROM RecipeMaster
GROUP BY Dno,Rdatetime
```

3.4.2 修改

如果某些数据发生了变化，就需要对表中已有的数据进行修改。可以使用 UPDATE 语句对数据进行修改，其语句的一般格式为：

```
UPDATE <基表名>
SET <属性列名>=<表达式>[,<属性列名>=<表达式>, …]
[WHERE <行选择条件>]
```

其功能就是修改指定表中满足 WHERE 子句条件的元组，将这些元组在 SET 子句给出的属性列分量值用<表达式>的值取代。如果省略 WHERE 子句，则表示要修改表中所有元组。UPDATE 语句中 WHERE 子句的作用和写法同 SELECT 语句中的 WHERE 子句一样。

1．无条件修改

【例 3-59】将所有医生的年龄增加 1 岁。

```
UPDATE Doctor
SET Dage=Dage+1
```

2．修改某一元组的值

【例 3-60】将编号为“423”的患者的社会保险号，修改为“20073425”。其修改语句如下：

```
UPDATE Patient
SET Pino='20073425'
WHERE Pno='423'
```

3．带子查询的修改语句

子查询也可以嵌套在 UPDATE 语句中，用以构成修改的条件。

【例 3-61】将门诊部所有医生的工资上浮 10%。

```
UPDATE Doctor
SET Dsalary=Dsalary+Dsalary*0.1
WHERE Ddeptno IN
(SELECT DeptNo FROM Dept WHERE DeptName='门诊部')
```

3.4.3　删除

当确定不再需要某些元组时，可以使用删除语句 DELETE。删除语句的一般格式为：

```
DELETE FROM <基表名>
[WHERE<行选择条件>]
```

其功能是从指定表中删除满足 WHERE 子句条件的所有元组。如果省略 WHERE 子句，则表示删除表中所有元组，但表的定义仍在字典中。也就是说，DELETE 语句删除的是表中的数据，而不是关于表的定义。

1．无条件删除

【例 3-62】删除所有医生的记录。

```
DELETE FROM Doctor
```

这条 DELETE 语句删除了 Doctor 表中的所有元组，使 Doctor 表成为空表。

2．删除某一个元组

【例 3-63】将编号为“423”的患者从系统中删除。

```
DELETE FROM Patient
WHERE Pno='423'
```

3．带子查询的删除语句

【例 3-64】将门诊部所有医生的信息删除。

```
DELETE FROM Doctor
WHERE Ddeptno IN
(SELECT DeptNo FROM Dept WHERE DeptName='门诊部')
```

对某个基本表中的数据做增、删、改操作有可能会破坏数据之间的参照完整性。4.3.5 节将详细讲解如何进行参照完整性的检查和控制。

3.5　视图

在第 1 章介绍数据库的三级模式结构时，可以看到模式（对应到基本表）是数据库中全体数据的逻辑结构；当不同用户需要使用基本表中的部分数据时，可以为不同用户建立外模式。外模式的内容来源于模式，是模式的部分数据或重构的数据。外模式对应到数据库中的概念就是视图。

3.5.1 视图的基本概念

视图是一种特殊类型的表。它是从一个或多个基表（或视图）导出的表，是基本表的部分行或列数据的组合。视图可定义在一个或多个基表上，或者其他视图上。视图本身并不存储任何数据，只提供了一种访问基表中数据的方法。可以简单地认为视图是一个逻辑虚表。数据库中只存放视图的定义，而不存放视图包含的数据。当基本表中的数据发生变化后，从视图查询出的数据也会随之变化。从这个意义上说，视图就像一个窗口，用户透过它可以看到自己感兴趣的数据。

当视图建立后，用户可以像基表一样对视图进行数据查询，在某些特殊情况下，还可以对视图进行修改和插入操作。

3.5.2 视图的定义与删除

1. 视图的定义

定义视图的 SQL 语句是 CREATE VIEW，其一般格式为：

```
CREATE VIEW <视图名>   [(视图列表)]
AS <子查询>
[ WITH CHECK OPTION ]
```

视图列表可以省略，如果省略了视图的列名，则视图的列名由查询语句中查询结果显示的列名组成。但下列三种情况下必须明确指定视图的所有列名：

① 某个目标列不是单纯的属性名，而是聚集函数或列表达式。

② 多表连接时选出几个同名列作为视图的字段。

③ 需要在试图中为某个列启用新的更合适的名字。

若视图列表不省略，则属性列的个数应与子查询的目标列个数相一致。视图不能为列指定数据类型和长度，而是默认为数据源的类型和长度。

子查询可以是任意的 SELECT 语句，但不允许包含 ORDER BY 子句和 DISTINCT 短语。

WITH GRANT OPTION 选项表示对视图进行更新操作（插入、修改和删除）时要保证插入、修改和删除的行满足视图定义中子查询的条件表达式。

【例 3-65】在医院数据库中，为消化内科诊断的患者信息建立一个视图。

```
CREATE VIEW DiagView
AS
SELECT DGno,P.Pno,Pname,Doc.Dno,Dname, Symptom,Diagnosis,DiagDateTime
FROM Diagnosis Diag , Doctor Doc, Patient P
WHERE Diag.Dno=Doc.Dno
    AND P.Pno=Diag.Pno
    AND Doc.DdeptNo IN (
        SELECT DeptNo FROM Dept
        WHERE DeptName='消化内科')
```

本例中省略了视图 DiagView 的列名，隐含视图列名由子查询中 SELECT 目标列组成。RDBMS 执行 CREATE VIEW 语句的结果只是把视图的定义存入数据字典，并不执行其中的 SELECT 语句。只有对视图执行查询操作时，才按视图的定义从相应基本表中检索数据。

【例 3-66】为消化内科诊断的患者信息建立一个视图，要求进行修改和插入操作时仍需保证该视图只有消化内科的患者。

```
CREATE VIEW DiagView_check
```

```
AS
SELECT DGno,P.Pno,Pname,Doc.Dno,Dname, Symptom,Diagnosis,DiagDateTime
FROM Diagnosis Diag , Doctor Doc, Patient P
WHERE Diag.Dno=Doc.Dno
    AND P.Pno=Diag.Pno
    AND Doc.DdeptNo IN (
        SELECT DeptNo FROM Dept
    WHERE DeptName='消化内科')
    WITH CHECK OPTION
```

由于在视图 DiagView-check 定义中增加了 WITH CHECK OPTION 子句，以后对该视图进行修改、删除操作时，RDBMS 会自动加上 DeptName='消化内科'的条件。若进行插入操作，RDBMS 自动检查插入医生的 DeptName 属性列的值是否为消化内科，如果不是则拒绝执行操作。

视图不仅可以建立在基本表上，还可以建立在已定义好的视图上，或建立在基本表和视图之上。

【例 3-67】 为消化内科 2007 年诊断的患者信息建立一个视图。

```
CREATE VIEW DiagView_check_2007
AS
SELECT * FROM DiagView_check
WHERE DiagDateTime>'2007-1-1' and DiagDateTime<'2007-12-30'
```

这里的视图 DiagView_check_2007 就是建立在视图 DiagView_check 之上的。

定义视图时可以根据应用的需要设置一些派生属性列，这样的视图称为带表达式的视图。

【例 3-68】 将消化内科医生的年薪建立一个视图。

```
CREATE VIEW Doc_Deg_sal(Dno,Dname,Salary)
AS
SELECT Dno,Dname,Dsalary*12
FROM Doctor
    WHERE DdeptNo IN (SELECT DeptNo FROM Dept
        WHERE DeptName='消化内科')
```

视图 Doc_Deg_sal 是一个带表达式的视图。视图中的 Salary 属性列的值通过计算得到。

可以用带有聚集函数和 GROUP BY 子句的查询来定义视图，这种视图称为分组视图。

【例 3-69】 定义视图反映各部门的医生人数。

```
CREATE VIEW Dept_num(Deptno,Dnumber)
AS
SELECT Ddeptno,COUNT(Dno)
FROM Doctor
GROUP BY Ddeptno
```

在例 3-68 和例 3-69 中，由于 SELECT 语句中的目标列包含有表达式和聚集函数，且在查询语句中没有为这样的列指定别名，则在 CREATE VIEW 中必须明确定义视图的各个属性列名。

2. 视图的删除

随着用户需求的不断变化，有些视图将不再需要，可将这些无用的视图删掉。只有视图的拥有者或有 DBA 权限的用户才能删除。

视图的删除语句格式为：

```
DROP VIEW <视图名> [CASCADE]
```

执行删除操作后视图的定义将从数据字典中删除。

视图删除不会影响基表的数据。但如果该视图还导出了其他视图，删除后导出视图将不能正常运行，并且与该视图相关的所有授权将被自动撤销。可以使用 CASCADE 级联删除语句，把该视图和它导出的所有视图一起删除。

基本表删除后，由该基本表导出的所有视图仍存在，但已无法使用。删除这些视图需显示地使用 DROP VIEW 语句。

【例 3-70】删除视图 DiagView_check。

```
DROP VIEW DiagView_check
```

由于 DiagView_check 视图还导出了 DiagView_check_2007 视图，上述删除操作将被使 DiagView_check_2007 视图不能再使用。可以使用级联删除语句将两个视图都删除：

```
DROP VIEW DiagView_check CASCADE
```

3.5.3 视图的查询

对于已经定义好的视图，我们可以用 SELECT 语句做查询操作。通过视图查询数据同通过基本表查询数据一样。

【例 3-71】查询消化内科医生中年薪高于 3 万的医生信息。

```
SELECT Dno,Dname,Salary FROM Doc_Deg_sal
WHERE Salary>30000
```

上述视图查询的具体实现过程如下：

① 进行有效性检查，视图 Doc_Deg_sal 存在。

② 将用户查询语句中列名转换为相应的试图定义中 SELECT 子查询的目标列列名为：

```
SELECT Dno Dno,Dname Dname,Dsalary*12 Salary;
```

③ 将用户查询语句中的视图名替换为基本表表名：

```
FROM Doctor;
```

④ 将用户查询语句中的 WHERE 条件与视图定义中的 WHERE 条件合并：

```
WHERE DdeptNo IN (SELECT DeptNo FROM Dept
        WHERE DeptName='消化内科') AND
Dsalary*12>50000;
```

⑤ 转换之后的查询语句变为：

```
SELECT Dno Dno,Dname Dname,Dsalary*12 Salary
FROM Doctor
WHERE DdeptNo IN (SELECT DeptNo FROM Dept
        WHERE DeptName='消化内科') AND
Dsalary*12>30000;
```

⑥ 执行上述查询语句。

图 3.44 给出了上述查询结果。

	Dno	Dname	Salary
1	82	杨勋	33600.00

图 3.44 例 3-71 查询结果

3.5.4 视图的更新

根据视图的定义，一个视图要么是只读的视图要么是可更新的视图。对一个只读的视图就只能执行 SELECT 语句。所有视图都至少是可读的。对可更新的视图，用户就可以执行 INSERT、UPDATE 或 DELETE 操作。

由于视图是不存储数据的虚表，数据是来自其他基表的部分数据，对视图的更新最终是对基表的更新。因此只能对特殊的视图进行更新。下面将介绍视图更新操作的限制条件。

① 只能对直接定义在一个基表上的视图进行插入、修改、删除等更新操作。对定义在多个基表或其他视图之上的视图，数据库管理系统不允许进行更新操作。

【例 3-72】在医院数据库中，创建了医生与患者的诊断信息视图，该视图为不可修改视图。

```
CREATE VIEW DiagView
AS
SELECT DGno,P.Pno,Pname,Doc.Dno,Dname, Symptom,Diagnosis,DiagDateTime
FROM Diagnosis Diag , Doctor Doc, Patient P
WHERE Diag.Dno=Doc.Dno AND P.Pno=Diag.Pno
```

② 尽管视图数据只来源于一个基表，如果 SELECT 语句含有 GROUP BY、DISTINCT 或聚集函数等，除可执行删除操作外，不能进行插入或修改操作。

【例 3-73】在医院数据库中，如果需要统计每位医生每天诊断工作量，建立如下视图。该视图除可执行删除操作外，不能进行插入或修改操作。

```
CREATE VIEW DiagNum (Dno, DiagDate, PatientNum)
AS
SELECT Dno,Rdatetime,COUNT(DGno)
FROM RecipeMaster
GROUP BY Dno,Rdatetime
```

③ 如果视图中包含由表达式计算的列，则不允许进行更新操作。

【例 3-74】在药品信息表中，假如为药品单价提高 15%后建立药品价格视图，则不能修改该视图中的药品单价。

```
CREATE VIEW MedicineNewPrice(Mno,Mname ,Newprice ,Munit,Mtype)
AS
SELECT Mno,Mname ,Mprice*1.15,Munit,Mtype
FROM Medicine
WHERE Mprice*1.15>=30
```

④ 尽管视图满足上述 3 个条件，如果该视图中没有包含基表的所有 NOT NULL 列，则不能对该视图进行插入操作。主要原因是，对视图的插入实际是对基表的插入操作，当视图没有包含基表的所有 NOT NULL 列时，在向视图进行插入时，系统默认为 NULL。这与定义中的 NOT NULLL 相矛盾，因此系统就会拒绝插入并给出错误提示。

3.5.5 视图的作用

视图是定义在基本表之上的一个虚表，对视图的操作最终是对基本表的操作，且视图操作中有许多限制条件。这样看来视图似乎没有什么作用。但实际上，如果能合理地利用视图将带来许多好处。

（1）视图能简化用户的操作

当数据来自于多个基本表（或视图）且搜索条件比较复杂，用户书写 SELECT 语句将很麻烦。除要清楚多个基本表（或视图）之间的连接条件，还要考虑搜索条件的表述。这时如果定义一个视图将表之间的连接操作和复杂的搜索条件对用户隐藏起来，简化用户的查询语句，让用户更专注于自己所关心的数据。

（2）视图对重构数据库提供一定程度的逻辑独立性

当我们重构数据库时会改变数据库的逻辑结构，如增加新的关系或改变原有关系的属性列等。要保证数据的逻辑独立性，使用户的应用程序不受影响，就要使用户的外模式保持不变。视图是构建外模式的一种方式。

数据库重构最常见的方法是把基本表做“垂直”划分，将一个基本表分成多个基本表。例如将医生 Doctor 关系表：

Doctor(Dno,Dname,Dsex,Dage,Ddeptno,Dlevel,Dsalary）

分为 Doctor_x(Dno,Dname,Dsex,Dage)和 Doctor_y(Dno,Ddeptno,Dlevel,Dsalary）两个关系。那么用户应用程序中原来对 Doctor 关系的操作就要转换为对 Doctor_x 和 Doctor_y 的操作，修改麻烦。这时可建立一个 Doctor 视图：

```
CREATE VIEW Doctor(Dno,Dname,Dsex,Dage,Ddeptno,Dlevel,Dsalary）
AS
SELECT Doctor_x.Dno,Dname,Dsex,Dage, Ddeptno,Dlevel,Dsalary
FROM Doctor_x, Doctor_y
WHERE Doctor_x.Dno=Doctor_y.Dno
```

这样应用程序就不必修改。

当然，视图只能在一定程度上提供数据的逻辑独立性。如果视图是不可更新的，则应用程序中修改数据的语句仍要随着基本表结构的改变而改变。

（3）视图为用户提供多个视角看待同一数据

针对同一数据，视图可以为不同类型的用户提供不同的视角。

（4）提高数据的安全性

有了视图机制，就可以为用户定制数据。哪些数据是用户能看的，哪些数据是在用户面前要屏蔽的，都可以通过视图定义加以解决。即视图自动提供了对机密数据的安全保护功能。例如，医生关系中每个医生的薪水是保密的。就可以定义一个不包括薪水字段的视图供用户操作，不让用户直接操作基本表。这样，就在一定程度上提高了数据的安全性。

（5）保证数据的完整性

若在视图定义时使用了 WITH CHECK OPTION 选项，那么 SQL 就能保证进入基本表中的元组都能满足 WHERE 子句中给出的限定条件。

3.6 索引

查询是数据库中执行得最多的操作，如何使用户更快地找到需要的信息是数据库研究的一项重要内容。索引概念的引入就是为了加快数据库的检索速度。本节介绍索引的概念以及索引的建立和选择原则。

3.6.1 索引的概念

翻开一本书，可以通过目录很快确定我们需要的信息在书中有没有。通过图书目录标注的各部分对应页码，也可以很快就找到我们需要信息的具体内容。在数据库中，索引起到的作用与目录类似。索引是表中所包含值的列表，列表中存放有所有数据的存储位置信息，如图 3.45 所示。因此它使我们不需要扫描整个关系表就可以在确定要找的数据在关系表中是否存在，以及数据的存储地址信息。

索引通常采用 B 树或 B+树等结构。索引由索引项组成，索引项由来自表中每一行的一个或多个列（搜索关键字）组成。B 树按搜索关键字排序，可以在搜索关键字的任何子集上进行高效搜索。

一般来说，索引的建立和删除由数据库的系统管理员或表的属主负责。他们可以根据应用环境的需要在基本表上建立一个或多个索引，提供多种存取路径。系统在存取数据时会自动选择合适的索引作为存取路径，用户不能在存取数据时选择索引。

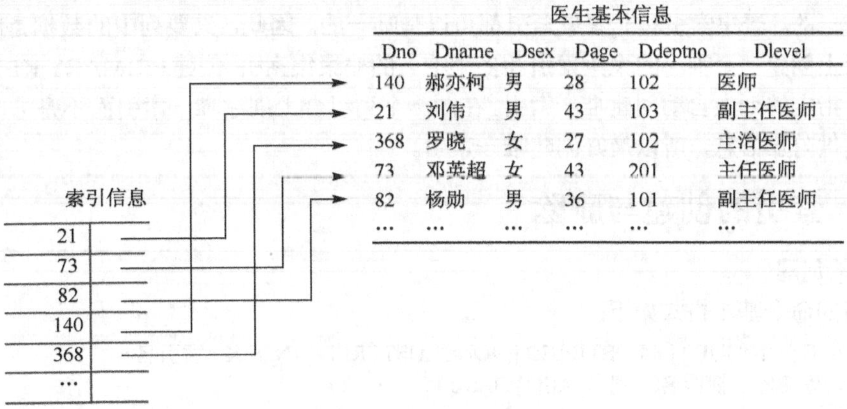

图 3.45　索引示意图

索引为查询性能带来的好处是有代价的。索引在数据库中会占用一定的存储空间；另外在对数据进行更新（插入、删除和修改）操作时，为使索引与数据保持一致，还需要对索引进行维护，这需要花费时间。因此，在设计和建立索引时，要综合地在查询性能与存储代价，索引维护代价的付出之间的寻找一个平衡点，用较低的代价满足用户性能的要求。

3.6.2　索引的分类

根据索引与数据表的存储特点可以分为：聚簇索引、非聚簇索引和唯一索引。

1. 聚簇索引

聚簇索引是一种存储方法，使表中的数据与索引存储在相邻物理空间，并使行的物理顺序与索引的顺序保持一致。这种结构可以大大提高访问行的性能，特别是对于有连续键值的记录集。如果以某种特殊的顺序频繁访问记录、检索相关的记录集或根据值的范围检索行记录，那么可考虑在合适的列上使用聚簇索引。由于聚簇索引规定数据在表中的物理存储顺序，因此，一个表仅有一个聚簇索引。聚簇索引可以包含多个列（组合索引）。如果基础表使用聚集索引排序，则索引指针位置为聚集键值，或者为包含记录的文件号、页号和槽号的行 ID（RID）。

聚簇索引对于那些经常要搜索范围值的列特别有效。使用聚簇索引找到包含第一个值的行后，便可以确保包含后续索引值的行在物理相邻。例如，如果应用程序执行的一个查询经常检索某一日期范围内的记录，则使用聚簇索引可以迅速找到包含开始日期的行，然后检索表中所有相邻的行，直到到达结束日期。这样有助于提高此类查询的性能。同样，如果对从表中检索的数据进行排序时经常要用到某一列，则可以将该表在该列上聚簇（物理排序），避免每次查询该列时都进行排序，从而节省成本。

2. 非聚簇索引

非聚簇索引特点是：数据存储在一个地方，索引存储在另一个地方，索引带有指针指向数据的存储位置。索引中的项目按索引键值的顺序存储，而表中的信息按另一种顺序存储（也可以由聚簇索引规定）。如果在表中没有创建聚簇索引，则无法保证数据表的数据具有任何特定的顺序。

在搜索数据值时，先对非聚集索引进行搜索，找到数据值在表中的位置，然后从该位置直接检索数据。由于索引包含描述查询所搜索的数据值在表中的精确位置的条目，这使非聚集索引成为精确匹配查询的最佳方法。

3. 唯一索引

唯一索引确保索引列不包含重复的值。在多列唯一索引的情况下，该索引可以确保索引列中每个值组合都是唯一的。聚集索引和非聚集索引都可以是唯一的。因此，只要列中的数据是唯一的，就可以在同一个表上创建一个唯一的聚集索引和多个唯一的非聚集索引。创建 PRIMARY KEY 或 UNIQUE 约束会在表中指定的列上自动创建唯一索引。在同一个列组合上创建唯一索引而不是非唯一索引可为查询优化器提供附加信息，所以最好创建唯一索引。

3.6.3 索引的创建与删除

1. 索引的创建

创建索引的命令基本格式如下：

```
CREATE [ UNIQUE ] [ CLUSTERED | NONCLUSTERED ] INDEX <索引名>
ON < 基表名 | 视图名> (列名[ ASC | DESC ] [ , … n ] )
```

其中，<索引名>是指索引的名字，必须是唯一的名字，并且要遵守数据库系统的命名规则。<基表名|视图名>是需要创建索引的基表或视图，<列名>指明按照哪个列建立索引，ASC 和 DESC 分别表示升序和降序，用户可以任选，系统默认为 ASC。如果用户要在多列上建立索引，则依次列出列名和排序方式，中间用逗号分隔开。CLUSTERED，NONCLUSTERED 和 UNIQUE 是可选参数，下面将详细介绍。

（1）在单列上创建索引

单列索引是指在一个表的某列上建立索引。

【例 3-75】在药品基本信息表中，对药品名称按照升序创建非聚簇索引。

```
CREATE NONCLUSTERED INDEX MedIndex
ON Medicine(Mname ASC)
```

（2）建立复合索引

复合索引是指为表中多列建立的索引。对于含有多条件的查询语句，使用复合索引才能提高查询速度。如果用户想要几个列的组合唯一，就应当在这些列上建立复合索引。

【例 3-76】在处方详细信息表中，对处方编码和药品编码上创建聚簇索引。

```
CREATE CLUSTERED INDEX RDIndex
ON RecipeDetail (Rno ASC, Mno DESC)
```

（3）建立唯一索引

唯一索引和非唯一索引的区别在于：建立索引时是否指明了关键字 UNIQUE 来确认，唯一索引要求被索引列的值不重复，而非唯一索引允许被索引的列有相同的值出现。

【例 3-77】在医生基本信息表上，对医生编码创建唯一索引。

```
CREATE UNIQUE INDEX DoctorIndex
ON Doctor (Dno ASC)
```

2. 索引的删除

当索引不再需要时，可以删除索引，但只有索引的拥有者和具有 DBA 权限的用户可以删除索引。当索引删除后，有关索引的定义将从数据字典中删除，并且包含在索引中的全部索引项将被清除。但是，这不会影响其他基表和索引的正常使用，只是在某种程度上影响系统的性能。

用户可以使用 DROP INDEX 命令来删除索引，其命令形式如下：

```
DROP INDEX[ 〈用户名〉 ] 〈索引名〉
```

其中，〈用户名〉是可选项，表示索引的拥有者；〈索引名〉是指要删除的索引名字。

【例 3-78】要删除例 3-81 创建的索引。

```
DROP INDEX DoctorIndex
```

3.6.4 建立索引的原则

1．选择数据量较大的表建立索引

一般来说，对于数据量较大的表，数据库系统越有机会找到最短路径，索引越能更好地改善响应的时间，越能显示出优势。索引对于列中的数据多而杂的列是特别有用。例如，在医院信息系统中，如果对患者诊断信息建立索引，速度提高的效果就比较明显。但是，不适宜在性别列上建立索引，因为有大量重复值，对其索引反而会降低查询速度。对于数据量较小最好不要建立索引，因为对小表索引，速度提高不仅不明显，反而会增大系统的开销，除非有特殊需要，要建立唯一索引来加强唯一。

2．建立索引的数量要适量

尽管对一个基表可以建立多个索引，提高查询速度，但不宜建立太多的索引，最好不超过 3 个。其原因是：首先，索引要占用磁盘空间；其次，尽管加快查询速度，但系统要维护索引结构，维护索引结构系统要花费一定的开销，尤其是经常要插入或删除的表，其维护索引结构的代价是很大的。因此建立索引会减慢插入、修改、删除的执行速度。用户应该在加快查询速度和降低更新速度之间做出权衡。对于一个仅用来查询的表来讲，建立多个索引是比较合适的，但对更新操作比较频繁的表来讲最好少建立一些索引。

3．选择合适的时机建立索引

通常，建立索引应选择在表中装入数据之后。如果先建立索引后装入数据，则每次插入一行数据都要对索引进行更新，这样会很浪费时间。但是，如果要保证装入数据的唯一性，则只能以牺牲系统性能为代价，而在装入数据前建立唯一性索引。

4．优先考虑主键列建立聚簇索引

当主键包含多列时，最好把数据差异最多的列放在索引命令列表的首位。如果各列数据种类相近，则最好把经常用到的列放在前面。

5．为支持连接操作，考虑在外码上建立非聚簇索引

在外码上建立非聚簇索引可以很好地支持关系表通过外码属性列与其被参照关系表做连接操作的查询请求。

6．最好选择包含大量非重复值的列建立非聚簇索引

一属性列若包含大量非重复的值，并经常进行相等条件的判定，则可以考虑在其上建立非聚簇索引。拥有大量非重复的值意味着该属性列的值几乎都是唯一的，如医生编号。如果只有很少的非重复值，如性别只有男和女，最好不要使用索引查询，此时采用顺序扫描更为有效。

3.7 习题

1．试述 SQL 语言的特点。

2．试述 SQL 的定义功能。

SQL 的数据定义功能包括定义表、定义视图和定义索引。SQL 语言使用 cREATE TABLE 语句建立基本表，ALTER TABLE 语句修改基本表定义，DROP TABLE 语句删除基本表；使用 CREATE INDEX 语句建立索引，DROP INDEX 语句删除索引；使用 CREATE VIEW 语句建立视图，DROP VIEW 语句删除视图。

3．图书出版社管理数据库中有两个基本表：

图书（书号,书名,作者编号,出版社,出版日期）

作者（作者编号,作者名,年龄,地址）

试用 SQL 语句写出以下查询：

检索年龄低于作者平均年龄的所有作者的作者名、书名和出版社。

4．设有两个关系 $R(A,B,C)$ 和 $S(C,D,E)$，试用 SQL 查询语句表达下列关系代数表达式：

（1）$\pi_{A,E}(\sigma_{B=D}(R\infty S))$

（2）$\pi_{A,\ E}(\sigma_{B=50}(R\infty S))\bigcup\pi_{A,\ E}(\sigma_{B=60}(R\infty S))$

5．什么是基本表？什么是视图？两者的区别和联系是什么？

6．试述视图的优点。

7．哪类视图是可以更新的？哪类视图是不可更新的？各举一例说明。

8．建立索引时需要考虑哪些影响性能的问题？

9．设数据库中有三个关系：

员工表 EMP（E#,ENAME,AGE,SEX,ECITY），其属性分别表示员工编号、姓名、年龄、性别和所在城市；

公司表 COMP（C#,CNAME,CITY,MANAGER），其属性分别表示公司编号、公司名称、公司所在城市和管理者的员工编号；

工作表 WORKS（E#,C#,SALARY），其属性分别表示员工编号、公司编号和工资。

试用 SQL 语句写出下列操作：

① 用“CREATE DATABASE”创建一个存放上述三表的数据库。

② 用“CREATE TABLE”创建上述三个表，需指出主键和外键。

③ 检索超过 50 岁的男性职工的编号和姓名，按年龄的降序输出。

④ 假设每个职工只能在一个公司工作，检索工资超过 1500 元的男性员工编号和姓名。

⑤ 检索“华联公司”中低于本公司平均工资的员工编号和姓名。

⑥ 在每一公司中为 50 岁以上的员工加薪 100 元。

⑦ 删除年龄大于 60 岁的员工信息。

⑧ 用“CREATE VIEW”创建一个“华联公司”中关于女性员工信息的视图，属性包括（E#,ENAME,C#,CNAME,SALARY）。

10．针对第 1 章中习题 9 提出的需求及第 2 章中习题 18 提出的关系模式，进行库、表、视图、索引的定义。

第 4 章 完整性约束

数据库的完整性是指数据的正确性和相容性。为维护数据的完整性，需在数据上定义约束，这些约束条件称为完整性约束条件，它们作为模式的一部分存入数据库。DBMS 提供完整性检查机制来检查数据库中的数据是否满足规定的条件。本章介绍的主要内容包括：

- 完整性约束条件的定义及修改
- 完整性约束条件的检查
- 主要数据库产品对完整性的支持

学习目标：

- 掌握完整性约束的定义
- 了解完整性约束的检查
- 了解主要数据库产品对完整性的支持

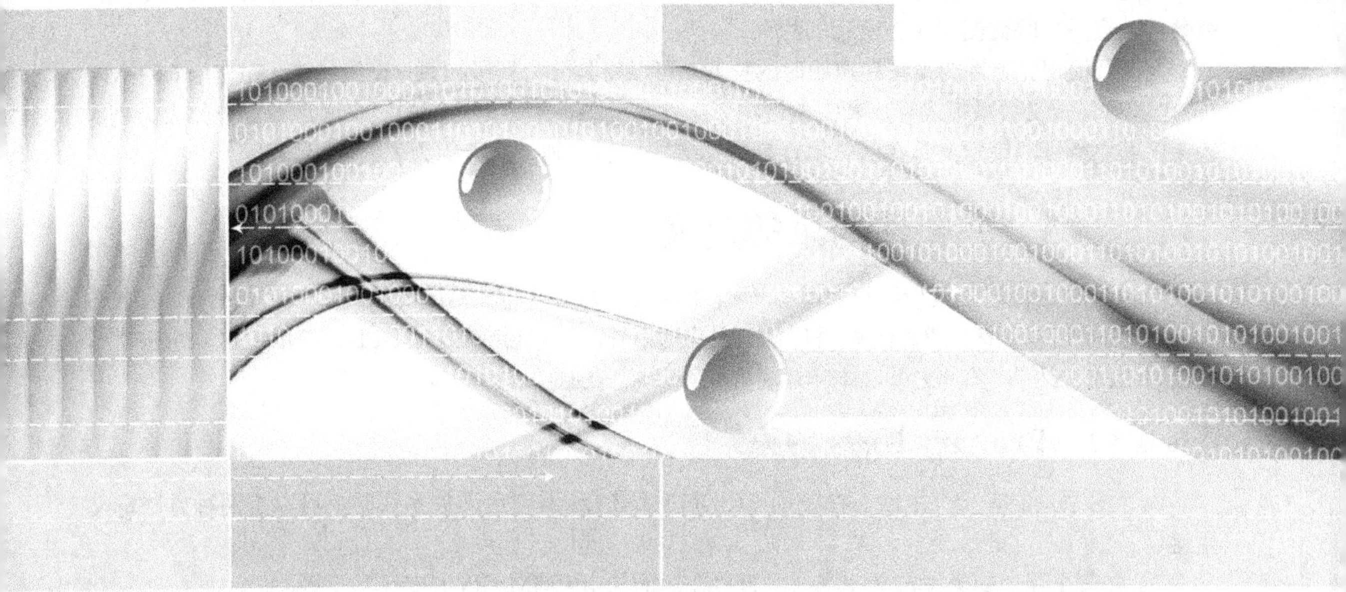

4.1 数据库完整性概述

数据库系统是对现实世界的真实反映，例如，性别只能是男或女，医生的编号必须唯一，医生开出的药品必须在库存中存在等。用户在进行数据库访问的过程中，有很多原因可能导致更新数据出现错误，例如，手工输入数据时出错。因此，维护数据库的完整性是非常重要的。

完整性约束是加在数据库模式上的一个具体条件，它规定什么样的数据能够存储到数据库系统当中。若一个数据库实例满足所有的完整性约束，它就是一个符合逻辑的实例。DBMS 确保完整性约束条件的定义及检查，使只有符合逻辑的实例能够存储到数据库中。

DBA 或用户定义完数据模式后，就指明在数据库中的所有模式应满足的完整性约束条件。当数据库应用程序运行起来后，DBMS 就会检查所有的冲突，防止与完整性约束有冲突的数据进入系统。

数据的完整性和安全性是两个不同的概念。

数据的完整性是为了防止数据库中存在不符合语义的数据，防止错误数据的输入和输出所造成的无效操作和错误结果，而安全性是防止非法用户的非法操作所造成的对数据库的恶意破坏。当然，完整性和安全性是密切相关的。

4.2 完整性约束的分类

按照完整性约束条件作用的对象，可以将其分为 4 类：类型约束、属性约束、关系变量约束、数据库约束。

类型约束是完整性约束的最基础构成，定义属性列对应域的取值范围。属性约束主要规定属性的类型、取值范围、精度等约束条件。关系变量约束定义同一关系内不同元组之间、不同属性间的约束。数据库约束定义多个关系之间应满足的约束条件。

完整性约束条件涉及的这 4 类对象，其状态可以是静态的，也可以是动态的。所谓静态约束是指数据库为某一确定状态时数据对象应满足的约束条件，它是反映数据库状态合理性的约束，是最重要的一类完整性约束。动态约束是指数据库从一种状态转变为另一种状态时，新、旧值之间应满足的约束条件，它是反映数据库状态变迁的约束。

另外，根据完整性约束条件声明时的位置，可以将其分为列级约束、表级约束。在使用 CREATE TABLE 语句定义关系模式时，若完整性约束条件定义跟在某一属性列的定义之后，则该约束为列级约束；若完整性约束定义是在所有属性列描述完毕之后，则该约束称为表级约束。

4.3 完整性约束的定义

完整性约束保证当授权用户对数据库进行修改时不会破坏数据的一致性。SQL 中的 CREATE TABLE 命令可以包括完整性约束语句。除主码约束外，还包括 NOT NULL、UNIQUE、CHECK、FOREIGN KEY 等。除此之外，本节还将介绍域及断言的定义。

4.3.1 Primary Keys 约束

一个关系只能有一个主键。在使用 CREATE TABLE 语句定义关系表时，可以有两种方法定义主键：

① 在一个属性的类型定义完毕后，直接在后面加上 PRIMARY KEY。

② 在所有属性定义完毕后，增加一个 PRIMARY KEY 的声明，指出主键包含哪些属性。

【例 4-1】

```
CREATE TABLE RecipeMaster
( Rno VARCHAR(10) PRIMARY KEY,
  Pno VARCHAR(10) NOT NULL,
  Dno VARCHAR(10) NOT NULL,
  DGno VARCHAR(10),
  Rdatetime   DATETIME
);
```

【例 4-2】

```
CREATE TABLE Medicine
( Mno VARCHAR(10),
 Mname VARCHAR(50) NOT NULL,
 Mprice DECIMAL(18,2) NOT NULL,
 Munit VARCHAR(10),
 Mtype VARCHAR(10),
 PRIMARY KEY(Mno)
);
```

在上述定义中，第 1 种定义方式称为列级约束的定义，第 2 种定义方式称为表级约束的定义。

在任何 CREATE TABLE 语句中，至多只能有一个 PRIMARY KEY 子句。因此，当主键是由多个属性构成时，只能采用第 2 种定义方式，如例 4-3 所示。

【例 4-3】

```
CREATE TABLE RecipeDetail
( Rno VARCHAR(10),
 Mno VARCHAR(10) NOT NULL,
 Mamount DECIMAL(18,0),
 PRIMARY KEY(Rno,Mno)
);
```

UNIQUE 约束定义和 PRIMARY KEY 约束定义不能在同一属性上，但 PRIMARY KEY 子句可以与 NOT NULL 子句一起使用。PRIMARY KEY 子句中的每个属性的取值都必须是 NOT NULL 的。

4.3.2　UNIQUE 约束

UNIQUE 约束指出属性形成了一个候选码，即一个关系中没有两个元组能在所有候选码属性上相等。

UNIQUE 约束的定义方法与 PRIMARY KEY 约束的定义相同，既可以直接跟在属性的类型声明之后，也可以在表中单独使用一行进行声明。

UNIQUE 约束的含义与 PRIMARY KEY 约束的含义类似，都要求相应的属性取值唯一。区别在于：

① 在一个关系中，PRIMARY KEY 只有一个，而 UNIQUE 可以声明多个。

② PRIMARY KEY 要求属性取值不能为 NULL，而 UNIQUE 允许属性取空值，允许多个空值同时存在。

【例 4-4】

```
CREATE TABLE Dept
( DeptNo VARCHAR(10) PRIMARY KEY,
 DeptName VARCHAR(50) UNIQUE,
 ParentDeptNo VARCHAR(10),
 Manager VARCHAR(10)
);
```

其实，UNIQUE 约束的定义除上述两种方式外，还有一种定义方式，那就是通过定义唯一索引要求属性的取值必须唯一。

【例 4-5】

```
CREATE UNIQUE INDEX deptname_index ON Dept(DeptName);
```

在定义了 UNIQUE、PRIMARY KEY 约束的属性上建立索引是十分必要的，它可以使约束的检查执行起来更有效。如果有索引，当向关系表中追加元组或修改一些元组的键属性时，系统就可以使用索引来检查关系中是否有相同值的元组存在。若有，则系统就会拒绝用户的更新请求。反之，若没有索引，系统就会搜索整张关系表以确定是否有给定的键值。这个过程是相当耗时的。

4.3.3 NOT NULL 约束

NOT NULL 的约束禁止在该属性上插入一个空值。任何一个导致向一个声明为 NOT NULL 的属性插入一个空值的数据库修改都会产生错误信息。

SQL 中每个属性的默认合法值都是 NULL。然而，对于一些属性来说，空值是不合适的。对 RecipeMaster 关系中的一个元组，若 Pno，Dno 为空，表示存在一个不知道哪位医生给哪位病人开出的处方，这样的处方是没有意义的。另外，我们也不希望关系中的 Rfee 是空值。

【例 4-6】

```
CREATE TABLE Diagnosis
( DGno VARCHAR（10）  PRIMARY KEY,
 Pno VARCHAR(10) NOT NULL,
 Dno VARCHAR(10) NOT NULL,
 Symptom VARCHAR(100),
 Diagnosis VARCHAR(100),
 DGtime DATETIME,
 Rfee DECIMAL(18,2) NOT NULL
);
```

许多情况下我们都希望避免空值，尤其是禁止在关系模式的主键中出现空值。因此，在例子中，RecipeMaster 关系中如果属性 Rno 声明为主键，则它不能为空，只是它不必显式地声明为 NOT NULL。

NOT NULL 的限定可以用在定义域的声明中，由此该域类型的属性不能为空。

【例 4-7】

```
CREATE DOMAIN fee DECIMAL(18,2) NOT NULL;
```

凡在 fee 域取值的属性，不能有空值。

4.3.4 CHECK 约束

在 4.3.1 节、4.3.2 节、4.3.3 节中介绍的 3 种约束，作用对象都是属性。SQL 中的 CHECK 子句可以用于类型约束、属性约束、关系变量约束的声明。

CHECK 子句的通常应用是保证属性值满足指定的条件。CHECK 子句括号内的条件可以是取值的简单限制，例如，列举合法的取值或一些算术不等式；也可以是带 WHERE 条件的 SQL 语句，将复杂的约束条件附加在属性声明之后。若检查条件涉及其他关系，则需使用子查询方式在 FROM 后引出涉及的关系表。

一旦元组在该属性上获得一个新的值，DBMS 就会执行 CHECK 约束的检查。若新值与 CHECK 约束发生冲突，更新操作就会被拒绝。先来看两个简单的例子。

【例 4-8】

```
CREATE TABLE Doctor
( Dno VARCHAR(10),
 Dname VARCHAR(50) NOT NULL,
 Dsex VARCHAR(2),
 Dage INT,
 Ddeptno VARCHAR(10),
 Dlevel VARCHAR(50),
 Dsalary decimal(18,2),
 PRIMARY KEY(Dno),
 CHECK( Dsex IN ('男', '女'))
);
```

【例 4-9】

```
CREATE TABLE Fee
( Fno VARCHAR(10) PRIMARY KEY,
 Rno VARCHAR(10) NOT NULL,
 Fdatetime DATETIME,
 Fsum decimal(18,2),
 CHECK(Fsum>0)
);
```

CHECK 子句允许数据库模式的设计者指定一个谓词，对类型属于该域的变量所赋的任意值都必须满足该谓词。

【例 4-10】

```
CREATE DOMAIN rfee DECIMAL(18,0)
CONSTRAINT rfee_test CHECK(VALUE >0);
```

【例 4-11】

```
CREATE DOMAIN mtype VARCHAR(10)
CONSTRAINT mtype_test CHECK(VALUE IN('西药', '中成药'));
```

CHECK 子句中的条件可以涉及关系表中的其他属性、元组。每当关系中插入一新元组或有元组被修改，CHECK 约束中的条件都会被立即进行检查，若条件为假，更新操作被拒绝。假定有一个函数 test_id( )，实现功能为：通过验证患者身份证倒数第 2 位的奇偶，判定患者的性别，返回布尔值 0 或 1。其中，0 表示患者为女性，1 表示患者为男性。

【例 4-12】

```
CREATE TABLE Patient
( Pno VARCHAR(10),
 Pname VARCHAR(50) NOT NULL,
 Psex VARCHAR(2),
 Page INT,
 Paddr VARCHAR(100),
 Pino VARCHAR(50),
 Pid VARCHAR(18),
 PRIMARY KEY(Pno),
 CHECK( Psex IN ('男', '女')),
 CHECK(Psex='女'   AND   test_id(Pid)= '0')
);
```

若 CHECK 子句中的条件涉及其他关系时，可以使用 SQL 语句来完成条件的表达。要注意的是，约束的检查只针对当前定义的属性列、元组，约束当中引用的所有其他的关系、属性不受该约束的检查。

【例4-13】

```
CREATE TABLE RecipeDetail
( Rno VARCHAR(10),
 Mno VARCHAR(10) NOT NULL,
 Mamount DECIMAL(18,0),
 PRIMARY KEY(Rno,Mno),
 CHECK (Mno IN (SELECT Mno FROM Medicine))
);
```

上述 CHECK 语句实际上是定义了一个参照完整性约束，来看一下它的检查情况：

① 若试图向 RecipeDetail 中插入一新的元组，该元组在 Mno 属性列上的值是一个并不存在的药品编号，则插入操作被拒绝。

② 若试图修改 RecipeDetail 中的某一元组，修改后的新元组在 Mno 属性列上的新值是一个并不存在的药品编号，则修改操作被拒绝。

③ 若更新 Medicine 关系中的一元组，比如将一药品的信息删除，这个变化并不能激活上述 CHECK 约束的检查。虽然 RecipeDetail 中有元组的药品编号可能已与 CHECK 约束发生冲突，但删除操作是被允许执行的。

一般而言，由于 Check 条件中允许出现包含其他关系的子查询，Check 条件可能变得更复杂，也更难检测。在 4.3.7 节中将介绍另一种约束定义，它能更好地表述这种条件。

4.3.5 Foreign-Key 约束

4.3.1 节和 4.3.2 节中介绍的 PRIMARY KEY 约束和 UNIQUE 约束分别给出了主键、候选键的取值限定。除这两个键外，系统还有一个很重要的键——外码。外码的取值通过参照完整性规则来约束。

1. 外码的声明

我们先回忆一下外码的定义，以及参照完整性规则。

设 F 是基本关系 R 的一个或一组属性，但不是关系 R 的码。如果 F 与基本关系 S 的主码 K 相对应，则称 F 是基本关系 R 的外码（Foreign-Key）。R 中每个元组在 F 上的值必须为：或者取空值，或者等于 S 中某个元组的主码值。

在 SQL 的 CREATE TABLE 语句中，可以定义关系的一个或一组属性为外码。定义时隐含有如下规则：被参照关系中的属性必须是定义为 PRIMARY KEY 或 UNIQUE 的属性，否则外码定义失败。

外码的声明有两种形式：

① 若外码为单属性，则可在属性名称、类型声明之后，用 REFERENCES 指出被参照的关系、属性。形式为：

REFERENCES <被参照表表名>（<属性名>）

② 在 CREATE TABLE 定义语句的属性列描述之后，将一个或多个属性列声明为外码。形式为：

FOREIGN KEY（<属性名>）REFERENCES <被参照表表名>（<属性名>）

【例4-14】

```
CREATE TABLE Doctor
( Dno VARCHAR(10),
 Dname VARCHAR(50) NOT NULL,
 Dsex VARCHAR(2),
 Dage INT,
```

```
    Ddeptno VARCHAR(10) REFERENCES Dept(DeptNo),
    Dlevel VARCHAR(50),
    Dsalary DECIMAL(18,2),
    PRIMARY KEY(Dno),
    CHECK( Dsex IN ('男', '女'))
);
```

【例 4-15】

```
CREATE TABLE RecipeDetail
( Rno VARCHAR(10),
  Mno VARCHAR(10) NOT NULL,
  Mamount DECIMAL(18,0),
  PRIMARY KEY(Rno,Mno),
  FOREIGN KEY (Mno) REFERENCES Medicine(Mno)
);
```

在例 4-13 和例 4-15 中，本书给出了两种参照完整性约束的声明。当关系表 RecipeDetail 中的 Mno 出现新值时，系统都要求该新值能够在 Medicine 的 Mno 属性分量中找到。若更新 Medicine 中某一元组的 Mno 的分量值，在例 4-13 中，CHECK 约束不检查，虽然 RecipeDetail 中有元组的药品编号可能已与 CHECK 约束发生冲突，但更新操作是被允许执行的；而在例 4-15 中，系统仍会检查更新后的元组数据是否满足参照完整性约束规则。

下面，详细讨论实现参照完整性要考虑的几个问题。

2．参照完整性约束的保证

前面，介绍了外码的定义，以及外码属性应满足的约束条件。当数据库中的数据发生变化，违反了参照完整性约束时，如何保证参照完整性规则不会被破坏呢？系统通常的处理是拒绝导致完整性破坏的操作。但是，FOREIGN KEY 子句中可以指明：如果被参照关系上的一个删除或修改动作违反了约束，则系统采取一些步骤修改参照关系中的元组来恢复完整性约束，而不是拒绝操作。系统的处理策略包括如下 3 种。

（1）受限策略（RESTRICTED）

这是系统的默认方式。当出现违背参照完整性规则的更新操作请求时，系统拒绝执行该操作。以例 4-15 中的外码定义为例，来看一下哪些操作请求会被系统拒绝。

① 用户试图向 RecipeDetail 插入一条新的元组。若该元组在 Mno 属性列上非空，且属性列的值在 Medicine 的任何元组中都不存在，这个插入操作请求将被拒绝，元组不能进入 RecipeDetail 表。

② 用户试图修改 RecipeDetail 中某一元组在 Mno 属性列的分量值。若修改后的 Mno 值在 Medicine 的任何元组中都不存在，这个修改操作请求将被拒绝。

③ 用户试图删除 Medicine 中的一条记录。若该记录在 Mno 属性列的值仍然在 RecipeDetail 的某一元组中存在，这个删除操作请求将被拒绝，没有元组能从 Medicine 表中删除。

④ 用户试图修改 Medicine 中的一元组在 Mno 属性列的分量值。若修改前的 Mno 值在 RecipeDetail 的某一元组中存在，这个修改操作请求将被拒绝。

（2）置空策略（SET-NULL）

依照参照完整性规则，外码是可以取空值的。但具体能否取空值，要根据应用环境的语义来定。

在 Doctor 关系表中，DeptNo 是外码，参照 Dept 关系表的主码 DeptNo。Doctor 中某一元组的 DeptNo 列若为空值，表示这个职工尚未分配到任何一个具体的部门工作。这和应用环境的语义是相符合的，Doctor 的 DeptNo 列可以取空值。

在 RecipeDetail 关系表中，Mno 是外码，参照 Medicine 关系表的主码 Mno。RecipeDetail 中某一元组的 Mno 列若为空值，则表明一种并不存在的药被医生开出。这和应用环境的语义是不相符合的，RecipeDetail 的 Mno 列不可以取空值。

【例 4-16】

```
CREATE TABLE Doctor
( Dno VARCHAR(10) PRIMARY KEY,
  Dname VARCHAR(50) NOT NULL,
  Dsex VARCHAR(2),
  Dage INT,
  Dlevel VARCHAR(50),
  Dsalary DECIMAL(18,2),
  Ddeptno VARCHAR(10) REFERENCES Dept(DeptNo) ON DELETE SET NULL
);
```

根据上述设定，当用户删除 Dept 关系的某一元组时（假设该元组在 DeptNo 列的取值为“内科”），系统自动修改 Doctor 关系中所有 DeptNo 属性列上取值为“内科”的元组，将它们在 DeptNo 属性列上的取值置为空。

（3）级联策略（CASCADE）

这是另一种维持完整性规则而不用拒绝用户操作请求的处理方式。仍以例 4-15 中的外码定义为例，来看系统的处理情况。

① 用户试图删除 Medicine 中的一条记录。若该记录在 Mno 属性列的值仍然在 RecipeDetail 的某一元组中存在，则系统自动将 RecipeDetail 中所有此类元组删除。例如，删除了 Medicine 中药品编号为 314418 的记录，则系统自动将 RecipeDetail 中所有药品编号为 314418 的记录都删除。如果参照关系同时又是另一个关系的被参照关系，则这种删除操作会继续级联下去。

② 用户试图修改 Medicine 中的一元组在 Mno 属性列的分量值。若修改前的 Mno 值在 RecipeDetail 的某一元组中存在，则系统自动将 RecipeDetail 中这些元组在 Mno 列的值改为新值。例如，用户将药品编号为 314418 的记录改为 314172，则系统自动将 RecipeDetail 中所有药品编号为 314418 的记录都改为 314172。如果参照关系同时又是另一个关系的被参照关系，则这种修改操作会继续级联下去。

③ 用户试图向 RecipeDetail 插入一条新的元组，该元组在 Mno 属性列上非空，且属性列的值在 Medicine 的任何元组中都不存在，则系统自动首先在 Medicine 中插入相应的元组，其主码值等于参照关系插入元组的外码值，然后向参照关系插入元组。例如，用户向 RecipeDetail 关系插入（1282317, 50000, 1），系统首先向 Medicine 关系新增药品编号为 50000 的元组，然后再向 RecipeDetail 关系插入（1282317, 50000, 1）元组。

【例 4-17】

```
CREATE TABLE RecipeDetail
( Rno VARCHAR(10),
  Mno VARCHAR(10) NOT NULL,
  Mamount DECIMAL(18,0),
  PRIMARY KEY(Rno,Mno),
  FOREIGN KEY (Mno) REFERENCES Medicine (Mno)
    ON DELETE CASCADE
    ON UPDATE CASCADE
);
```

在有些 RDBMS 中，修改关系主码的操作是不允许的。只能先删除该元组，然后再把具有新主码值的元组插入到关系中。若 RDBMS 允许修改关系主码，则必须保证主码的唯一性和非空，否则拒绝修改。

从上面的讨论可以看到，DBMS 在实现参照完整性时，除了要提供定义主码、外码的机制外，还需要提供不同策略供用户选择。选择哪种策略，都要根据应用环境的具体语义要求确定。

4.3.6　域约束

通过 CREATE DOMAIN 可以定义一个新的域，通过对域进行约束可以达到对属性列取值的约束。SQL92 用一个特殊的关键字 VALUE 表示域的一个值。

【例 4-18】

```
CREATE DOMAIN SexVal CHAR(2)
  CHECK (VALUE IN('男', '女'));
```

我们定义一个域 SexVal，只能取'男'、'女'两个值。这样，在创建 Patient 关系表时，就可以引用该域，而无须再使用 CHECK 语句约束 Psex 的取值。

```
CREATE TABLE Patient
( Pno VARCHAR(10),
 Pname VARCHAR(50) NOT NULL,
 Psex SexVal,
 Page INT,
 Pino VARCHAR(50),
 Pid VARCHAR(18),
 PRIMARY KEY(Pno)
);
```

在 4.3.4 节 CHECK 约束的介绍中，曾列举过两个与域约束有关的例子：

【例 4-19】

```
CREATE DOMAIN rfee DECIMAL (18,0)
   CONSTRAINT rfee_test CHECK(VALUE >0);
```

【例 4-20】

```
CREATE DOMAIN mtype VARCHAR (10)
  CONSTRAINT mtype_test CHECK(VALUE IN('西药', '中成药'));
```

4.3.7　断言

表级约束只关联一张表。虽然在使用 CHECK 语句时其表达式中可以引用其他关系表，但表级约束要求关联的表是非空的。当约束条件涉及两张以上的关系表时，这种表级约束的缺陷就显现出来，不能满足需要。SQL 中的断言可以解决多张关系表关联的约束定义。前面介绍的域约束和参照完整性约束是断言的特殊形式，它们容易检测并适用于很多数据库应用。

SQL 中的断言为如下形式：

```
CREATE ASSERTION <断言名> CHECK<谓词>;
```

【例 4-21】

```
CREATE ASSERTION salarycheck CHECK
( NOT EXISTS(
 SELECT * FROM Doctor x
  WHERE Dsalary >=SOME ( SELECT Dsalary FROM Doctor y
   WHERE x.Deptno=y.Deptno AND y.Dno =(
    SELECT Manager FROM Dept
      WHERE x.Deptno =Dept.Deptno)))
);
```

当创建断言时，系统要检测其有效性。如果断言有效，则以后只有不破坏断言的数据库修改才被允许。如果断言比较复杂，则检测会带来相当大的开销。因此，使用断言应该特别小心。

4.4 完整性约束的修改

任何时候都可以添加、修改、删除约束。修改方式的表述依赖于该约束是涉及属性、表还是数据库模式。

4.4.1 约束的命名

为了对约束进行修改、删除，有必要对约束命名。在前面的例 4-19、例 4-20 中定义的域约束都有自己的名称。约束命名的方式为：CONSTRAINT 关键字后跟约束名称。

【例 4-22】

```
CREATE TABLE RecipeDetail
( Rno VARCHAR(10),
 Mno VARCHAR(10) CONSTRAINT Mno_notnull NOT NULL,
 Mamount DECIMAL(18,0),
 CONSTRAINT rno_mnokey PRIMARY KEY(Rno,Mno),
 CONSTRAINT mnoforeignkey FOREIGN KEY (Mno) REFERENCES Medicine (Mno)
    ON DELETE CASCADE
    ON UPDATE CASCADE
);
```

【例 4-23】

```
CREATE TABLE Patient
( Pno VARCHAR(10),
 Pname VARCHAR(50) CONSTRAINT pnamenotnull NOT NULL,
 Psex VARCHAR(2),
 Page INT,
 Pino VARCHAR(50),
 Pid VARCHAR(18),
 CONSTRAINT Pnokey PRIMARY KEY(Pno),
 CONSTRAINT mORf CHECK( Psex IN ('男', '女')),
 CONSTRAINT Rightinput CHECK(Psex='女' AND test_id(Pid)= '0')
);
```

4.4.2 约束的修改

在第 3 章中介绍的 ALTER 语句，除可以完成表结构的修改外，还可以修改约束。通过 ALTER TABLE 语句，可以修改 PRIMARY KEY，FOREIGN KEY，CHECK，UNIQUE，NOT NULL 约束；通过 ALTER DOMAIN 修改域约束；通过 DROP ASSERTION 删除一个断言。

在 ALTER TABLE 语句中，使用 DROP CONSTRAINT 关键字删除一个约束，使用 ADD CONSTRAINT 关键字增加一个约束。

【例 4-24】

```
ALTER TABLE RecipeDetail DROP CONSTRAINT rno_mnokey;
```

【例 4-25】

```
ALTER TABLE RecipeDetail DROP CONSTRAINT mnoforeignkey;
```

【例 4-26】

```
ALTER TABLE Doctor DROP CONSTRAINT mORf;
```

【例 4-27】

```
ALTER TABLE Doctor DROP CONSTRAINT Rightinput;
```

若系统今后还是希望能够保留上述约束控制，可以使用如下语句增加约束：

【例 4-28】

```
ALTER TABLE RecipeDetail ADD CONSTRAINT rno_mnokey PRIMARY KEY(Rno,Mno);
ALTER TABLE RecipeDetail ADD CONSTRAINT mnoforeignkey FOREIGN KEY (Mno) REFERENCES
medicine (Mno);
ALTER TABLE Doctor ADD CONSTRAINT mORf CHECK( Psex IN ('男', '女'));
ALTER TABLE Doctor ADD CONSTRAINT Rightinput CHECK(Psex='女' AND test_id(Pid)= '0');
```

通过 ALTER TABLE 语句新增的约束都是表级约束。

域约束的新增和修改通过 ALTER DOMAIN 完成。在 ALTER DOMAIN 中使用 DROP CONSTRAINT 关键字删除一个域约束，使用 ADD CONSTRAINT 关键字增加一个域约束。

【例 4-29】

```
ALTER DOMAIN rfee DECIMAL DROP CONSTRAINT rfee_test;
ALTER DOMAIN rfee DECIMAL ADD CONSTRAINT rfee_test CHECK(VALUE >0);
```

断言的删除通过 DROP ASSERTION 完成。

【例 4-30】

```
DROP ASSERTION salarycheck;
```

4.5　完整性约束的验证

在前面介绍各种约束时，我们说每当数据库中的数据发生变化时，DBMS 将立即检查这些变化与约束是否存在冲突，若有冲突 DBMS 会拒绝产生变化的数据库操作的执行。其实，有时候我们希望某些约束的检查能够推迟执行。

任何约束都可以声明为 DEFERRABLE（可延迟的）或 NOT DEFERRABLE（不可延迟的）。这两个关键字设置该约束是否可推迟，一个不可延迟的约束在每条 SQL 语句执行后都必须校验是否违反约束规则。可延迟的意味着，当事务开始后，对约束的检查可以推迟到晚些时候，但不晚于当前事务的结束（使用SET CONSTRAINTS 命令）时。默认是 NOT DEFERRABLE。

如果约束是可推迟的，可进一步声明为 INITIALLY IMMEDIATE（初始化立即执行）或 INITIALLY DEFERRED（初始化延迟执行）。这个子句声明检查约束的默认时间。如果约束是 INITIALLY IMMEDIATE，那么每条语句之后就检查它，这个是默认。如果约束是 INITIALLY DEFERRED，那么只有在事务结尾才检查它。约束检查的时间可以用SET CONSTRAINTS 命令修改。

【例 4-31】

```
CREATE TABLE t_test
(   NAME VARCHAR(12) CONSTRAINT pk_name PRIMARY KEY
      DEFERRABLE INITIALLY DEFERRED,
   AGE NUMBER(5)
);
```

通过这个语句增加一个延迟检查的主键约束。

执行如下操作：

```
SQL>insert into t_test values ('Tom',32);
1 row inserted
SQL> commit;
Commit complete
SQL> select * from t_test;
NAME        AGE
------------ ------
Tom          32
SQL> insert into t_test values ('Tom',32);
1 row inserted
SQL> commit;
commit
ORA-00001: 违反唯一约束条件 (SCOTT.PK_NAME)
```

这个唯一约束条件的检查是在 commit 时进行检查的，而不是在 insert 违反了约束条件的值之后马上进行检查。

下面，看一下初始化立即执行和初始化延迟执行的差异。

【例 4-32】

```
CREATE TABLE t
( X int CONSTRAINT check_x CHECK(x>0)
    DEFERRABLE INITIALLY IMMEDIATE,
  Y int CONSTRAINT check_y CHECK(y>0)
    DEFERRABLE INITIALLY DEFERRED
);
```

执行如下操作：

```
SQL> insert into t values ( 1,1 );
1 row created.
SQL> commit;
Commit complete.
```

所以，当两个约束同时满足时才能正确无误地插入行。但是，如果试图插入违反 CHECK_X 约束（初始化立即执行的约束）的行，则系统会立即检验约束，并得到下面的结果：

```
SQL> insert into t values ( -1,1);
insert into t values ( -1,1);

ERROR at line 1:
ORA-02290: check constraint
(OPS$TKYTE.CHECK_X) violated
```

由于 CHECK_X 是可延迟但初始化为立即执行的约束，所以这一行立刻被拒绝了。而 CHECK_Y 则不同，它不仅是可延迟的，而且初始化为延迟执行，这就意味着直到用 COMMIT 命令提交事务或将约束状态设置为立即执行时才检验约束。

```
SQL> insert into t values ( 1,-1);
1 row created.
```

现在它是成功的（总之到目前为止是成功的）。约束检验延迟到了执行 COMMIT 的时候：

```
SQL> commit;
Commit

ERROR at line 1:
ORA-02091: transaction rolled back
ORA-02290: check constraint
(OPS$TKYTE.CHECK_Y) violated
```

此时数据库将事务回滚，因为违反约束导致了 COMMIT 语句的失败。上例说明了初始化立即执行与初始化延迟执行约束之间的区别。initially（初始化）部分指定什么时候会进行默认的约束检验——是在语句结束时［immediate（立即执行）］，还是在事务结束时［deferred（延迟执行）］。

可以使用命令，让所有可延迟的约束变为延迟执行的，也可以对一个约束使用该命令。

【例 4-33】

```
SQL> set constraints all deferred;
Constraint set.
SQL> insert into t values ( -1,1);
1 row created.
```

由于将初始化立即执行的约束设置为延迟执行的模式，这个语句似乎执行成功。但是，当用 COMMIT 语句提交事务时，看一下会发生什么。

```
SQL> commit;
Commit
ERROR at line 1:
ORA-02091: transaction rolled back
ORA-02290: check constraint
(OPS$TKYTE.CHECK_X) violated
```

事务提交失败并回滚，因为在 COMMIT 语句之后对约束进行了检验。相反，可以将初始化为延迟执行的约束变为“立即”执行的约束：

```
SQL> set constraints all immediate;
Constraint set.
SQL> insert into t values ( 1,-1);
insert into t values ( 1,-1)

ERROR at line 1:
ORA-02290: check constraint
(OPS$TKYTE.CHECK_Y) violated
```

前面在提交前能执行的语句现在立即出了问题。因为手动修改了默认的约束模式。

延迟约束有哪些实际用处呢？有很多。它主要用于物化视图（快照）。这些视图会使用延迟约束来进行视图刷新。在刷新物化视图的过程中，可能会破坏完整性，而且将不能逐句检验约束。但到执行 COMMIT 时，数据完整性就没问题了，而且能满足约束。没有延迟约束，物化视图的约束可能会使刷新过程不能成功进行。

使用延迟约束的另一个普遍原因是，当需要更新父/子关系中的主键时，它有助于级联更新。首先将父表主键更新为一个新值，而此时子关系的完整性约束不会被验证。然后将子表中的外键更新为这个新值。最后，执行 COMMIT。只要所有受更新影响的子记录都指向现有的父记录，这条命令就能成功执行。如果没有延迟约束，这一更新过程将极为艰难。

此外，可以在各种多语句事务中使用延迟约束，这些事务在处理的过程中需要暂时破坏完整性，但最后它们都会物归原样。

4.6　数据库产品对完整性的支持

本小节介绍数据库产品 Oracle，DB2 和 SQL Server 中所支持的完整性约束，以及它们各自在定义、使用中的一些特点。

4.6.1 Oracle 的完整性约束

Oracle 利用完整性约束机制防止无效的数据进入数据库的基表，如果任何 DML 执行结果破坏完整性约束，该语句被回滚并返回一上个错误。

Oracle 的 DBA 和应用开始者对列的值输入可使用的完整性约束有下列类型：

① NOT NULL 约束。如果在表的一列的值不允许为空，则需在该列指定 NOT NULL 约束。

② UNIQUE 约束。在表指定的列或组列上不允许两行是具有重复值时，则需要该列或组列上指定 UNIQUE 码完整性约束。所有唯一完整性约束是用索引方法实施。

③ PRIMARY KEY 约束。在数据库中每一个表可有一个 PRIMARY KEY 约束。Oracle 使用索引实施 PRIMARY KEY 约束。

④ FOREIGN KEY 约束（可称引用约束）。

⑤ CHECK 约束。表的每行对一指定的条件必须是 TRUE 或未知，则需在一列或列组上指定 CHECK 完整性约束。如果在发出一个 DML 语句时，CHECK 约束的条件计算得 FALSE 时，该语句被回滚。

在 ORACLE 中用 SQL 语句 CREATE TABLE 和 ALTER TABLE 中的约束子句来定义完整性约束。使用 ALTER TABLE 语句定义约束时，如果表中已有了数据，且表中的数据与 ALTER TABLE 要加的约束相冲突时，则不能用 ALTER TABLE 加上相应的约束。可以先把表中与约束冲突的行数据删除，或把整个表清空，或修改表中的数据满足约束的要求，再建立约束，否则 ORACLE 会撤销 ALTER TABLE 语句的执行。

一旦用 CREATE TABLE 和 ALTER TABLE 创建完整性约束后，系统会默认使这些完整性约束开始起作用。也可以用手工的方法去允许或禁止某些完整性约束起作用。一般情况下，完整性约束应当总是处于激活状态，在一些特殊情况下，如需大批量装入数据或大批量修改数据时可以临时禁止完整性约束起作用。

在创建完整性约束时，可以在完整性约束后带上 ENABLE 或 DISABLE 来规定它是否起作用。

【例 4-34】

```
CREATE TABLE Doctor( Dno VARCHAR(10) PRIMARY KEY DISABLE,…);
ALTER TABLE Doctor ADD PRIMARY KEY (Dno) DISABLE;
```

对于 ALTER TABLE 语句创建的完整性约束没有被激活时，ALTER TABLE 语句总是成功的，因为约束还没有开始起作用。

对于已经创建好的完整性约束，可以用 ALTER TABLE 命令来允许或禁止它起作用。

【例 4-35】 使 Doctor 表中的 mORf 约束无效。

```
ALTER TABLE Doctor DISABLE CONSTRAINT mORf;
```

【例 4-36】 重新启用约束 mORf。

```
ALTER TABLE Doctor ENABLE CONSTRAINT mORf;
```

在用 ALTER TABLE 激活完整性约束时，如果表中存在与该约束相冲突的数据时，系统会 ROLLBACK 该语句，约束没有被成功地激活，这时应先修改表中的数据符合要加的约束。

完整性约束一旦定义则不能改变，如非改变不可的话，需先删除已定义的完整性约束，然后再重新创建满足新规则的约束。删除完整性约束，用 ALTER TABLE 语句。

ORACLE 的 FOREIGN KEY 子句为：

```
FOREIGN KEY (columnname{, columnname…})
    REFERENCES tablename[(columnname{, columnname…})]
        [ON DELETE {CASCADE|SET NULL}];
```

在 ORACLE 中，若没有 ON DELETE 子句，默认的动作是 NO ACTION。即当违反约束的删除操作失败时，动作不发生。若有 ON DELETE 子句，表明在删除被参照关系的元组时，同时删除参照关系中相应的元组或将参照关系中的相应元组置空。

4.6.2　DB2 的完整性约束

DB2 对下列类型的约束提供支持：

① 唯一约束。保证表中的一个关键码有唯一值。如果用户想要改变一些列的值，而且这些列组成了唯一关键码，那么，对它（它们）的任何改变都必须检查，以确认这些值在表中是否是唯一的。在一个唯一约束中，组成唯一键的每个列都必须被定义为 NOT NULL。可以在 CREATE TABLE 或 ALTER TABLE 语句中使用 PRIMARY KEY 子句或 UNIQUE 子句定义唯一约束；也可以在命令行处理器（CLP）、命令中心或应用程序中执行 CREATE TABLE 语句。在使用控制中心创建或修改表时，也可以定义唯一约束。

② 参照约束。如果一个外键的值是父键值集合中的一个，或者外键的值为 NULL，那么，该外键的值是有效的。每当在数据库上执行插入、更新、删除操作时，数据库管理系统就实施参照约束。参照完整性是一个数据库的状态，在这个状态中，所有外键的值都是有效的。

③ 表检查约束。验证所做的修改或新添加的数据没有违反“在创建或修改这个表时所指定的”约束。可以在创建表时定义表级检查约束，也可以在创建表以后，执行 ALTER TABLE 语句定义表级的检查约束，还可以在使用控制中心创建或修改表时定义表级的检查约束。

同 ORACLE 类似，DB2 也可以使用 CREATE TABLE 和 ALTER TABLE 中的约束子句来定义完整性约束。使用 ALTER TABLE 语句定义约束时，如果表中已有了数据，表中的数据与 ALTER TABLE 要加的约束是相冲突时，则不能用 ALTER TABLE 加上相应的约束，可以先把表中与约束冲突的行数据删除，或把整个表清空，或修改表中的数据满足约束的要求，再建立约束，否则 DB2 会撤销 ALTER TABLE 语句的执行。

DB2 不提供完整性约束的修改功能。要达到修改完整性约束的目的，需先删除已定义的完整性约束，然后再重新创建满足新规则的约束。删除完整性约束，用 ALTER TABLE 语句。

DB2 的 FOREIGN KEY 子句为：

```
FOREIGN KEY (columnname{，columnname…})
  REFERENCES tablename[(columnname{，columnname…})]
   [ON DELETE { RESTRICT| CASCADE|SET NULL| NO ACTION }]
   [ON UPDATE { RESTRICT| NO ACTION }];
```

数据库管理器基于参照完整性规则实施系统间的参照约束，这些规则包括：插入规则、删除规则、更新规则。

（1）插入规则

在一个外键被指定时，就暗含了插入规则。能够随时在一个父表中插入一行而不用对参照表做任何操作。但是，不能在参照表中随意插入行，除非在父表中有一行的主键值与被插入行的外键值相等，或者插入行的外键值为空。

如果试图插入多行数据时，其中一个行引起 INSERT 操作失败，那么该语句插入的所有行都会被取消。

（2）删除规则

从一个父表中删除一行时，数据库管理器就会检查在参照表中是否存在具有相应外键值的参照行。如果该行存在，系统将会采取几个动作。创建参照表时，可以通过删除规则来决定采取哪些动作。有以下几个删除规则可供选择。

① 限制（Restrict）：如果参照表中存在参照行，这个规则将不允许父表中的行被删除。如果需要将父行及参照行都删除，那么首先需要删除参照行。这个规则优先于其他约束，包括那些修改规则的参照约束，如“级联”或“置空”规则。

② 无动作（No Action）：在所有参照约束执行后，这个规则保证，针对每一个子表中的参照行，都有相应的父表的父行。这是系统的默认设置。这个规则在所有规则之后执行。

③ 级联（Cascade）：在删除父表中的一行时，自动删除参照表中的所有关联行。

④ 置空（Set Null）：在父表中的行被删除时，设置所有参照表中的参照行的外键值为空，而这些参照行中的其他列的值都不会改变。只有在一些外键的列允许为空值时，才能被指定此规则。

只有在极少数情况下，“限制”和“无动作”规则会在删除时产生不同的结果。其中的一个例子是：在一个定义为UNION ALL相关表的视图上删除行时，“限制”和“无动作”规则会在删除时产生不同的结果。假设表T1是表T3的父表，并设置了以下描述的删除规则，表T2也是表T3的父表并设置了级联删除规则，视图定义如下：

```
CREATE VIEW V1 AS
  SELECT * FROM T1 UNION ALL SELECT * FROM T2;
```

然后，从视图V1中删除行。如果表T1是表T3的父表并使用“限制”删除规则，那么，若在表T3中有参照表T1父键的子行时，就会产生一个错误信息（SQL STATE为23001）。这是因为“限制”删除规则在“级联”删除规则之前执行。

如果表T1是表T3的父表并使用“无动作”删除规则，那么，在表T1上执行“无动作”规则之前，在从表T2中删除行时，“级联”删除规则将删除所有相关的子行。如果在表T2上删除数据时，并没有在表T3中删除参照表T1父键的子行时，就会产生约束违反信息（SQL STATE为23594）。

注意： 返回的SQL STATE是不同的，这取决于使用了哪个规则，是RESTRICT规则还是NO ACTION规则。

（3）更新规则

数据库管理器不允许更新父表中的唯一键值。当在参照表中更新外键值时，并且外键定义为“不可空”（NOT NULL）时，它必须与父表的父键中的一些值相匹配。

① 限制（Restrict）：如果在参照表中的一行对应着父键值，那么系统将拒绝对父键的更新操作。

② 无动作（No Action）：在更新操作（除了在执行触发器以后）完成后，如果在参照表中的行找不到相应的父键，那么对父键的更新操作将会被拒绝。这是默认设置。

4.6.3 SQL Server 2000的完整性约束

SQL Server 2000支持5类约束。

① NOT NULL：指定不接受NULL值的列。

② CHECK约束：对可以放入列中的值进行限制，以强制执行域的完整性。CHECK约束指定应用于列中输入的所有值的布尔（取值为TRUE或FALSE）搜索条件，拒绝所有不取值为TRUE的值。可以为每列指定多个CHECK约束。

③ UNIQUE约束：强制执行值的唯一性。对于UNIQUE约束中的列，表中不允许有两行包含相同的非空值。主键也强制执行唯一性，但主键不允许空值。UNIQUE约束优先于唯一索引。

④ PRIMARY KEY约束：标识列或列集，这些列或列集的值唯一标识表中的行。

⑤ FOREIGN KEY约束：标识表之间的关系。如果一个外键值没有候选键，则不能插入带该值

（NULL 除外）的行。如果尝试删除现有外键指向的行，ON DELETE 子句将控制所采取的操作。ON DELETE 子句有两个选项：

- NO ACTION 指定删除因错误而失败。
- CASCADE 指定还将删除包含指向已删除行的外键的所有行。

如果更新现有外键指向的候选键值，ON UPDATE 子句将定义所采取的操作。它也支持 NO ACTION 和 CASCADE 选项。

4.7　习题

1．什么是数据库的完整性？

2．数据库的完整性约束条件可分为哪几类？

3．DBMS 的完整性控制机制应具有哪些功能？

4．RDBMS 在实现参照完整性时需考虑哪些方面？

5．在关系系统中，当操作违反实体完整性、参照完整性和用户自定义的完整性约束条件时，一般是如何分别进行处理的？

6．设数据库中有三个关系：

员工表 EMP（E#, ENAME, AGE, SEX, ECITY），其属性分别表示员工编号、姓名、年龄、性别和所在城市；

公司表 COMP（C#, CNAME, CITY, MANAGER），其属性分别表示公司编号、公司名称、公司所在城市和管理者的员工编号；

工作表 WORKS（E#,C#,SALARY），其属性分别表示员工编号、公司编号和工资。

① 用 SQL 语言创建上述三个表，要求在模式中完成以下完整性约束条件的定义，并为每一个约束命名。

② 定义每个模式的主码。

③ 定义参照完整性。

④ 定义员工年龄不得超过 60 岁。

⑤ 定义员工性别只能在“男”、“女”中取值。

⑥ 定义一个表级约束，保证每个管理者只能管理一家公司。

⑦ 定义 EMP 上的一个表级约束，保证每个职工的薪水不少于 1000 元。

⑧ 定义一个断言，保证那些薪水比所在公司的管理者还要高的员工信息是不存在的。

7．针对第 1 章中习题 9 提出的需求及第 3 章中习题 7 定义的关系模式，在模式中定义相应的完整性约束条件。

第5章　数据库安全

存储在数据库中的数据对企业来说至关重要，企业除了要充分利用它，还需要保护它。数据库的破坏分为恶意访问与无意破坏两种情况。数据一致性的无意破坏主要由以下原因造成：

- 并发存取所引起的数据异常
- 数据的分布存储造成的不一致
- 逻辑错误造成更新事务未遵守保持数据一致的原则
- 事务处理过程中系统崩溃

而数据库的恶意访问包括：

- 未经授权的读取数据
- 未经授权的修改数据
- 未经授权的破坏数据

为避免数据一致性的无意破坏，可通过第4章的完整性约束控制、第6章的数据库恢复技术及第7章的并发控制技术加以解决。在这一章里，我们讨论防止数据库被恶意访问的方法，以及与访问控制相关的概念。要完全杜绝数据库的恶意访问是不可能的，但通过访问控制及采取其他的一些安全性措施可以使入侵者付出更高的代价。

学习目标：

- 了解计算机安全的等级防护和评估标准
- 掌握自主访问控制的授权及权限的收回
- 理解授权图
- 了解视图的安全控制
- 掌握角色的概念
- 了解强制访问控制
- 了解跟踪审计
- 了解数据库其他的安全技术

5.1　计算机安全概述

计算机系统安全是指为计算机系统建立和采取的各种安全保护措施，以保护计算机系统中的硬件、软件及数据，防止因偶然或恶意的原因使系统遭到破坏，数据遭到更改或泄漏等。

随着网络技术的发展，计算机安全性问题越来越受到人们的重视，人们对信息系统安全性的要求越来越高。在信息安全管理领域里标准众多，有 ISO/IEC 的国际标准 17799，13335；有美国国家标准和技术委员会（NIST）的特别出版物系列、英国标准协会（BSI）的 7799 系列；在我国，有风险管理、灾难恢复的国家政策。

国际上针对计算机安全的等级防护和评估制定了多个标准，其发展过程和关系如图 5.1 所示。

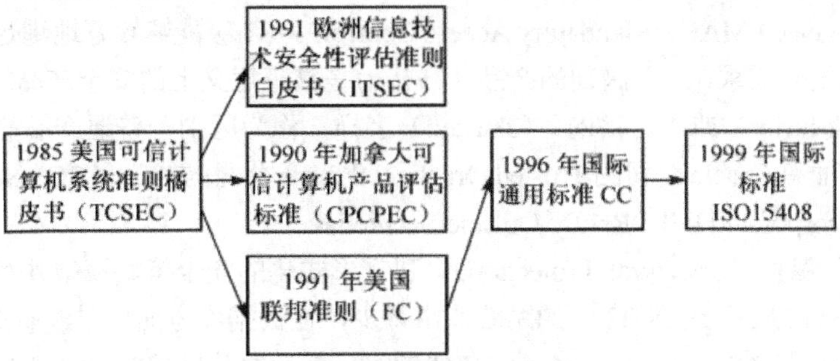

图 5.1　发展过程和关系

在这些评测标准中最重要的是 1985 年美国国防部（DoD）颁布的《DoD 可信计算机系统评估标准》（Trusted Computer System Evaluation Criteria，简称 TCSEC，也称为橘皮书）和 1991 年美国国家计算机安全中心（NCSC）颁布的《可信计算机系统评估标准关于可信数据库系统的解释》（Trusted Database Interpretation，简称 TDI，也称为紫皮书）。TDI 将 TCSEC 扩展到数据库管理系统，定义了数据库管理系统的设计与实现中需要满足和用以进行安全性级别评估的标准。

法、英、荷、德欧洲 4 国在 20 世纪 90 年代初联合发布信息技术安全评估标准（ITSEC，欧洲白皮书）。该标准将安全概念分为功能与评估两部分，首次提出了信息安全的机密性、完整性、可用性的概念。ITSEC 把可信计算机的概念提高到可信信息技术的高度上来认识，对国际信息安全的研究、实施产生了深刻的影响。

信息技术安全评价的通用标准（CC）由 6 个国家（美、加、英、法、德、荷）于 1996 年联合提出的，并逐渐形成国际标准 ISO15408。CC 标准是第一个信息技术安全评价国际标准，它的发布对信息安全具有重要意义，是信息技术安全评价标准及信息安全技术发展的一个重要里程碑。该标准定义了评价信息技术产品和系统安全性的基本准则，提出了目前国际上公认的表述信息技术安全性的结构，即把安全要求分为规范产品和系统安全行为的功能要求，以及解决如何正确有效地实施这些功能的保证要求。

我国 2001 年由中国信息安全产品测评认证中心牵头，将 ISO/IEC 15408 转化为国家标准——GB/T 18336－2001《信息技术安全性评估准则》，并直接应用于我国的信息安全测评认证工作。其中，基础性等级划分标准 GB17859－1999 计算机信息系统安全保护等级划分准则，是其他标准的基础，是信息系统安全等级保护实施指南，为等级保护的实施提供指导。

以下简略介绍 TCSEC/TDI 标准的基本内容。

TCSEC/TDI 将系统划分为 DCBA 4 组，D、C1、C2、B1、B2、B3、A1 从低到高 7 个等级。对用户登录、授权管理、访问控制、审计跟踪、隐蔽通道分析、可信通道建立、安全检测、生命周期保障、文档写作、用户指南等内容提出了规范性要求。较高安全等级提供的安全保护要包含较低等级的所有保护要求，同时提供更多、更完善的保护能力。7 个安全等级的基本要求如下。

D 级：提供最小保护（Minimal Protection）。可以将不符合更高标准的系统归于 D 级。DOS 就是操作系统中安全标准为 D 的典型例子，它具有操作系统的基本功能，如文件系统，进程调度等，但在安全性方面几乎没有什么专门的机制来保障。

C1 级：提供自主安全保护（Discretionary Security Protection）。实现用户和数据的分离，进行自主存取控制（DAC，Discretionary Access Control），保护和限制用户权限的传播。

C2 级：提供受控的存取保护（Controlled Access Protection）。将 C1 级的 DAC 进一步细化，以个人身份注册负责，并实施审计和隔离，是安全产品的最低档次。

B1 级：标记安全保护（Labeled Security Protection）。对系统的数据加以标记，并对标记的主体和客体实施强制存取控制（MAC，Mandatory Access Control）。B1 级能够较好地满足大型企业或一般政府部门对于数据的安全需求，这一级别的产品才被认为是真正意义上的安全产品。满足此级别的产品多冠以"安全"（Security）或"可信的"（Trusted）字样，作为区别于普通产品的安全产品出售。在数据库管理系统方面有 Oracle 公司的 Trusted Oracle 7、Sybase 公司的 Secure SQL Server version 11.0.6、Informix 公司的 Incorporated INFORMIX-OnLine/Secure5.0。

B2 级：结构化保护（Structural Protection）。建立形式化的安全策略模型并对系统内的所有主体和客体实施 DAC 和 MAC。达到 B2 级的系统非常稀少，在数据库方面暂时没有此级别的产品。

B3 级：安全域保护（Security Domains）。该级的可信任运算基础（Trusted Computing Base，TCB）必须满足访问监控器的要求，审计跟踪能力更强，并提供系统恢复过程。

A1 级：验证设计（Verified Design）。提供 B3 级保护的同时给出系统的形式化设计说明和验证以确信各安全保护真正实现。

从分级标准可以看出，支持自主存取控制（DAC）的 DBMS 属于 C1 级，支持审计功能的 DBMS 属于 C2 级，支持强制存取控制（MAC）的 DBMS 则可以达到 B1 级。B2 以上的系统标准更多地还处于理论研究阶段，产品化以至商品化的程度都不高，其应用也多限于一些特殊的部门如军队等。

5.2 数据库安全性控制

数据库安全含义很广，诸如防火、防掉电、防破坏及人员审查都属于该范畴。为保护数据库，我们需在不同级别的层面上落实安全机制。

- 物理位置：安放计算机系统的地方应进行保护，避免入侵者破坏。
- 人员：数据库用户的授权需谨慎，避免用户将访问权利移交他人。
- 操作系统：操作系统安全的弱点有可能会被人利用，非法访问数据库。
- 网络：数据库系统允许通过网络终端进行远程数据访问，此时网络软件的安全性将影响到数据的安全。
- 数据库系统：数据库用户在系统中具有对不同数据的不同的访问权限，数据库系统应确保这些权限不冲突。

低一级的安全漏洞（操作系统或网络上的安全漏洞）将危害高一级（数据库）安全措施的实施。例如，操作系统上的漏洞将允许入侵者以 DBA 身份登录，获得对数据库的所有权利。另外，人的因素是安全漏洞的另一来源。例如，用户使用过于简单的口令，允许访问敏感数据的用户进行了误操作。

在本章的剩余部分，我们将专注于数据库系统一级的安全性。物理位置和人员一级虽然很重要，但超出本书的范围。DBMS 建立在操作系统之上，安全的操作系统是数据库安全的前提。操作系统应保证数据库中的数据必须由 DBMS 访问，要置于 DBMS 的控制之下。一个操作系统用户要访问数据库，需在 DBMS 中登记。操作系统的安全措施已在操作系统课程中介绍。至于网络一级的安全在电子商务等领域都有讨论。本书只介绍 DBMS 中的安全措施。不同的 DBMS 提供不同的保证数据库安全的手段，下面将介绍一些常用的手段。在某个具体的 DBMS 中，这些手段不一定都有。

5.3　自主访问控制（DAC）

一个企业的数据库通常包含了大量的信息及几组用户。大多数用户只访问数据库中某一小部分的数据。允许用户无限制的访问所有数据是不被提倡的，DBMS 应提供一种机制来控制数据的访问。

自主访问控制是对用户访问数据库中各种资源（包括表、视图、程序等）的权利（包括创建、查询、更新、执行等）的控制。所谓权限是指允许某个用户以某种方式访问一些数据对象。数据库用户按其访问权限的大小一般分为：具有 CONNECT 特权的用户、具有 RESOURCE 特权的用户及具有 DBA 特权的用户。具有 CONNECT 特权的用户可以与数据库连接，根据授权进行数据库中数据的查询、更新，创建视图。具有 RESOURCE 特权的用户除具有上述特权外，还能创建表、索引，修改表结构，能将自己创建的数据对象的访问权授予其他用户或从其他用户那收回，对自己创建的数据对象能进行跟踪审查。具有 DBA 特权的用户对数据库拥有最大权利，能进行所有的数据库操作，因而也对数据库负有特别的责任，其特权不能任意扩散。一个用户建立了一个数据对象（如表、视图）就自动具有了对这个数据对象的所有权利。

DBMS 记录权限是如何下放给用户，以及如何从用户处回收，并保证在任何时候用户只访问权限范围内的数据对象。SQL 通过 GRANT 和 REVOKE 命令进行权限控制。GRANT 命令向用户授予权利，而 REVOKE 命令将权利回收。

5.3.1　权限

SQL 定义的权限主要可以分为访问数据的权限及修改数据库模式的权限两种形式。针对数据库中数据的访问，用户权限包括如下内容。

① SELECT（读权限）：允许读数据，但不能修改数据。

② INSERT（插入权限）：允许插入一条新的数据，但不能修改已有数据。

③ UPDATE（修改权限）：允许修改数据，但不能删除数据。

④ DELETE（删除权限）：允许删除数据。

其中，SELECT、INSERT、UPDATE 还可以与某些属性相关联，授予用户在相应属性上的相关权限。例如，SELECT（Pname，Paddr）表示只授予用户查询关系表中 Pname 和 Paddr 两个属性中数据的权限，关系表中其他属性的数据对用户是屏蔽的。当然，在授权时会指定权限作用的关系表，这样就能清楚地知道属性 Pname 和 Paddr 是归属于哪一张关系表的。

SQL—92 标准定义了一个基本的数据库模式授权机制：只有该模式的所有者才能执行对模式的修改。有些数据库实现有更强大的数据库模式授权机制，但这些机制是非标准的。建立新关系的能力通常是通过 RESOURCE 授权赋予的。一个拥有 RESOURCE 授权的用户建立新关系后就自动具有了对该关系的所有权限。

模式的所有者对数据库中的模式能进行的操作包括如下内容。

① Index（索引权限）：允许建立或删除索引。

② Create（创建权限）：允许建立新的关系表。

③ Alter（修改权限）：允许对关系表中的属性进行增加、删除。

④ Drop（删除权限）：允许删除关系表。

由于索引的建立和删除并不改变关系表中的数据，对索引的授权似乎是没有必要了，其实不然。索引用来进行性能的调优，它需要占用存储空间，在修改数据时还需同时修改索引数据。若将索引权限下放所有用户，那么做修改操作的用户就希望将索引删除，而做查询操作的用户则希望建立更多的索引。为保证 DBA 能合理规划使用系统资源，就有必要将索引的建立和删除作为一种权限进行设置。

除上述两种主要的形式外，SQL 还定义了 REFERENCE、USAGE、TRIGGER、EXECUTE 和 UNDER 权限。

① REFERENCE 权限允许用户在建立关系的完整性约束中引用一个参照关系。这些约束可以包括我们在第 4 章中提到的断言（ASSERTION）、检查（CHECK）约束及参照完整性约束。REFERENCE 权限也可以指定属性列表，这样就只有这些属性在约束中能够被引用。也许，大家会认为没有理由不允许用户创建参照其他关系的外键。但是，回想一下外键约束限制了被参照关系的删除和更新操作。假定用户 U_1 在关系 RecipeDetail 中创建了一个外键，参照 Medicine 关系中的 Mno 属性，然后在 RecipeDetail 中插入一条包含 314418 的元组。那么就再也不能从 Medicine 关系中将 314418 删除，除非同时修改关系 RecipeDetail。这样，U_1 定义的外键限制了其他用户将来的操作。因此，需要有 REFERENCE 权限。

② USAGE 权限授权用户使用一个指定的域。

③ TRIGGER 权限授权用户定义关系表中触发器的权利。若用户具有某一关系上的 TRIGGER 权限，他就能尝试在关系上建立触发器。但要注意的是：触发器中的条件和动作部分一般都包括对数据库中某一对象的查询、更新操作，触发器的创建者需同时具有操作这些对象的权限才能建立触发器。而触发器的执行者并不需要具有对这些对象的操作权利。触发器是否执行取决于它的创建者的权限。

④ EXECUTE 权限授予用户执行一个函数或过程的权利。这样，用户只有在获得了函数的执行权限的情况下才能调用该函数。

⑤ UNDER 权限授权用户建立一给定类的子类。

下面，我们通过一个例子来说明执行一条 SQL 语句需要哪些权限。

【例 5-1】

```
INSERT INTO RecipeDetail(Mno)
  SELECT Mno FROM Medicine
    WHERE Mname LIKE '%替硝唑%' ;
```

在上述例子中，首先，是向关系表 RecipeDetail 中插入记录，因此需要一个 RecipeDetail 表上的 INSERT 权限，该权限可以仅仅是 RecipeDetail 表上的 INSERT（Mno）权限。其次，插入语句中嵌套了一个对 Medicine 关系表的子查询，所以还需要一个对 Medicine 关系表的 SELECT 授权，这个授权也可以只针对 Medicine 中的 Mno、Mname 属性。

5.3.2 授权

授权就是赋予用户一定的操作数据对象的权利。这可以由 DBA 授予，也可以由数据对象的创建者授予。SQL 通过 GRANT 命令将基本表和视图的权限授予用户；通过 REVOKE 命令执行一个反向的动作，将用户具有的权限回收。

授权语句的命令格式如下：

```
GRANT {ALL PRIVILEGES|privilege{. Privilege…}}
  ON [TABLE] tablename|viewname
```

```
TO [PUBLIC|user_name{,user_name…}]
  [WITH GRANT OPTION]
```

授权语句中的权限可以是我们在 5.3.1 节中列出的任一权限，ALL PRIVILEGES 是所有权限的总称。数据对象可以是基本表，也可以是视图。用户名可以代表单一用户也可以代表一组用户，当代表一组用户时我们称为角色。关于角色的概念见 5.3.5 节。PUBLIC 是所有数据库用户的总称。

在上述授权操作中，如果后面附有 WITH GRANT OPTION，则受权者可以将此权限转授给其他用户。照此办理，可以把权限授予一连串用户。在收回权限时，不但要收回语句中指明用户的权限，还要收回由这个用户转授出去的、其他用户所拥有的该项权限。

一个用户如果是表的创建者，他就自动拥有了对所创建表的所有权利，以及将该表权利授予其他用户的权利，而且不能取消。

假定用户 WangPing 创建了表 RecipeDetail、Medicine、RecipeMaster，并且 WangPing 执行如下授权命令。

【例 5-2】

```
GRANT SELECT ON RecipeDetail TO LiXia;
GRANT SELECT ON RecipeMaster TO LiXia WITH GRANT OPTION;
GRANT UPDATE (Mprice) ON Medicine TO WangHao;
GRANT REFERENCES (Mno) ON Medicine TO ZhangYang;
GRANT INSERT,DELETE ON RecipeDetail TO MengFan WITH GRANT OPTION;
```

现在，LiXia 能够对 RecipeDetail 和 RecipeMaster 执行查询语句，并能将 RecipeMaster 的查询权限授予 DengTian：

```
GRANT SELECT ON RecipeMaster TO DengTian;
```

WangHao 只能修改 Medicine 表中的 Mprice 列的值，她可以执行如下命令，将所有的药品的价格置为 70：

```
UPDATE Medicine SET Mprice=70;
```

然而，她不能修改 Medicine 中的其他属性的值，比如 SET Mname='复方丹参片'。那么，如下语句 WangHao 能否执行呢？

```
UPDATE Medicine SET Mprice=Mprice−10;
```

答案是不能。这是为什么呢？因为执行上述语句需拥有对 Medicine 的 SELECT 权限，至少是 Medicine 中的 Mprice 属性的 SELECT 授权，而 WangHao 不具有对 Mprice 的查询权利。

ZhangYang 可以在其他表中将 Mno 定义为外码。例如，ZhangYang 可以通过如下命令定义关系表 RecipeDetail：

```
CREATE TABLE RecipeDetail
( Rno VARCHAR(10) PRIMARY KEY,
Mno VARCHAR (10),
Mamount DECIMAL(18,0),
FOREIGN KEY(Mno) REFERENCES Medicine(Mno)
);
```

MengFan 具有对 RecipeDetail 表的插入和删除权限，并能将这些权限赋予其他人。

5.3.3　授权图

获得了某种形式授权的用户可能被允许将此授权传递给其他用户。这样，就可能出现某一用户从不同用户那多次得到了相同授权的情况。这时，我们必须保证这样的授权在某个时候可以被收回。

我们使用授权图来表示授权在用户之间的传递。图中的结点表示用户，如果用户 U_i 将权限传递给了 U_j，则在图中增加一条边 $U_i \rightarrow U_j$。图的根是 DBA。

用户具有授权当且仅当存在从授权图的根到代表该用户的结点的路径。

【例 5-3】我们考虑如下授权：

GRANT SELECT ON RecipeDetail TO LiXia WITH GRANT OPTION;（由 DBA 执行）
GRANT SELECT ON RecipeDetail TO ZhangYang WITH GRANT OPTION;（由 LiXia 执行）
GRANT SELECT ON RecipeDetail TO DingYi WITH GRANT OPTION;（由 DBA 执行）
GRANT SELECT ON RecipeDetail TO WangHao WITH GRANT OPTION;（由 LiXia 执行）
GRANT SELECT ON RecipeDetail TO WangHao WITH GRANT OPTION;（由 DingYi 执行）

上述授权对应的授权图如图 5.2 所示。

设 DBA 决定收回对用户 LiXia 的授权。

REVOKE SELECT ON RecipeDetail FROM LiXia CASCADE;

由于用户 ZhangYang 从用户 LiXia 处获得授权，因此其权限也应该被收回。而用户 WangYang 既从 LiXia 处又从 DingYi 处获得了授权，且 DBA 没有从 DingYi 处收回 RecipeDetail 的授权，因此，WangYang 继续拥有 RecipeDetail 上的 SELECT 授权。系统最终的权限授予图如图 5.3 所示。

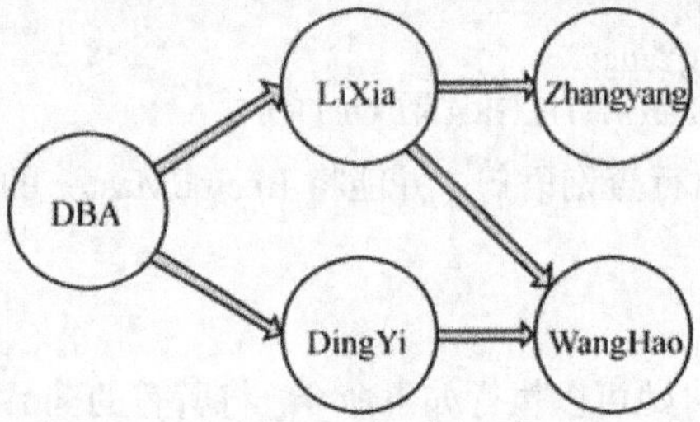

图 5.2　例 5-3 的授权图

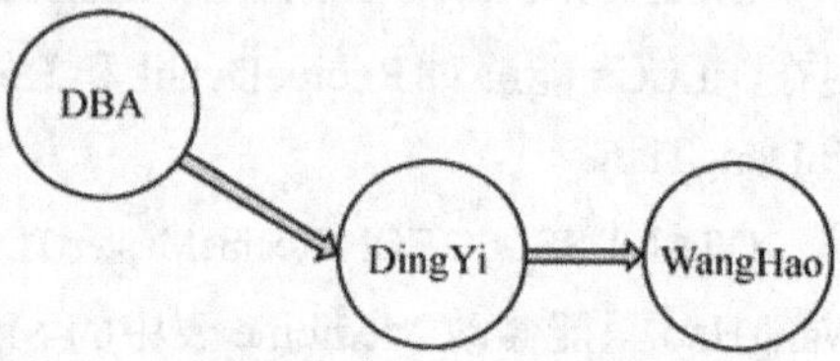

图 5.3　系统最终的权限授予图

在授权过程中可能出现用户之间的相互授权，即授权图中出现回路的情况。这时若进行权限的回收，系统如何处理呢？我们通过授权图来跟踪。

【例 5-4】

GRANT SELECT ON RecipeDetail TO LiXia WITH GRANT OPTION;（由 DBA 执行）
GRANT SELECT ON RecipeDetail TO ZhangYang WITH GRANT OPTION;（由 LiXia 执行）
GRANT SELECT ON RecipeDetail TO DingYi WITH GRANT OPTION;（由 LiXia 执行）
GRANT SELECT ON RecipeDetail TO WangHao WITH GRANT OPTION;（由 ZhangYang 执行）
GRANT SELECT ON RecipeDetail TO WangHao WITH GRANT OPTION;（由 DingYi 执行）
GRANT SELECT ON RecipeDetail TO ZhangYang WITH GRANT OPTION;（由 WangHao 执行）

该授权对应的授权图如图 5.4 所示。图中 ZhangYang 对 WangHao 进行授权，WangHao 也对 ZhangYang 进行了授权，这样就形成了一个回路。另外，WangHao 还得到了 DingYi 授予的相同的权限，而 DingYi 的权限是直接由 LiXia 授予的。

现在，LiXia 决定收回对 ZhangYang 授予的权限。这样，图中由 LiXia 结点指向 ZhangYang 结点的有向边将被去掉，但 ZhangYang 保留了通过 WangHao 处获得的授权，而由 ZhangYang 结点指向 WangHao 结点的有向边，可以认为是在 ZhangYang 从 WangHao 处获得授权后，才将该权限又授予 WangHao 的。实际上，若一个用户从不同授权者那里多次得到了相同的一个授权，那么在 SQL92 中我们就认为他的所有授权活动都是在获得该权限之后进行的。到目前为止，每个人都还保留了对 RecipeDetail 的 SELECT 授权，如图 5.5 所示。

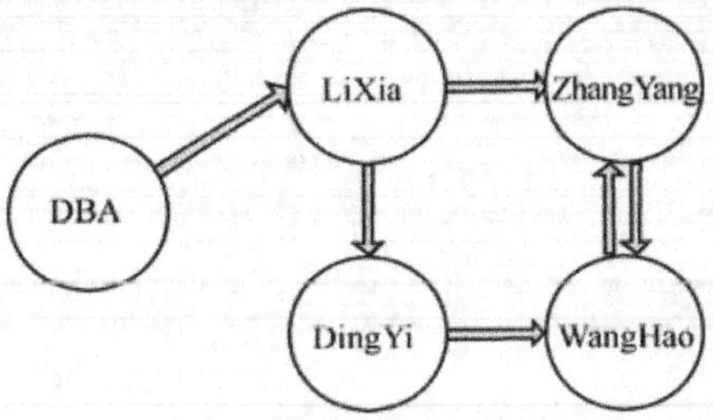

图 5.4　例 5-4 的授权图（1）

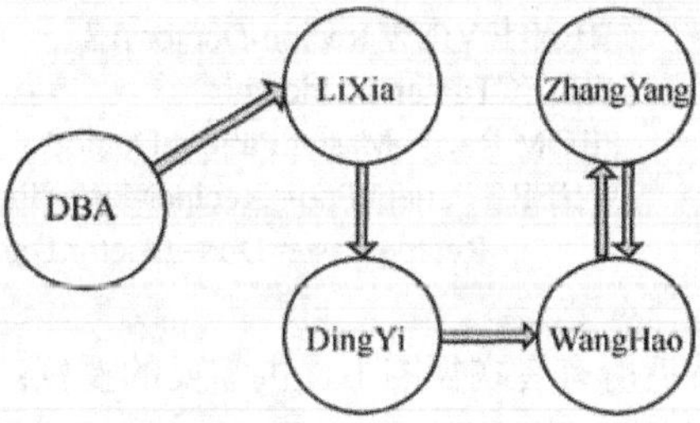

图 5.5　例 5-4 的授权图（2）

假设，LiXia 决定还要收回 DingYi 的 SELECT 权限。很明显，由结点 LiXia 指向结点 DingYi 的有向边，以及由 DingYi 结点指向 WangHao 结点的有向边都将删除。而 WangHao 保留了通过 ZhangYang 处获得的授权。这时的授权图如图 5.6 所示。

此时，从 ZhangYang 到 WangHao 的边以及从 WangHao 到 ZhangYang 的边就不再是从数据库管理员开始的路径的一部分了。我们要求授权图中的所有边都必须是从数据库管理员开始的某条路径的一部分。这样，ZhangYang 和 WangHao 之间的边将被删除；产生的授权图如图 5.7 所示。LiXia 就是唯一拥有 RecipeDetail 的 SELECT 权限的用户。

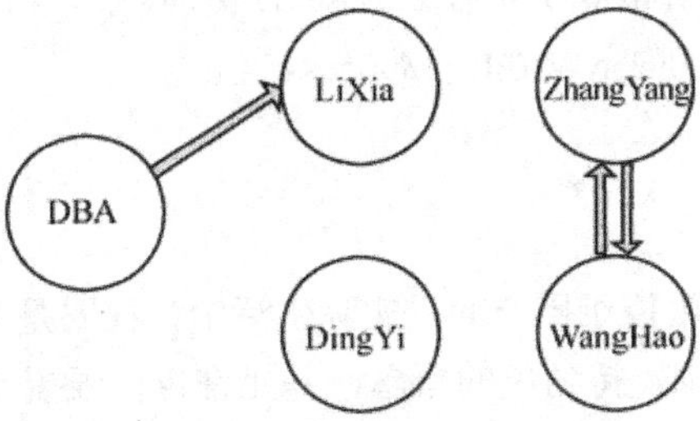

图 5.6　例 5-4 的授权图（3）

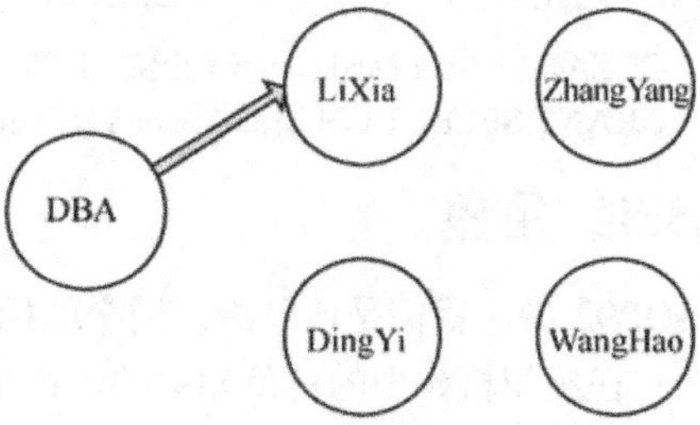

图 5.7　例 5-4 的授权图（4）

5.3.4　授权和视图

在第 3 章，我们介绍了视图的概念。视图为系统提供一种安全措施，使数据对不需要看到它的用户是不可见的。任何企业至关重要的信息只能有一个副本，而公司中不是所有人都有访问所有信息的权利。例如，员工的办公地点可以让其他所有同事知道，但薪水只有经理、人力资源部和财务部才能得到。因此，视图隐藏数据的能力可以简化系统的使用及确保安全。一个用户也许不能直接访问一张关系表，但他可以通过视图访问关系表中的部分数据。因此，对用户的授权不能光在表一级，对视图也应授权，这样才能让用户看到他该看的数据。

在授权中，要授予其他用户与访问视图相关的权利，授权者必须拥有该视图（而且在生产视图的所有表上有必要的权限）或已经通过 WITH GRANT OPTION 被授予了这些权限。若要在一个视图上授予插入、删除或更新权限，视图必须是可更新的。

一个用户如果是视图的创建者，并不意味着他对视图拥有所有的权力。他对视图建立过程中所引用的基本表或视图所拥有的权限就是他对视图所拥有的权限。

用户要建立视图，首先必须要有对所引用基本表或视图的 SELECT 权利。

【例 5-5】

假定医院的一位员工 Jian 希望能看到患者到科室看病的信息，但他不具有查阅医生处方的权限，即他没有对 RecipeMaster 表的授权。表的所有者先创建一视图如下：

```
CREATE VIEW Recipe-Doctor AS
( SELECT Pname,Ddeptno
 FROM RecipeMaster,Patient,Doctor
 WHERE Patient.Pno= RecipeMaster.Pno AND
         RecipeMaster.Dno=Doctor.Dno
);
```

然后所有者在视图上提供需要的授权：

```
GRANT SELECT ON Recipe-Doctor TO Jian;
```

该员工取得了视图的 SELECT 权限，他可以执行如下查询语句：

```
SELECT * FROM Recipe-Doctor;
```

在上例中，表的所有者创建视图要成功，他首先必须要拥有对处方表 RecipeMaster 的 SELECT 权限，否则，视图的创建请求将被拒绝。

若视图创建者的 SELECT 权限被回收，则视图被删除。若视图创建者获得了新的基本表的权限，则他对所创建的视图自动获得新的权限。

用视图还可以对表中选取出来的行的子集进行授权。

【例 5-6】允许用户 Jian 对表 Medicine 中所有药品价格低于 45 元的行进行访问。

```
CREATE VIEW Med-lower AS SELECT * FROM Medicine WHERE Mprice<45;
GRANT SELECT ON Med-lower TO Jian;
```

5.3.5 角色

在 SQL92 中，我们是通过指定用户的标识符将权限授予用户的。实际生活中，权限是和用户的工作或用户在组织机构中的角色相关的。许多 DBMS 都支持角色的概念，并允许将权限授予角色。

在 SQL99 中，角色的创建如下：

```
CRETAE ROLE Admin;
```

对角色的授权同用户授权是一样的：

```
GRANT SELECT ON RecipeMaster TO Admin;
```

可以将角色授予用户或其他的角色。

【例 5-7】

```
GRANT Admin TO LiXia;
CREATE ROLE Manager;
GRANT Admin to Manager;
GRANT Manager TO WangHao;
```

通过上述授权，角色 Manager 除具有直接赋予它的权限外，还继承了角色 Admin 具有的权限。

5.3.6 收回权限

收回一个授权我们使用 REVOKE 语句。该命令格式如下：

```
REVOKE [WITH GRANT OPTION FOR]{ALL PRIVILEGES|privilege{. Privilege…}}
ON [TABLE] tablename|viewname
FROM [PUBLIC|user_name{,user_name…}]
[RESTRICT|CASCADE];
```

该命令既能收回用户的某一权限，也能将用户授权的权利（WITH GRANT OPTION）回收。

若 WangPing 在授权后，发现用户的权限分配不恰当，就可以执行如下命令收回部分用户的操作权限：

【例 5-8】

```
REVOKE SELECT ON RecipeDetail FROM LiXia;
REVOKE UPDATE (Mprice) ON Medicine FROM WangHao;
REVOKE WITH GRANT OPTION FOR SELECT ON RecipeMaster FROM LiXia;
```

命令执行完毕后，LiXia 不再拥有对 RecipeDetail 的 SELECT 权限。对 RecipeMaster 的 SELECT 权限仍然具有，只是不再有将 RecipeMaster 的 SELECT 权限赋予其他人的权利。WangHao 不能再执行对 Medicine 中 Mpric 属性的 UPDATE 操作。

正如我们在 5.2.3 节中看到的一样，从一个用户那里收回权限可能导致其他用户也失去该权限。这一行为称为级联回收 CASCADE。在大多数数据库系统中，级联回收是默认行为，CASCADE 可以忽略。REVOKE 也可以指定 RESTRICT：

```
REVOKE SELECT ON RecipeMaster FROM LiXia RESTRICT;
```

这种情况下，如果存在任何级联回收，系统就返回一个错误，并且不执行收回的动作。

级联回收在有些时候是不合适的。假定 WangHao 具有 Manager 角色，分配给 DingYi Seller 角色，然后 Manager 角色从 WangHao 处收回；而 DingYi 还应该保持 Seller 角色。

为处理上述情况，SQL99 允许权限由一个角色授予，而不仅仅由用户授予。那么分配给 DingYi Seller 角色的是 Manager 角色，而不是用户 WangHao。那么，将 WangHao 的 Manager 角色收回，就不会影响到 DingYi，他仍然保持 Seller 角色。

5.4 强制访问控制（MAC）

前面介绍的自主访问控制技术有一个最主要的缺点，就是不能有效地抵抗计算机病毒的攻击。在自主访问控制技术中，某一合法用户可任意运行一段程序来修改该用户拥有的文件访问控制信息，而操作系统无法区别这种修改是用户自己的合法操作还是计算机病毒的非法操作。另外，也没有什么方法能够防止计算机病毒将信息通过共享客体（文件、主存等）从一个进程传送给另一个进程。为此，人们认识到必须采取更强有力的访问控制手段，也就是强制访问控制。

强制访问控制的主要特征是对所有主体（系统中的活动实体，如用户）及其所控制的客体（如进程、文件、基表、视图等）实施强制访问控制。即为这些主体及客体指定敏感标记，这些标记是等级分类和非等级类别的组合，是实施强制访问控制的依据。系统通过比较主体和客体的敏感标记来决定一个主体是否能够访问某个客体。用户的程序不能改变他自己及任何其他客体的敏感标记。主体的敏感标记称为许可证级别（Clearance Level），客体的敏感标记称为密级（Classification Level）。

当用户以某一标记进入系统时，系统要求他对任何客体的存取遵循如下规则：

① 仅当主体的许可证级别大于或等于客体的密级时，该主体才能读取相应的客体。

② 仅当主体的许可证级别小于或等于客体的密级时，该主体才能写相应的客体。

【例 5-9】假定系统设置有 4 个等级：Top Secret（TS），Secret（S），Confidential（C），Unclassified（U）。关系表 RecipeMaster 中每一行都有自己的安全等级，如表 5-1 所示。

表 5-1 例 5-9 数据

Rno	Pno	Dno	Pgno	Rdatetime	Security class
1282317	481	140	1645	2007-07-21 13:12:01	S
1282872	201	21	2170	2007-07-22 10:10:03	TS

若用户 LiXia 和 WangHao 的许可证级别分别是 C 和 S，则用户 LiXia 看不到表中的任何记录，而 WangHao 可以看到其中的一条记录。

强制访问控制一般与自主访问控制结合使用，并且实施一些附加的、更强的访问限制。一个主体只有通过了自主与强制性访问限制检查后，才能访问某个客体。用户可以利用自主访问控制来防范其他用户对自己客体的攻击，由于用户不能直接改变强制访问控制属性，所以强制访问控制提供了一个不可逾越的、更强的安全保护层以防止其他用户偶然或故意地滥用自主访问控制。

强制访问控制对专用的或简单的系统是有效的，但对通用、大型系统并不那么有效。它通常用于多级安全军事系统。

一般强制访问控制采用以下几种方法。

① 限制访问控制。由于自主控制方式允许用户程序来修改他拥有文件的存取控制表，因而为非法者带来可乘之机。MAC 可以不提供这一方便，在这类系统中，用户要修改存取控制表的唯一途径是请求一个特权系统调用。该调用的功能是依据用户终端输入的信息，而不是靠另一个程序提供的信息来修改存取控制信息。

② 过程控制。在通常的计算机系统中，只要系统允许用户自己编程，就没办法杜绝特洛伊木马。但可以对其过程采取某些措施，这种方法称为过程控制。例如，警告用户不要运行系统目录以外的任何程序。提醒用户注意，如果偶然调用一个其他目录的文件时，不要做任何动作，等等。需要说明的一点是，这些限制取决于用户本身执行与否。

③ 系统限制。要对系统的功能实施一些限制。如限制共享文件。但共享文件是计算机系统的优点，所以是不可能加以完全限制的。再者，就是限制用户编程。不过这种做法只适用于某些专用系统。在大型的通用系统中，编程能力是不可能去除的。

5.5 跟踪审计

所有的保密措施都不是绝对可靠的。攻击者总有办法突破这些控制，只是付出的代价大小而已。跟踪审计是一种监视措施，记录了用户对数据库的所有操作。比如哪个用户执行了更新操作，什么时候执行的。一旦发现问题，系统可自动报警，或根据数据进行事后的分析和调查。

跟踪审计的结果记录在一个特殊的文件上（Audit Trail），一般包括下列内容：操作类型、操作终端标识与操作者标识、操作日期和时间、涉及的数据、数据的前像和后像。

审计通常是很费时间和空间的，所以 DBMS 往往都将其作为可选特征，允许 DBA 根据应用对安全性的要求，灵活地打开或关闭审计功能。

可以通过在关系上定义适当的触发器来建立一个跟踪审计。然而，很多数据库系统提供了内置机制来建立审计跟踪，用起来更加方便。

下面，看一下 ORACLE 的审计技术。

ORACLE 提供 AUDIT 语句设置审计功能，NOAUDIT 语句取消审计功能。是否适用审计，对哪些表进行审计，对哪些操作进行审计等都可以由用户选择。

【例 5-10】跟踪用户 scott 的表 RecipeMaster 上的所有更新操作，可以用以下命令：

```
SQL> AUDIT UPDATE ON scott.RecipeMaster BY ACCESS;
```

这一命令会在任意一个用户更新 scott.RecipeMaster 表时，在审计跟踪表中产生记录。通过 DBA_AUDIT_TRAIL 视图可以查询审计结果。

假如用户执行了以下语句：

```
SQL> update RecipeMaster set Dno = 10 where Rno = 1282317;
SQL> commit;
```

这一操作产生了一个事务，并记录一条审计记录。执行如下命令：

```
SQL> select start_scn,    start_timestamp,
```

```
commit_scn, commit_timestamp, undo_change#, row_id, undo_sql
from flashback_transaction_query
where xid = '<the transaction id>';
```

除了能获得那些关于这个事务的统计信息，如 undo change#、rowid 等，ORACLE 10g 还在字段 UNDO_SQL 中记录了回归事务变化的 SQL 语句，在字段 ROW_ID 中记录了回归影响的行的 rowid。

那么如何得到记录变化前的数据呢？首先必须从审计记录的 SCN 字段中得到 System Change Number (SCN)。然后执行以下命令：

```
SQL> select Dno from RecipeMaster as of SCN 580000
where Rno = 1282317;
```

这样可以得到变化前的数据。

【例 5-11】取消对 RecipeMaster 的所有审计。

```
NOAUDIT ALL ON RecipeMaster;
```

5.6　数据库安全性的其他技术

5.6.1　数据加密

使用 SQL 授权机制不能解决所有的数据安全问题。例如，存放数据的介质被盗取，数据在传输过程中被窃听。这时，DBMS 还可采用加密技术进行信息的保护。

加密数据的技术不胜枚举。1977 年发表的数据加密标准（DES）在密钥的基础上进行字符的替换和字符顺序的重排列。这一加密方法为对称加密，其缺陷是必须把密钥通过某种机制提供给授权用户，而密钥在传递过程中可能被窃取。

最近几年流行的另一种加密的模式叫公钥加密（Public-Key Encryption），又叫非对称加密。它克服了 DES 所面临的一些问题。在这种模式中，每个授权用户都有两个密钥：一个公钥（Public Encryption Key）、一个私钥（Private Encryption Key）。公钥任何人都可以知道，而私钥只能被拥有它的用户知道。如果用户 U_1 要传递一条私密的信息给 U_2，那么 U_1 就用 U_2 的公钥加密数据。由于解密算法需要 U_2 的私钥，而私钥只有用户 U_2 知道，因此信息的传输是安全的。由于每个用户选择他们自己的私钥，因此这种模式克服了 DES 的缺陷。

关于公钥加密技术的细节有专门的课程论述，本书不再介绍。尽管使用上述的公钥加密很安全，但是它的计算代价很高，不适合于对文件加密而只适用于对少量数据进行加密。

当今，许多数据库系统都支持数据加密，使数据免于受到攻击。在数据库系统中，数据加密可以在各种级别进行，最低级别可以加密包含数据库数据的磁盘块，这样就能抵御那些能访问磁盘内容但不能访问密钥的攻击者。有些数据库系统提供加密的 API，可以对指定列提供入库之前的加密。

5.6.2　鉴定

数据库用户在 DBMS 注册时，每个用户都有一个用户标识符。用户标识符是一个公开的标识，在用户连接数据库系统时需对用户的身份进行鉴定。基于密码的鉴定被操作系统和数据库系统广泛使用，但使用密码存在一些缺点，它容易被窃取。目前常用的鉴别用户身份的方法如下。

1. 询问-应答系统

该方法类似于地下工作者对暗语的办法，由被鉴定者与数据库系统对话，问题答对了，就证实了用户的身份。

公钥系统可以在询问-应答系统中加密。数据库系统用用户的公钥加密一个询问问题，把它发给用户。用户用私钥把问题解密，结果返回数据库系统。数据库系统检查应答确定用户身份。

2. 只有用户具有的物品鉴别

钥匙、磁卡都可以作为用户的身份凭证。在计算机系统中常用磁性卡片鉴别用户身份，但系统须有阅读磁卡的装置，而且磁卡也有丢失或被盗的危险。

3. 用户个人特征鉴别

签名、指纹、声音都是用户个人特征。利用这些用户特征鉴别用户非常可靠，但需要特殊的鉴别装置。

4. 数字签名

数字签名用来验证数据的真实性。用户使用私钥产生签名后的数据，数据公开后所有的人都可以用公钥来验证数据的创建者是谁。

数字签名主要经过以下几个过程：

① 信息发送者使用一单向散列函数（HASH 函数）对信息生成信息摘要。

② 信息发送者使用自己的私钥签名信息摘要。

③ 信息发送者把信息本身和已签名的信息摘要一起发送出去。

④ 信息接收者通过使用与信息发送者使用的同一个单向散列函数（HASH 函数）对接收的信息本身生成新的信息摘要，再使用信息发送者的公钥对信息摘要进行验证，以确认信息发送者的身份和信息是否被修改过。

数字加密主要经过以下几个过程：

① 当信息发送者需要发送信息时，首先生成一个对称密钥，用该对称密钥加密要发送的报文。

② 信息发送者用信息接收者的公钥加密上述对称密钥。

③ 信息发送者将第一步和第二步的结果结合在一起传给信息接收者（称为数字信封）。

④ 信息接收者使用自己的私钥解密被加密的对称密钥，再用此对称密钥解密被发送方加密的密文，得到真正的原文。

数字签名和数字加密的过程虽然都使用公开密钥体系，但实现的过程正好相反，使用的密钥对也不同。数字签名使用的是发送方的密钥对，发送方用自己的私有密钥进行加密，接收方用发送方的公开密钥进行解密，这是一个一对多的关系，任何拥有发送方公开密钥的人都可以验证数字签名的正确性。数字加密则使用的是接收方的密钥对，这是多对一的关系，任何知道接收方公开密钥的人都可以向接收方发送加密信息，只有唯一拥有接收方私有密钥的人才能对信息解密。另外，数字签名只采用了非对称密钥加密算法，它能保证发送信息的完整性、身份认证和不可否认性，而数字加密采用了对称密钥加密算法和非对称密钥加密算法相结合的方法，它能保证发送信息的保密性。

5. 认证技术

认证技术主要解决网络通信过程中通信双方的身份认可。认证的过程涉及加密和密钥交换。通常，加密可使用对称加密、不对称加密及两种加密方法的混合方法。认证方一般有账户名/口令认证、使用摘要算法认证、基于 PKI（Public Key Infrastructure，公开密钥体系）的认证。一个有效的 PKI 系统必须是安全的和透明的，用户在获得加密和数字签名服务时，不需要详细地了解 PKI 的内部运作机制。

PKI 是一种遵循既定标准的密钥管理平台，它能够为所有网络应用提供加密和数字签名等密码服务及所必需的密钥和证书管理体系。简单地说，PKI 就是利用公钥理论和技术建立的提供安全服务的基础设施。PKI 技术是信息安全技术的核心，也是电子商务的关键和基础技术。PKI 的基础技术包括加密、数字签名、数据完整性机制、数字信封、双重数字签名等。完整的 PKI 系统必须具有权威认证机构（CA）、数字证书库、密钥备份及恢复系统、证书作废系统、应用接口（API）等基本构成部分：

① 认证机构（CA）。即数字证书的申请及签发机关，CA 必须具备权威性的特征。

② 数字证书库。用于存储已签发的数字证书及公钥，用户可由此获得所需的其他用户的证书及公钥。

③ 密钥备份及恢复系统。如果用户丢失了用于解密数据的密钥，则数据将无法被解密，这将造成合

法数据丢失。为避免这种情况，PKI 提供备份与恢复密钥的机制。但需注意，密钥的备份与恢复必须由可信的机构来完成。并且，密钥备份与恢复只能针对解密密钥，签名私钥为确保其唯一性而不能够做备份。

④ 证书作废系统。证书作废处理系统是 PKI 一个必备的组件。与日常生活中的各种身份证件一样，证书有效期以内也可能需要作废，原因可能是密钥介质丢失或用户身份变更等。为实现这一点，PKI 必须提供作废证书的一系列机制。

⑤ 应用程序接口（API）。PKI 的价值在于使用户能够方便地使用加密、数字签名等安全服务，因此一个完整的 PKI 必须提供良好的应用程序接口系统，使得各种各样的应用能够以安全、一致、可信的方式与 PKI 交互，确保安全网络环境的完整性和易用性。

PKI 采用证书进行公钥管理，通过第三方的可信任机构（认证中心，CA）把用户的公钥和用户的其他标识信息捆绑在一起，其中包括用户名和电子邮件地址等信息，以在因特网上验证用户的身份。PKI 把公钥密码和对称密码结合起来，在因特网上实现密钥的自动管理，保证网上数据的安全传输。

5.7　习题

1. DBMS 提供的安全性控制功能包括哪些内容？

2. 数据库的安全性和数据库的完整性有什么区别？

3. 数据库安全性和计算机系统的安全性有什么关系？

4. 什么是数据库中的自主存取控制方法和强制存取控制方法？

5. 请用 SQL 的 GRANT 和 REVOKE 语句（加上视图机制）完成以下授权定义或存取控制功能：

（1）用户 LiXia 对 RecipeDetail、RecipeMaster 两个表有 SELECT 权利。

（2）用户 WangHao 对 RecipeDetail、RecipeMaster 两个表有 INSERT 和 DELETE 权利。

（3）每位医生只对自己的记录有 SELECT 权利。

（4）用户 WangHao 对 Doctor 表有 SELECT 权利，对工资字段具有更新权利。

（5）用户 ZhangYang 具有修改 RecipeDetail、RecipeMaster 这两个表的结构的权利。

（6）用户 MengFan 具有对 RecipeDetail、RecipeMaster 两个表的所有权利（读，插，改，删数据），并具有给其他用户授权的权利。

（7）允许用户 Jian 对表 Medicine 中所有药品价格低于 40 元的行进行访问。

6. 针对习题 6 中（1）～（7）的每一种情况，撤销授予各用户的权利。

7. 为什么强制存取控制提供了更高级别的数据库安全性？

8. 显示图中给出操作步骤每一步执行以后的授权图。假设 A 是权限 p 所指向关系的属主。

Step	By	Action
1	A	Grant p to B with grant option
2	A	Grant p to C
3	B	Grant p to D with grant option
4	D	Grant p to B, C, E with grant option
5	B	Revoke p from D cascade
6	A	Revoke p from C cascade

9. 理解并解释 MAC 机制中主体、客体、敏感度标记的含义。

10. 什么是数据库的审计功能？为什么要提供审计功能？

第 6 章 数据库恢复技术

事务是数据库应用程序的基本逻辑单元，是 DBMS 中执行并发控制和故障恢复的基础。事务的所有动作要么全部执行，要么一个也不对数据库产生影响。一旦事务成功执行，其影响必须永久保存在数据库中。此外，数据库系统提供隔离机制保证事务不受其他并发执行的事务的影响。数据库恢复机制是数据库管理系统的重要组成部分之一，它实现了数据库的原子性和持久性，使得应用程序开发者能够把注意力集中在单个事务的实现上，而不必考虑并发和容错等问题。本章主要讨论：

- 事务的概念、ACID 特性
- 事务的状态
- 恢复的实现技术
- 故障的种类及恢复策略

学习目标：

- 掌握事务的概念
- 理解 ACID 特性
- 了解日志的结构
- 掌握更新事务的执行及恢复
- 了解检查点技术
- 掌握数据的转储方式
- 了解事务内消息的传递
- 掌握故障的种类及恢复策略

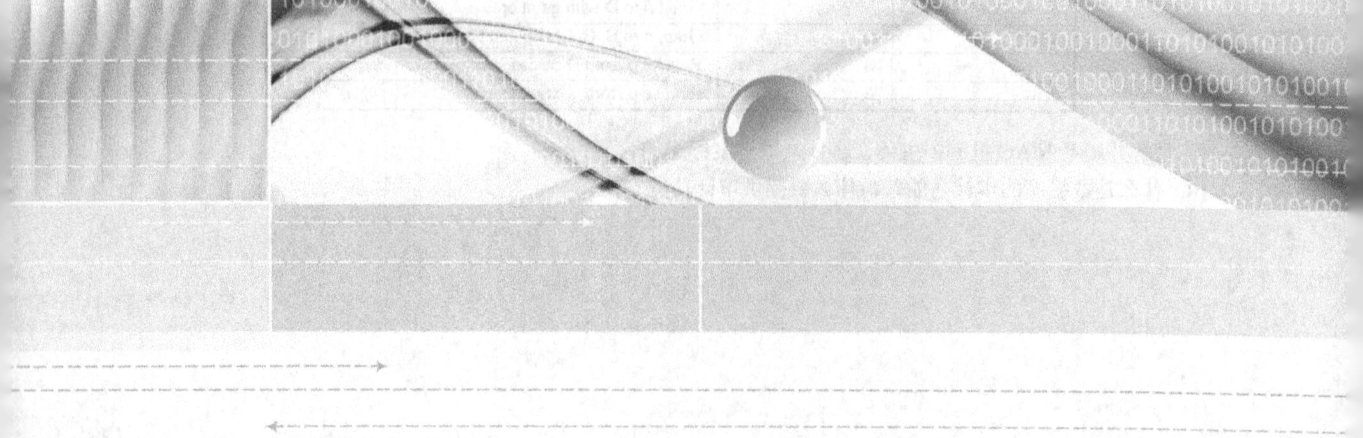

6.1　事务概念

在早期的大型数据库应用过程中，开发人员必须面对以下问题。

（1）产生不一致的结果

以医院药品价格调整为例。一个应用程序将所有价格上调 10%。假定药品数量为一万。在应用程序修改完所有药品的价格数据前，系统发生故障停止运行，此时有部分药品的价格数据已改为新值。当系统重新启动后，系统无法知道发生故障时刻应用程序的执行逻辑，也就不能确定到底有哪些药品的信息已经发生了变化，哪些药品的价格数据还没有改变。这样，数据库处于不一致状态。

（2）并发执行的错误

出于对性能等方面的考虑，应用程序的执行可能是并行执行的。假定应用程序 1 将药品 A 的价格上浮 10%，而另一应用程序 2 将药品 A 的价格上涨 10 元。设药品 A 的初始价格为 30 元。两个应用程序同时运行。若应用程序 1 和应用程序 2 先后将药品 A 的价格 30 元读入自己的缓冲区，之后在自己的缓冲区中进行价格的修改。则应用程序 1 将药品 A 的价格调整为 33 元，应用程序 2 将药品 A 的价格调整为 40 元。最后，两个应用程序先后将自己缓冲区中药品 A 的价格写回数据库。若应用程序 1 先写回磁盘，则数据库中药品 A 的价格最终为 40 元；若应用程序 2 先写回磁盘，则数据库中药品 A 的价格最终为 33 元。无论什么样的结果都是不正确的。由于两个应用程序都改变了药品 A 的价格，最终数据库中药品 A 的价格应为 43 元或 44 元。

（3）何时更新数据库

应用程序与数据库打交道无外乎读数据库、写数据库。读数据库是将数据库中的数据先从磁盘读入内存，然后再将值赋予一个变量。写数据库是先将变量的值写入内存，然后再由内存写入磁盘。无论是读还是写，内存都是必经之路。为了减少磁盘的访问次数，通常会将记录在内存放置一段时间。这样，当故障发生时就只能找到已经写在磁盘上的内容，内存中的数据丢失了。既要减少磁盘的 I/O 操作，又要防止数据不一致的产生，那么何时更新数据库才恰当呢？

为解决上述这些问题，提出了事务的概念。

1．定义

事务是用户定义的一个数据库操作序列，这些操作要么全做要么全不做，是一个不可分割的工作单位。

在关系数据库中，一个事务可以是一条 SQL 语句、一组 SQL 语句或整个程序。一个应用程序可以包含多个事务。

SQL 中与事务相关的语句包括：

```
BEGIN TRANSACTION
ROLLBACK
COMMIT
END TRANSACTION
```

事务由事务开始（BEGIN TRANSACTION）和事务结束（END TRANSACTION）之间执行的全体操作组成。COMMIT 表示提交，即事务已经成功完成，将事务中所有对数据库的更新写回到磁盘上永久保存，事务正常结束。ROLLBACK 表示回滚，即在事务运行的过程中发生了故障，事务不能继续执行，将事务中对数据库的所有已完成的操作全部撤销，被修改的数据库恢复到事务执行之前的状态。

事务可以以显式的方式加以定义，如图 6.1 所示。

BEGIN TRANSACTION	BEGIN TRANSACTION
SQL 语句 1	SQL 语句 1
SQL 语句 2	SQL 语句 2
…	…
COMMIT	ROLLBACK
END TRANSACTION	END TRANSACTION

图 6.1　事务的显式定义

当用户没有显式地定义事务时，DBMS 按默认规定自动划分事务。

2．ACID 特性

为了保证数据完整性，要求数据库系统维护事务的以下性质。

① 原子性（Atomicity）：事务的所有操作在数据库中要么全部正确反映，要么全部不反映。在系统崩溃后，DBMS 的恢复机制将恢复或撤销系统崩溃时处于活动状态的事务对数据库产生的影响，从而保证事务的原子性。这样，产生不一致结果的问题就可以得到解决。对于事务要执行写操作的数据项，数据库系统在磁盘上记录操作的类型及操作对象的值等相关信息。如果事务没能完成执行，数据库系统将根据记录的信息决定是将事务撤销，恢复数据库的旧值，使得表面上看好像事务从未执行过，还是将那些未在数据库中做过真正修改的操作重新执行。事务原子性由事务管理部件（Transaction-Management Component）处理。

② 一致性（Consistency）：当事务单独运行时（没有其他事务的并发执行），应保持数据库的一致性。一致性在逻辑上不是独立的，它主要由应用开发人员来确保。

③ 隔离性（Isolation）：当多个事务并发执行时，一个事务的执行不能被其他事务干扰。对任何一对并发执行的事务 T_i 和 T_j，在 T_i 看来，T_j 或者已经在 T_i 之前完成执行，或者在 T_i 完成之后开始执行。每个事务都感觉不到其他事务的并行执行。由于性能的原因，需要对事务进行交叉调度，但我们希望交错调度的效果和某个串行调度的结果是一致的。数据库系统提供的这一性质可以解决前面提到的并发执行带来的错误问题。隔离性通过数据库系统中的并发控制部件（Concurrency-Control Component）处理。

④ 持续性（Durability）：一个事务一旦提交，它对数据库中数据的改变应该是永久性的，即使系统可能出现故障。由于数据库系统在磁盘上记录了事务的操作信息，这在保证原子性的同时，也提供了持久性的保证。持续性由数据库系统中的恢复管理部件（Recovery-Management Component）的软件部件负责。

这些特性统称为事务的 ACID 特性，缩写来自于 4 条性质的第一个英文字母。

事务是 DBMS 的最小执行单位，对数据库的操作必须为一个事务单位。同时，事务也是最小的故障恢复单位和并发控制单位，在并发执行时，以事务为单位运行。在事务未完成需要恢复数据时，仍然是以事务为单位进行。

3．事务的状态

每个事务从开始到结束的整个生命周期可以分为若干状态。DBMS 记录每个事务的状态，以便恢复时做不同的处理。

状态的变迁如图 6.2 所示。

事务交付给 DBMS 后，就进入活动状态。当事务执行完最后一条语句，进入操作结束状态。之后，系统将日志信息写入磁盘，确保即使此时出现故障，事务所做的更新操作也能在磁盘上有记录可查。这样，当系统重新启动后，可以根据日志进行事务的重新处理。当最后一条日志记录写入磁盘后，事务进入提交状态，正常结束。

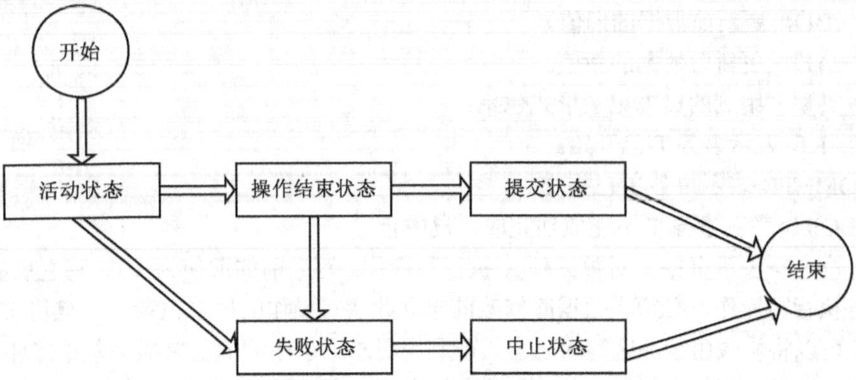

图 6.2　事务状态变迁图

事务在活动状态期间，甚至于进入操作结束状态后，均有可能遇到系统发生崩溃的情况，或由于事物自身原因不能继续执行的情况。于是事务进入失败状态。事务失败后，系统将在某一时间对事务执行回滚操作，撤销该事务对数据库已经完成的更新操作，使数据库回到事务执行之前的一致状态。撤销期间事务处于中止状态。撤销完成后事务非正常结束。

事务在进入操作结束状态后仍有可能转入失败状态。事务的更新数据什么时候由缓冲区写入磁盘不是由事务管理器控制的，若在数据仍驻留内存期间发生系统崩溃，事务就进入了失败状态。

系统并不需要记下事务的每一个状态，但要区分出一个事务在出现故障时是提交的还是未提交的。

6.2　数据库恢复概述

数据对一个单位是至关重要的。尽管数据库系统采取了各种手段防止数据库的安全性和完整性遭到破坏，但任何系统总不可能不出故障。计算机系统中硬件的故障、软件的错误、操作人员的失误及恶意的破坏都是不可避免的。数据库系统对付故障无非两种措施：一是尽可能提高系统的可靠性；二是在系统发生故障后，把数据库恢复到一致状态。本章的后面部分主要讨论发生故障后恢复数据库为一致状态的技术，即恢复技术。

对于恢复，数据冗余是必须的。系统发生故障时，可能会导致数据的丢失，要恢复丢失的数据，就必须有数据的后备副本。发生故障后，事务回滚，需要利用日志文件中记录的事务的操作。因此，恢复机制涉及两个关键问题：第一，如何建立冗余数据；第二，如何利用冗余数据实施数据库恢复。

恢复技术是衡量 DBMS 优劣的重要指标。

6.3　恢复的实现技术

恢复机制常用的技术是记录日志文件和数据转储。日志文件中最重要的是记录更新事务对数据库的影响，根据日志文件记录方式的不同，采用的恢复方法也是不一样的。

6.3.1　日志

日志是 DBMS 用来记录事务对数据库的更新操作的文件。日志是日志记录的序列。日志记录有几种类型，其中的一种日志记录叫更新日志记录（Update Log Record），记录事务对数据库的写操作，描述内容主要包括：

- 事务标识符，执行写操作事务的唯一标识符。
- 数据项标识符，事务操作对象的唯一标识符。

- 前像（BI），更新前数据的旧值。
- 后像（AI），更新后数据的新值。

无论哪种类型，用到的日志记录形式包括：

- <T START>表示事务 T 已开始。
- <T COMMIT>表示事务 T 已提交。
- <T ABORT>表示事务 T 不能成功完成，已中止。
- <T,X,V1,V2>表示事务 T 对数据项 X 执行写操作。写之前的旧值为 V1，写之后的新值为 V2。

每次事务执行写操作，必须在数据库修改前建立此次写操作的日志记录。一旦日志记录已存在，如果需要，就可以将修改由缓冲区写入磁盘，或利用日志记录中的旧值来撤销数据库中的新值。

为了在恢复时能使用日志记录，日志必须存储在稳定存储器上。与数据存储先要进入内存，然后由内存输出到磁盘上一样，日志记录的输出也是以块为单位进行的。由于将一个块输出到稳定存储器上的开销非常高，出于性能上的考虑，最好是一次输出多条日志记录。为达到这个目的，日志记录先存储在日志缓冲区中的，在某一时刻用一次输出操作将多条日志记录输出到稳定存储器中。稳定存储器中的日志记录顺序必须与写入日志缓冲区中的顺序完全一样。

由于使用了缓冲区，日志记录在输出到稳定存储器前，可能有一段时间只存在于主存中。那么，系统发生崩溃时这些日志记录会丢失。为此，恢复技术提出了先写日志规则（Write-Ahead Log Protocol）：在主存中的数据块输出到数据库前，所有与该数据块中数据有关的日志记录必须已输出到稳定存储器上。

把对数据库的修改写到数据库中和把反映这个修改的日志记录写到日志文件中是两个不同的操作。有可能在这两个操作之间发生故障，即这两个写操作只完成了一个。如果先写了数据库修改，而日志记录中未反映该修改，则以后无法恢复该修改操作。如果先写日志记录，无论有没有对数据库进行修改，以后也可以根据日志记录在恢复时多执行一次重做操作或撤销操作，不会影响数据库的正确性。

一个事务要进入提交状态，必须是该事务的日志记录，包括最后的 COMMIT 记录都已全部写入稳定存储器。为保证这一点，当一有事务提交时，所有还驻留在日志缓冲区中的日志记录都将被强制写入稳定存储器。即使该缓冲区并未设置为强制方式。系统也可以将缓冲区的刷新设置为强制方式，这样，当一有事务提交时，日志缓冲区中的日志记录和数据缓冲区中的数据都将被强制写入稳定存储器和数据库中。但这样做会增加 I/O 开销，毕竟将所有被修改页写入数据库的代价要远高于强制写日志记录的代价。

6.3.2 更新事务的执行与恢复

在执行更新事务时，根据后像写入数据库的时间的不同，有 3 种可能的方案可保证即使发生故障也能保持事务的原子性。

（1）后像（AI）在事务提交后才写入数据库

通过在日志中记录所有的数据库修改，将一个事务的所有写操作延迟到事务的操作结束时才执行，以此保证事务的原子性。

事务 T 的执行步骤为：在 T 开始执行前，向日志中写入记录<T START>，T 的一次 write（X）操作导致向日志中写入一条新记录。最后，当 T 全部操作结束，向日志中写入记录<T COMMIT>。

该方法忽略未完成的事务并重复已提交事务的改变。利用日志，系统可以处理任何导致缓冲区信息丢失的故障。该恢复机制使用以下恢复过程：Redo（T_i），将事务 T_i 更新的所有数据项的值设为新值。

由于忽略未完成的事务，只需要数据项的新值，前面介绍的更新日志记录结构可以简化，省去旧值字段。即日志记录<T, X, V_1>表示：事务 T 对数据项 X 执行写操作，写入新值 V_1。

【例 6-1】以药品价格调整例子加以阐述。设 T_1 事务调整药品 A 和 B 的价格，药品 A 上调 10%，药品 B 下浮 5%。

```
T1:  READ(A)
     A:=A+A*0.1
     WRITE(A)
     READ(B)
     B:=B–B*0.05
     WRITE(B)
```

步骤	动作	日志
1		<T_1 START>
2	READ(A)	
3	A:=A+A*0.1	
4	WRITE(A)	<T_1,A,22>
5	READ(B)	
6	B:=B–B*0.05	
7	WRITE(B)	<T_1,B,28.5>
8		<T1,COMMIT>
9	写 A 到磁盘	
11	写 B 到磁盘	

图 6.3　动作及其对应日志项

假设事务 T_1 执行前药品 A 和 B 上的价格分别为 20 元和 30 元。该事务一个可能的执行序列如图 6.3 所示。

故障发生后，恢复机制检查日志，若日志中没有<T, COMMIT>记录，则判定事务 T 对数据库所做的更新都没有写到磁盘上，恢复时对未完成事务的处理可以忽略。然而，提交的事务可能存在问题，系统不知道哪些数据项的改变已经写到磁盘上。可以利用日志中记录的新值，将新值重新再写一次到磁盘上，不管它是否已经在磁盘上存在。

使用日志恢复数据，需做以下事情：

① 从后向前扫描日志，将提交的事务放入队列 redo-list。

② 从日志文件开始处扫描日志。对遇到的每个<T, X, V_1>记录。

- 如果 T 不是 redo-list 中的事务，则什么也不做。
- 如果 T 是 redo-list 中的事务，则为数据项 X 写入值 V_1。

③ 对每个未完成的事务，在日志中写入一个<T, ABORT>记录并刷新日志。

由于一些已提交事务可能对数据库中的同一数据项写入新值，因此在用日志文件进行 redo 操作过程中，系统需按照从前到后的顺序正向扫描日志文件。这样，数据项最终的值才是最后被写入的值。

下面，来看一下故障发生在不同时刻恢复管理器的不同处理，如图 6.4 所示。

(a)	(b)	(c)	(d)
<T_1,START> <T_1,A,22> <T_1,B,28.5>	<T_1,START> <T_1,A,22> <T_1,B,28.5> <T_1,COMMIT>	<T_1,START> <T_1,A,22> <T_1,B,28.5> <T_1,COMMIT> 写 A 到磁盘	<T_1,START> <T_1,A,22> <T_1,B,28.5> <T_1,COMMIT> 写 A 到磁盘 写 B 到磁盘

图 6.4　不同时刻的日志状况

若故障发生在事务提交之前，如图 6.4(a)所示，则 T_1 为一个未完成的事务。磁盘上的 A 和 B 没有任何改变。恢复管理器只需在日志中增加一条<T_1, ABORT>记录。

若故障发生在图 6.4(b)的时刻，那么尽管<T_1, COMMIT>记录写入了日志，但可能还没有写入稳定的存储器中。如果记录已写入稳定的存储器，则恢复情况就如同图 6.4(c)所示情况。而如果该记录还没有写入稳定的存储器中，恢复处理同图 6.4(a)的情况。

若故障发生在如图 6.4(c)的时刻，T_1 被看作是一个提交的事务，恢复管理器为 A 再次写入 22，为 B 置新值 28.5。

若故障发生在如图 6.4(d)的时刻，T_1 被看作是一个提交的事务，恢复管理器为 A 和 B 再次写入 22 和 28.5。

（2）后像（AI）在事务提交前完全写入数据库

在日志中记录所有的数据库修改，一个事务的所有写操作在事务提交前已写入磁盘。

事务 T 的执行步骤为：在 T 开始执行前，向日志中写入记录<T START>，T 的一次 WRITE（X）操作导致向日志中写入一条新记录。最后，当 T 全部操作结束，被改变的所有数据项已写入磁盘后向日志中写入记录<T COMMIT>。

要保证系统在发生故障后能恢复，事务必须遵循两条规则：

① 如果事务 T 改变了数据项 X，则记录变化的日志记录必须在数据项的新值写到磁盘前写入稳定的存储器；

② 如果事务提交，则 COMMIT 日志记录必须在事务改变的所有数据项的新值写入到磁盘后再写入稳定的存储器，但应尽快。

步骤	动作	日志
1		<T_1 START>
2	READ(A)	
3	A:=A+A*0.1	
4	WRITE（A）	<T_1,A,22>
5	READ(B)	
6	B:=B–B*0.05	
7	WRITE(B)	<$T_1$1,B,30>
8	写 A 到磁盘	
9	写 B 到磁盘	
10		<T_1,COMMIT>

图 6.5　动作及其对应日志项

该方法在恢复时忽略已提交的事务并撤销未完成事务的影响。恢复机制使用以下恢复过程：Undo（T_i），将事务 T_i 更新的所有数据项的值设为旧值。

由于是撤销未完成的事务，只需要数据项的旧值，前面介绍的更新日志记录结构可以简化，省去新值字段。即日志记录<T, X, V_1>表示：事务 T 对数据项 X 执行写操作，写前的旧值为 V_1。

重新考虑前面的例 6-1。事务一个可能的执行顺序如图 6.5 所示。

若系统发生故障，恢复管理器首先将事务分为已提交事务和未提交事务。若某事务有日志记录<T, COMMIT>，表示事务 T 对数据库的所有改变在发生故障之前已写入磁盘，事务 T 保证了数据库的一致性，可忽略不管。若在日志上未发现事务的<T, COMMIT>记录，则有可能事务的某些数据库更新已经写到磁盘上，而另一些更新尚未到达磁盘。这样，事务的执行就不是原子的，数据库就可能不处于一致状态。因此 T 是一个未完成的事务，必须撤销。事务执行规则中的第一条保证了事务的撤销依据已写入到磁盘上。

在恢复系统时，恢复管理器：

① 首先对日志文件从后向前进行扫描，将有<T，COMMIT>记录的事务放入 redo-list 队列。

② 对遇到的每一个<T, X, V_1>记录，若事务 T 在 redo-list 队列中，则恢复管理器什么都不做。

③ 对遇到的每一个<T, X, V_1>记录，若事务 T 不在 redo-list 队列中，则恢复管理器，将数据项 X 在数据库中的值改为旧值 V_1。

同样，来看一下故障发生在不同时刻恢复管理器的不同处理。

① 若故障发生在图 6.6(a)时刻，日志记录<T_1, COMMIT>可能在主存中，也可能已刷新到磁盘上。若已刷新到磁盘上，则认为事务已提交，恢复管理器什么都不做；若还在主存中，那么恢复管理器认为事务 T_1 未完成。它由后向前扫描日志，首先遇到记录<T_1, B, 30>，于是将数据库中的数据项 B 修改为 30。接着，遇到记录<T_1, A, 20>并将数据项 A 修改为 20。最后，恢复管理器将<T_1, ABORT>记录写到日志中，并强制刷新日志。

② 若故障发生在图 6.6(b)、图 6.6(c)、图 6.6(d)时刻，处理同①中的撤销操作。

利用日志回滚失败的事务，由后向前扫描日志记录是非常重要的，因为一个事务可能多次更新同一数据项。如考虑日志记录：

<T_1,A,3,5 >
<T_2,B,1,2 >
<T_1,A,5,8 >

该日志记录表示事务 T_1 对数据项 A 修改了两次。由后向前反向扫描日志可以将 A 的值正确地恢复成 3。如果由前向后正向扫描日志，A 将恢复成 8，这个结果是不正确的。

(a)	(b)	(c)	(d)
<T_1,START> <T_1,A,20> <T_1,B,30> 写 A 到磁盘 写 B 到磁盘 <T1,COMMIT>	<T_1,START> <T_1,A,20> <T_1,B,30> 写 A 到磁盘 写 B 到磁盘	<T_1,START> <T_1,A,20> <T_1,B,30> 写 A 到磁盘	<T_1,START> <T_1,A,20> <T_1,B,30>

图 6.6 不同时刻的状况

（3）后像（AI）在事务提交前后写入数据库

前面介绍了两种更新事务的执行方式，它们的差别在于被更新数据项写入磁盘的时间是在事务提交前，还是在事务提交后。相应地，日志记录中保存的分别是被更新数据项的旧值和新值。这两种方式各有其缺陷：后像在事务提交前写入数据库，可能会增加需要进行的磁盘I/O数。而后像在事务提交后写入数据库，可能增加事务需要的平均缓冲区数。现在，来看一下第3种更新事务的执行方式，这种方式通过在日志中维护更多的信息，提供更大的灵活性。

采用第3种方式，被修改数据项写入磁盘的时间可以在日志记录<T, COMMIT>之前进行，也可以放在之后进行。只是写入的更新日志记录由4个部分组成。日志记录<T, X, V_1, V_2>表示：事务T对数据项X执行写操作，写前的旧值为V_1，写后的新值为V_2。该方式遵循的规则为：

① 被更新数据项写入磁盘前，更新记录<T, X, V_1, V_2>必须已写到稳定存储器上。恢复管理器恢复系统时使用以下过程：

② Undo（T_i）：将未提交事务 T_i 更新的所有数据项的值设为旧值。

③ Redo（T_i）：将已提交事务 T_i 更新的所有数据项的值设为新值。

考虑前面的例6-1，事务T1的一个可能执行顺序如图6.7所示。

步骤	动作	日志
1		<T_1,START>
2	READ(A)	
3	A:=A+A*0.1	
4	WRITE（A）	<T_1,A,22>
5	READ(B)	
6	B:=B–B*0.05	
7	WRITE(B)	<T_1,B,28.5>
8	写 A 到磁盘	
9		<T_1,COMMIT>
10	写 B 到磁盘	

图 6.7 动作及其对应日志项

若系统发生故障，恢复管理器首先将事务分为已提交事务和未提交事务。若某事务有日志记录<T, COMMIT>，则利用日志中记录的新值，将新值重新再写一次到磁盘上，不管它是否已经在磁盘上存在。若在日志上发现有某事务的<T, START>记录，但未发现该事务的<T, COMMIT>记录，则T是一个未完成的事务，必须撤销，将旧值写入磁盘。

在恢复系统时，恢复管理器将：

① 首先对日志文件从后向前进行扫描，将有<T, COMMIT>记录和没有<T, COMMIT>记录的事务分别放入两个队列：redo-list 队列，undo-list 队列。

② 从前向后再次扫描日志记录，重新执行 redo-list 队列中的事务。

③ 从后向前再次扫描日志记录，撤销 undo-list 队列中的事务。

同样，来看一下故障发生在不同时刻恢复管理器的不同处理。

若故障发生的时刻如图6.8(a)所示，则事务 T_1 被认为是一个未完成的事务，恢复管理器将对事务 T_1 做撤销工作。虽然，数据项A，B的新值都还未写入数据库，但系统仍将A和B的旧值再写一次。

若故障发生的时刻如图6.8(b)所示，系统仍然认为 T_1 是一未完成的事务，恢复处理同上。

若故障发生的时刻如图 6.8(c)所示，系统的处理就要区分崩溃发生在<T_1, COMMIT>记录刷新到稳定存储器之前还是之后两种情况。假设崩溃发生在<T_1, COMMIT>记录刷新到稳定存储器后，虽然此时A已具有新值，而B还是旧值，这时的 T_1 仍被认为是提交事务，系统将重新执行该事务；假设崩溃发生在<T_1, COMMIT>记录刷新到稳定存储器前，则 T_1 被作为未完成的事务，系统做撤销工作，处理同图 6.8(b)。

(a)	(b)	(c)
<T_1,START>	<T_1,START>	<T_1,START>
<T_1,A,20,22>	<T_1,A,20,22>	<T_1,A,20,22>
<T_1,B,30,28.5>	<T_1,B,30,28.5>	<T_1,B,30,28.5>
	写 A 到磁盘	写 A 到磁盘
		<T_1,COMMIT>

图 6.8　不同时刻的状况

也许，在日常的业务处理中，我们不希望在<T_1, COMMIT>记录刷新到稳定存储器前发生系统崩溃，使事务被撤销。因为，此时事务在用户看来是已经提交的。为避免这样的问题，可以使用一条附加规则：<T, COMMIT>记录一旦出现在日志中就必须强制进行日志刷新。

在前面，我们没有指明恢复机制在进行系统恢复时是先撤销还是先重做。事实上，无论先撤销还是先重做，系统都有可能遇到读“脏”数据的情况：提交并被重做的事务 T 读取数据值 X，该值是由某个未提交且被撤销的另一事务写入的。此时无论先撤销还是先重做都是没有意义的。此外，系统还可能遇到“丢失修改”的情况：事务 T_1 和 T_2 对数据项 Q 都做了更新操作，事务 T_1 的回滚有可能将 T_2 对数据项的修改丢失。

因此，DBMS 必须要做得不仅仅是将改变记入日志，还必须通过某种机制保证上述两种情况不会出现。第 7 章中讨论的事务的并发控制机制将涉及此类问题的解决。

无论是回滚（Undo）操作还是重做（Redo）操作，恢复的步骤都是幂等（Idempotent）的，即将它们多次执行与执行一次的效果是完全相同的。这一点非常重要。当系统从上一次崩溃中恢复时再次发生崩溃，恢复机制仍可再次重复恢复过程，前一次恢复过程中是否已将数据项的值更新为旧值或新值是无关紧要的。

6.3.3　检查点

利用日志进行数据库恢复时，恢复管理器必须检查日志，确定哪些事务需要 REDO，哪些事务需要 UNDO。一般来说，需要搜索整个日志才能做出决定。这样做有两个主要的困难：

① 搜索整个日志将耗费大量的时间。

② 很多需要 REDO 处理的事务其更新已经写入数据库，重新执行这些操作会浪费大量的时间，使恢复过程变得更长。

为解决这个问题，引入了具有检查点的恢复技术。系统定期或不定期地建立检查点，保存数据库的状态。创建恢复检查点有 3 种方法，它们分别是：提交一致性检查点、高速缓存一致性检查点、模糊一致性检查点。

（1）提交一致性检查点

建立检查点的步骤为：

① 新的事务不能开始直到检查点完成。

② 现有的事务继续执行直到提交或中止，并且相关日志都写入稳定存储器。

③ 将当前日志缓冲区中的日志记录写回稳定存储器中的日志文件。

④ 将日志记录< CHECKPOINT >写入稳定存储器。检查点操作完成。

所有检查点前执行的事务将已经完成，并且其更新也已经写入磁盘。因此，恢复时这些事务都不需要撤销。在恢复时，系统从日志尾部开始向前扫描，确定未完成的事务，当发现< CHECKPOINT >记录时，表明已找完所有未完成的事务。由于只有检查点结束后事务才能开始，因此没有必要扫描< CHECKPOINT >记录以前的部分。这样，可以大大减少进行恢复操作所需要的时间。

【例 6-2】假设日志开始是：

< T_1, START>
< T_1, A, 200>
< T_2, START>
< T_2, B, 10>

这时，决定做一个检查点。由于 T_1 和 T_2 处于活动状态，因此必须等它们完成后才能在日志中写入< CHECKPOINT >记录。设日志后续部分内容如图 6.9 所示，这时系统发生崩溃。恢复子系统从尾部开始扫描日志，确定 T_3 是唯一未完成的事务，于是撤销 T_3 对数据库的操作影响。当到达< CHECKPOINT >记录时，扫描停止，恢复结束。

<T_1, START>
<T_1, A, 200>
<T_2, START>
<T_2, B, 10>
<T_1, C, 50>
<T_1, COMMIT>
<T_2, COMMIT>
<CHECKPOINT>
<T_3, START>
<T_3, A, 5>

图 6.9　日志后续部分内容

（2）高速缓存一致性检查点

建立提交一致性检查点时，整个系统是关闭的，并且检查点要等到所有活动事务提交后才能建立。因此系统可能需要等待很长的时间。为了减少等待时间，可以采用更为复杂的检查点策略：高速缓存一致性检查点。

做高速缓存一致性检查点需要的过程如下：

① 新的事务不能开始直到检查点完成；

② 已存在的事务不允许执行新的更新操作，如写缓冲块或写日志记录；

③ 将当前日志缓冲区中的日志记录写回稳定存储器中的日志文件；

④ 将当前数据缓冲区中的所有数据记录写入磁盘；

⑤ 将日志记录< CHECKPOINT, L>写入稳定存储器，其中 L 是所有活动事务的列表，检查点操作完成。

日志中的检查点记录可以改善恢复过程的效率。在一个检查点前提交的事务 T_i，其所做的任何数据库修改都必然在检查点前或作为检查点的一部分写入数据库。因此，在恢复时就不必再对 T_i 执行 REDO 操作了。故障发生后，恢复子系统从日志的尾部由后至前搜索日志，直到找到第一个<CHECKPOINT>记录。然后确定在检查点建立时刻仍处于活动状态的事务集合，以及检查点建立之后开始执行的事务集合。根据故障发生时事务的不同状态对事务采取不同的恢复策略。

发生故障时，事务的不同状态如图 6.10 所示。

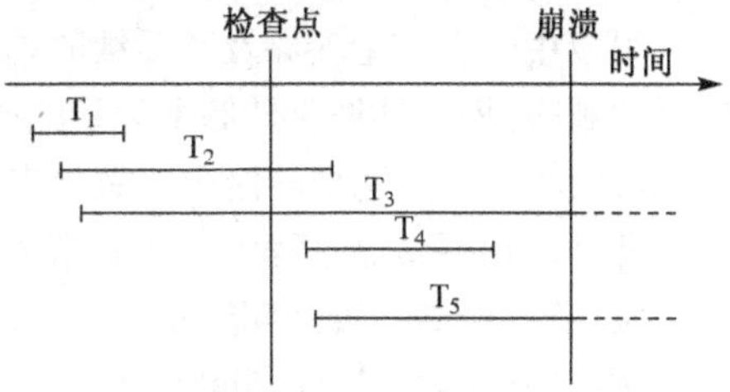

图 6.10　发生故障时事务的不同状态

T_1 事务在检查点建立时已经提交，该事务在恢复过程中不处理。

T_2 和 T_3 事务在检查点建立时刻处于活动状态，恢复子系统首先将其放入活动事务列表 L 中。T_4，T_5 在系统崩溃之前，检查点建立之后开始执行，恢复子系统也将其放入待处理事务集合 T 中。对集合 T 和 L 中的所有事务 T_i，若日志中没有<T_i, COMMIT>记录，则执行 UNDO（T_i）；若日志中有<T_i，COMMIT>记录，则执行 REDO（T_i）。

若后像在事务提交后才写入数据库，则对日志中没有<T_i, COMMIT>记录，也不必执行 UNDO(T_i)操作。若后像在事务提交前必须写入数据库，则对日志中有<T_i, COMMIT>记录，也不必执行 REDO（T_i）操作。

（3）模糊一致性检查点

高速缓存一致性检查点只需将所有当前数据缓冲区中的数据记录写入磁盘，而无须等待事务的提交，这相对于提交一致性检查点而言是一个提高。但在这个过程中，所有事务不能执行动作，对于用户而言也就是需要等待。

为了去除这一限制，模糊检查点改进技术，使之允许在< CHECKPOINT >记录写入日志后但在修改过的缓存块写到磁盘前做更新。

由于只有在写入< CHECKPOINT >记录之后数据页才能输出到磁盘，系统有可能在所有页写完之前崩溃。因此，系统将最后一个完善检查点记录在日志中的位置存在磁盘的固定位置 last-checkpoint。系统在写入< CHECKPOINT >记录时不更新信息，而是在写入< CHECKPOINT >记录前，创建所有修改过的缓冲块的列表。只有所有该列表中的缓冲块都输出到磁盘上以后，last-checkpoint 信息才会更新。

6.3.4 数据转储

所谓转储是指 DBA 定期地将整个数据库复制到某种存储介质（如磁带、磁盘、光盘等）上保存起来的过程。这些备用的数据文本称为后备副本或后援副本。数据转储是数据库恢复中采用的基本技术。

我们在存储介质上创建备份，并将它们存放在远离数据库的某一安全地方。后备副本保存数据库在某一时刻的状态，当数据库遭到破坏，就可以装入后备副本将数据库恢复到转储时刻的状态。

要想将数据库恢复到发生故障时刻的状态，就需要利用日志文件。为了防止日志的丢失，我们可以在日志刚刚创建时就将它的一个副本传送到与备份一样的远程结点。那么，如果日志与数据都丢失，我们就可以使用备份的日志和数据副本进行恢复。

用这种恢复技术，必须保持一个日志记录。这样既花费较大的存储空间，又要影响数据库正常的工作性能。尽管如此，由于这种恢复技术可使数据库恢复至最近的一致状态，在数据库系统中用得最多，大部分商品化的 DBMS 都支持这种恢复技术。

当数据库规模很大时建立备份是一个冗长的过程，通常应尽量避免在每个备份步骤中都要复制整个数据库。因此，存在两个级别的备份。

① 完全转储：备份整个数据库。

② 增量备份：只备份上一次备份后发生改变的数据。

可以用一个完全转储及其后续的增量转储来恢复数据库。将完全转储复制回数据库，然后以从前向后的顺序，做后续增量转储所记录的改变。由于增量转储一般只包括上次转储以来改变的少量数据，它们占用的空间比完全转储少，做起来也更快。

此外，根据转储过程中是否有事务在运行，可以将转储分为静态转储和动态转储。

① 静态转储：转储期间不允许有事务在运行。

② 动态转储：转储期间允许事务对数据库进行更新。

大多数数据库不能在做备份时就停止业务的操作，因此，静态转储虽然实现简单，人们还是常用动态转储进行数据库的备份。它不用等待用户执行事务的结束，也不会影响新事务的运行。

当动态转储按照某种顺序复制数据库中数据时，有可能正好有事务在对这些数据做更新。因此，复制到备份中的数据可能是也可能不是转储开始的数据。

【例 6-3】假设数据库中有 A、B、C 3 项数据，转储开始时它们分别具有值 10、20、30。在系统转储过程中，有事务将 A 改变为 15，C 改变为 2，B 改变为 44。修改的顺序为 A、C、B。数据库备份时是按照 A、B、C 的顺序备份的，且在 A 更新之前就备份了 A 的值，在 B 更新之前就备份了 B 的值，备份 C 时 C 的值已经更新。那么，尽管数据库在转储开始时数据项 A、B、C 具有值 10、20、

30，在转储结束时具有值 15、44、2，但在备份中的值为 10、20、2。这是在转储过程中任何时候都不存在的数据库状态。

为此，需保留转储过程中的日志记录，通过日志记录纠正其中的差异。

6.4　故障的种类及恢复策略

系统运行过程中发生故障，利用后备副本及日志文件就可将数据库恢复到发生故障之前的某一状态。不同故障采用的恢复策略是不一样的。

6.4.1　故障的分类

计算机系统与其他任何设备一样容易发生故障。造成故障的原因有很多，包括磁盘故障、电源故障、软件故障、机房失火，甚至人为破坏。每种故障需要用不同的方法来处理。数据库系统中可能发生的故障大致可以分为以下几类：

1. 事务故障

有两种错误可能造成事务执行失败：

（1）逻辑错误

事务由于某些内部条件无法继续正常执行。这样的内部条件如非法输入、找不到数据、溢出等。

事务故障使得事务无法达到预期的终点，因此，数据库可能处于不一致的状态。恢复机制要在不影响其他事务运行的情况下，强行回滚该事务，撤销该事务对数据库做的任何修改，使得该事务好像根本没有启动一样。

（2）系统错误

系统进入一种不良状态（如死锁），结果事务无法继续正常执行。恢复机制强行回滚该事务，撤销该事务对数据库做的任何修改。但该事务可以在以后的某个时间重新执行。

2. 系统故障

包括硬件故障、数据库软件或操作系统的漏洞造成的系统停止运转。它导致系统易失性存储器中的内容丢失，事务处理停止，但非易失性存储器中的内容不会受到破坏。

发生系统故障时，一些没有完成的事务被停止，但这些事务可能已对数据库进行了部分修改，因此造成数据库可能处于不正确的状态。为保证数据一致性，恢复子系统必须在系统重新启动时让所有非正常中止的事务回滚，强行撤销所有未完成事务。另外，发生故障时，可能有些事务已经完成，但其更新数据有一部分还在缓冲区中，没有来得及写入磁盘。恢复子系统在系统重新启动后，对这些已经提交的事务需要执行 REDO 操作，重新再运行一次该事务，使数据库恢复到一致状态。

3. 介质故障

在数据传送操作过程中由于磁头损坏或故障造成磁盘块上的内容丢失。这类故障破坏了数据库，影响正在存取这部分数据的所有事务。

发生介质故障后，需使用其他非易失性存储器上的数据库后备副本进行故障的恢复。

6.4.2　不同故障的恢复策略

当系统在运行过程中发生故障，需确定系统如何从故障中恢复。首先，需要确定用于存储数据的设备的故障状态；其次，必须考虑这些故障状态对数据库产生的影响；然后利用数据库后备副本和日志文件就可以将数据库恢复到故障前的某个一致性状态。不同故障恢复策略和方法是不一样的。

1．事务故障的恢复

事务故障指事务在运行到正常终止点前被中止，这时恢复策略是利用日志文件撤销此事务对数据库已经进行做过的修改。具体的恢复方法还和事务更新执行的方法有关。

（1）后像（AI）在事务提交后才写入数据库

若数据后像（AI）在事务提交后才写入数据库，则发生故障时数据库中的数据并没有发生变化，所有数据项的修改只是在日志文件中有记录。因此，恢复子系统只需忽略这些未完成的事务就可以了。

（2）后像（AI）在事务提交前必须写入数据库

若事务更新采用的是后像（AI）在事务提交前必须写入数据库的方式，则发生故障时，系统可能已将部分或全部数据项的修改写入磁盘，为保证数据库的一致性，恢复管理器必须使用日志文件撤销（UNDO）此事务对数据库的修改。系统恢复的步骤是：

① 反向扫描日志文件，找出日志文件中该事务的<T, X, V1>记录。

② 执行更新操作的逆操作，将数据库中 X 数据项的值更新为旧值 V_1。

③ 继续反向扫描日志文件，找出该事务的其他更新记录，并重复上一步。

④ 当扫描到事务的开始标识<T, START>时，故障恢复完成。

（3）后像（AI）在事务提交前后写入数据库

采用此种事务更新方式，发生故障时系统仍可能已将部分数据项的修改写入磁盘。因此，恢复方法同（2）。

2．系统故障的恢复

系统故障是指造成系统停止运转，使得系统必须重新启动的任何事件。系统故障后造成数据库不一致状态的原因包括：一是未完成事务对数据库的更新已写入磁盘，二是已提交事务对数据库的更新未写入磁盘。因此，恢复的策略是利用日志文件回滚（UNDO）未完成事务，重做（REDO）已提交事务。当系统崩溃重新启动时，它构造两个队列：undo-list 存放需要撤销的事务标识符，redo-list 存放需要重做的事务标识符。这两个队列刚开始时都是空的。队列构造步骤如下：

① 系统反向扫描日志，直到发现第一个< CHECKPOINT>记录。

② 对每一个<T_i, COMMIT>记录，将 T_i 加入 redo-list。

③ 对每一个<T_i, START>记录，如果 T_i 不属于 redo-list，则将 T_i 加入 undo-list。

设 L 为检查点时活动事务的列表，并假设事务在检查点过程中不执行更新操作。那么，当所有相应的日志记录都检查完后，系统查看列表 L，对 L 中的每一个事务 T_i，如果 T_i 不属于 redo-list，则将 T_i 加入 undo-list。

一旦 redo-list 和 undo-list 构造完，后续的恢复方法又与事务更新执行的方式相关。

（1）后像（AI）在事务提交后才写入数据库

只要事务在日志中没有<T, COMMIT>记录，我们就知道事务 T 对数据库所做的更新都没有写到磁盘上。因此，恢复时对未完成事务的处理是忽略它们，像它们从未发生过似的。而对提交事务，恢复时将日志记录中的新值再写一次。

系统接下来的恢复步骤是：

① 对 undo-list 中的事务，在日志中写入一个<T_i，ABORT>记录并刷新日志。

② 对 redo-list 中的事务执行 REDO 操作：从前面发现的< CHECKPOINT >记录开始，正向扫描日志文件，对遇到的每一个<T_i, X, V_1>记录，将数据库中的 X 数据项更新为新值 V_1。

（2）后像（AI）在事务提交前必须写入数据库

如果事务有日志记录<T，COMMIT>，则事务 T 所做的全部改变在此之前已写入磁盘，对这些事务恢复子系统可以忽略。而对未提交事务，恢复子系统根据日志记录做回滚操作。

系统接下来的恢复步骤是：

① 对 undo-list 中的某一事务，执行 UNDO 操作。

② 再次反向扫描日志文件，对遇到的每一个<T_i, X, V_1>记录，将数据库中的 X 数据项更新为旧值 V_1，扫描到<T_i, START>记录时，扫描停止。

③ 在日志中写入一个<T_i, ABORT>记录并刷新日志。

④ 重复上两个步骤，直到处理完撤销队列中的每一个事务。

（3）后像（AI）在事务提交前后写入数据库

在构造完 redo-list 和 undo-list 后，恢复过程继续做如下工作：

① 系统重新反向扫描日志文件，对 undo-list 中的每一事务执行 UNDO 操作，即对遇到的每一个<T_i, X, V_1, V_2>记录，将数据库中的 X 数据项更新为旧值 V_1。

② 在日志中写入一个<T_i, ABORT >记录并刷新日志。当 undo-list 中所有事务 T_i 所对应的<T_i, START>记录都找到时，扫描结束。

③ 系统找出日志中最后一条<checkpoint>记录。

④ 系统由最后一条< CHECKPOINT >记录开始，正向扫描日志文件，对 redo-list 中的事务 T_i 的每一个日志记录执行 redo 操作。即对遇到的每一个<T_i, X, V_1, V_2>记录，将数据库中的 X 数据项更新为新值 V_2。

使用以上步骤的算法，在重做 redo-list 的事务前，撤销 undo-list 中的事务是很重要的。否则，可能会发生问题。

【例 6-4】假设数据项 A 的初始值为 10，事务 T_i 将 A 更新为 20 后终止，事务应回滚，将 A 的值恢复为 10。假设另一事务 T_j 随后将 A 的值更新为 30 并且提交，然后系统崩溃。系统崩溃时日志记录为：

<T_i, A, 10, 20>
<T_j, A, 10, 30>
<T_j, COMMIT>

如果先进行最后一个步骤，A 置为 30，然后进行每一个步骤的 undo 操作，A 将置为 10，这样就出现了错误。A 最后的值应该为 30。只要先进行 undo 再进行 redo 操作，按照 4 个步骤就可以保证这个结果。

3．介质故障的恢复

日志可以帮助我们防备系统故障，系统故障发生时磁盘上不会丢失任何东西，而缓冲区中的临时数据会丢失。但是，更严重的故障是磁盘上数据的丢失，即介质故障。

发生介质故障后，磁盘上的物理数据和日志文件数据都有可能被破坏。为防止介质故障，系统除需要日志文件外，还需要使用备份技术将数据库及日志进行转储。这样，当发生故障时可通过日志和最近的备份重建数据库。

执行步骤如下：

① 装入最近的完全转储后备副本。若数据库副本是动态转储的，还需要同时装入转储开始时刻的日志文件副本，利用恢复系统故障的方法将数据库恢复到某个一致性状态。

② 如果有后续的增量转储，按照从前往后的顺序，根据增量转储来修改数据库。

③ 装入转储结束后的日志文件副本，重做已完成的事务。即首先反向扫描日志文件，找出故障发生时已经提交的事务，将事务标识符写入 redo-list。然后正向扫描日志文件，对 redo-list 中的所有事务进行 redo 操作。

这样，就可以将数据库恢复到离故障发生时最近某一时刻的一致状态了。

6.5 RAID

介质故障一般不容易发生，但介质故障对系统影响最严重，恢复起来最麻烦。而且，DBA 定期转储数据库及其日志文件，加重了系统的负担。

随着磁盘容量的迅速增长，价格越来越便宜。此外，如果磁盘并行访问，则在一个系统中使用大量的磁盘为提高数据读写速率提供了机会。为提高性能和可靠性，人们提出了多种磁盘组织技术，统称为冗余磁盘阵列（RAID，Redundent Array of Independent Disks）。

RAID 将一组磁盘驱动器用某种逻辑方式联系起来，作为逻辑上的一个磁盘驱动器来使用。一般情况下，组成的逻辑磁盘驱动器的容量要小于各个磁盘驱动器容量的总和。RAID 的具体实现可以靠硬件也可以靠软件，Windows NT 操作系统就提供软件 RAID 功能。RAID 一般是在 SCSI 磁盘驱动器上实现的，SCSI 适配器保证每个 SCSI 通道随时都是畅通的，在同一时刻每个 SCSI 磁盘驱动器都能自由地向主机传送数据，不会出现像 IDE 磁盘驱动器争用设备通道的现象。

RAID 通过冗余技术，可以提供一个高级别的数据保护。如果 RAID 中一个硬盘故障，所有的数据将继续保持完整和可访问，将有足够的时间去购买一个替换的硬盘。如果使用独立硬盘的存储解决方案，就没有办法提供数据冗余。一旦硬盘故障，则所有的数据丢失。在那种情况下，唯一的选择是找专业的数据恢复公司，但是也不能保证所有的数据都能恢复。即使如此，最终的花费将远高于在一开始就使用 RAID 阵列保护数据。

6.5.1 RAID 的优点

① 成本低，功耗小，传输速率高。

在 RAID 中，可以让很多磁盘驱动器同时传输数据，而这些磁盘驱动器在逻辑上又是一个磁盘驱动器，所以使用 RAID 可以达到单个的磁盘驱动器几倍、几十倍甚至上百倍的速率。这也是 RAID 最初想要解决的问题。因为当时 CPU 的速度增长很快，而磁盘驱动器的数据传输速率无法大幅提高，所以需要有一种方案解决二者之间的矛盾。RAID 最后成功了。

② 可以提供容错功能。

这是使用 RAID 的第 2 个原因，因为普通磁盘驱动器无法提供容错功能，如果不包括写在磁盘上的 CRC（循环冗余校验）码的话。RAID 和容错是建立在每个磁盘驱动器的硬件容错功能之上的，所以它提供更高的安全性。

③ RAID 的另一特征是具备数据校验（Parity）功能。

校验可被描述为用于 RAID 级别 2、3、4、5 的额外的信息，当磁盘失效的情况发生时，校验功能结合完好磁盘中的数据，可以重建失效磁盘上的数据。对于 RAID 系统来说，在任何有害条件下绝对保持数据的完整性（Data Integrity）是最基本的要求。数据完整性指的是阵列面对磁盘失效时保持数据不丢失的能力，由于数据的破坏通常会带来灾难性的后果，所以选择 RAID 阵列的基础条件是它能提供什么级别的数据完整性。

④ RAID 比起传统的大直径磁盘驱动器来，在同样的容量下，价格要低许多。

6.5.2 RAID 的分级

RAID 技术主要包含 RAID 0～RAID 7 等数个规范，它们的侧重点各不相同，常见的规范有如下几种。

① **RAID 0（Stripe）**：无冗余无校验的磁盘阵列。连续以位或字节为单位分割数据，并行读/写于多个磁盘上，因此具有很高的数据传输率，但它没有数据冗余，因此并不能算是真正的 RAID 结构。

RAID 0 只是单纯地提高性能，并没有为数据的可靠性提供保证，而且其中的一个磁盘失效将影响到所有数据。因此，RAID 0 不能应用于数据安全性要求高的场合。对于个人用户，RAID 0 也是提高硬盘存储性能的绝佳选择。

② **RAID 1（Mirror）**：镜像磁盘阵列。它是通过磁盘数据镜像实现数据冗余，在成对的独立磁盘上产生互为备份的数据。当原始数据繁忙时，可直接从镜像副本中读取数据，因此 RAID 1 可以提高读取性能。在所有 RAID 级别中，RAID 1 提供最高的数据安全保障。同样，由于数据的百分之百备份，备份数据占了总存储空间的一半，因而 Mirror（镜像）的磁盘空间利用率低，存储成本高。当一个磁盘失效时，系统可以自动切换到镜像磁盘上读/写，而不需要重组失效的数据。

③ **RAID 0+1**：也被称为 RAID 10 标准，实际是将 RAID 0 和 RAID 1 标准结合的产物，在连续地以位或字节为单位分割数据并且并行读/写多个磁盘的同时，为每一块磁盘做磁盘镜像进行冗余。RAID 1+0 至少使用 4 个硬盘。这样，RAID 1+0 在理论上同时保证了 RAID 0 的性能和 RAID 1 的安全性，代价是比 RAID 0 或 1 再多一倍的硬盘数量。但应该注意，这仅仅是理论上的，因为实际中 IDE RAID 这样的软件 RAID 系统会消耗 CPU 运算时间，RAID 1+0 比起 RAID 0 或 1 来讲，同样多消耗一倍的 CPU 时间，所以性能最后不一定能提升到 RAID 0 那样的比例，甚至有可能总体性能不升反降。RAID 0+1 是存储性能和数据安全兼顾的方案。它在提供与 RAID 1 一样的数据安全保障的同时，也提供了与 RAID 0 近似的存储性能。由于 RAID 0+1 也通过数据的 100%备份功能提供数据安全保障，因此 RAID 0+1 的磁盘空间利用率与 RAID 1 相同，存储成本高。RAID 0+1 的特点使其特别适用于既有大量数据需要存取，同时又对数据安全性要求严格的领域，如银行、金融、商业超市、仓储库房、各种档案管理等。

④ **RAID 2**：纠错海明码磁盘阵列。使用称为加重平均纠错码（海明码）的编码技术提供错误检查及恢复。磁盘驱动器组中的第 1 个、第 2 个、第 4 个……第 $2n$ 个磁盘驱动器是专门的校验盘，用于校验和纠错，例如 7 个磁盘驱动器的 RAID 2，第 1、2、4 个磁盘驱动器是纠错盘，其余的用于存放数据。使用的磁盘驱动器越多，校验盘在其中占的百分比越少。RAID 2 对大数据量的输入/输出有很高的性能，但少量数据的输入/输出时性能不好。这种编码技术需要多个磁盘存放检查及恢复信息，使得 RAID 2 技术实施更复杂，因此在商业环境中很少使用。

⑤ **RAID 3/ RAID 4**：奇校验或偶校验的磁盘阵列。它同 RAID 2 非常类似，都是将数据条块化分布于不同的硬盘上，区别在于 RAID 3/ RAID 4 使用简单的奇偶校验，并用单块磁盘存放奇偶校验信息。如果一块磁盘失效，奇偶盘及其他数据盘可以重新产生数据；如果奇偶盘失效则不影响数据使用。RAID 3/RAID 4 对于大量的连续数据可提供很好的传输率，但对于随机数据来说，奇偶盘会成为写操作的瓶颈，因此在商业环境中也很少使用。与 RAID0 相比，RAID3 在读/写速度方面相对较慢。使用的容错算法和分块大小决定 RAID 使用的应用场合，在通常情况下，RAID3 比较适合大文件类型且安全性要求较高的应用，如视频编辑、硬盘播出机、大型数据库等。

⑥ **RAID 5**：无独立校验盘的奇偶校验磁盘阵列。不单独指定奇偶盘，而是在所有磁盘上交叉地存取数据及奇偶校验信息。在 RAID 5 上，读/写指针可同时对阵列设备进行操作，提供了更高的数据流量。RAID 5 更适合于小数据块和随机读/写的数据。RAID 3 与 RAID 5 相比，最主要的区别在于 RAID 3 每进行一次数据传输就需涉及所有的阵列盘；而对于 RAID 5 来说，大部分数据传输只对一块磁盘操作，并可进行并行操作。在 RAID 5 中有“写损失”，即每一次写操作将产生 4 个实际的读/写操作，其中两次读旧的数据及奇偶信息，两次写新的数据及奇偶信息。RAID 5 可以理解为是 RAID 0 和 RAID 1 的折中方案。RAID 5 可以为系统提供数据安全保障，但保障程度要比 Mirror 低而磁盘空间利用率要比 Mirror 高。RAID 5 具有和 RAID 0 相近似的数据读取速度，只是多了一个奇偶校验信息，写入数据的速度比对单个磁盘进行写入操作稍慢。同时由于多个数据对应一个奇偶校验信息，RAID 5 的磁盘空间利用率要比 RAID 1 高，存储成本相对较低。

⑦ **RAID 6**：与 RAID 5 相比，RAID 6 增加了第 2 个独立的奇偶校验信息块。两个独立的奇偶系统使用不同的算法，数据的可靠性非常高，即使两块磁盘同时失效也不会影响数据的使用。但 RAID 6 需要分配给奇偶校验信息更大的磁盘空间，相对于 RAID 5 有更大的“写损失”，因此“写性能”非常差。较差的性能和复杂的实施方式使得 RAID 6 很少得到实际应用。

⑧ **RAID 7**：优化的高速数据传送磁盘结构。这是一种新的 RAID 标准，其自身带有智能化实时操作系统和用于存储管理的软件工具，可完全独立于主机运行，不占用主机 CPU 资源。它所有的 I/O 传送均是同步进行的，可以分别控制，这样提高了系统的并行性和系统访问数据的速度。每个磁盘都带有高速缓冲存储器，实时操作系统可以使用任何实时操作芯片，达到不同实时系统的需要。允许使用 SNMP 协议进行管理和监视，可以对校验区指定独立的传送信道以提高效率。可以连接多台主机，当多用户访问系统时，访问时间几乎接近于 0。但如果系统断电，在高速缓冲存储器内的数据就会全部丢失，因此需要和 UPS 一起工作。RAID 7 系统成本很高。RAID 7 可以看作是一种存储计算机（Storage Computer），它与其他 RAID 标准有明显区别。

从 RAID 1 到 RAID 7 的几种方案中，不论何时有磁盘损坏，都可以随时拔出损坏的磁盘再插入好的磁盘（需要硬件上的热插拔支持），数据不会受损，失效盘的内容可以很快地重建，重建的工作也由 RAID 硬件或 RAID 软件来完成。RAID 提供的容错功能是自动实现的，它对应用程序是透明的，即无须应用程序为容错做半点工作。要得到最高的安全性和最快的恢复速度，可以使用 RAID 1（镜像）；要在容量、容错和性能上取折中可以使用 RAID 5。在大多数数据库服务器中，操作系统和数据库管理系统所在的磁盘驱动器是 RAID 1，数据库的数据文件则是存放于 RAID 5 的磁盘驱动器上。

除了以上的各种标准，可以如 RAID 0+1 那样结合多种 RAID 规范来构筑所需的 RAID 阵列。

例如，使用两块 120 GB 的硬盘，可以将两块硬盘的前 60 GB 组成 120 GB 的逻辑分割区，然后剩下两个 60 GB 区块组成一个 60 GB 的数据备份分割区。像需要高效能、却不需要安全性的应用，就可以安装在 RAID 0 分割区，而需要安全性备份的数据，则可安装在 RAID 1 分割区。换言之，使用者得到的总硬盘空间是 180 GB，和传统的 RAID 0+1 相比，容量使用的效益非常高，而且在容量配置上有着更高的弹性。如果发生硬盘损毁，RAID 0 分割区数据自然无法复原，但是 RAID 1 分割区的数据却会得到保全。

另外，RAID 5+3（RAID 53）也是一种应用较为广泛的阵列形式。用户一般可以通过灵活配置磁盘阵列来获得更加符合其要求的磁盘存储系统。

6.5.3 RAID 级别的选择

选择 RAID 级别应考虑如下因素。

① 失效概率。避免使用出现失效的概率比较高的磁盘驱动器，或者使用 RAID 1 进行配置，避免基于磁盘驱动器奇偶校验的重建对性能带来的影响。

② 重建性能问题。使用不同的 RAID 级别，发生故障后重建的时间消耗是不同的。RAID1 级的数据重建是最简单的，对于其他级别，需要访问磁盘阵列中其他磁盘来重建故障磁盘上的数据。

③ 调整的灵活性。多种 RAID 级别可同时使用以满足用户不同应用需求。例如，把电子邮件、数据库及其他应用的日志文件放在 RAID 1 或者 RAID 10 上来处理读/写密集型的工作负荷，利用 RAID 5 来处理更新操作不太频繁的工作负荷。这就需要 RAID 级别能够灵活调整。

④ 缓存的使用。关注缓存如何集成并与 RAID 控制器如何结合使用，包括预读（Read-Ahead）、写回（Write-Back）、写通（Write-Through）及其他操作，以及如何使用镜像、后备电池及非易失随机存储器（NVRAM）来保护缓存。一种常见的误解是：比较高的缓存利用率就意味着良好的性能。实际上，有些 RAID 系统需要更多缓存来抵消或弥补缺少原始 I/O 性能，或者迅速与磁盘驱动器之间迁移数据的功能上的不足。应当关注缓存在缩短响应时间方面效果如何，然后看一下缓存是如何利用的。

⑤ 使用成本。采用不同的 RAID 级别，需要不同的额外磁盘。

表 6-1 是对常用 RAID 级别的比较。

表 6-1　常用 RAID 级别比较

RAID 级别	RAID0	RAID1	RAID3	RAID5
容错性	没有	有	有	有
冗余类型	没有	复制	奇偶校验	奇偶校验
读性能	高	低	高	高
随即写性能	高	低	最低	低
连续写性能	高	低	低	低
需要的磁盘数	一个或多个	2 个或 2*N 个	三个或更多	三个或更多
可用容量	总的磁盘容量	磁盘容量的 50%	$(n-1)/n$ 的磁盘容量，N 为磁盘数	$(n-1)/n$ 的磁盘容量，N 为磁盘数
典型应用	无故障的迅速读/写，安全性要求不高，如图形工作站等	随机数据写入，要求的安全性高，如数据库服务器在存储	连续数据传输，要求的安全性高。如视频编辑	随机数据传输，要求安全性高，如金融领域数据库

6.5.4　RAID 的应用

当前的 PC，整个系统的速度瓶颈主要是硬盘。虽然不断有 Ultra DMA33，DMA66，DMA100 等快速的标准推出，但收效不大。在 PC 中，磁盘速度慢一些并不是太严重的事情。但在服务器中，这是不允许的，服务器必须能响应来自四面八方的服务请求，这些请求大多与磁盘上的数据有关，所以服务器的磁盘子系统必须要有很高的输入/输出速率。为了数据的安全，还要有一定的容错功能。RAID 提供了这些功能，所以 RAID 被广泛地应用在服务器体系中。但就像任何高端技术一样，RAID 也在向 PC 上转移。也许所有的 PC 都用上了 SCSI 磁盘驱动器的 RAID 的那一天，才是 PC 真正的“出头之日”。

6.6　习题

1. 试述事务的概念及事务的 4 个特性。
2. 数据库中为什么要有恢复子系统？它的功能是什么？
3. 数据库运行中可能产生的故障有哪几类？哪些故障影响事务的正常执行？哪些故障破坏数据库数据？
4. 数据库恢复的基本技术有哪些？
5. 数据库转储的意义是什么？试比较各种数据转储方法。
6. 什么是数据库日志文件？为什么要设立日志文件？
7. 登记日志文件时为什么必须先写日志文件，后写数据库？
8. 什么是检查点记录？检查点记录包括哪些内容？
9. 针对不同的故障，试给出恢复的策略和方法。
10. 设有两个事务 T1 和 T2 的一系列日志记录：<T1 START>; <T1, A, 22>; <T2　START>; <T2, B, 28.5>; <T1, C, 61>; <T2, D, 40>; <T2, COMMIT>; <T1, F, 60>; <T1, COMMIT>。若发生故障时磁盘上的最后一条日志记录为：

① <T1, C, 61>

② <T2, COMMIT>

③ <T1, F, 60>

④ <T1, COMMIT>

试分别说明采用不同的日志文件记录方式，恢复管理器的处理动作。

第 7 章 并发控制

数据库是一个共享的系统，可以供多个用户同时使用。多个事务并发更新数据可能引起数据不一致的问题。数据库的并发控制机制通过对锁资源的管理协议控制事务之间的相互影响，防止它们破坏数据库的一致性。另外，并发控制机制还必须解决事务并发执行过程中可能出现死锁的现象。本章讨论的内容主要包括：

- 并发执行可能引起的问题
- 可串行化调度
- 锁
- 两段锁协议
- 锁的升级
- 锁的相容矩阵
- 死锁的形成、检测及解除
- 多粒度封锁

学习目标：

- 了解并发执行可能引起的问题
- 掌握可串行化调度概念
- 掌握两段锁协议
- 掌握锁的相容矩阵
- 了解死锁的形成
- 掌握死锁的检测方法及解除方法
- 了解多粒度锁
- 了解锁的升级
- 了解更新锁

7.1 事务的并发执行

在 DBMS 看来，事务就是一个操作序列，它对数据库的操作包括读数据库对象和写数据库对象。DBMS 按照这些操作在事务中的定义顺序去执行这些操作。事务可以一个一个的串行执行，即每一时刻只有一个事务在运行，每个事务仅当前一事务执行完后才开始。事务管理系统也允许多个事务并行执行。如前面第 6 章介绍事务的隔离性时所述，多个事务并行执行可能引起许多数据一致性的问题，需要事务管理器进行特殊的处理。尽管如此，目前的 DBMS 仍允许事务的并行执行，原因有两个：

（1）改善系统的资源利用率

一个事务是由多个活动组成的，在不同的执行阶段需要不同的资源。有时涉及 I/O 活动，有时需要 CPU，有时又需要通信。计算机系统中的 I/O 与 CPU 可以并行运行。因此，I/O 活动可以与 CPU 处理并行进行。如果事务串行执行，有些资源可能空闲；如果事务并发执行，当一个事务在磁盘上读写时，另一个事务可在 CPU 上运行，还有的事务可以在另外的磁盘上进行读写，即交叉地利用这些资源。从而提高系统的资源利用率，增加系统的吞吐量。因此，为了充分利用系统资源，发挥数据库共享资源的特点，应该允许多个事务并行的执行。

（2）减少短事务的等待时间

系统中可能运行有各种各样的事务，有些运行时间长，有些运行时间短。如果事务串行执行，则运行时间短的事务可能要等待很长的时间才能得到系统的响应。例如，有两个事务 T_1 和 T_2，T_1 是长事务，T_2 是短事务，T_1 比 T_2 先交付系统。如果串行执行，则 T_2 的响应时间会很长，可能导致难以预测的延迟。如果各个事务是针对数据库的不同部分进行操作，事务并发执行会更好，可以减少不可预测的事务执行延迟，同时也可减少平均响应时间。

调度（schedule）是一个或多个事务的操作按时间排序的一个序列。一个事务的两个操作在调度中出现的顺序必须与其在事务内定义的先后顺序一致。如果是多个事务的并发执行，则调度反映的是一个实际的或可能的执行顺序。例如，图 7.1 所示调度为两个事务 T_1 和 T_2 在系统中运行时一种可能的执行顺序。在调度中强调事务对数据库所执行的动作，而忽略事务中有关操作系统文件的读写、计算算术表达式等动作。

T_1	T_2
READ(A) WRITE(A)	
	READ(C) WRITE(C)
RAED(B) WRITE(B)	

图 7.1 调度示例

若不同事务的活动在调度中没有交叉地运行，即事务是一个接一个执行的，则称这样的调度为串行调度。

7.2 并发执行可能引起的问题

事务如果不加控制的并发执行，可能会产生三个方面的问题。

1. 读脏数据（Dirty Read）

脏数据是对未提交事务所写数据的统称。读脏数据是对脏数据的读取。读脏数据的危险是写数据的事务最终可能放弃。如果这样，脏数据将从数据库中移走，就像这个数据不曾存在过。如果别的事务读取了这个数据，通过对脏数据的处理，可能会导致数据库中出现垃圾数据。图 7.2 所示为一调度导致数据库处于不一致状态的情况。

T_1	T_2
READ(A) A:=A*0.1 WRITE(A)	
	READ(A) COMMIT
ROLLBACK	

图 7.2 调度 1

两个事务 T_1 和 T_2：T_1 读取药品 A 的价格，将 A 的价格下调 90%；T_2 查询药品 A 的价格。假定它们按照图 7.2 所示的调度交叉运行：

① 事务 T_1 修改药品 A 的价格，下调 90%；② 事务 T_2 查询药品 A 当前的最新值，事务结束；③ 事务 T_1 因某种原因撤销，药品 A 的价格修改为原值。

这样，事务 T_2 查询到的药品 A 的价格就是不正确的，即读到了脏数据。造成这个问题的原因就是事务 T_2 在事务 T_1 提交前，读到了 T_1 修改后的数据。

读脏数据有时会带来问题，有时却无关紧要。当读脏数据带来的影响足够小时，偶尔读一次脏数据也不是不可以的，因为它可以提高并发性，减少事务的等待时间。比如在图 7.2 中所示的 T_2 事务，若 T_2 仅仅是查看药品的价格，则问题不是很严重，再次运行事务 T_2 也许就能得到正确的值。若 T_2 事务除了查询价格，还用此查询价格进行计算，最后将计算结果写入数据库，则由此脏读就造成了数据库的不一致状态，这应严格禁止。

2．不可重复读（Unrepeatable Read）

事务并行执行，造成不可重复读的调度如图 7.3 所示调度 2。

T_1	T_2
READ(A)	
READ(B)	
READ(C)	
READ(D)	READ(A)
READ(E)	A:=A*0.1
…	WRITE(A)
	COMMIT
READ（A）	
…	

图 7.3　调度 2

T_1 事务统计药品的价格总和，因此需查询所有药品的价格，然后求和。T_2 事务对药品 A 的价格进行 90%的下调。若按图 7.3 所示进行事务的调度：

① 事务 T_1 读取药品价格，进行求和操作。在取得药品 A 的价格之后的某一时刻，系统转而运行事务 T_2。

② 事务 T_2 读取并修改药品 A 的价格，提交事务。

③ 事务 T_1 再次读取药品价格，进行求和操作。

这样，事务 T_1 由于前后两次读取的药品 A 价格不一致，两次得到的价格总和就出现了差异。出现这个问题的原因是在事务 T_1 的两次读取数据之间，其他事务修改了它要读取的数据，以至于两次读到的值不同。在事务串行执行时，不会出现此现象。

3．丢失修改（Lost Update）

图 7.4 所示为事务 T_1 和 T_2 的一个调度。两者都对药品 A 的价格进行更新，事务 T_1 将药品 A 的价格下调 90%，事务 T_2 将药品 A 的价格增加 10 元。

T_1	T_2
READ(A)	
	READ(A)
A:=A*0.1	
WRITE(A)	A:=A+10
	WRITE(A)
	COMMIT
COMMIT	

图 7.4　调度 3

设 A 的初始值为 30，则按照图 7.4 的次序执行，在数据库中 A 的最终值为 40，事务 T_1 对 A 的修改被丢失，未在数据库中体现。这与 T_1、T_2 串行执行的结果不一样。若按照 $T_1 \rightarrow T_2$ 次序执行，则 A 的终值为 13；若按照 $T_2 \rightarrow T_1$ 次序执行，A 的终值为 4.3。调度 3 的结果与任何一个串行调度的结果都不相同，这个问题是由于两个事务对同一数据并发地写入所引起的。

7.3　可串行化

在第 6 章介绍事务的 ACID 特性时，我们曾指出：事务的执行具有隔离性，应将数据库从一个一致性状态带到另一个一致性状态。事务在运行中不受其他事务的干扰的一种方法是每个事务依次顺序执行。但在实际系统中，事务之间通常都是并发执行的。为保证并发执行时不会出现上节中提到的问题，使数据库的一致性遭到破坏，DBMS 需调整事务的调度，使其运行结果与一次只执行一个事务的结果相同。

7.3.1　串行调度

若不同事务的活动在调度中是一个接一个执行的，没有交叉的运行，就称这样的调度为串行调度。n 个事务的串行调度方式有 $n!$ 种。

【例 7-1】

T_1事务将药品 A、B 的价格各自上浮 10%和 20%；T_2事务将药品 A 的价格上浮 10 元，药品 B 的价格下调 20 元。假定 A、B 的初始值都为 30 元。

图 7.5 所示为两个事务的一种串行调度方式。按照调度 4：$T_1 \to T_2$执行，最后写入数据库的药品 A、B 的价格为 43 元和 16 元。

事务 T_1、T_2的另一串行调度如图 7.6 所示。该调度为 $T_2 \to T_1$的串行调度，最终写入数据库的值为药品 A 44 元，药品 B 12 元。

T_1	T_2
READ(A)	
A:=A+A*0.1	
WRITE(A)	
READ(B)	
B:=B+B*0.2	
WRITE(B)	
	READ(A)
	A:=A+10
	WRITE(A)
	READ(B)
	B:=B–20
	WRITE(B)

图 7.5 调度 4

T_1	T_2
	READ(A)
	A:=A+10
	WRITE(A)
	READ(B)
	B=B–20
	WRITE(B)
READ(A)	
A:=A+A*0.1	
WRITE(A)	
READ(B)	
B:=B+B*0.2	
WRITE(B)	

图 7.6 调度 5

两个串行调度的结果不同。但只要保持了数据库的一致性，最终的结果并不重要。

7.3.2 可串行化调度

串行执行事务能够保证将数据库从一个一致性状态带到另一个一致性状态。当数据库系统并发地执行多个事务时，相应的调度不必是串行的，多个事务的各指令可以交叉执行。当多个事务交叉调度的结果与某一个串行调度的结果相同时，就说该调度是可串行化的。若交叉调度的结果与任何串行调度的结果都不相同，就说该调度是不可串行化的调度。DBMS 认为事务串行调度的结果保持了数据库的一致性，都是正确的。因此，一个调度如果是可串行化的，系统也认为其调度是一个正确的调度，保持了数据库的一致性。

【例 7-2】

图 7.7 所示为例 7-1 中事务的另外一种调度方式。它首先运行 T_1事务，读取药品 A 的价格并修改。在修改完成后，操作系统进行上下页的切换，转而运行事务 T_2，此时事务 T_2读到的药品 A 的价格为事务 T_1修改之后的 A 的价格。事务 T_2修改完 A 的价格后，操作系统再次进行切换，继续事务 T_1的运行。在事务 T_1提交后，最后运行事务 T_2。可以看到，此调度不是串行的，但它的结果和前面调度 4 的结果相同，因此调度 6 是可串行的调度。

并不是所有的交叉调度都是可串行化的。图 7.8 所示的调度 7 就是一个不可串行化的调度。该调度最终的结果是药品 A 40 元，药品 B 36 元，与串行调度 4、串行调度 5 中的任何一个结果都不一致。

如果将事务的并发执行完全交给操作系统，则任何一种调度方式都有可能出现。有的调度能保持数据库的一致，有的调度却会产生错误的结果。因此，DBMS 必须对事务的运行加以控制，确保交叉调度完毕后的结果与某一串行调度的结果相同，数据库不会出现不一致的状态。

下面讨论两种可串行化调度：冲突可串行化（Conflict Serializability）和视图可串行化（View Serializability）。设 WRITE 简写为 W，READ 简写为 R，$W_T(X)$、$R_T(X)$分别表示事务 T 写和读数据库元素 X，S 表示一个调度。这样，图 7.8 的调度 7 可表示为：

$$S = R_1(A)R_2(A)W_1(A)W_2(A)R_2(B)R_1(B)W_2(B)W_1(B)$$

同样，在这种调度表示中忽略事务中有关操作系统文件的读写、计算算术表达式等动作，而只反映与数据库操作有关的动作。

T_1	T_2
READ(A) A:=A+A*0.1 WRITE(A)	
	READ(A) A:=A+10 WRITE(A)
READ(B) B:=B+B*0.2 WRITE(B)	
	READ(B) B:=B−20 WRITE(B)

图 7.7　调度 6

T_1	T_2
READ(A) A:=A+A*0.1	READ(A)
WRITE(A)	
	A:=A+10 WRITE(A) READ(B) B:=B−20
READ(B) B:=B+B*0.2	
	WRITE(B)
WRITE(B)	

图 7.8　调度 7

1. 冲突可串行化

考虑一个调度 S，涉及事务 T_i 和 T_j（$i \neq j$），事务 T_i 的操作对象元素为 A，事务 T_j 的操作对象元素为 B。若 $A \neq B$，很明显，事务 T_i 和 T_j 是对不同的数据库元素进行操作，不论它们的执行动作是读还是写，执行的先后顺序都不会影响数据库中的最终结果。若 A = B，则事务的执行顺序就很重要。

① 若事务 T_i 和 T_j 都是读取数据 $R_1(A)$ 和 $R_2(A)$，则谁先读，谁后读都不影响数据库的一致性，两个事务读到的数据 A 的值是一样的。即 $R_i(A)$ 和 $R_j(A)$ 指令不发生冲突。

② 若事务 T_i 和 T_j 一个是读数据，一个是写数据，则事务的执行顺序是重要的。假设事务 T_i 读数据 A 和 $R_1(A)$，事务 T_j 写数据 A 和 $W_2(A)$。若 $R_1(A)$ 先执行，则事务 T_i 读到的是事务 T_j 写之前的数据；若 $W_2(A)$ 先执行，则事务 T_i 读到的是事务 T_j 写之后的数据。反之，若事务 T_i 写数据 A 和 $W_1(A)$，事务 T_j 读数据 A 和 $R_2(A)$，情形类似。所以，交换 $R_i(A)$ 和 $W_j(A)$ 的顺序会影响事务读到的 A 的值，可能因此影响事务后续所做的事。因此，$R_i(A)$ 和 $W_j(A)$ 指令是冲突的。

③ 若事务 T_i 和 T_j 都是写数据 $W_1(A)$ 和 $W_2(A)$，事务执行先后顺序对事务 T_i 和 T_j 本身并没有影响，但数据库中写回的 A 的结果是不同的，这导致后续的事务读操作结果不同。因此，$W_i(A)$ 和 $W_j(A)$ 指令也是冲突的。

总结上述情况，调度 S 中两个事务的操作要发生冲突，必须：

- 对同一数据对象进行操作；
- 两个操作指令中有一个是写操作 W。

例如，图 7.8 的调度 7 中，T_2 事务的 READ(A)与 T_1 事务的 WRITE(A)是冲突指令，但 T_1 事务的 READ(A)与 T_2 事务的 READ(A)指令是不冲突的。

若调度 S 中属于不同事务的两条操作指令是不冲突的，则可以交换两条指令的执行顺序，得到一个新的调度 S′。调度 S 与调度 S′ 是冲突等价的（Conflict Equivalent）。若一个调度冲突等价于一个串行调度，则该调度是冲突可串行化的。

考虑前面图 7.7 的调度 6：

$$S = R_1(A)W_1(A)R_2(A)W_2(A)R_1(B)W_1(B)R_2(B)W_2(B)$$

调度中的 $R_1(B)$ 与 $W_2(A)$ 指令不冲突，可以交换执行顺序；$R_1(B)$ 与 $R_2(A)$ 指令不冲突，可以交换执行顺序；$W_1(B)$ 与 $W_2(A)$ 指令不冲突，可以交换执行顺序；$W_1(B)$ 与 $R_2(A)$ 指令不冲突，可以交换执行顺序。在 4 个交换之后，得到新的调度 S′：

$$S' = R_1(A)W_1(A)R_1(B)W_1(B)R_2(A)W_2(A)R_2(B)W_2(B)$$

调度 S′ 是一个串行调度，即前面图 7.5 的调度 4。因此，调度 6 等价于串行调度 4，是冲突可串行化的。

冲突可串行化是可串行性的充分条件。在例 7-1 中增加一个事务 T_3，它将药品 B 的价格设置为某一常量。一个可能的调度如图 7.9 调度 8 所示。

调度 8 运行结果与串行调度 $T_1 \to T_2 \to T_3$ 的运行结果是一致的，但调度 8 不是冲突可串行的。

T_1	T_2	T_3
READ(A) A:=A+A*0.1 WRITE(A)		
	READ(A) A:=A+10 WRITE(A) READ(B) B:=B-20 WRITE(B)	
READ(B) B:=B+B*0.2 WRITE(B)		
		WRITE(B)

图 7.9 调度 8

2. 视图可串行化

对同一事务集，如果两个调度 S_1 和 S_2 在任何时候都保证每个事务读取相同的值，写入数据库的最终状态也是一样的，则称调度 S_1 和 S_2 视图等价。

在前面的调度中，调度 4 和调度 5 不是视图等价的，因为调度 4 中 T_2 事务读取的 A 值是事务 T_1 修改后的值，而调度 5 中 T_2 事务读取的 A 值是事务 T_1 修改前的值。调度 4 和调度 6 是视图等价的，因为两个调度中，事务 T_1 读取的都是数据库的初始值，事务 T_2 读取的数据都是事务 T_1 修改后的值，数据库中药品 A、B 的最终状态都是由事务 T_2 写入的。

如果某个调度视图等价于一个串行调度，则称这个调度是视图可串行化的。

调度 6 因和调度 4 视图等价，因此调度 6 是视图可串行化的。

很显然，如果调度是冲突可串行化的，则该调度一定是视图可串行化的。但反过来未必成立。

【例 7-3】

设调度 S_1 为事务 T_1、T_2、T_3 的一个可能调度：

$$S_1 = R_1(A)W_3(A)R_2(B)W_1(B)$$

经过非冲突指令顺序的调整，得到调度 S_2：

$$S_2 = R_2(B)R_1(A)W_1(B)W_3(A)$$

调度 S_1 和调度 S_2 是冲突等价的。又因为调度 S_2 为一串行调度，因此调度 S_1 是冲突可串行化的。对于调度 S_1 和 S_2，事务 T_1 读取的 A、事务 T_2 读取的 B 都是数据库的初始值；数据库最终的 A、B 值都是由事务 T_3 和 T_1 写入的。因此，调度 S_1 和 S_2 是视图可串行化的。

【例 7-4】

设调度 S 为事务 T_1、T_2、T_3 的一个可能调度：

$$S = R_1(A)W_2(A)W_1(A)W_3(A)$$

该调度与串行调度 $T_1 \to T_2 \to T_3$ 是视图等价的，因为在两个调度中读取的 A 都是数据库的初始值，数据库中 A 的最终值都是 T_3 写入的。调度 S 视图可串行化，但调度 S 明显不是冲突可串行化的，每对连续指令都是冲突的。

视图可串行化覆盖了所有的可串行化调度实例，但由于视图可串行化的算法是 NP 完全问题，因而不存在有效的判定视图可串行化的算法。冲突可串行化覆盖了绝大部分的可串行化调度实例，测试算法简单，容易实现。因此，当前 DBMS 中普遍采用将冲突可串行化作为并发控制的正确性准则。

3. 可串行化判定

判定一个调度是否是冲突可串行化的，可以使用前驱图（Precedence Graph）。前驱图是一个有向图 G = (V，E)。顶点代表调度 S 中的事务，由 $T_i \to T_j$ 的边表示在调度 S 中 T_i 和 T_j 之间存在一对冲突指令，并且 T_i 中的指令先于 T_j 中的指令执行。

在构造的前驱图中若存在环，则表示调度 S 是不可串行化的。反之，若前驱图中不存在环，表示调度 S 是冲突可串行化的，可用拓扑排序得到调度 S 的一个等价的串行调度。

【例 7-5】

考虑前面图 7.7 的调度 6：

$$S = R_1(A)W_1(A)R_2(A)W_2(A)R_1(B)W_1(B)R_2(B)W_2(B)$$

在 S 中，冲突指令 $W_1(A)$在 $R_2(A)$前，$W_1(B)$在 $R_2(B)$前，因此存在从 T_1 到 T_2 的有向边。

图 7.10 是无环的，因此调度 6 是冲突可串行化的。与该图相符的事务顺序只有一个 $T_1 \rightarrow T_2$，这一串行调度的顺序是：

$$S' = R_1(A)W_1(A)R_1(B)W_1(B)R_2(A)W_2(A)R_2(B)W_2(B)$$

【例 7-6】

考虑前面图 7.8 的调度 7：

$$S = R_1(A)R_2(A)W_1(A)W_2(A)R_2(B)R_1(B)W_2(B)W_1(B)$$

在 S 中，冲突指令 $W_1(A)$在 $W_2(A)$之前，$R_1(B)$在 $W_2(B)$之前，因此存在 T_1 到 T_2 的有向边；此外，$R_2(A)$在 $W_1(A)$之前，$W_2(B)$在 $W_1(B)$之前，因此存在 T_2 到 T_1 的有向边。调度 7 的前驱图如图 7.11 所示。

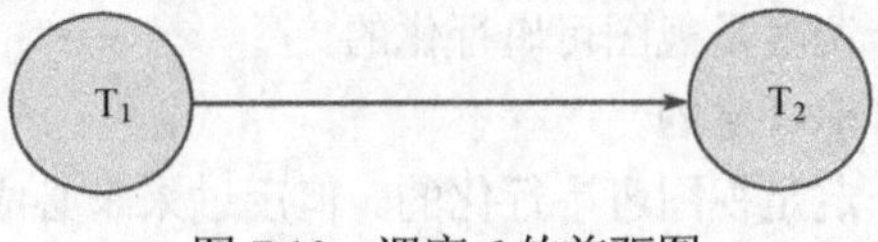

图 7.10 调度 6 的前驱图

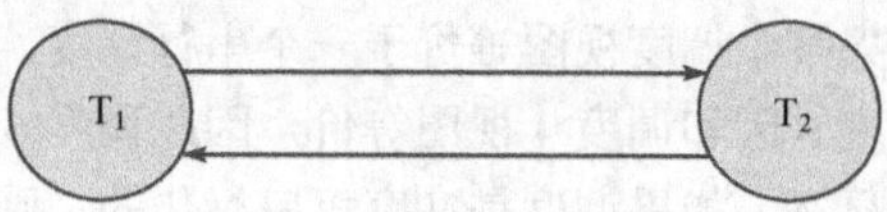

图 7.11 调度 7 的前驱图

图 7.11 中存在环路，因此调度 7 不是冲突可串行化的。

7.3.3 可恢复性

在第 6 章讨论了系统发生故障时，如果事务中止，必须撤销该事务的影响以保证其原子性。为讨论方便，当时只考虑了单个事务。事务在并发执行的过程中如果出现故障，也应保证数据库的一致状态，依赖于被撤销事务的其他所有事务也必须中止。为此，需要改进事务的调度。

回忆一下 7.2 节介绍并发执行过程中可能遇到的问题之一：读脏数据。事务 T_1、T_2 一个可能的调度是：

T_1	T_2
READ(A)	
A:=A*0.1	
WRITE(A)	
	READ(A)
	COMMIT
ROLLBACK	

图 7.12 调度 1

事务 T_1 在提交前出现故障，根据事务的原子性 T_1 利用日志进行回滚操作。事务 T_2 读取 A 的值，该值是事务 T_1 修改后的值。按照原子性规则，为保证数据库的一致性，事务 T_2 也必须回滚。但事务 T_2 已经提交，提交事务是无法回滚的。因此，出现事务 T_1 发生故障无法恢复的情况。

一个无法恢复的调度是不允许的。数据库系统要求所有的调度都是可恢复的。

调度是可恢复的需满足：调度 S 中，事务 T_i 如果读取了事务 T_j 修改过的数据，则事务 T_i 必须等事务 T_j 提交后才能提交。

【例 7-7】

对事务 T_1 和 T_2 进行相同的操作指令，给出不同的调度。为反映事务提交的先后顺序，在调度中增加 C_i，表示事务 i 的提交。

调度 S_1 是可恢复的：

$$S_1 = R_1(A)W_1(A)R_2(A)W_1(B)W_2(B)C_1\ C_2$$

事务 T_2 读取事务 T_1 修改后的数据，事务 T_2 在事务 T_1 提交后才提交。因此，调度 S_1 是可恢复的。同时，调度 S_1 也是可串行的，交换 $R_2(A)$和 $W_1(B)$的执行顺序，就得到 $T_1 \rightarrow T_2$ 的串行调度。

调度 S_2 是可恢复的，但不是可串行的：

$$S_2 = R_1(A)W_1(A)R_2(A)W_2(B)W_1(B)C_1\ C_2$$

调度 S_2 改变了调度 S_1 中 $W_1(B)$、$W_2(B)$的执行顺序。仍然是事务 T_2 读取事务 T_1 修改后的数据，事务 T_2 在事务 T_1 提交后才提交。因此，调度 S_2 是可恢复的。指令 $W_1(B)$与指令 $W_2(B)$发生冲突，无法交换执行顺序，得到 $T_1 \rightarrow T_2$ 的串行调度；指令 $R_2(A)$与指令 $W_1(A)$也有冲突，无法置换得到 $T_2 \rightarrow T_1$ 的串行调度。因此，调度 S_2 不是可串行化的调度。

调度 S_3：

$$S_3 = R_1(A)W_1(A)R_2(A)W_1(B)W_2(B)C_2\ C_1$$

调度 S_3 改变了调度 S_1 中事务的提交顺序。事务 T_2 提交在前，可能出现前面提到的脏读的情况，因此，调度 S_3 是不可恢复的。但调度 S_3 是可串行的。

事务在并行执行过程中发生故障，还可能引起多个事务的回滚。比如，在前面的脏读例子中，假定 T_2 事务读取 A 的值并修改，另外还有 T_3 事务读取 T_2 修改后的值，并做了修改，依次类推，有多个事务都对 A 做了修改。若事务 T_1 发生故障时，后续的事务 T_2、T_3、T_4…都已提交，则事务 T_1 的回滚导致级联回滚，产生大量的撤销工作。同样，我们希望调度不会出现级联回滚的现象，这需要一个比可恢复更强的条件来消除级联回滚。

无级联回滚的调度应满足：调度 S 中的每对事务 T_i 和 T_j，事务 T_i 如果读取了事务 T_j 修改过的数据，则事务 T_j 必须在 T_i 读取前提交，即调度禁止读取脏数据。

7.4 基于锁的并发控制协议

事务执行过程中锁的申请和释放由 DBMS 中的锁管理器（Lock Manager）负责。锁管理器维护一张哈希表——锁表，对每个数据库对象，如果其上有锁，那么锁表指明持有该锁的事务。锁表包含的信息包括：每个数据库对象上已有的锁的个数、锁的类型以及一个指向申请锁队列的指针。

7.4.1 封锁

封锁是实现数据库并发控制的重要手段。所谓封锁是指事务在对数据库进行读、写操作之前，必须先得到对操作对象的控制权力。即先要对将执行读、写操作的数据库对象申请锁，在获得该数据库对象的控制权力后，才能进行相应地读、写操作。根据申请到的锁的不同类型，事务可以进行对数据对象不同的操作。

对数据项加锁的方式有多种，最基本的有两种。

共享锁（S 锁）：如果事务 T_i 申请到数据项 Q 的共享锁，则 T_i 可以读数据项 Q，但不能写 Q。

排他锁（X 锁）：如果事务 T_i 申请到数据项 Q 的排他锁，则 T_i 可以读数据项 Q，也可以写 Q。

每个事务都要根据自己将要执行的操作类型向锁管理器申请适当的锁。只有在锁管理器授予所需锁后，事务才能进行相关操作。

共享锁和排他锁的控制方式可以用图 7.13 所示的相容矩阵来表示。

已分配的锁

申请锁 T_1 \ T_2	S	X
S	Y	N
X	N	N

Y 相容
N 不相容

图 7.13 锁的相容矩阵

在相容矩阵中，最上面一行表示已经分配给事务 T_2 的锁类型，最左边一列表示正在申请锁的 T_1 事务。假设事务 T_1 申请对数据项 Q 加某一类型的锁，当前事务 T_2 已拥有某一类型的锁，如果事务 T_1 能够马上得到它所申请的锁，则说事务 T_1 拥有的锁与事务 T_2 拥有的锁是相容的。可以看到，只有共享锁和共享锁是相容的，共享锁与排他锁以及排他锁之间都是不相容的。因此，对一个数据项，可以同时有多个共享锁，此后事务的排他锁申请必须等待，直到其他事务释放了数据项上的共享锁。

当事务需要数据项上的一个锁时，它向锁管理器发出锁的申请：若申请的是一个共享锁，且申请队列为空，当前数据项上也没有排他锁，则锁管理器授予锁，并修改数据项的锁表。若申请的是一个排他锁，当前也没有其他的事务拥有该数据项上的锁，则锁管理器授予锁，并修改数据项的锁表。否则，申请的锁不能马上授予，锁申请加入申请队列，申请锁的事务挂起。

当事务提交或中止，事务释放其所有的锁。当数据项上的一个锁释放后，锁管理器修改数据项的锁表，检查该数据项申请队列中的锁的申请。若申请的锁能够马上授予，则申请该锁的事务被唤醒并被授予锁。

事务通过 SLOCK(Q)指令申请数据项 Q 的共享锁，通过 XLOCK(Q)指令申请数据项 Q 的排他锁，通过 UNLOCK(Q)指令释放数据项 Q 的锁。

下面，来看一下前面介绍过的一些调度。

【例 7-8】

对例 7-1 中的事务调度增加封锁如图 7.14 所示。

T_1	T_2	T_1	T_2	T_1	T_2
XLOCK(A)		XLOCK(A)		XLOCK(A)	
READ(A)		READ(A)		READ(A)	
A=A+A*0.1		A=A+A*0.1		A;=A+A*0.1	
WRITE(A)		WRITE(A)		WRITE(A)	
UNLOCK(A)			XLOCK(A)		XLOCK(B)
	XLOCK(A)		等待		READ(B)
	READ(A)	XLOCK(B)	…		B:=B–20
	A=A+10	READ(B)			WRITE(B)
	WRITE(A)	B;=B+B*0.2			XLOCK(A)
	UNLOCK(A)	WRITE(B)			等待
XLOCK(B)		UNLOCK(A)		XLOCK(B)	…
READ(B)		UNLOCK(B)	…	等待	
B=B+B*0.2			READ(A)	…	
WRITE(B)			A=A+10		
UNLOCK(B)			WRITE(A)		
	XLOCK(B)		XLOCK(B)		
	READ(B)		READ(B)		
	B:=B–20		B:=B–20		
	WRITE(B)		WRITE(B)		
	UNLOCK(B)		UNLOCK(A)		
			UNLOCK(B)		

(a) (b) (c)

图 7.14 调度 9

图 7.14(a)中，首先 T_1 事务在申请得到排他锁后，读并修改数据项 A 的值，然后释放 A 上的排他锁。紧接着 T_2 事务申请数据项 A 上的排他锁，因当前数据项 A 上没有冲突的锁，因此锁管理器授予 T_2 事务 A 上的排他锁。同样 T_2 事务在修改完 A 后释放该锁。照此方法进行数据项 B 上锁的申请和释放。调度的最后，T_2 释放 B 上的排他锁，提交结束。采用该方式进行封锁调度，表面上看得到的结果和前面介绍的调度 6 的结果一致，没有什么问题。但该封锁在更新后立即释放，有可能引起其他事务的

脏读。例如，若 T_1 事务运行到 XLOCK(B)之后，提交之前出现故障，事务 T_1 回滚，而 T_2 是正常提交结束的。则由于 T_1 事务过早地释放数据项 A 上的排他锁，造成 T_2 事务读取到数据库非一致状态下的 A 值，最终写回数据库的 A 值也成为垃圾数据。所以，封锁提早释放会带来一定的风险。

图 7.14(b)中，事务将锁的释放都放到事务的最后，这样可以有效避免图 7.14(a)中可能出现的脏读情况，并保证了事务执行的可串行性。但该封锁方式在一定程度上降低了并发度，整个调度几乎就是一个 $T_1 \rightarrow T_2$ 的一个串行调度。此外，将封锁放在事务的最后释放，可能会出现一种称之为死锁的状况，如图 7.14(c)所示。

图 7.14(c)中，假设我们将 T_2 事务中药品 B 的价格调整放在药品 A 价格调整之前运行，T_1、T_2 事务分别先后得到数据项 A、B 上的排他锁，进行数据项的更新操作。然后事务 T_2 申请 A 上的排他锁，因该数据项上已经授予了 T_1 事务的排他锁，根据相容矩阵原理，事务 T_2 的申请将放入申请队列等待，事务 T_2 被挂起等待；同样，事务 T_1 对数据项 B 上的排他锁的申请也将放入申请队列，事务 T_1 同样被挂起等待。这样，事务 T_1、T_2 都在等待对方释放锁资源，同时又占有对方想得到的锁资源，双方互相等待，谁也无法正常运行。这种情况称为死锁。死锁的有关问题将在 7.5 节讨论。

可以看到，如果不使用封锁，或者只对并发执行的事务加锁，对锁的申请和释放时间却不加控制，就不能保证事务执行的可串行性，数据库的一致状态仍有可能被破坏。为此，要求所有的事务遵守称为封锁协议的一组规则。这组规则规定事务什么时候进行加锁和解锁操作，并保证调度冲突可串行化。这里只介绍其中的两段锁协议。

7.4.2 两段锁协议（2PL）

保证可串行性的一个协议是两段锁协议（Two-phase Locking Protocol)。所谓两段锁协议是指所有事务分两个阶段提出加锁和解锁申请。

- 增长阶段（Growing Phase)：在对任何数据进行读、写操作之前，首先申请并获得该数据的封锁；
- 收缩阶段（Shrinking Phase)：在释放一个封锁后，事务不再申请和获得其他的任何封锁。

一开始，事务是处于增长阶段的，可以根据需要申请获得任何数据项上的任何类型的锁。一旦事务开始释放封锁，该事务就进入收缩阶段，不再发出加锁请求。

两段锁协议是保证冲突可串行化的充分条件，但该协议不保证不发生死锁。

图 7.14(b)就是满足两段锁协议的，因此，该调度是一个冲突可串行化的调度。当然，该调度中锁的释放并不一定要放在事务结束，可以提前。例如，事务 T_1 中的 UNLOCK(A)就可以放在 XLOCK(B)之后，如图 7.15 所示，它仍然是满足两段锁协议要求的。

图 7.14(c)也是满足遵守两段锁协议的，但该调度发生了死锁。

图 7.14(a)并没有遵守两段锁协议，但该调度是冲突可串行化的。即两段锁协议只是保证冲突可串行化的充分条件，并发事务的一个调度是冲突可串行化的，并不一定所有事务都符合两段锁协议。

在前面的 7.3.3 节中，除了希望调度是可串行化的，还希望它是无级联的。图 7.16 中每个事务都遵从两段锁协议，若 T_1 事务在 WRITE(B)时刻发生故障，将导致事务 T_2、T_3 级联回滚。

为避免级联回滚，可使用严格两段锁协议（Strict Two-phase Locking Protocol)。严格两段锁协议除要求满足两段锁协议规定外，还要求事务的排他锁必须在事务提交之后释放。由于排他锁的释放滞后提交之后，其他事务就不可能读到数据库不一致的数据，避免了脏读和丢失修改的问题。

两段锁协议的另一个变化是强两段锁协议（Rigorous)。强两段锁协议除要求满足两段锁协议规定外，还要求事务的所有锁都必须在事务提交之后释放。这样，进一步解决了数据项不能重复读的问题。

T_1	T_2
XLOCK(A)	
READ(A)	
A:=A+A*0.1	
WRITE(A)	
XLOCK(B)	
UNLOCK(A)	
READ(B)	XLOCK(A)
	READ(A)
	A:=A+10
	WRITE(A)
B:=B+B*0.2	
WRITE(B)	
UNLOCK(B)	
	XLOCK(B)
	UNLOCK(A)
	READ(B)
	B:=B−20
	WRITE(B)
	UNLOCK(B)

图 7.15 遵守两段锁协议的封锁

T_1	T_2	T_3
XLOCK(A)		
READ(A)		
A:=A+A*0.1		
WRITE(A)		
XLOCK(B)		
UNLOCK(A)		
READ(B)	XLOCK(A)	
	READ(A)	
	A:=A+10	
	WRITE(A)	
B:B+B*0.2	UNLOCK(A)	
		SLOCK(A)
		READ(A)
WRITE(B)		
UNLOCK(B)		

图 7.16 产生级联回滚的调度

从两段锁协议到严格两段锁协议，再到强两段锁协议，事务持锁的时间不断增长。这不但保证事务的并发调度是冲突可串行化的，还不断增强了数据库的一致性保证。但带来的另一方面的问题是并发度的降低，以及死锁出现可能性的增加。数据库的一致性是 DBMS 的首要任务，并发度的降低、死锁的出现比产生不一致状态要好，DBMS 可以通过其他手段加以解决，而不一致状态可能引起现实中的问题，这是 DBMS 不能处理的。目前，大多数的 DBMS 都采用严格两段锁协议或强两段锁协议。

7.4.3 锁的升级及更新锁

当一个事务持有某数据项的共享锁时，允许其他事务在同样的数据项上持有相同的锁。这提高了系统的并发度，使更多的程序能尽快地运行。如果一个先读取后修改数据项的事务能够先申请共享锁，在修改发生之前再将共享锁升级为排他锁，则在事务读取修改数据项之前，该数据项对其他事务都是可共享的，其他事务可以读取申请该数据项的值共享锁，这也就大大提高了系统的并发度。

【例 7-9】

设有两个事务 T_1、T_2。事务 T_1 读取药品 A、B 的价格，将 A、B 的价格修改调整；事务 T_2 查询药品 A 的价格。事务 T_2 首先申请并获得数据项 A 的共享锁，事务 T_1 先是读取药品价格，因此只需申请共享锁，在价格修改之前事务 T_1 再申请将共享锁升级为排他锁。升级成功后执行修改操作。事务 T_1、T_2 一个可能的调度如图 7.17 所示。

在事务 T_1 申请将数据项 A 上的共享锁升级为排他锁时，与事务 T_2 拥有的 A 上的共享锁发生冲突，事务 T_1 必须等待。事务 T_2 提交释放 A 上的共享锁后，事务 T_1 才可能获得数据项 A 上锁的升级，继续后续的操作。尽管有一个等待，但事务 T_1 毕竟在等待前执行了部分操作，提高了执行速度。

T_1	T_2
	SLOCK(A)
	READ(A)
SLOCK(A)	
READ(A)	
SLOCK(B)	
A:=A+A*0.1	
B:B+B*0.2	
XLOCK(B)	
WRITE(B)	
XLOCK(A)	
等待	
…	
	UNLOCK(A)
WRITE(A)	
UNLOCK(B)	
UNLOCK(A)	

图 7.17 调度 10

锁的升级有可能使得出现死锁的概率加大。例如两个事务申请了同一数据项上的共享锁，当它们先后希望将共享锁升级为排他锁时，都因相容原理被拒绝，于是双方都被挂起处于等待状态。由此出现死锁现象。

为解决上述问题，提出了更新锁（U 锁）的概念。更新锁只允许事务读取数据项而不能修改数据项。但系统允许更新锁升级，而不允许共享锁升级。当一个事务拥有某数据项上的共享锁时，允许其

申请锁 \ 已分配的锁 (T_1 \ T_2)	S	X	U
S	Y	N	Y
X	N	N	N
U	N	N	N

Y 相容
N 不相容

图 7.18 锁的相容矩阵

他事务申请并获得同一数据项上的更新锁；反之则不被允许。于是，有了一个新的锁的相容矩阵，如图 7.18 所示。

有了更新锁后，例 7-9 调度 10 只须将 T_1 事务中的 SLOCK(A)、SLOCK(B)变为 ULOCK(A)、ULOCK(B)，两个事务仍然可以如调度 10 一样并发执行。而上述提到的死锁现象根本不可能再出现，两个事务先期都必须申请更新锁，一旦一个事务获得了更新锁，另一个事务就必须等待，不可能干扰获得更新锁的事务升级锁的请求。

7.5 活锁与死锁

对并发执行的事务进行封锁可能导致活锁和死锁情况的出现。

7.5.1 活锁

图 7.19 所示为活锁的形成。

T_1	T_2	T_3	T_4	T_5
SLOCK(A)				
READ(A)				
	XLOCK(A)			
	等待			
		SLOCK(A)		
UNLOCK(A)		READ(A)		
	等待		SLOCK(A)	
			READ(A)	
	等待		UNLOCK(A)	SLOCK(A)
				READ(A)
		UNLOCK(A)		
	等待			

图 7.19 活锁

事务 T_1 首先获得数据项 A 的封锁，事务 T_2 申请相同数据项上的封锁，因不相容 T_2 只有等待。在事务 T_2 等待的过程中，又有另外的事务 T_3、T_4 先后申请数据项 A 的封锁。由于申请的锁与 T_1 事务获得的锁是相容的，因此，T_3、T_4 先后都获得了 A 的封锁。这样，在事务 T_1 提交释放数据项 A 的封锁之后，事务 T_2 仍然不能获得 A 的封锁，它还必须等待事务 T_3、T_4 释放 A 上的封锁。有可能其间又有新的事务 T_5 获得了数据项 A 封锁。事务 T_2 因一直得不到数据项的封锁而处于长久的等待状态。这就出现了活锁。活锁在有的地方又称为饿死。

解决活锁的最简单的方法就像操作系统中一样，采用先来先服务的策略。当有多个事务申请同一数据项的封锁时，将事务的申请按照申请时间的先后放入申请队列。数据项上的封锁释放之后，锁管理器就将封锁授予申请队列中的第一个事务。也就是说，事务要获得数据项的封锁，除申请的锁与数据项上已有的锁相容外，还必须在该事务之前没有其他事务处于申请封锁的等待状态。

7.5.2 死锁的形成

死锁的形成如图 7.20 所示。假如事务 T_1 已获得数据项 A 的封锁，事务 T_2 已获得数据项 B 的封锁。在事务并行执行过程中，事务 T_1 申请数据项 B 的封锁且申请的封锁与事务 T_2 已经获得的封锁是不相容的，于是事务 T_1 被挂起等待。事务 T_2 随后申请数据项 A 的封锁且申请的封锁也与事务 T_1 已经拥有的封锁冲突，于是事务 T_2 等待。这样就出现了事务 T_1 等待事务 T_2 释放锁，而事务 T_2 也在等待事务 T_1 释放锁的情况。两个事务都不可能运行结束，出现死锁。

T_1	T_2
SLOCK(A)	
READ(A)	XLOCK(B)
	READ(B)
XLOCK(B)	
等待	
	XLOCK(A)
	等待

图 7.20 死锁

针对死锁，DBMS 可以有两种处理方式。一种是进行死锁的预防，不让并发执行的事务出现死锁的状况；一种是允许死锁的发生，在死锁出现后采取措施解决，为此系统中需增加死锁的检测及死锁的解除算法。两种方式都会造成事务的回滚。如果系统发生死锁的概率较高，通常采用死锁预防机制；否则，使用死锁检测、解除机制。

7.5.3 死锁的预防

所谓死锁的预防就是采取措施避免死锁的发生，为此必须破坏死锁产生的条件。死锁的产生是因为事务占有了一些锁资源，然后又申请被其他事务占用的锁资源。预防死锁的发生可采用的方法一般有三种：

1. 顺序封锁法

该方法将数据库对象按某种规定的顺序排列，要求事务实行封锁也必须按照这个顺序进行。

采用顺序封锁法，由于大家都按照规定的顺序申请封锁，因此有效地避免了死锁。存在的问题是数据库中的数据对象很多且在不断的发生变化，不好确定数据库对象的封锁顺序。此外，要维护封锁顺序是件困难的事情且成本很高。

2. 一次封锁法

一次封锁法要求事务在开始执行前先申请到所需的所有封锁，如果有一个封锁没有申请到，则事务中止。

该方法的缺点是：① 在事务开始前很难预先知道哪些数据项需要封锁；② 一次将所有需要的封锁申请到，可能有些封锁只在事务运行的后期才需要，这就大大降低了系统的并发度。

3. 用时间戳的死锁预防

根据事务启动时的时间戳设置事务的优先级，越早开始运行的事务优先级越高。为预防死锁，在事务 T_i 申请的封锁与事务 T_j 已经拥有的封锁发生冲突时，锁管理器可使用如下两种不同的机制。

- Wait-die 机制：若 T_i 优先级较高，则 T_i 可以等待；否则中止事务 T_i。
- Wound-wait 机制：若 T_i 优先级较高，则中止 T_j；否则 T_i 等待。

Wait-die 机制不允许低优先级的事务等待高优先级事务释放封锁，而 Wound-wait 机制为一种抢占机制，高优先级的事务直接中止低优先级事务的运行，不等待低优先级的事务提交释放封锁。无论哪种机制都不会再产生死锁。

例如，假设事务 T_1、T_2、T_3 的时间戳分别为 5、10、20。在 Wait-die 机制下，若 T_1 申请的封锁被 T_2 拥有，则 T_1 等待；若 T_3 申请的封锁被 T_2 拥有，则 T_3 中止运行做回滚操作。在 Wound-wait 机制下，若 T_1 申请的封锁被 T_2 拥有，则中止事务 T_2 的运行；若 T_3 申请的封锁被 T_2 拥有，则 T_3 等待。

利用时间戳预防死锁，应避免某一事物因优先级不够高而永久地被中止。因此，若一个事务被中止回滚，当该事务再重新启动时应保持原有的时间戳。这样，每个事务最终都有可能成为老事务，拥有更高的优先级以获得所需的封锁。

Wait-die 机制不是一种抢占机制，越老的事务可能等待的时间越长，而年轻的事务与年老事务发生冲突被中止，重新启动后仍可能与年老事务再次发生封锁冲突，于是出现年轻的事务反复被中止的情况。这种反复中止在 Wound-wait 机制中不会出现，因为被中止的事务是优先级较低的事务，在重新启动后，若再次与优先级高的事务发生封锁冲突，该年轻事务选择等待。因此，Wound-wait 机制回滚事务较少。

无论采用哪种机制，都可能使得有些事务发生不必要的回滚。

7.5.4　死锁的检测及处理

若死锁很少发生，且发生时只涉及少量的事务，就没有必要进行死锁的预防。更好的方法是检查系统状态的算法周期性地激活，判断有无死锁发生。若检测系统出现死锁，则回滚事务解除死锁。

死锁的检测方法包括超时法和等待图法。

超时法规定申请锁的事务等待的最长时间。若超过了规定时间，则系统判定出现死锁，此时该事务本身回滚并重启。超时法实现简单，但可能出现误判。另外等待多长时间合适也难以把握。若实际已发生死锁，等待时间太长将导致不必要的延迟；若等待时间太短，出现死锁的误判引起事务的回滚，也造成资源的浪费。超时法也可能导致活锁现象。因此，超时法应用不多。

1．等待图

等待图 G = (U, V)是一个有向图。顶点 U 为当前系统中运行事务 T 的集合，有新的事务 T_i 启动，检测算法在等待图中增加一个顶点 T_i；事务 T_i 运行结束，则在等待图中删除顶点 T_i 以及与 T_i 相连的边。V 是边的集合，表示事务的等待情况。若事务 T_i 等待事务 T_j 释放封锁，则等待图中增加一条由 T_i 顶点指向 T_j 顶点的边，以后若 T_j 释放了数据项的封锁，则从等待图中删除该条边。

当且仅当等待图中出现环路时，表示系统中存在死锁。环路中的每个事务都处于死锁状态。

【例 7-10】

假设系统中当前运行的事务包括 T_1、T_2、T_3、T_4。事务的封锁及调度如图 7.21 所示。

系统当前状态对应的等待图如图 7.22 所示。该等待图没有环，系统未处于死锁状态。

现在，假设事务 T_3 在图 7.21 中画椭圆位置的时刻申请数据项 B 的排他锁 XLOCK(B)。边 $T_3 \to T_2$ 加入等待图中，得到图 7.23 所示的系统新的状态。此时，等待图中包含了环 $T_2 \to T_1 \to T_3 \to T_2$。这也表示系统出现死锁现象，事务 T_2、T_3、T_1 处于死锁状态。

T_1	T_2	T_3	T_4
SLOCK(A)	SLOCK(D)		
	SLOCK(B) XLOCK(A) 等待	SLOCK(D) XLOCK(C)	
XLOCK(C) 等待			
			XLOCK(D) 等待

图 7.21　调度 11

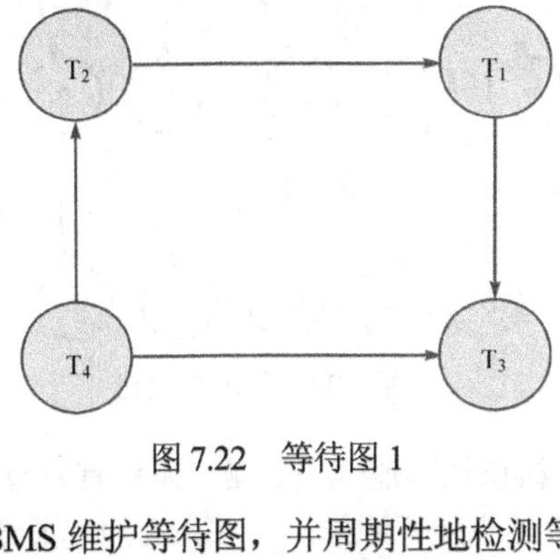

图 7.22　等待图 1

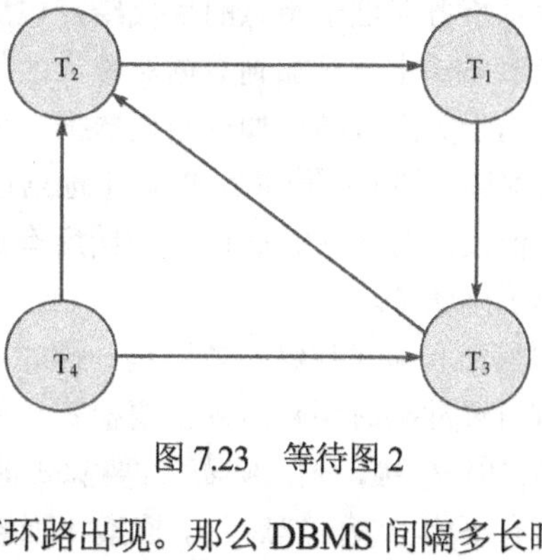

图 7.23　等待图 2

DBMS 维护等待图，并周期性地检测等待图中是否有环路出现。那么 DBMS 间隔多长时间检测一次等待图呢？这主要取决于死锁发生的频率以及有多少事务将受到死锁的影响。

2．死锁的解除

DBMS 一旦检测到系统中存在死锁，就要想办法解除。解除死锁最通常的做法是选择一个或多个事务撤销，释放这个或这些事务拥有的封锁。其他事务在得到需要的封锁后可以继续运行下去。

解除死锁的过程中要解决的问题主要包括：

① 撤销事务的选择。为解除死锁必须回滚处于死锁状态的部分事务。撤销事务的选择原则是事务撤销所需的系统代价最小。系统花费代价的计算与很多因素相关，比如事务已经运行了多久，还需多长时间才能结束；事务已经使用了哪些数据项，还将使用多少数据项；回滚该事务会牵涉多少其他的事务等。

② 事务撤销的程度。事务撤销是全部回滚还是只需部分回滚?最简单的是全部回滚选中事务，然后重新开始。部分回滚的实现需要系统维护更多的事务运行状态信息。

7.6 多粒度封锁

在前面的例子中，封锁对象都假设为数据项。其实除数据项外，封锁对象还可以是块、页、关系表、数据库等。封锁对象的大小称为封锁粒度（Granularity）。它可以是数据库的逻辑单位，如属性、元组、关系、索引、整个数据库等，也可以是数据库的物理单位，如页、块等。

封锁粒度与系统的并发度及资源的消耗是息息相关的。若封锁粒度小，则系统的并发度高，需要更多的系统资源；若封锁粒度大，则系统的并发度低，资源消耗小。

不同的事务在运行过程中可能需要不同的封锁粒度。例如：事务采用静态备份方式转储某张关系表，则它需要的封锁粒度是关系；若事务采用静态备份方式转储整个数据库，它需要的封锁粒度可能就变为整个数据库了。另外，事务在运行过程中使用不同的封锁粒度，直接影响系统的并发度及系统开销。例如：事务查询一张关系表，它的封锁粒度可以是元组一级，也可以是关系一级。若为元组一级，则系统必须为每一个元组加锁，资源开销大；但系统共享性好，暂时没有加锁的元组可以供其他事务使用。

因此，允许系统同时为不同的事务提供不同的封锁粒度选择，即多粒度封锁。为了讨论多粒度封锁，先来看一个例子。

【例 7-11】

考虑图 7.24 所示的树。一个数据库包括若干文件，一个文件是由若干页组成的，而页是元组的集合。树中每个结点都可以单独加锁。事务对一个结点加锁表示事务对这个结点的后代结点也加了同样的锁。应事务要求直接加到数据对象上的封锁为显式封锁，由于其上级结点加锁而使数据对象加上锁的为隐式加锁。例如：若事务 T_1 显示地给图中的 P_3 结点加排他锁，则事务 T_1 也隐式地给所有属于该页的元组加了排他锁。

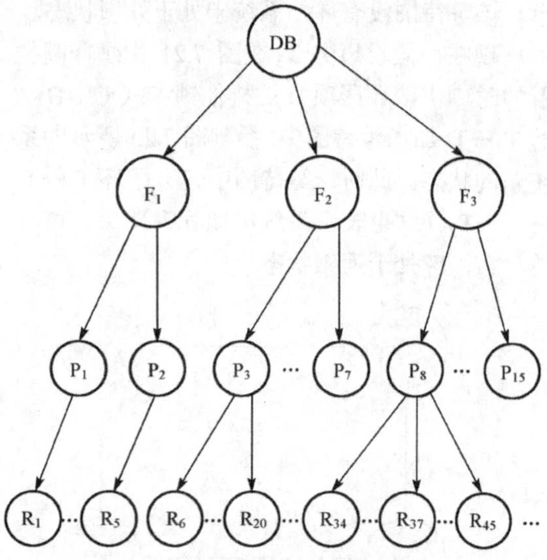

图 7.24　粒度层次图

隐式封锁和显式封锁的效果是一样的。因此，系统检查封锁冲突时两种封锁都要检查。假设事务 T_2 要对 F_2 加排他锁，则意味着 T_2 要隐式地给 F_2 的所有子结点加排他锁。于是，系统首先检查 F_2 结点上是否有不相容锁，然后向下搜索 F_2 结点下的每一个页结点及元组结点，并向上搜索根结点，检查是否有不相容锁。如果其中某一数据对象上已经加了不相容锁，则 T_2 等待。可以知道，T_2 对 F_2 结点的加锁是不成功的。

但这种搜索效率太低，破坏了当初设立多粒度封锁机制的初衷。为此引入一种新型锁——意向锁（Intention Lock）。如果对一个结点加意向锁，则意味着要对该结点的所有子孙结点显式加锁；在一个结点显式加锁前，该结点的所有祖先结点都应加上意向锁。因此，事务判定能否给一个结点加锁时不必搜索整棵树。例如：事务要给结点 F_2 加排他锁，系统只需检查根结点和文件 F_2 是否加了不相容的锁，不再需要搜索和检查 F_2 中的每一个子结点及每一个子结点下的每一个元组是否加了排他锁。

意向锁有三类：意向共享锁（IS 锁）、意向排他锁（IX 锁）以及共享意向排他锁（SIX 锁）。

如果一个结点加 IS 锁，那么将在该结点的子孙结点进行显式封锁，加 S 锁。如果一个结点加 IX 锁，那么表示将在该结点的子孙结点进行显式封锁，可以加排他锁和共享锁。若一个结点加 SIX 锁，那么将对该结点的子结点显式地加共享锁，对更低层的结点显式地加排他锁。

例如，若事务 T_3 读取 P_1 页的元组 R_1，则事务 T_3 需对数据库 DB、文件 F_1、页 P_1 加 IS 锁，最后对 R_1 加共享锁 S。若事务 T_4 修改 P_1 页的元组 R_1，则事务 T_4 需对数据库 DB、文件 F_1、页 P_1 加 IX 锁，最后对 R_1 加排他锁 X。若事务 T_5 要读取 P_1 页下的所有元组，那么 T_5 需对数据库 DB、文件 F_1 加 IS 锁，最后对 P_1 加共享锁 S。若事务 T_6 读取整个数据库，那么给数据库加 S 锁就可以了。

这些锁类型的相容矩阵如图 7.25 所示。

具有意向锁的多粒度封锁提高了系统的并发度，减少了系统加锁和解锁的开销。在上例中，事务 T_3、T_4 可以并发执行，T_3、T_5、T_6 也可以并发执行，但 T_4 与 T_5、T_6 不能并发执行。

已分配的锁

申请锁 T_1 \ T_2	S	X	IS	IX	SIX
S	Y	N	Y	N	N
X	N	N	N	N	N
IS	Y	N	Y	Y	Y
IX	N	N	Y	Y	N
SIX	N	N	Y	N	N

Y 相容
N 不相容

图 7.25　锁的相容矩阵

7.7　习题

1. 在数据库中为什么要并发控制？并发操作可能产生哪几类数据不一致？如何避免并发引起的问题？
2. 什么是封锁？简要介绍基本的封锁类型。
3. 什么是两阶段封锁协议？严格两段锁协议？强两段锁协议？
4. 什么叫活锁？如何防止活锁？
5. 什么叫死锁？如何处理死锁？
6. 简述串行调度和可串行化调度的差别？
7. 设 T_1、T_2、T_3 是如下的 3 个事务：

T_1 : A := A + 10 ;

T_2 : A := A + A*0.1;

T_3 : A := A -20;

设 A 的初值为 30。

① 若这 3 个事务允许并行执行，则有多少可能的正确结果，请一一列举出来。

② 请给出一个可串行化的调度，并给出执行结果。

③ 请给出一个非串行化的调度，并给出执行结果。

④ 若这 3 个事务都遵守两段锁协议，请给出一个不产生死锁的可串行化调度。

⑤ 若这 3 个事务都遵守两段锁协议，请给出一个产生死锁的调度。

8. 为什么要引进意向锁？简述其含义。
9. 试述常用的意向锁：IS 锁、IX 锁、SIX 锁，给出这些锁的相容矩阵。

第 8 章　关系数据库设计理论

关系数据库设计的目标是将业务数据字段整理成有组织的结构，生成一组关系模式，使我们既不存储不必要的冗余信息，又可以方便地获取信息，这一组关系模式需要满足适当的范式。

关系数据库的规范化设计理论是指针对具体的应用问题，设计选择一个比较好的关系模式集合。最小的数据冗余是数据库设计的最重要逻辑标准。一个设计的不好的数据库可能导致出现重复数据和信息，无法表示所需要的信息。而函数依赖和模式分解可以实现最小的数据冗余。

本章主要介绍函数依赖、模式分解和范式等内容。其中，数据依赖研究数据之间的联系，范式是关系模式的标准，而模式分解是数据库模式设计的基础。

学习目标：

- 理解函数依赖的概念和内涵
- 掌握模式分解的方法
- 理解并应用范式理论，并结合函数依赖和模式分解的相关知识设计适当范式级别的关系数据库模式

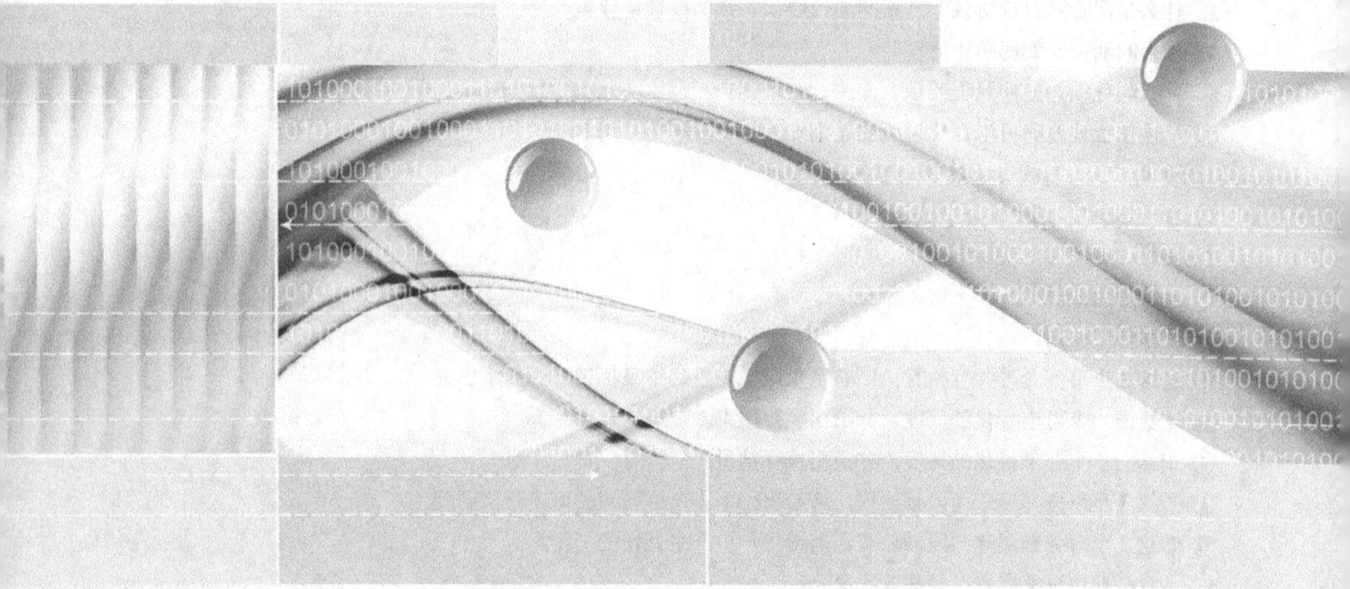

关系型数据库在设计时应该遵守一定的规则，即遵循数据库的范式理论。数据库的数据是一切操作的基础，如果数据库设计不好，利用其他方法来提高数据库性能的效果都将是有限的。

关系数据库的逻辑设计就是解决如何构造一个合适的数据库模式问题。对于一个具体应用问题，合适的关系数据库模式应该构造多少个关系模式，且每个关系模式应该包含哪些属性呢？

8.1　关系模式设计中的问题

本节将通过实例引出关系模式中存在的数据冗余和操作异常现象。

关系数据库设计的一个主要目标就是将属性组合为关系时，能够最大程度地减少数据冗余。数据冗余是指同一个数据在系统中多次重复出现。

将一个数据库只定义为一张表会导致大量的冗余数据。大量冗余数据的存储会对数据查询产生大量的搜索操作，同时也会使数据更新操作费时、成本高。也就是说，管理这样的大量数据会变得低效、数据不一致而出错。设计得不好的数据库可能出现如下问题：

① 信息重复，即数据冗余；

② 不能表示某些信息，如数据操作异常。

【例 8-1】 设有一个医生与患者之间的就诊关系模式 *R*（Dname, Dlevel, Dsal, Pname, Fsum），其属性分别表示医生姓名、医生职称级别、医生工资、患者姓名、诊治费用。具体实例见表 8.1。

表 8.1 中的数据具有如下语义：

① 假设医生和患者的姓名分别都是唯一的。

② 医生与患者之间是多对多的关系，即医生可以为不同的患者看病，同时患者可以选择不同的医生。假设同一名患者不看相同的医生，即可以选择 Dname 和 Pname 组合属性作为就诊关系模式 *R* 的主键。

③ 一位患者每次就诊都有一个花销总金额。

④ 每位医生具有相应的职称级别。

⑤ 职称级别决定了医生的工资金额。

根据以上语义，可以确定以下函数依赖：

$$F=\{\{\text{Dname,Panme}\}\rightarrow\text{Fsum},\ \text{Dname}\rightarrow\text{Dlevel},\ \text{Dlevel}\rightarrow\text{Dsal}\}$$

这些函数依赖关系如图 8.1 所示。

表 8.1　医生与患者之间的就诊关系模式 R 的实例

Dname	Dlevel	Dsalary	Pname	Fsum
罗晓	主任医师	3200	张珍	¥30.00
杨勋	副主任医师	2800	张珍	¥50.00
杨勋	副主任医师	2800	刘景	¥55.00
杨勋	副主任医师	2800	张柳	¥58.00
邓英超	主治医师	2400	李秀	¥75.00
罗晓	主任医师	3200	傅伟相	¥35.00

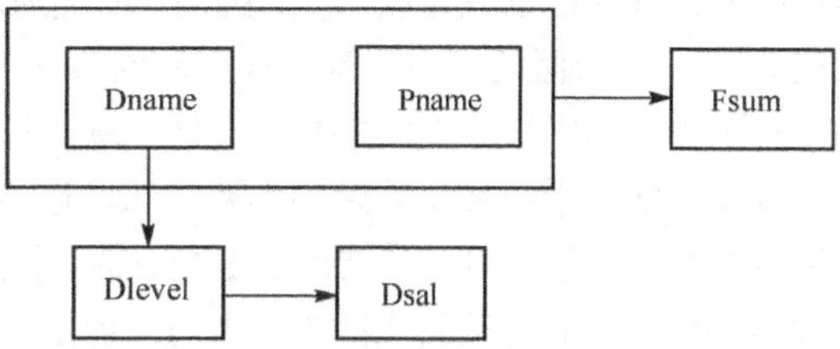

图 8.1　就诊关系模式的函数依赖示意图

虽然这个就诊关系模式只有 5 个属性，但使用过程中会出现以下问题。

（1）数据冗余

如果一名医生为几个患者看病，那么这名医生的职称和工资信息就需要重复存储几次。这将导致浪费大量的存储空间。

（2）操作异常

由于数据的冗余，在对数据进行操作时将会引起各种异常。

① 更新异常（Update Anomalies）。例如，杨勋医生为 3 个患者看病，则会产生 3 个元组。如果杨勋医生的职称级别发生变化，从副主任医生升为主任医生，那么这 3 个元组的职称级别都需要改为主任医生。若有一个元组的职称级别没有发生改变，则会造成这位医生的职称级别不唯一，从而造成数据不一致现象。另外，如果医院调整工资，则所有医生的工资都需要根据职称级别做对应调整。

② 删除异常（Delete Anomalies）。如果需要取消邓英超医生的就诊任务，如医生退休，那么就要把邓英超医生的元组删除，这时邓英超医生的职称级别（主治医生）和工资信息也会一同被删除，从而丢失了主治医生对应的工资级别标准。这并不是此次删除的本意目的，所以这是一种不合适的现象。

③ 插入异常（Insert Anomalies）。如果一位医生刚到医院报到，但还未分配就诊任务，那么将医生的姓名、职称和工资等信息存储到数据库时，患者姓名和诊疗费用就会出现空值。由于医生姓名和患者姓名是该模式的主键，主键上必须遵循实体完整性规则，即主键不允许出现空值。因此，这位新医生的基本信息无法存储到数据库中。

因此，就诊关系模式 R 不是一个好的关系模式。

在例 8-1 中，就诊关系模式 R 存在数据冗余和操作异常的现象。如果用下面 3 个关系 R_1、R_2 和 R_3 代替 R：

R_1（Dname，Dlevel）
R_2（Dlevel，Dsal）
R_3（Dname，Pname，Fsum）

其关系实例见表 8.2。

表 8.2 就诊关系模式的分解

Dname	Dlevel
罗晓	主任医师
杨勋	副主任医师
邓英超	主治医师

（a）R_1 的实例

	Dsalary
副主任医师	2800
主任医师	3200
主治医生	2400

（b）R_2 的实例

Dname	Pname	Fsum
罗晓	张珍	¥30.00
杨勋	张珍	¥50.00
杨勋	刘景	¥55.00
杨勋	张柳	¥58.00
邓英超	李秀	¥75.00
罗晓	傅伟相	¥35.00

（c）R_3 的实例

这样分解后，例 8-1 中的冗余和异常现象就可以得到消除。每名医生的职称级别只存放一次。职称对应的工资金额也只存放一次。因而，即使新医生没有分配就诊任务，同样可以将他的职称信息存放在 R_1 中。如果医院调整工资，只需要调整 R_2 中的职称级别对应的工资金额，就可以保持所有医生的工资金额与其职称级别发生相应变化，从而不会出现漏调工资和错调工资的现象。

模式分解是解决数据冗余的主要方法，也是规范化的一条原则。但是将 R 分解成 R_1、R_2 和 R_3 3 个模式是否就是最佳分解，这也不是绝对的。如果需要查询某位医生的工资金额，就需要将两个关系进行连接操作，而连接的代价是很大的。但是，在原来的关系模式 R_1 中就可以直接查询到医生的工资金额。那么，到底什么样的关系模式是最优的？评价最优关系模式的标准是什么？如何得到最优的关系模式？下面介绍解决这些问题的方法——关系数据库的规范化理论。

8.2 函数依赖

数据依赖是通过一个关系中数据间值的相等与否体现出来的数据间的相互关系，是现实世界属性间相互关系的抽象，是数据内在的性质。数据依赖中最重要的是函数依赖（Functional Dependency，FD）。数据依赖还包括多值依赖和连接依赖两种形式。本质上，函数依赖是关键码概念的推广。

8.2.1　函数依赖的定义

函数依赖是数据库中数据项之间最常见的关联特性，通常是指一个关系表中属性（列）之间的联系。函数依赖关注一个属性或属性集与另外一个属性或属性集之间的依赖，亦即两个属性或属性集之间的约束。函数依赖是关系中属性之间在语义上的关联特性。数据库设计者根据对关系 R 中的属性的语义理解确定函数依赖，确定约束 R 的所有元组 r 的函数依赖集，并获知属性间的语义关联。

函数依赖是一个从数学理论中派生的术语，它指明属性中的每一个元素存在唯一一个元素（在同一行中）与之对应。

下面采用下列符号：R 表示一个关系的模式，$U = \{A_1, A_2, \cdots, A_n\}$ 是 R 的所有属性的集合，F 是 R 中函数依赖的集合，r 是 R 所取的值，$t[X]$ 表示元组 t 在属性 X 上的取值。

【定义 8-1】 设有一关系模式 R（U），X 和 Y 为其属性 U 的子集，即 $X \subseteq U$，$Y \subseteq U$。设 t，s 是关系 R 中的任意两个元组，如果 $t[X] = s[X]$，则 $t[Y] = s[Y]$。那么称 Y 函数依赖于 X，或 X 函数决定 Y。也可称 FD $X \rightarrow Y$ 在关系模式 R（U）上成立。

一个函数依赖要能成立，不但要求关系的当前值都能满足函数依赖条件，而且还要求关系的任一可能值都能满足函数依赖条件。对于当前关系 r 的任意两个元组，如果 X 值相同，则要求 Y 值也相同。即有一个 X 值就有一个 Y 值与之对应。或者说，Y 值由 X 值决定，因而这种依赖称为函数依赖。

函数依赖的左部称为决定因子，右部称为依赖因子。决定因子和依赖因子都是属性的集合。

在函数依赖图（FDD）中表示函数依赖的方法是：用矩形表示属性，用箭头表示依赖，$X \rightarrow Y$ 的函数依赖如图 8.2 所示。

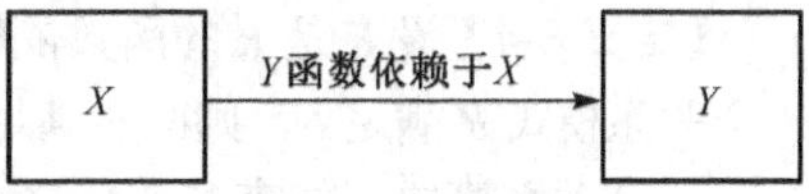

图 8.2　函数依赖图

确认一个函数依赖，需要弄清数据的语义，而语义现实世界的反映，不是主观的臆断。

如果 $Y \subseteq X$，显然 $X \rightarrow Y$ 成立，这称为平凡函数依赖（Trivial Functional Dependency）。平凡函数依赖必然成立，它不反映新的语义。例如，{Dname,Pname}→{Pname}。

所有关系都满足平凡函数依赖。例如，包含属性 X 的所有关系都满足 $X \rightarrow X$。平凡函数依赖在实际的数据库模式设计中是不使用的。通常消除平凡函数依赖可以减少函数依赖的数量。我们平常所指的函数依赖一般都指非平凡函数依赖（Nontrivial Functional Dependency）。

如果 Y 不依赖于 X，则记为 $X \nrightarrow Y$。

如果 $X \rightarrow Y$ 且 $Y \rightarrow X$，则 X 与 Y 一一对应，可记为 $X \leftrightarrow Y$。

【定义 8-2】 设 X、Y 是某关系的不同属性集，如 $X \rightarrow Y$，且不存在 $X' \subset X$，使 $X' \rightarrow Y$，则 Y 称完全函数依赖（Full Function Dependency）于 X，记为 $X \xrightarrow{f} Y$；否则称 Y 部分依赖（Partial Functional Dependency）于 X，记为 $X \xrightarrow{p} Y$。

完全函数依赖用来表明函数依赖的决定因子中的最小属性集。也就是说，属性集 Y 完全函数依赖于属性集 X，如果满足下列条件：

- Y 函数依赖于 X；
- Y 函数不依赖于 X 的任何真子集。

在例 8-1 中，{Dname, Pname} 是主键，故 {Dname, Pname}→Dlevel，但 Dname→Dlevel，故 {Dname, Pname} $\xrightarrow{p}$ Dlevel，而 {Dname, Pname} $\xrightarrow{f}$ Fsum。

【定义 8-3】 设 X，Y，Z 是某关系的不同的属性集，如果 $X \rightarrow Y$，$Y \nrightarrow X$，$Y \rightarrow Z$，则称 Z 对 X 传递函数依赖（Transitive Functional Dependency）。

在上述定义中，由于有了条件 $Y \nrightarrow X$，说明 X 与 Y 不是一一对应的；否则，$X \leftrightarrow Y$，Z 就直接函数依赖于 X，而不是传递函数依赖于 X 了。

从函数依赖的定义，很容易证明：如果 Z 传递函数依赖于 X，则 $X \to Z$ 。设 t_1 和 t_2 是关系 R 中任意两个可能的元组，则此结论可证明如下。

根据传递函数依赖条件可知：

如果 $t_1[X] = t_2[X]$，则 $t_1[Y] = t_2[Y]$；

如果 $t_1[Y] = t_2[Y]$，则 $t_1[Z] = t_2[Z]$。

由上可得：

如果 $t_1[X] = t_2[X]$，则 $t_1[Z] = t_2[Z]$，即 $X \to Z$ 。

$X \to Z$ 并不是显式地表现出来，而是从 $X \to Y$ 和 $Y \to Z$ 推出的，这可表示为：

$$\{X \to Y, Y \to Z\} \vdash X \to Z$$

式中，$\vdash$表示逻辑蕴涵。

8.2.2 FD的逻辑蕴涵

在讨论函数依赖时，经常需要从一些已知的函数依赖去判断另外一些函数依赖是否成立。例如，如果 $A \to B$ 和 $B \to C$ 在某个关系中成立，记 $F=\{A \to B, B \to C\}$，那么 $A \to C$ 在该关系中是否成立的问题称为逻辑蕴涵问题。若 $A \to C$ 成立，则说 F 逻辑蕴涵 $A \to C$，记作 $F \vdash A \to C$ 。

函数依赖的逻辑蕴涵可定义如下。

【定义8-4】 设 F 是 R 的函数依赖集，X，Y 是 R 的属性子集，$X \to Y$ 是 R 的一个函数依赖。如果一个关系模式 R 满足 F，则必然满足 $X \to Y$ ，这时称 F 逻辑蕴涵 $X \to Y$ ，或表示为 $F \vdash X \to Y$ 。

一个关系模式可能有多个函数依赖形成函数依赖集。现在有一个新的函数依赖不在函数依赖集里，但能从集合里根据一定的规则（就是后面的Armstrong规则）推导出来，就说那个集合逻辑蕴涵这个新的函数依赖。

例如，“根据身份证号能确定出生年月和性别”是已知的函数依赖，根据已知和后面的知识能推导出“根据身份证号能确定出生年月”，就说“根据身份证号能确定出生年月”和性别逻辑蕴涵“根据身份证号能确定出生年月”。

如果一个函数依赖能够由集合中的其他函数推出，则该函数依赖是多余的。

【定义8-5】 函数依赖集合 F 所逻辑蕴涵的函数依赖的全体称为 F 的闭包（Closure），记为 F^+，即 $F^+=\{X \to Y \mid F \vdash X \to Y\}$。

函数依赖集的闭包（也成为完备集）定义了由给定函数依赖集所能推导出的所有函数依赖。通过 F 得到 F^+ 的算法可以由Armstrong公理推导出来。

8.2.3 FD的Armstrong公理

无冗余的函数依赖集和函数依赖的完备集（闭包）是好的关系设计。根据已知函数依赖集，推导其他函数依赖时所依据的规则称为推理规则。函数依赖的推理规则最早出现在Armstrong的论文里。这些规则常被称为“Armstrong公理”。

设 U 是关系模式 R 的属性集，F 是 R 上成立的只涉及 U 中属性的函数依赖集。FD推理规则有以下3条。

① 自反性（Reflexivity）：如果 $Y \subseteq X \subseteq U$ ，则 $X \to Y$ 成立。这是一个平凡函数依赖。

② 增广性（Augmentation）：如果 $X \to Y$ 成立，且 $Z \subseteq U$ ，则 $XZ \to YZ$ 成立。式中，XZ 和 YZ 是 $X \cup Z$ 和 $Y \cup Z$ 的简写。

③ 传递性（Transitivity）：如果 $X \to Y$ ，$Y \to Z$ 成立，则 $X \to Z$ 成立。

Armstrong 公理可以表示成多种形式。例如，A2 可用下面的合并规则代替，即 $\{X\to Y, X\to Z\}\vdash X\to YZ$。而 A2 可以由 A1、A3 及合并规则导出：

$XZ\to X$　　（A1）

$X\to Y$　　（给定条件）

$XZ\to Y$　　（A3）

$XZ\to Z$　　（A1）

故　$XZ\to YZ$　　（合并规则）

【定理 8-1】 Armstrong 公理是正确的(Sound)，即如果 $X\to Y$ 是从 F 用推理规则导出，那么 $X\to Y$ 在 F^+ 中。

证明：设 t_1，t_2 是关系 R 中的任意两个元组。

A1：如果 $t_1[X]=t_2[X]$，则因 $Y\subseteq X$，有 $t_1[Y]=t_2[Y]$，故 $X\to Y$ 成立。

A2：如果 $t_1[XZ]=t_2[XZ]$，则有 $t_1[X]=t_2[X]$、$t_1[Z]=t_2[Z]$。

已知 $X\to Y$，因此可得 $t_1[Y]=t_2[Y]$。

由上可知 $t_1[YZ]=t_2[YZ]$，故 $XZ\to YZ$ 成立。

A3：已在论述传递函数依赖时证明过。

【定理 8-2】 FD 中的下列 5 条推理规则是正确的：

① 合并性（Union）：$\{X\to Y, X\to Z\}\vdash X\to YZ$

② 伪传递性（Pseudo-transitivity）：$\{X\to Y, WY\to Z\}\vdash XW\to Z$

③ 分解性（Decomposition）：$\{X\to Y, Z\subseteq Y\}\vdash X\to Z$

④ 复合性（Composition）：$\{X\to Y, W\to Z\}\vdash XW\to YZ$

⑤ 通用一致性（General Unification）：$\{X\to Y, W\to Z\}\vdash X\cup(W-Z)\to YZ$

证明：① $X\to Y\vdash X\to XY$　　（A2）

$X\to Z\vdash XY\to YZ$　　（A2）

由上可得 $X\to YZ$　　（A3）

② $X\to Y\vdash WX\to WY$　　（A2）

$WY\to Z$　　（给定条件）

故得 $XW\to Z$　　（A3）

③ $Z\subseteq Y\vdash Y\to Z$　　（A1）

$X\to Y$　　（给定条件）

故得 $X\to Z$　　（A3）

④和⑤的证明留给读者思考。

8.2.4　函数依赖与码的联系

前述章节对码给出了定义，这里用函数依赖的概念来定义码。

【定义 8-6】 设 K 为 $R(U,F)$ 中的属性或属性组合，若 $K\xrightarrow{f}U$，则 K 为 R 的候选码(Candidate Key)。若候选码多于一个，则选定其中的一个为主码（Primary Key）。

包含在任何候选码中的属性称为主属性（Prime Attribute）。不包含在任何候选码中的属性称为非主属性（Non-Key Attribute）。最简单的情况，单个属性是码。最极端的情况，整个属性组是码，称为全码（All-key）。

例如，关系模式 R_1（Dno, Dlevel, Dsal）中 Dno 是码，而在关系模式 R_2（Dno, Pno, Fsum）中的属性组合（Dno, Pno）是码。而 R_3（Dno, Pno, Mno）表示医生给患者开具的药品，假设一个医生可以给多个患者看病，一位患者可以选择不同的医生就诊，不同的医生可以给患者开具不同的药品，因此（Dno, Pno, Mno）为 R_3 的码，即全码。

【定义 8-7】 关系模式 R_1 中属性或属性组合 X 并非 R_1 的码，但 X 是另一个关系模式 R_2 的码，则称 X 是 R_1 的外码（Foreign Key）。

例如，在上述的关系模式 R_2（Dno, Pno, Fsum）中，Dno 不是码，但 Dno 是关系模式 R_1（Dno, Dlevel, Dsal）的码，则 Dno 是关系模式 R_2 的外码。

主码与外码提供了一个表示关系之间联系的手段。例如，上述关系模式 R_1 和 R_2 的联系就是通过 Dno 来体现的。

由 FD 推理规则的分解性可知，如果 $X \to \{A_1, A_2, \cdots, A_k\}$，则 $X \to A_i (i=1,2,\cdots,k)$。由合并性可知，如果 $X \to A_i (i=1,2,\cdots,k)$，则 $X \to \{A_1, A_2, \cdots, A_k\}$，故 $X \to \{A_1, A_2, \cdots, A_k\}$ 和 $X \to A_i (i=1,2,\cdots k)$ 是等价的。由此可知，候选码唯一地决定一个元组，也可以说，候选码决定每个属性。这两种说法是等价的。

8.2.5 属性集的闭包

在实际使用中，经常要判断能否从已知的 FD 集推导出 FD $X \to Y$，那么可先求出 F 的闭包 F^+，然后再看 $X \to Y$ 是否在 F^+ 中。但是从 F 求 F^+ 是一个 NP 完全问题（指数级的时间复杂度）。下面引入属性集闭包概念，将使该问题化为多项式级的时间复杂度问题。

【定义 8-8】 设 $X \subset U$，F 是属性集 U 上的 FD 集，那么相对于 F，属性集 X 的闭包用 X^+ 表示，它是一个从 F 集使用 FD 推理规则推出的所有满足 $X \to A$ 的属性 A 的集合：

$$X^+=\{A \mid A \in U \text{ 且 } X \to A \text{ 在 } F^+ \text{中}\}$$

从属性集闭包的定义，可以得到下面的定理。

【定理 8-3】 $X \to Y$ 能用 FD 推理规则导出的充分必要条件是 $Y \subseteq X^+$。

证明：设 $Y = \{A_1, A_2, \cdots, A_k\}$。

充分性：假定 $Y \subseteq X^+$，则根据 X^+ 的定义，$X \to A_i (i=1,2,\cdots,k)$ 可由 Armstrong 公理导出。根据合并规则，则有 $X \to Y$。

必要性：设 $X \to Y$ 可由 Armstrong 公理导出。根据分解规则，$X \to A_i (i=1,2,\cdots,k)$ 成立。根据 X^+ 的定义可得 $Y \subseteq X^+$。

从属性集 X 求 X^+ 并不太难，花费的时间与 F 中的 FD 数目成正比，是一个多项式级时间复杂度的问题。

【算法 8-1】

求属性集 X 相对于 FD 集 F 的闭包 X^+。

设属性集 X 的闭包为 closure，其计算算法如下：

```
closure = x;
do {
if     F 中有某个 FD  U→V 满足 U ⊆ closure
then    closure = closure ∪ V ;
}
while( closure 有所改变 );
```

【例 8-2】 求属性集 U 为 $ABCD$，$FD = \{A \to B, B \to C, D \to B\}$。用上述算法可求出 $A^+ = ABC$，$(AD)^+ = ABCD$，$(BD)^+ = BCD$。

8.2.6 FD 推理规则的完备性

推理规则的正确性是指“从 FD 集 F 使用推理规则推出的 FD 必定在 F^+ 中”。而推理规则的完备性是指“F^+中的 FD 都能从 F 集使用推理规则推出”。即正确性保证了推出的所有 FD 都是正确的，完备性保证了可以推出所有被蕴涵的 FD。这些就保证了推导的有效性和可靠性。

【定理 8-4】 Armstrong 公理（FD 推理规则{A1, A2, A3}）是完备的（Complete）。

证明： 所谓完备的是指 F 所蕴涵的每个函数依赖都可以根据 Armstrong 公理从 F 导出。

假设 $X \rightarrow Y$ 不能根据 Armstrong 公理从 F 导出，要证 $X \rightarrow Y$ 必然不为 F 所蕴涵，分为 3 步证明如下。

① 如果 $V \rightarrow W \in F$ 且 $V \subseteq X^+$，则 $W \subseteq X^+$。

这个结论可证明如下。

$X \rightarrow V$　　　　（$V \subseteq X^+$，X^+定义）

$X \rightarrow W$　　　　（$V \rightarrow W \in F$，A3）

故 $W \subseteq X^+$　　　（X^+定义）

X^+	$U-X^+$
1 1 … 1	0 0 … 0
1 1 … 1	1 1 … 1

图 8.3　关系 r

② 构造一个两元组的关系 r 如图 8.3 所示，X^+是属性组 X 关于 F 的闭包，要证 r 满足 F。

假设 $V \rightarrow W \in F$，但不为 r 所满足，则必然 $V \subseteq X^+$ 且 $W \notin X^+$，否则不可能获得 r 不满足 $V \rightarrow W$ 的结论。

但由①应得 $W \subseteq X^+$，且与上述结论矛盾。即假设“$V \rightarrow W \in F$，但不为 r 所满足”不成立，因此，r 满足 F，当然也满足 F^+。

③ 证明 r 不满足 $X \rightarrow Y$。

开始已假设，$X \rightarrow Y$ 不能根据 Armstrong 公理从 F 导出，故 $Y \notin X^+$，Y 中至少有一个属性属于 $U-X^+$。从图 8.3 的 r 的结构可知，r 不可能满足 $X \rightarrow Y$。

从上可知，凡是不能根据 Armstrong 公理从 F 导出的函数依赖，必然不被 F 所蕴涵。反之，F 所蕴涵的函数依赖必然会根据 Armstrong 公理从 F 导出。证毕。

8.2.7　FD 集的最小依赖集

【定义 8-9】

设 F，G 为关系模式 R（U）上的两个函数依赖集，如果 $F^+ = G^+$，则称 F 和 G 是等价的函数依赖集，也可称 F 覆盖 G，或 G 覆盖 F，也可说 F，G 互相覆盖。

【定理 8-5】 F=G 的充分必要条件是 $F \subseteq G^+$，$G \subseteq F^+$。

证明： 显然，如果 $F \not\subseteq G^+$或 $G \not\subseteq F^+$，则 $F^+ \neq G^+$，故条件是必要的。再证条件是充分的。

因 $F \subseteq G^+$，则 $F^+ \subseteq (G^+)^+$，但 $(G^+)^+ = G^+$，故 $F^+ = G^+$，同理可证 $G^+ \subseteq F^+$，故 $F^+ = G^+$。证毕。

定理 8-5 提供了一个测试函数依赖集 F 和 G 是否等价的方法，即测试 $F \subseteq G^+$ 和 $G \subseteq F^+$ 是否成立。例如，要测试 $F \subseteq G^+$，则对于每一函数依赖 $X \rightarrow Y \in F$，测试它是否在 G^+中，其测试方法同前，即先计算 X 关于 G 的闭包 X^+，然后再测试 $Y \subseteq X^+$ 是否成立就行了。同理可测试 $G \subseteq F^+$。

【定理 8-6】 任一函数依赖集 F 总可以为一右部恒为单属性的函数依赖集所覆盖。

证明： 构造 $G = \{X \rightarrow A \mid X \rightarrow Y \in F \text{且} A \in Y\}$。

根据分解规则，$G \subseteq F^+$。根据合并规则，$F \subseteq G^+$。因此，$F^+ = G^+$ 成立，即 F 为 G 所覆盖。证毕。

【定义 8-10】 设 F 是属性集 U 上的函数依赖集。如果 F_{min} 是 F 的一个最小依赖集，那么 F_{min} 应满足下列 4 个条件：

① $F_{min}^+ = F^+$；

② F 中每个函数依赖的右部为单属性；

③ F_{min} 中没有冗余的 FD（即在 F_{min} 中不存在这样的函数依赖 $X \rightarrow Y$，使得 $F_{min} - \{X \rightarrow A\}$ 与 F_{min} 等价）；

④ 每个 FD 的左边没有冗余的属性（即在 F_{min} 中也不存在这样的 $X \to Y$，使得 $F_{min} - \{X \to Y\} \cup \{W \to Y\}$ 与 F_{min} 等价，式中，$W \subset X$）。

显然，每个函数依赖集至少存在一个最小函数依赖集，但并不一定唯一。

【算法 8-2】计算函数依赖集 F 的最小依赖集 G。

第一步：根据推理规则的分解性，得到一个与 F 等价的 FD 集 G，G 中每个 FD 的右边均为单属性。

第二步：在 G 的每个 FD 中消除左边冗余的属性。

第三步：在 G 中消除冗余的 FD。

【例 8-3】设 F 是关系模式 R（ABC）的 FD 集，$F = \{A \to BC, B \to C, A \to B, AB \to C\}$，试求 F_{min}。

解：① 先将 F 中的 FD 写成右边为单属性形式：

$$F = \{A \to B, A \to C, B \to C, A \to B, AB \to C\}$$

删除上式中重复的 $A \to B$，得 $F = \{A \to B, A \to C, B \to C, AB \to C\}$。

② F 中的 $A \to C$ 可以由 $A \to B$ 和 $B \to C$ 推出，因此可以删除冗余的 $A \to C$，得 $F = \{A \to B, B \to C, AB \to C\}$。

③ F 中 $AB \to C$ 可以从 $B \to C$ 推出，因此可以删除冗余的 $AB \to C$，最后得到 $F = \{A \to B, B \to C\}$，即所求的 F_{min}。

在算法 8-2 中，操作步骤的顺序很重要，不能颠倒，否则就可能消除不了 FD 中左边冗余的属性。

8.3 模式分解

模式分解是将组织中的函数依赖高级逐步分解细化的过程。在模式分解中，用一组其他函数依赖集描述一个函数依赖集。模式分解就是将模式分解到最小，将数据转换为规范格式以避免冗余。关系模式 R 的分解就是用两个或两个以上关系来替换 R。分解后的关系模式的属性集都是 R 中属性的子集，其并集与 R 的属性集相同。模式分解帮助消除不良设计中的一些问题，如冗余、不一致或异常。

8.3.1 模式分解问题

由函数依赖可以引起的更新异常问题，同样，多值依赖和连接依赖也会引起类似的问题。解决这些问题的途径就是按照“一事一地”的原则，对关系模式进行分解，使之表达的语义概念单纯化。

【定义 8-11】设有关系模式 $R(U)$，属性集为 U，若用一关系模式的集合 $\{R_1(U_1), R_2(U_2), \cdots, R_k(U_k)\}$ 来取代，其中 $U = \bigcup_{i=1}^{k} U_i$，则称此关系模式的集合为 R 的一个分解，以 $\rho = \{R_1, \cdots, R_k\}$ 表示。

一般把上述的 R 称为泛关系模式，R 对应的当前值 r 称为泛关系。数据库模式 ρ 对应的当前值 σ 称为数据库实例，它是由数据库模式中的每一个关系模式的当前值组成，用 $\sigma = < r_1, \cdots, r_2 >$ 表示。但这里就有两个问题：

σ 和 r 是否等价，即是否表示同样的数据。这个问题用**“无损分解”**特性表示。

在模式 R 上有一个 FD 集 F，在 ρ 的每一个模式 R_i 上有一个 FD 集 F_i，那么 $\{F_1, \cdots, F_k\}$ 与 F 是否等价。这个问题用**“保持依赖”**特性表示。

8.3.2 无损分解

一个关系表被分解成两个或两个以上的小表，通过连接被分解后的小表可以获得原始表的内容，则称为无损连接分解。将 R（X, Y, Z）分解成 R_1（X, Y）和 R_2（X, Z），如果 X 是 R_1 和 R_2 的共同属性或属性集，且存在函数依赖集 $F = \{X \to Y, X \to Z\}$，则该分解是无损的。

所有的模式分解必须是无损的。无损中的损是指信息丢失。无损连接分解总是关于特定函数依赖集 F 定义的。

【例 8-4】设有关系模式 $R(ABC)$，分解成 $\rho=\{AB,AC\}$。

① 图 8.4(a)是 R 上的一个关系 r，(b)和(c)是 r 在模式 AB 和 AC 上的投影 r_1 和 r_2。显然，此时有 $r_1 \bowtie r_2 = r$。也就是在 r 投影、连接后仍然能恢复成 r，即未丢失信息。这种分解称为“无损分解”。

r	A	B	C
	1	1	1
	1	2	1

(a)

r_1	A	B
	1	1
	1	2

(b)

r_2	A	C
	1	1

(c)

图 8.4　未丢失信息的分解

② 图 8.5 的(a)是 R 上的一个关系 r，(b)和(c)是 r 在模式 AB 和 AC 上的投影 r_1 和 r_2，(d)是 $r_1 \bowtie r_2$。此时 $r_1 \bowtie r_2 \neq r$，也就是 r 在投影、连接后比原来 r 的元组还要多（增加了噪声），但把原来的信息丢失了。这种分解是不希望产生的，被称为“损失分解”。

实际上，分解是否具有无损性与函数依赖有直接关系。

r	A	B	C
	1	1	4
	1	2	3

(a)

r_1	A	B
	1	1
	1	2

(b)

r_2	A	C
	1	4
	1	3

(c)

$r_1 \bowtie r_2$	A	B	C
	1	1	4
	1	1	3
	1	2	4
	1	2	3

(d)

图 8.5　丢失信息的分解

【定义 8-12】设 R 是一个关系模式，F 是 R 上的一个 FD 集。R 分解成数据库模式 $\rho=\{R_1,\cdots,R_k\}$。如果对 R 中满足 F 的每一个关系 r，有：

$$r=\pi_{R_1}(r)\bowtie\pi_{R_2}(r)\bowtie\cdots\bowtie\pi_{R_k}(r)$$

那么称分解 ρ 相对于 F 是“无损连接分解”（Lossless Join Decomposition），简称为“无损分解”；否则，称为“损失分解”（Lossy Decomposition）。

其中符号 $\pi_{R_i}(r)$ 表示关系 r 在模式 R_i 属性上的投影。R 的投影连接表达式 $r=\pi_{R_1}(r)\bowtie\cdots\bowtie\pi_{R_2}(r)$，$m_\rho(r)=\bowtie\pi_{R_i}(r)$，即 $m_\rho(r)=\bowtie\pi_{R_i}(r)$。

r 和 $m_\rho(r)$ 之间的联系可用下面的定理表示。

【定理 8-7】设 $\rho=\{R_1,\cdots,R_k\}$ 是关系模式 R 的一个分解，r 是 R 的任一关系，$r_i=\prod R_i(r)$，则有：

① $r\subseteq m_\rho(r)$；

② 如果 $s=m_\rho(r)$，则 $\prod R_i(s)=r_i$；

③ $m_\rho(m_\rho(r))=m_\rho(r)$，这个性质称为幂等性（Idempotent）。

证明：

① 任取 $t\in r$，则 $t[R_i]\in r_i(i=1,2,\cdots,k)$。在进行 $\bowtie_{i=1}^{k}\prod R_i(r)$ 连接时，$t[R_1]$，$t[R_2]$，…，$t[R_k]$ 本来取自 t 在 R_i 上的投影，必然互相匹配，拼接成元组 t，故 $t\in m_\rho(r)$。既然 $t\in r$，则 $t\in m_\rho(r)$，故 $r\subseteq m_\rho(r)$。

② 由①可知，$r\subseteq s$，$\prod R_i(r)\subseteq\prod R_i(s)$，或 $r_i\subseteq\prod R_i(s)$。现只需证明 $\prod R_i(s)\subseteq r_i$。

任取$u\in\prod_{R_i}(s)$，则必有$t_s\in s$，使$t_s[R_i]=u$。但$s=\Join_{i=1}^{k} r_i$，故$t_s[R_i]\in r_i(i=1,2,\cdots,k)$，即$u\in r_i$。如上所证，若$u\in\prod_{R_i}(s)$，则$u\in r_i$，故$\prod_{R_i}(s)\subseteq r_i$。由上可知，$\prod_{R_i}(s)=r_i$。

③ 由于$\prod_{R_i}(s)=r_i$，可得$m_\rho(m_\rho(r))=m_\rho(s)=\Join_{i=1}^{k}\prod_{R_i}(s)=\Join_{i=1}^{k} r_i=m_\rho(r)$。证毕。

由上述定理可得出下面的结论：

- 如果$r\neq m_\rho(r)$，则ρ不是无损分解。
- 将r分解后再连接时，如果ρ不是无损分解，则所得结果的元组数总比原来的多。所谓"有损"就损在出现多余的元组上。

由上述定理的②可知，用投影后的关系$r_i(i=1,2,\cdots,k)$进行连接，即对r进行$m_\rho(r)$变换，所得s可满足条件$\prod_{R_i}(s)=r_i$。但是必须注意，如果r_i不是r的投影，而是独立的关系，则一般说来，连接后的关系s不满足条件$\prod_{R_i}(s)=r_i$，而是$\prod_{R_i}(s)\subseteq r_i$。这可由下例看出。

【例 8-5】设有两关系模式R_1（AB）和R_2（BC），r_1，r_2为其值。若$r_1=\{a_1b_1\}$，$r_2=\{b_1c_1，b_2c_2\}$，则$s=r_1, r_2=\{a_1b_1c_1\}$，$\prod_{R_2}(s)=\{b_1c_1\}\subset r_2$。$r_2$中的元组$b_2c_2$由于在$r_1$中找不到匹配的对象而不出现在$s$中。这些通过连接而被淘汰的元组称为悬挂元组（Dangling Tuple）。

模式分解能消除数据冗余和操作异常现象，并能使数据库中存储悬挂元组，即存储泛关系中无法存储的信息。但是分解以后，检索操作需要做笛卡儿积或连接操作，这将付出时间代价。一般认为，为了消除冗余和异常现象，对模式进行分解是值得的。

在把关系模式R分解成ρ以后，如何测试分解ρ是否是无损分解？下面的"追踪"（Chase）算法可以用于测试一个分解是不是无损分解。

【算法 8-3】无损分解的测试算法。

输入：关系模式$R(A_1,\cdots,A_n)$；

R上成立的函数依赖集F;

R上的分解$\rho=\{R_1,\cdots,R_k\}$。

输出：ρ相对于F是否无损分解。

方法：

① 构造一张k行n列的矩阵表格，每列对应一个属性A_j，每行对应一个模式R_i。如果A_j在R_i中，那么在表格的第i行第j列处填上符号a_j；否则填上b_{ij}。

② 把表格看成模式R的一个关系，反复检查F中每个FD在表格中是否成立。若不成立，则修改表格中的值。修改方法如下。

对于F中一个FD $X\to Y$，如果表格中有两行在X值上相等，在Y值上不相等，那么把这两行在Y值上也改成相等的值。如果Y值中有一个是a_j，那么另一个也改成a_j；如果没有a_j，那么用其中一个b_{ij}替换另一个值(尽量把下标ij改成较小的数)，一直到表格不能修改为止(这个过程称为Chase过程)。

③ 若修改的最后一张表格中有一行是全a，即$a_1,a_2\cdots,a_n$，那么称ρ相对于F是无损分解，否则称损失分解。

【例 8-6】设关系模式$R(ABCDE)$，$\rho=\{R_1(AD),R_2(AB),R_3(BE),R_4(CDE),R_5(AE)\}$是$R$的一个分解。如果$R$上有函数依赖集$F$=\{$A\to C$，$B\to C$，$C\to D$，$DE\to C$，$CE\to A$\}，试判断$\rho$是否为无损分解。

解：对于F，Chase过程中M矩阵的修改见表8.3。

先构造初始矩阵M见表8.3(a)，然后按下列次序反复检查和修改M。

$A\to C$

$b_{13},b_{23},b_{53}\to b_{13}$

$B \to C$

$b_{13}, b_{33} \to b_{13}$

$C \to D$

$a_4, b_{24}, b_{34}, b_{54} \to a_4$

$DE \to C$

$a_3, b_{13} \to a_3$（该列其余行的 b_{13} 都须改成 a_3，以保持它们的一致性）

$CE \to A$

$b_{31}, b_{41}, a_1 \to a_1$

表 8.3　Chase 过程中矩阵的修改

(a)

	A	B	C	D	E
R_1	a_1	b_{12}	b_{13}	a_4	b_{15}
R_2	a_1	a_2	b_{23}	b_{24}	b_{25}
R_3	b_{31}	a_2	b_{33}	b_{34}	a_5
R_4	b_{41}	b_{42}	a_3	a_4	a_5
R_5	a_1	b_{52}	b_{53}	b_{54}	a_5

(b)

A	B	C	D	E
a_1	b_{12}	b_{13}	a_4	b_{15}
a_1	a_2	b_{13}	b_{24}	b_{25}
b_{31}	a_2	b_{13}	b_{34}	a_5
b_{41}	b_{42}	a_3	a_4	a_5
a_1	b_{52}	b_{13}	b_{54}	a_5

(c)

A	B	C	D	E
a_1	b_{12}	a_3	a_4	b_{15}
a_1	a_2	a_3	a_4	b_{25}
a_1	a_2	a_3	a_4	a_5
a_1	b_{42}	a_3	a_4	a_5
a_1	b_{52}	a_3	a_4	a_5

再进行下去，M 将无任何改变，检查和修改到此结束。最后的 M 见表 8.3(c)。从中可以看出，第 3 行都是 a，故 ρ 是无损分解。

算法 8-3 是一个普遍的算法，无论一个关系模式分解为多少个关系模式，都可以用此算法进行检验。如果一个关系模式只分解为两个关系模式时，可以使用下面更简单的方法检验。

【定理 8-8】 设 $\rho=\{R_1(U_1),R_2(U_2)\}$ 是关系模式 R（U）的一个分解，则 ρ 是无损分解的充分必要条件是：

$$(U_1 \cap U_2) \to (U_1 - U_2) \text{ 或 } (U_1 \cap U_2) \to (U_2 - U_1)$$

这个定理的证明可以用算法 8-3 的 Chase 过程来实现。

【例 8-7】 医生关系模式 R（Dno，Dlevel，Dsal）的属性分别表示医生编号、职称等级和工资，R 上函数依赖集 F={Dno → Dlevel，Dlevel → Dsal}。若 R_1(Dno, Dlevel) 和 R_2(Dlevel, Dsal) 为 R 的一个模式分解，试证 $\rho=\{R_1,R_2\}$ 是 R 的无损分解。

证明：

令 $U_1=\{\text{Dno},\text{Dlevel}\}$，$U_2=\{\text{Dlevel},\text{Dsal}\}$。

则 $U_1 \cap U_2=\{\text{Dlevel}\}$，$U_1-U_2=\{\text{Dno}\}$，$U_2-U_1=\{\text{Dsal}\}$。

因为 Dlevel $\not\to$ Dno，故 $(U_1 \cap U_2) \not\to (U_1-U_2)$。

因为 Dlevel → Dsal，故 $(U_1 \cap U_2) \to (U_2-U_1)$。

上述两条件有一条成立，故 ρ 是无损分解。

【定理 8-9】 如果 FD $X \to Y$ 在模式 R 上成立，且 $X \cap Y=\phi$，那么 R 分解成 $\rho=\{R-Y, XY\}$ 是无损分解。

这个定理也可用算法 8-3 的 Chase 过程来证明。

8.3.3　保持函数依赖的分解

模式分解的另一个特性是分解的过程中能否保持函数依赖集。如果不能保持函数依赖，那么数据的语义就会出现混乱。分解要保持函数依赖，因为函数依赖集 F 中的每一个函数依赖都代表数据库的一个约束。如果模式分解不保持函数依赖，那么在模式分解中就会丢失一些依赖。

【定义 8-13】设 F 是属性集 U 上的 FD 集，Z 是 U 的子集，F 在 Z 上的投影用 $\pi_z(F)$ 表示，定义为：$\pi_z(F)=\{X\to Y \mid X\to Y\in F^+, \text{且 } XY\subseteq Z\}$。

【定义 8-14】设 $\rho=\{R_1,\cdots,R_k\}$ 是 R 的一个分解，F 是 R 上的 FD 集，如果有 $\bigcup\limits_{i=1}^{k}\prod R_i(F)\vdash F$，那么称分解 ρ 保持函数依赖集 F。

从投影的定义可知 $F\vdash\bigcup\limits_{i=1}^{k}\prod R_i(F)$，从保持函数依赖的定义可知 $\bigcup\limits_{i=1}^{k}\prod R_i(F)\vdash F$。因此，在分解 ρ 保持依赖集情况下有 $(\bigcup\limits_{i=1}^{k}\prod R_i(F))^+=F^+$。

根据投影的定义，测试一个分解是否保持 FD，比较可行的方法是逐步验证 F 中每个 FD 是否被 $\bigcup\limits_{i=1}^{k}\prod R_i(F)$ 逻辑蕴涵。

如果 F 的投影不蕴涵 F，而又用 $\rho=\{R_1,\cdots,R_k\}$ 表达 R，很可能会找到一个数据库实例 σ 满足投影后的依赖，但不满足 F。对 σ 的更新也有可能使 r 违反 FD。下面的例子说明了这种情况。

【例 8-8】设医生关系模式 R（Dno，Dlevel，Dsal）的属性分别表示医生编号、职称等级和工资数目。假设每位医生只有一个职称级别，每个职称级别只有一个工资数目。那么，R 上函数依赖集 F={Dno →Dlevel，Dlevel →Dsal}。

如果将 R 分解成 $\rho=\{R_1(\text{Dno,Dlevel}), R_2(\text{Dno,Dsal})\}$，可以验证这个分解是无损分解。

R_1 上的函数依赖是 F_1={Dno→ Dlevel}，R_2 上的函数依赖是 F_2={Dno→ Dsal}。但是从这两个函数依赖推导不出在 R 上成立的函数依赖 Dlevel→ Dsal。因此分解 ρ 把函数依赖 Dlevel→ Dsal 丢失了，即 ρ 不保持 F。

【算法 8-4】保持函数依赖的测试算法。

输入：分解 $\rho=\{R_1,R_2,\cdots,R_k\}$ 和函数依赖集 F。

输出：ρ 是否保持 F。

方法：令 $G=\bigcup\limits_{i=1}^{k}\prod U_i(F)$。

为了检验 G 是否覆盖 F，可对 F 中的每一函数依赖进行下列检查。

计算 X 关于 G 的闭包 X^+，并检查 Y 是否包含在 X^+ 中。为了计算 X^+，不必求出 G，可以分别地、反复地计算 $\prod U_i(F)(i=1,2,\cdots,k)$ 对 X^+ 所增加的属性。这可以用下面的算法：

```
Z=X;
while Z 有所改变 do {
    for i=1 to k do {
        Z=Z∪((Z∩Ui)+∩Ui);
    }
}
```

$Z\cap U_i$ 是 Z 中与 R_i 有关的属性。$(Z\cap U_i)^+$ 是 $Z\cap U_i$ 关于 F 的闭包。$(Z\cap U_i)^+\cap U_i$ 是 $\prod U_i(F)$ 对 X^+ 所增加的属性。经过反复计算，直至 Z 不变为止。最终的 Z 就是关于 G 的闭包 X^+。如果 $Y\subseteq X^+$，则 $X\to Y\in G^+$。

如果对 F 中所有函数依赖经检查都属于 G^+，则 ρ 保持函数依赖，否则 ρ 不保持函数依赖。

【例 8-9】设有关系模式 R（$ABCD$），F={$A\to B$，$B\to C$，$C\to D$，$D\to A$}，试判别分解 $\rho=\{R_1(AB),R_2(BC),R_3(CD)\}$ 是否保持函数依赖。

解：$\prod U_1(F)=\{A\to B\}$，$\prod U_2(F)=\{B\to C\}$，$\prod U_3(F)=\{C\to D\}$，F 的前 3 个函数依赖已经明显地在 G 中，只要验证 $D\to A$ 是否为 G 所覆盖。

令 $Z=\{D\}$ 作为 Z 的初始值。

第 1 趟：

$i=1$

$Z\cap U_1=\{D\}\cap\{A,B\}=\Phi$，$Z$ 不变

$i=2$

$Z\cap U_2=\{D\}\cap\{B,C\}=\Phi$，$Z$ 不变

$i=3$

$$Z\cap U_3=\{D\}\cap\{C,D\}=\{D\}$$

$$\begin{aligned}Z&=\{D\}\cup(\{D\}^+\cap\{C,D\})\\&=\{D\}\cup(\{A,B,C,D\}\cap\{C,D\})\\&=\{C,D\}\end{aligned}$$

第 2 趟：

$i=1$

$Z\cap U_1=\{C,D\}\cap\{A,B\}=\Phi$，$Z$ 不变

$i=2$

$$Z\cap U_2=\{C,D\}\cap\{B,C\}=\{C\}$$

$$\begin{aligned}Z&=\{C,D\}\cup(\{C\}^+\cap\{B,C\})\\&=\{C,D\}\cup(\{A,B,C,D\}\cap\{B,C\})\\&=\{B,C,D\}\end{aligned}$$

$i=3$

$$Z\cap U_3=\{B,C,D\}\cap\{C,D\}=\{C,D\}$$

$$\begin{aligned}Z&=\{B,C,D\}\cup(\{C,D\}^+\cap\{C,D\})\\&=\{B,C,D\}\cup(\{A,B,C,D\}\cap\{C,D\})\\&=\{B,C,D\}\text{，Z不变}\end{aligned}$$

第 3 趟：

$i=1$

$$Z\cap U_1=\{B,C,D\}\cap\{A,B\}=\{B\}$$

$$\begin{aligned}Z&=\{B,C,D\}\cup(\{B\}^+\cap\{A,B\})\\&=\{B,C,D\}\cup(\{A,B,C,D\}\cap\{A,B\})\\&=\{A,B,C,D\}\end{aligned}$$

Z 已经等于全部属性的集合，不可能再发生变化，故 $\{D\}^+=\{A,B,C,D\}$。因为 $\{A\}\subseteq\{A,B,C,D\}$，故 $D\to A$ 属于 G^+，即 ρ 可保持依赖。值得注意的是，D，A 两属性虽然不同时出现在任何分解的关系中，但 G（$D\to A$），故仍保持依赖。

如果某个分解能保持函数依赖集，那么在数据输入或更新时，只要每个关系模式本身的函数依赖约束被满足，就可以确保整个数据库中的语义完整性不被破坏。显然这是一种良好的特性。

8.3.4 模式分解与模式等价问题

本节讨论的关系模式分解的两个特性实际上涉及两个数据库模式的等价问题，这种等价包括数据等价和依赖等价两个方面。数据等价是指两个数据库实例应表示同样的信息内容，用“无损分解”衡

量。如果是无损分解，那么对泛关系反复的投影和连接都不会丢失信息。依赖等价是指两个数据库模式应有相同的依赖集闭包。在依赖集闭包相等情况下，数据的语义是不会出错的。违反数据等价或依赖等价的分解很难说是一个很好的设计模式。

但是要同时达到无损分解和保持函数依赖的分解也不是一件容易的事情，需要认真对待。下面的例子表示关系模式 R（ABC）在不同函数依赖集上即使对同样的分解也会产生不同的结果。

【例 8-10】设关系模式 $R(ABC)$，$\rho=\{AB,AC\}$ 是 R 的一个分解。试分析分别在 $F_1=\{A\to B\}$，$F_2=\{A\to C,B\to C\}$，$F_3=\{B\to A\}$，$F_4=\{C\to B,B\to A\}$ 情况下，ρ 是否具有无损分解和保持 FD 的分解集。

解：① 相对于 $F_1=\{A\to B\}$，分解 ρ 是无损分解且保持 FD 的分解。

② 相对于 $F_2=\{A\to C,B\to C\}$，分解 ρ 是无损分解，但不保持 FD 集。因为 $B\to C$ 丢失了。

③ 相对于 $F_3=\{B\to A\}$，分解 ρ 是损失分解但保持 FD 集的分解。

④ 相对于 $F_4=\{C\to B,B\to A\}$，分解 ρ 是损失分解且不保持 FD 集的分解（丢失了 $C\to B$）。

从上例可以看出模式分解的无损分解与保持 FD 的分解两个特性之间没有必然的联系。

8.4 规范化

范式（NF，Normal Forma）是一种关系的状态，也是衡量关系模式好坏的标准。范式的种类与数据依赖有着直接的联系。在关系模式中存在函数依赖时就有可能存在数据冗余，引出数据操作异常现象。如表 8.1 给出了一个存在冗余数据的就诊关系模式 R（Dname, Dlevel, Dsal, Pname, Fsum）。R 不是一个好的设计，在名为罗晓和杨勋的医生所在的行存在冗余信息（重复存储的职称和工资）。数据冗余不仅浪费存储空间，而且会使数据库难以保持数据的一致性。范式可以用于确保数据库模式中没有各种类型的异常和不一致性。为了确定一个特定关系是否符合范式要求，需要检查关系中属性间的函数依赖，而不是检查关系中的当前实例。

规范化是把一组由异常的关系分解成更小的、结构良好的关系的过程，使得这些关系有最小的冗余或没有冗余。规范化是决定关系中属性如何分组的一个形式化过程。规范化给设计者提供了对关系中的属性进行系统、科学的划分的过程。有了规范化，对数据库中存储的数据值的更改都可以通过最少的更新操作来实现。

8.4.1 第一范式（1NF）

在任何一个关系数据库中，第一范式（1NF）是对关系模式的基本要求。不满足第一范式的数据库就不是关系数据库。

【定义 8-15】在关系模式 R 的每个关系 r 中，如果每个属性值都是不可再分的原子值，那么称 R 是第一范式（1NF）的模式。

在 1NF 中，所有的域都是简单的，每个简单域中所有元素都是原子的。关系模式中每个元组的每个属性只有一个值，也不存在重复的元组。因此，1NF 不允许每个元组的每个属性对应一组值、一行值或两个值的组合。

简单地说，1NF 中不允许出现“表中有表”的现象。1NF 是关系模式应具有的最起码的条件。满足 1NF 的关系称为规范化的关系，否则称为非规范化的关系。关系数据库研究的关系都是规范化的关系。

例如，就诊关系模式 R（Dno, Pno, Dlevel, Dsal, Fsum）中每个属性都不可再分，因此 R 满足 1NF。但在医生关系模式 D（Dno, Dname, Dresume）中，如果 Dresume 包括工作单位和工作时间两列信息，在某个医生可能曾经工作过多个单位而出现多值，则 D 不满足 1NF。将 D 修改为 D1（Dno, Dname, Dorganise, Ddate），则 D1 就满足了 1NF。

8.4.2　第二范式（2NF）

如果关系模式中存在部分函数依赖，那么它就不是一个好的关系模式，因为它很可能出现数据冗余和操作异常现象。因此，需要对这样的关系模式进行分解，以排除局部函数依赖，使模式达到 2NF 的标准。

【定义 8-16】 如果关系模式 $R\in$1NF，且每个非主属性（不是组成主键的属性）完全函数依赖于候选码，那么称 R 属于 2NF 的模式。

满足 2NF 的关系模式中的属性都不函数依赖于复合主键的一部分。2NF 是基于完全函数依赖的，只有在主键是复合属性下才可能不符合 2NF。2NF 是通往更高范式的中间步骤，它消除了 1NF 存在的部分问题。

【例 8-11】 设有关系模式 R（Dno, Pno, Dlevel, Dsal, Fsum)的属性分别表示医生编号、患者编号、医生职称级别、医生工资和诊疗费用。(Dno, Pno）是 R 的候选码。

R 上有两个 FD：（Dno, Pno）→（Dlevel, Dsal）和 Dno→（Dlevel, Dsal）。因为前面一个 FD 是局部依赖，所以 R 不是 2NF，此时 R 会出现冗余和异常。例如，某位医生为 N 个病人看病，则在关系中会出现 N 个元组，而医生的职称级别和工资就会重复 N 次。

如果将 R 分解为 R_1（Dno, Dlevel, Dsal）和 R_2（Dno, Pno, Fsum）后，局部依赖（Dno, Pno）→（Dlevel, Dsal）就消失了，R_1 和 R_2 都是 2NF 了。

在关系模式 R 中消除非主属性对候选码的局部依赖可以用下面的算法表示。

【算法 8-5】 将关系模式 R 分解成 2NF 模式子集。

设有关系模式 $R(U)$，主键是 W，R 上还存在函数依赖 $X\rightarrow Z$，其中 Z 是非主属性和 $X\subset W$，则 $W\rightarrow Z$ 就是一个局部依赖。此时应该把 R 分解成两个模式：

① R_1（XZ），主键是 X；

② R_2（$U–Z$），主键仍为 W，外键是 X（参考 R_1）。

利用外键和主键的连接可以从 R_1 和 R_2 重新得到 R。

如果 R_1 和 R_2 还不是 2NF，则重复上述过程，一直到数据库模式中每一个关系模式都是 2NF 为止。

8.4.3　第三范式（3NF）

【定义 8-17】 如果关系模式 $R\in$1NF，且每个非主属性都不传递依赖于 R 的候选码，那么称 R 属于 3NF 模式。

在 3NF 中，关系模式是由主键和一组相互独立的非主属性组成的。它满足两个条件：① R 中的非主属性相互独立；② R 中的非主属性函数依赖于主键。

【例 8-12】 在上例中，R_2 是 2NF 模式，而且也是 3NF 模式。但是 R_1（Dno, Dlevel, Dsal）是 2NF 模式，但不一定是 3NF。因为如果 R_1 中存在函数依赖 Dno→Dlevel 和 Dlevel→Dsal，那么 Dno→Dsal 就是一个传递依赖，即 R_1 不是 3NF 模式。此时 R_1 的关系也会出现冗余和异常。例如，R_2 中存在 M 个职称同为主任级别的医生，则 R_1 中需要重复存储 M 个相同的工资数目。

如果将 R_1 分解为 R_{11}（Dno, Dlevel）和 R_{12}（Dlevel, Dsal）后，Dno→Dsal 就不会出现在 R_{11} 和 R_{12} 中，因此 R_{11} 和 R_{12} 都是 3NF 模式。

在关系模式中消除非主属性对候选键传递依赖的方法可以用下列算法表示。

【算法 8-6】 将关系模式 R 分解为 3NF 模式集。

设关系模式 R（U），主键是 W，R 上还存在 FD $X\rightarrow Z$，其中 Z 是非主属性，$Z\not\subseteq X$ 且 X 不是候选键，这样 $W\rightarrow Z$ 就是一个传递依赖。此时应把 R 分解成两个模式：

① R_1（XZ），主键是 X；

② R_2（Y），其中 $Y=U-Z$，主键仍是 W，外键是 X（参考 R_1）。

利用外键和主键相匹配机制，R_1 和 R_2 通过连接可以重新得到 R。

如果 R_1 和 R_2 还不是 3NF，则重复上述过程，一直到数据库模式中每一个关系模式都是 3NF 为止。

局部依赖的存在必定蕴涵着传递依赖的存在，因此有下面的定理。

【定理 8-10】 如果 R 是 3NF 模式，那么 R 也是 2NF 模式。

证明： 只要证明模式中局部依赖的存在蕴涵着传递依赖即可。设 A 是 R 的一个非主属性，K 是 R 的一个候选键，且 $K\rightarrow A$ 是一个局部依赖，那么 R 中必存在某个 $K'\subset K$，有 $K'\rightarrow A$ 成立。由于 A 是非主属性，因此 $A\cap KK'=\phi$。从 $K'\subset K$，可知 $K'\nrightarrow K$，但 $K\rightarrow K'$ 成立。因而从 $K\rightarrow K'$ 和 $K'\rightarrow A$ 可知 $K\rightarrow A$ 是一个传递依赖。

局部依赖和传递依赖是关系模式产生数据冗余和异常的两个重要原因。由于 3NF 模式中不存在非主属性对候选键的局部依赖和传递依赖，因此 3NF 消除了很大一部分存储异常，具有较好的性能。而对于非 1NF、1NF 和 2NF 的关系模式，由于它们的性能较差，通常不宜作为数据库模式，需要将这些关系模式变换为 3NF 或更高级的范式。这种变换过程称为“关系的规范化处理”。

【定理 8-11】 设关系模式 R，当 R 上每一个函数依赖 $X\rightarrow A$ 满足下列 3 个条件之一时：

① $A\in X$（即 $X\rightarrow A$ 是一个平凡的函数依赖）；

② X 是 R 的超码；

③ A 是主属性。

关系模式 R 就是 3NF 模式。

如果上面 3 个条件都不成立，那么对于 $X\rightarrow A$，就有 A 不是主属性且 X 不是超码。这时若设 W 是候选码，就有 $W\rightarrow X$，$X\rightarrow A$，因此 $W\rightarrow A$ 是一个传递依赖，即非主属性 A 传递依赖于 R 的候选码 W。

根据上述定理，3NF 也可以定义为：设 F 是关系模式 R 的函数依赖集，如果对 F 中每个非平凡的函数依赖 $X\rightarrow Y$，都有 X 是 R 的超码，或者 Y 的每个属性都是主属性，那么称 R 是 3NF 的模式。

如果非平凡的函数依赖 $X\rightarrow Y$，X 不包含超码（并且 Y 不是主属性），那么 Y 必传递依赖于候选码，因此 R 不是 3NF 模式。

8.4.4 BC 范式（BCNF）

在 3NF 模式中，并未排除主属性对候选键的传递依赖，因此有必要提出更高一级的范式。

BC 范式（BCNF，Boyce-Codd Normal Form）是由 Boyce 与 Codd 提出的，比上述的 3NF 又进了一步，通常认为 BCNF 是修正的第三范式，有时也称为扩充的第三范式。

【定义 8-18】 如果关系模式 $R\in$1NF，且每个属性都不传递依赖于 R 的候选码，那么称 R 是 BCNF 的模式。

由 BCNF 的定义可以得到以下结论，一个满足 BCNF 的关系模式有：

① 所有非主属性对每一个码都是完全函数依赖；

② 所有的主属性对每一个不包含它的码，也是完全函数依赖；

③ 没有任何属性完全函数依赖于非码的任何一组属性。

由于 $R\in$3NF，按定义排除了任何属性对码的传递依赖与部分依赖，所以 $R\in$3NF，因此有下面的定理。

【定理 8-12】如果 R 是 BCNF 模式，那么 R 也是 3NF 模式。

证明： 设 R 是 BCNF，但不是 3NF，那么 R 上必存在传递依赖 $X\rightarrow Y$，$Y\rightarrow A$，这里 X 是 R 的码，A 不属于 Y，X 不函数依赖于 Y。显然 Y 不包含 R 的码，否则，$Y\rightarrow X$ 也成立。因此，$Y\rightarrow A$ 违反了 BCNF 的定义，与假设 R 是 BCNF 矛盾。证毕。

但是，若 $R\in$3NF，则 R 未必属于 BCNF。

【例 8-13】设有关系模式 R（Bno, Bname, Author）的属性分别表示书号、书名和作者名。假如每个书号只有一个书名，但不同的书号可以有相同的书名；每本书可以有多个作者合写，但每个作者参与编著的书名应该互补相同。R 上的 FD 如下：

Bno → Bname 和（Bname, Author）→ Bno

因此，R 的关键码是（Bno, Author）或（Bname, Author），因而模式 R 的属性都是主属性，R 是 3NF 模式。但从上述两个 FD 可知，属性 Bname 传递依赖于关键码（Bname，Author），因此 R 不是 BCNF。例如，一本书由多个作者编写时，其书名与书号之间的联系在关系中将多次出现，会导致数据冗余和操作异常。

如果将 R 分解为 R_1（Bno, Bname）和 R_2（Bno, Author），则能够解决上述问题，且 R_1 和 R_2 都是 BCNF。但这样分解可能会导致新的问题。例如，这个分解把（Bname, Author）→ Bno 丢失了，数据语义将会引起新的矛盾。

【算法 8-7】将关系模式 R 无损分解成 BCNF 模式集。

对于关系模式 R 的分解 ρ（初始时 $\rho=\{R\}$），如果 ρ 中有一个关系模式 R_i 相对于 $\prod R_i(F)$ 不是 BCNF。R_i 中存在一个非平凡 FD $X\rightarrow Y$，有 X 不包含超码。此时把 R_i 分解成 XY 和 R_i-Y 两个模式。重复上述过程，一直到 ρ 中每一个模式都是 BCNF。

上述方法能保证把 R 无损分解成 ρ，但不一定能保证 ρ 能保持 FD。

【算法 8-8】将关系模式 R 无损分解且保持依赖地分解成 3NF 模式集。

① 对于关系模式 R 和 R 上成立的 FD 集 F，先求出 F 的最小依赖集，然后再把最小依赖集中那些左部相同的 FD 用合并性合并起来。

② 对最小依赖集中每个 FD $X\rightarrow Y$ 去构成一个模式(XY)。

③ 在构成的模式集中，如果每个模式都不包含 R 的候选码，那么把候选码作为一个模式放入模式集中。

这样得到的模式集是关系模式 R 的一个分解，并且这个分解是无损分解，又能保持 FD。

【例 8-14】设关系模式 R（$ABCDE$），R 的最小依赖集为$\{A\rightarrow B,\ C\rightarrow D\}$。从依赖集可知 R 的候选码为 ACE。

先根据最小依赖集，可知 $\rho=\{\text{AB, CD}\}$。然后再加入由候选码组成的模式 ACE。因此最后结果 $\rho=\{\text{AB,CD,ACE}\}$是一个 3NF 模式集。$R$ 相对于该依赖集是无损分解且保持函数。

3NF 和 BCNF 是在函数依赖的条件下对模式分解所能达到的分离程度的测度。一个数据库模式中的关系模式如果都属于 BCNF，那么在函数依赖范畴内，它已实现了彻底的分离，已消除了插入和删除的异常。3NF 的“不彻底性”表现在可能存在主属性对码的部分依赖和传递依赖。

8.4.5 模式设计的原则

满足范式要求的数据库设计是结构清晰的，同时可避免数据冗余和操作异常。这并意味着不符合范式要求的设计一定是错误的。

数据库设计者在设计和关系数据库时，应做权衡，尽可能使数据库模式保持最好的特性。一般尽可能设计成 BCNF 模式集。如果设计成 BCNF 模式时达不到保持函数依赖的特点，那么只能降低要求，设计成 3NF 模式集，以求达到保持函数依赖和无损分解的特点。

模式分级并不单指把泛关系模式分解成数据库模式，也可以把数据库模式转换成另一个数据库模式，分解和转换的关键是要“等价”地分解。一个好的模式设计方法应符合 3 条原则：表达性、分离性和最小冗余性。

表达性涉及两个数据库模式的等价问题，即数据等价和语义等价，分别用无损分解和保持依赖集来衡量。

分离性是指在关系中只存储有直接联系的属性值，而不要把有间接联系的属性值放在不同的表中。应该把有间接联系的属性值放在不同的表中。实际上“分离”就是清除冗余和异常现象。分离的基准是一系列范式。在分解成 BCNF 模式集时，分离与依赖等价有时是不兼容的。

最小冗余性要求分解后的模式个数和模式中属性总数应最少。目的是节省存储空间，提高操作效率，消除不必要的冗余。但要注意，实际使用时并不一定要达到最小冗余。因为有时带点冗余对提高查询速度是有好处的。

需要注意的是，一个关系模式分解可以得到不同关系模式集合，也就是说分解方法不是唯一的。最小冗余的要求必须以分解后的数据库能够表达原来数据库所有信息为前提来实现。其根本目标是节省存储空间，避免数据不一致性，提高对关系的操作效率，同时满足应用需求。实际上，并不一定要求全部模式都达到 BCNF 不可。有时故意保留部分冗余可能更方便数据查询。尤其对于那些更新频度不高，查询频度极高的数据库系统更是如此。

8.5 多值函数依赖与 4NF

8.5.1 多值函数依赖

函数依赖揭示了数据之间的一种联系。通过对函数依赖的观察和分析，有助于消除关系模式中的冗余现象。但是函数依赖还不足以描绘显示世界中数据之间的全部关系，有些联系需要用多值依赖来描述。

【例 8-15】就诊关系模式 R（Dno, Pno, Ptel）的属性分别表示医生编号、患者编号、患者电话号码。该模式描述了患者就诊的医生和患者的电话号码两种独立的信息。实例见表 8.4。在模式 R 中，不存在非平凡的函数依赖，关键码由 3 个属性组成。模式 R 已经是 BCNF，因此模式 R 不能根据函数依赖得到进一步的分解。但是模式 R 的关系中存在着数据冗余。例如，患者 p_1 看过两位医生 d_1 和 d_2，而患者 p_1 具有两个不同的电话号码 t_1 和 t_2，因此需要在表中存储 4 个元组。即每位患者去看一次医生，系统就需要存储多个元组（元组个数为该患者的电话号码个数）。

表 8.4 就诊模式 R 的多值实例

Dno	Pno	Ptel
d_1	p_1	t_1
d_1	p_1	t_2
d_2	p_1	t_1
d_2	p_1	t_2
d_3	p_2	t_1
d_3	p_2	t_2
d_3	p_2	t_3

如果将模式 R 分解为：

R_1（Dno, Pno）

R_2（Pno, Ptel）

则上述冗余就可以得到消除。产生这个问题的原因就是 Dno 与 Ptel 之间的联系不是直接的联系，而是间接的联系。把有间接联系的属性放在一个模式中就会产生数据冗余和异常现象。

在模式 R 中，一位医生可以为多位患者看病（一对多的联系），一位患者可以有多个电话号码（一对多的联系），但是医生与患者电话之间没有直接的联系。

这种属性间的一对多联系称为多值依赖。

【定义 8-19】设 U 是关系模式 R 的属性集，X 和 Y 是 U 的子集，$Z=U-X-Y$，xyz 表示属性集 XYZ

的值。对于 R 的关系 r，在 r 中存在元组（x, y_1, z_1）和（x, y_2, z_2）时，也存在元组（x, y_2, z_1）和（x, y_1, z_2），那么称多值依赖（MVD，Multivalued Dependency）$X \to\to Y$ 在模式 R 上成立。

在上例中，模式 R 的属性值之间的一对多的联系可以用下列 MVD 表示：

Pno→ →Dno

Pno→ →Ptel

8.5.2　FD 与 MVD 的推理规则集

关于 FD 和 MVD，已经找到一个完备的推理规则集，这个集合有 8 条规则，3 条是关于 FD 的，3 条是关于 MVD 的，还有 2 条是关于 FD 和 MVD 相互推导的规则。

设 U 是关系模式 R 上的属性集，W、V、X、Y、Z 为 U 的子集，关于 FD 和 MVD 的推理规则如下。

A1（FD 的自反性）：若 $Y \subseteq X$，则 $X \to Y$。

A2（FD 的增广性）：若 $X \to Y$，且 $Z \subseteq U$，则 $XZ \to YZ$。

A3（FD 的传递性）：若 $X \to Y$，$Y \to Z$，则 $X \to Z$。

A4（MVD 的补规则，Complementation）：若 $X \to\to Y$，则 $X \to\to (U-X-Y)$。

A5（MVD 的增广性）：若 $X \to\to Y$，且 $V \subseteq W \subseteq U$，则 $WX \to VY$。

A6（MVD 的传递性）：若 $X \to\to Y$，$Y \to\to Z$，则 $X \to\to (Z-Y)$。

A7（复制性，Replication）：若 $X \to Y$，则 $X \to\to Y$。

A8（结合性，Coalescence）：若 $X \to\to Y$，$Z \subseteq Y$，且存在 $W \subseteq U$ 有 $W \cap Y = \phi$ 和 $W \to Z$，那么 $X \to Z$。

像 A1～A3 的证明一样，可以用反证法证明规则 A4～A8 的正确性。

已经证明，推理规则 A1～A8 对于 FD 和 MVD 是完备的。和 FD 一样，也存在着平凡的 MVD。

8.5.3　4NF

4NF 是 BCNF 的直接推广。

【定义 8-20】 设 D 是关系模式 R 上成立的 FD 和 MVD 集合。如果 D 中的每个非平凡的 MVD $X \to\to Y$ 的左部 X 都是 R 的超码，那么 R 是 4NF 的模式。

【例 8-17】 在就诊模式 R（Dno, Pno, Ptel）中，码是（Dno, Pno, Ptel），在 MVD Pno→ →Dno 和 Pno→ →Ptel 的左部都未包含码，因此 R 不是 4NF 的模式。若将 R 分解为 R_1（Dno, Pno）和 R_2（Pno, Ptel），则 R_1 和 R_2 都是 4NF。

【定理 8-13】 关系模式 R 是 4NF 的模式，则 R 肯定是 BCNF 的模式。

8.6　连接依赖和 5NF

函数多值依赖定义为一个模式无损分解为两个模式。类似地，对于一个模式无损分解成 n 个模式的数据依赖，称为连接依赖。

【定义 8-21】 设 U 是关系模式 R 的属性集，$R_1, R_2, \cdots, R_n$ 是 U 的子集，并且满足 $U = R_1 \cup R_2 \cup \cdots \cup R_n$，$\rho = \{R_1, R_2, \cdots, R_n\}$ 是 R 的一个分解。如果对于 R 的每个关系 r 都有 $m_\rho(r) = r$，那么称连接依赖（Join Dependency，JD）在模式 R 上成立，记为 $*(R_1, R_2, \cdots, R_n)$。

【例 8-16】 设关系模式 R（DPM）的属性分别表示医生、患者和药品，表示医生给患者开具的处方关系。如果规定模式 R 的关系是三个二元投影（DP, PM, MD）的连接，而不是其中任何两个的连接。那么模式 R 中存在一个连接依赖 *(DP, PM, MD)。

模式 R 中存在这种连接依赖时，其关系也将存在冗余和异常现象。

【定义 8-22】 如果关系模式 R 的每个 JD 均由 R 的候选码蕴涵，那么称 R 是 5NF 的模式，有时也称投影连接范式（PJNF，Project-Join NF）。

连接依赖也是现实世界属性间联系的一种抽象，是语义的体现。但是它并不像 FD 和 MVD 的→语义那么直观，要判断一个模式是否为 5NF 比较困难。对于 JD，已经找到一些推理规则，但尚未找到完备的推理规则集。可以证明，5NF 的模式也一定是 4NF 的模式。

8.7 本章小结

模式规范化理论解决了如何设计关系模式问题。关系模式设计的好坏，直接影响到数据冗余度、数据一致性等问题。在数据库中，数据冗余是指同一个数据存储了多次。由于数据冗余将会引起各种操作异常，通过把模式分解成若干比较小的关系模式可以消除冗余。

关系模式在分解时应保持“等价”，有数据等价和语义等价两种，分别用无损分解和保持依赖两个特征来衡量。前者能保持泛关系在投影连接以后仍能恢复回来，而后者能保证数据在投影或连接中语义不会发生变化，也就是不会违反函数依赖的语义。但无损分解与保持依赖两者之间没有必然的联系。

不同级别之间的范式关系如下：

$$5NF \subseteq 4NF \subseteq BCNF \subseteq 3NF \subseteq 2NF \subseteq 1NF$$

8.8 习题

1．术语解释：函数依赖；部分函数依赖；完全函数依赖；传递函数依赖；1NF；2NF；3NF；BCNF。

2．有一个记录公民信息的关系，这个关系的属性有：人名、身份证号、居住城市、街道地址、邮编、地区代码和电话号码。这个关系有哪些函数依赖？

3．设有关系模式 R(A, B, C, D, E), F 是 R 上的函数依赖集，求与 F 等价的最小函数依赖集。（1）F = {AB→C, C→E, E→CD, C→D, AB→E}；（2）F = {BC→AD, D→E, A→DE, A→BC, AC→BD}；（3）F = {C→AB, AB→CE, A→C, B→C, E→D}。

4．设有关系模式 R（A, B, C, D, E），R 中属性均不可再分解，若只基于函数依赖进行讨论，试根据给定的函数依赖集 F，判定 R 最高属于第几范式。（1）F = {AB→C, AB→D, ABC→E}；（2）F = {AB→C, AB→D, AB → E}；（3）F = {AB→C, AB→E, A→D, BD→ACE}。

5．已知关系 R（A, B, C, D, E, F, G）上的函数依赖集 F = {AB→C, A→C, E→F, C→DE}，试将 R 分解成一组等价的 3NF 模式。

6．现有关系模式 R（A#, B#, C, D, E）其中 A＃B＃组合为码，R 上存在的函数依赖有 A#，B#→E，B#→C，C→D。

（1）该关系满足 2NF 吗？为什么？

（2）如果将关系模式 R 分解为：R1（A#, B#, E）和 R2（B#, C, D），指出关系模式 R1 和 R2 的码，并说明该关系模式最高满足第几范式（在 1NF～BCNF 之内）？

（3）试将关系模式 R 分解到 BCNF。

7．设有关系模式 R（A, B, C, D, E），F = {A→B, AB→C, AD→E}是 R 上的函数依赖集，试判定 R 的分解 ρ = {ABC, ADE}是否具有无损连接性。

8．设有关系模式 R（A, B, C, D, E），F = {A→C, B→DE, AD→B, C→D}是 R 上的函数依赖集，试判定 R 的分解 ρ = {AC, ADE, AB}是否具有函数依赖保持性。

9. 设有关系模式 R（A, B, C, D, E），F = {AB→C, C→E, A→CD}为 R 上的函数依赖集，试将 R 分解为 3NF，要求分解具有无损连接性和保持函数依赖性。

10. 设有关系模式：

运动员信息表（代表团编号,来自地区,运动员编号,运动员姓名,性别,项目编号,项目名,得分）

且有如下事实存在：一个代表团来自一个地区，有若干运动员；每一运动员有唯一编号；运动员姓名可重复；一个运动员可参与多个项目的比赛，每项比赛有一得分；每一项目名称唯一。

要求：

① 写出该模式上的一个最小函数依赖集。

② 根据上诉语义，分析该模式的主键，写出所有部分函数依赖和传递函数依赖关系。

③ 将系模式转化为满足第三范式的关系模式，要求分解具有无损连接性和保持函数依赖性。

第 9 章　数据库设计方法

数据库设计是指对于一个给定的应用环境，构造最优的数据库模式，建立数据库及其应用系统，有效存储数据，满足用户信息要求和处理要求的过程。

数据库应用系统的开发是一项软件工程，但又有它自身的特点，因此也称为“数据库工程”。一项数据库工程可以分为两个部分：一部分是作为系统核心的数据库模式的设计与实现；另一部分是相应的应用软件的设计与实现。本章主要研究前一部分的内容。

本章主要从数据库工程的角度讨论数据库设计和开发的基本过程和方法。

学习目标：

- 掌握数据库开发的生命周期
- 掌握数据库设计各阶段的主要工作内容
- 了解和掌握数据库设计的基本概念、设计原则与方法
- 应用数据库概念设计的方法和 E-R 图设计
- 应用数据库逻辑设计的方法

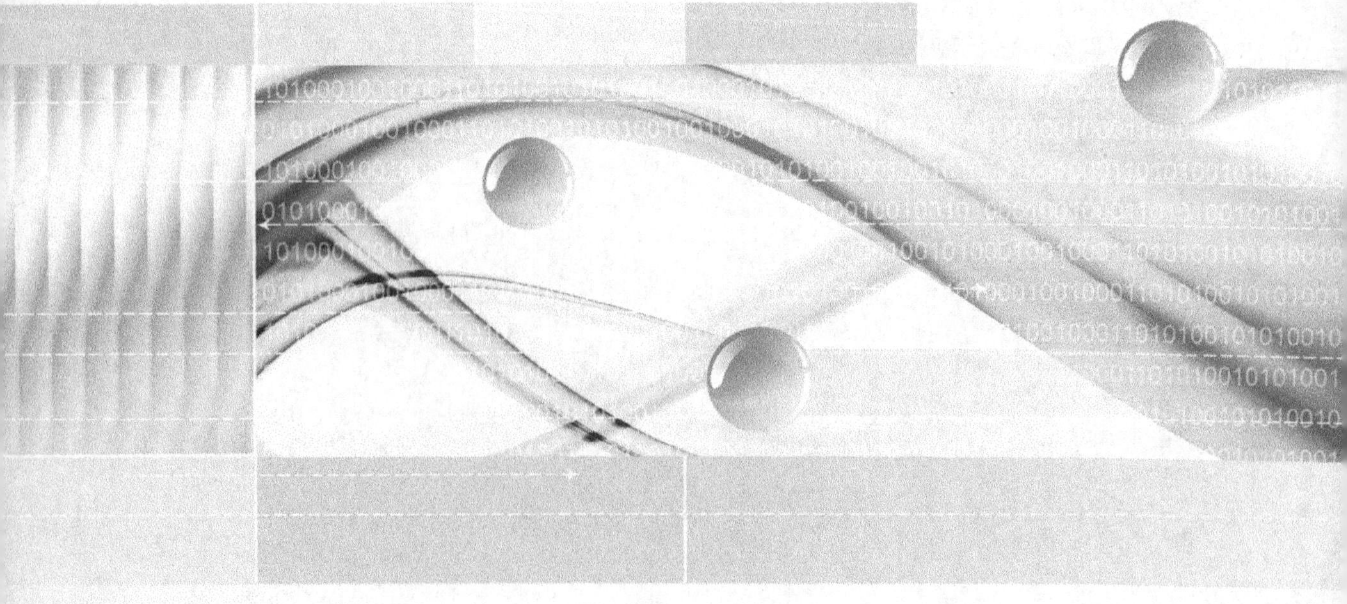

9.1　数据库设计概述

数据库设计是指根据用户需求研制数据库模式结构的过程。具体地说，它是指对于一个给定的应用环境，构造最优的数据库模式，建立数据库及其应用系统，使之能有效的存储数据，满足用户的信息要求和处理要求。换句话说，数据库设计是把现实世界中的数据，根据各种应用处理的要求，加以合理地组织，满足硬件和操作系统的特性，利用已有的 DBMS 来建立能够实现系统目标的数据库。

数据库提供对数据进行有组织和计划的存储、管理及检索。数据库使用表的方式来组织各种数据信息，每张表又包含了很多的数据行，每一行是数据库中的一条记录。分解来看，数据库就是采用单条记录实现对数据信息的表示和存储。但是，数据信息的存储并不是数据库的最终目的。数据库系统需要对这些记录实现有组织和计划的存储，以达到最终可以方便和高效地存取所需数据信息资料的目标。因此，有效的数据库实现是与应用相关的，应有针对性地对用户的数据信息处理要求展开设计工作。

数据库设计包括数据库的结构设计和数据库的行为设计两方面的内容。

数据库的结构设计是指根据给定的应用环境，进行数据库的模式或子模式的设计。它包括数据库的概念设计、逻辑设计和物理设计。数据库模式是各应用程序共享的结构，是静态的、稳定的，一经形成后，通常情况下是不容易改变的，所以结构设计又称为静态模型设计。

数据库的行为设计是指确定数据库用户的行为和动作。而在数据库系统中，用户的行为和动作指用户对数据库的操作，这些要通过应用程序来实现，所以数据库的行为设计就是应用程序的设计。用户的行为总是使数据库的内容发生变化，所以行为设计是动态的，行为设计又称为动态模型设计。

在 20 世纪 70 年代末 80 年代初，人们为了研究数据库设计方法学的便利，曾主张将结构设计和行为设计两者分离，随着数据库设计方法学的成熟和结构化分析、设计方法的普遍使用，人们主张将两者作为一体化考虑，这样可以缩短数据库的设计周期，提高数据库的设计效率。

现代数据库的设计的特点是强调结构设计与行为设计相结合，是一种“反复探寻，逐步求精”的过程。从数据模型开始设计，以数据模型为核心进行展开，将数据库设计和应用系统设计相结合，建立一个完整、独立、共享、冗余小和安全有效的数据库系统。

9.1.1　数据库的设计方法

数据库系统的设计和开发本质上是属于软件工程的范畴。它与普通软件系统的开发过程一样，是一项系统化的工程。数据库系统的应用存在一定的生命周期，从数据库系统的需求提出，到设计与实现，再到运行和维护，最终会随着应用的发展而走向终结。因此，数据库系统的设计应充分考虑到系统生命周期的特点，以实现尽可能稳定的系统运行期。此外，设计应充分考虑到系统的可扩展性，尽量延长系统的有效生存周期。

数据库的设计是一项较为复杂的工作，涉及多种技术的综合使用。此外，大型数据库的设计和开发是一项庞大的工程，也必然会使用到很多工程化的设计方法。从数据库应用行业的发展过程来看，数据库的设计方法也是经历了一个逐步改进和完善的发展过程。

数据库设计方法目前可分为四类：直观设计法、规范设计法、面向对象设计法和计算机辅助设计法。

1. 直观设计法

早期的数据库设计一般采用直观设计方法，由经验丰富和知识渊博的数据库设计者手工实现。这种方法依赖于设计者的经验和技巧，缺乏科学理论和工程原则的支持，设计的质量很难保证，常常是数据库运行一段时间后又发现各种问题，这样再重新进行修改，增加了系统维护的代价。随着数据库、实体和联系规模的扩大，手工设计的管理工作很难开展。因此，这种方法越来越不适应信息管理发展的需要。随着数据库理论的进一步发展和完善，这种采用直观的数据库设计方法也就逐渐被更规范可靠的设计方法所替代。

2．规范化设计法

规范化设计法从本质上来说仍然是手工设计方法，其基本思想是过程迭代和逐步求精。

1978年10月，来自三十多个国家的数据库专家在美国新奥尔良（New Orleans）市专门讨论了数据库设计问题，对如何进行数据库的设计问题展开了热烈的讨论。他们受到20世纪70年代软件工程方法的影响，运用软件工程的思想和方法，提出了数据库设计的规范。会议最终形成了数据库设计的统一规范，即新奥尔良（New Orleans）设计方法。这就是著名的新奥尔良法。至今，新奥尔良法仍然是目前所公认的规范化数据库设计方法之一。

新奥尔良设计方法将数据库的设计划分为4个阶段：需求分析（分析用户需求）、概念设计（信息分析和定义）、逻辑设计（设计实现）和物理设计（物理数据库设计）。常用的规范设计方法大多起源于新奥尔良法，并在设计的每一阶段采用一些辅助方法来具体实现。也有一些设计方法在新奥尔良方法的基础上进行扩展，引入了数据库的实施阶段及数据库的实现与运行维护阶段。

1976年P.P.S.Chen提出的基于实体-关系（E-R）模型的数据库设计方法也具有相当大的影响力。其基本的思想是在需求分析的基础上，采用实体-联系图的方式构造出可反映现实世界的概念模型，进而再转化为特定的DBMS逻辑模型。

基于3NF的数据库设计方法是结构化设计方法，其基本思想是在需求分析的基础上，确定数据库模式中的全部属性和属性间的依赖关系，将它们组织在一个单一的关系模式中，然后再分析模式中不符合3NF的约束条件，将其进行投影分解，规范成若干个3NF关系模式的集合。3NF是目前数据库中最为广泛应用的规范化类型，3NF设计方法也因此受到广泛的使用。

3．面向对象设计法

随着面向对象技术的成熟与发展，面向对象的思想也被引入了数据库设计领域，对象定义语言ODL设计方法就是典型的面向对象的数据库设计方法。该方法使用面向对象的概念和术语来描述和完成数据库的结构设计，并可方便地转换为面向对象的数据库。

4．计算机辅助设计法

计算机技术的发展也极大推动了数据库设计技术的发展，计算机辅助设计工具的开发和实现为更方便快捷的数据库开发提供了良好的条件。许多用于数据库设计的计算机辅助软件工具已经被普遍地应用到数据库的设计工作中，并取得了良好的效果。

CASE工具为数据库设计者提供了以下设计功能：

- 创建数据字典、存储数据库应用程序的数据。
- 支持数据分析的设计工具。
- 开发企业数据模型、概念和逻辑数据模型的工具。
- 使用E-R图和其他各种符号（如实体型、联系型、属性和关键字等）绘制概念模式图。
- 根据模型映像和执行算法，用SQL DDL生成各种DBMS的模式或代码。
- 分解和规范化。
- 建立索引。
- 建立应用程序原型的工具。
- 性能监控和统计。

常用的数据库设计工具如表 9.1 所示。

表 9.1　常用的数据库设计 CASE 工具

序　号	CASE 工具	功　　能	供 应 商
1	Rational Rose	UML 建模 用 C++和 java 生成应用程序	Rational
2	Developer and Designer	数据库建模 应用程序开发	Oracle
3	ER Studio	用 E-R 图进行数据库建模	Embarcadero Technologies
4	DB Artisan	数据库管理 空间管理 安全管理	Embarcadero Technologies
5	Enterprise Application Studio	数据库建模 业务逻辑建模	Sybase
6	Visio Enterprise	数据建模 Visual Basic 和 Visual C++设计与重构工程	Visio
7	ERWin	数据建模 业务组件建模 过程建模	CA

9.1.2　数据库开发生命周期方法

随着 IT 技术的发展，软件开发在数量上有着急剧的增长，从小型、中等规模发展到大型复杂应用程序。而软件开发完成之后，这些程序还需要进行不断地维护，包括修改错误、功能完善、系统升级、业务需求变更等。从项目统计资料来看，花费在软件维护上的资源以惊人的速度增长，这导致许多软件工程项目延期、超过预算、可靠性低并且难于维护。这就是我们所知道的软件危机。尽管软件危机术语是在 20 世纪 60 年代末被提出来的，但在 40 多年后的今天，软件危机仍然伴随我们左右。解决软件危机的一个方法是采用软件开发生命周期（SDLC）方法。

（1）软件开发生命周期

软件开发生命周期是开发可靠的、可维护的、高性能的应用程序和其他软件必须遵守的软件工程框架。软件过程开始于概念的探讨，期间经历一系列软件开发过程，结束于产品的淘汰。软件生命周期大体上可以分为以下几个阶段。

- 需要（或概念）阶段：研究和精炼概念，同时确定和分析客户（用户或计划）的需求。
- 规格说明阶段：将用户需求写成规格说明文档，阐述软件产品的预期功能。
- 计划阶段：草拟软件项目管理计划，细化软件开发的各个方面。
- 设计阶段：为实现软件规格说明文档中的功能而经历两个连续的设计阶段。第一个阶段是概要设计阶段；第二个阶段是详细设计阶段。这两个设计阶段的文档描述如何实现软件产品。
- 编程（编码或实现）阶段：用特定的计算机编程语言编写各个模块的代码。
- 集成（测试）阶段：完成模块的单独测试和集成测试，经历 Alpha 测试和 Beta 测试。
- 维护阶段：完成所有维护工作。当增强和更改软件时，需要更新响应的软件规格说明文档。
- 衰退阶段：软件产品停止使用。

（2）数据库开发生命周期

数据库开发生命周期（DDLC）是一个设计、实现和维护数据库系统的过程，需要符合组织战略和操作信息的需求。数据库开发生命周期与信息系统软件开发生命周期是内在关联的。DDLC 与 SDLC 是同步进行的，数据库开发工作正好开始于需求阶段。信息系统规划是数据库开发的重要资源。信息系统规划完成后，由数据流图（DFD）得到的数据存储作为数据库设计过程的输入信息。数据库开发生命周期的各个阶段如图 9.1 所示，其中包括：

① 可行性研究和需求分析：了解企业或组织的运营状况，分析信息系统如何帮助解决经营过程中存在的问题，然后确定系统需求，完成功能规格说明书（FSD）。可行性研究和需求分析涉及以下内容：

- 对现存系统和程序的分析；
- 系统的技术可行性、操作可行性和经济可行性分析；
- 信息需求和业务过程分析；
- 运行环境和用户特征分析；
- 性能和条件约束分析；
- 数据项、数据量、数据存储和数据处理过程分析；
- 数据属性和内在联系（数据依赖关系）分析；
- 数据操作需求分析；
- 数据安全需求分析。

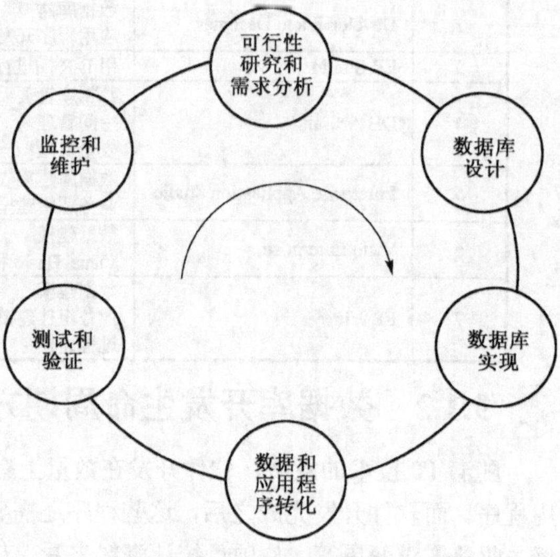

图 9.1　数据库开发生命周期（DDLC）

② 数据库设计：确定符合组织需求的数据库模型（数据库的概念模型）。功能规格说明书作为数据库设计阶段的输入，进行基于选定的 DBMS 设计数据库的逻辑结构和物理结构，并完成数据库设计规格说明书（DSD）。数据库设计涉及以下内容：

- 概念数据库设计，包括定义数据库的元素及相互之间的联系，定义特定数据项的取值约束；
- 逻辑数据库设计；
- 物理数据库设计。

③ 数据库实现：根据选定的 DBMS，将详细的概念模型转化为 DBMS 的实现模型。数据库实现阶段涉及的内容如下：

- 根据业务需求特点和运行环境进行 DBMS 选型；
- 详细说明概念的、外部的和内部的数据定义；
- 概念模型到功能数据库的映射；
- 构件数据字典；
- 创建空的数据库文件；
- 开发并实现应用程序软件；
- 用户培训。

④ 数据和应用程序转化：加载应用数据，将旧系统切换到新系统。

⑤ 测试和验证：测试新的数据库，验证预期结果。

⑥ 监控和维护：监控数据内容和应用程序的发展和扩充，并可能实施数据库模式的修改或重组。

9.1.3　数据库设计的基本过程

数据库设计是为适应组织的信息需求和支持组织的业务操作而构造一个或多个数据库的逻辑和物理结构的过程。数据库设计的最终衡量标准是：DBMS 在满足用户通常的查询和典型的更新操作上的性能。数据库的性能可以通过调整 DBMS 的一些参数和增加硬件来改善性能瓶颈问题，而选择好的数据库模式设计对于达到好的性能至观重要。第 8 章已经介绍了分析和判断一个数据库的逻辑模式结构是否合理的范式方法，以及将不合理的数据库模式进行分解的方法和原则。这一节将介绍数据库模式结构的设计策略和步骤。

常见的数据库模式结构的设计策略有：

① 自底向上策略：首先分析和抽象实体与联系的特征属性，然后将其组合到代表实体型和联系的关系中，在设计过程中也可以添加实体型间的新联系。自底向上的数据库设计策略比较适合于属性比较少的简单数据库的设计，而不太适合于具有大量属性的复杂数据库模式结构设计。第 8 章讲的规范化过程就是自底向上的数据库设计策略。将实体型一般化为高层超类的过程也是自底向上策略的应用例子。

② 自顶向下策略：首先开发包含高层抽象（实体与联系）的数据模型，然后连续地、自顶向下地细化底层的实体、联系和关联属性。自顶向下策略适合于复杂数据库模式结构的设计。将实体型特殊化为子类的过程也是自顶向下策略的应用例子。

③ 由内至外策略：首先确定主实体集，然后逐步扩展来考虑其他实体、联系及已确定的实体属性。由内至外策略是自底向上策略的特例，它首先确定最明显的中心概念集，然后向外扩展考虑相邻的其他实体。

④ 混合设计策略：使用自底向上和自顶向下策略，替代了在最终集成之前数据模型的不同部分用不同方法处理的方式。在这种策略中，需求分析采用自顶向下策略分割模块，而每个模块的设计采用自底向上策略，最后组合各个模块部分。

数据库的设计过程可依照软件工程的流程进行。针对数据库系统的特点，可进一步将数据库的设计和开发规范为 6 个基本阶段而系统地完成数据库的设计流程，如图 9.2 所示。

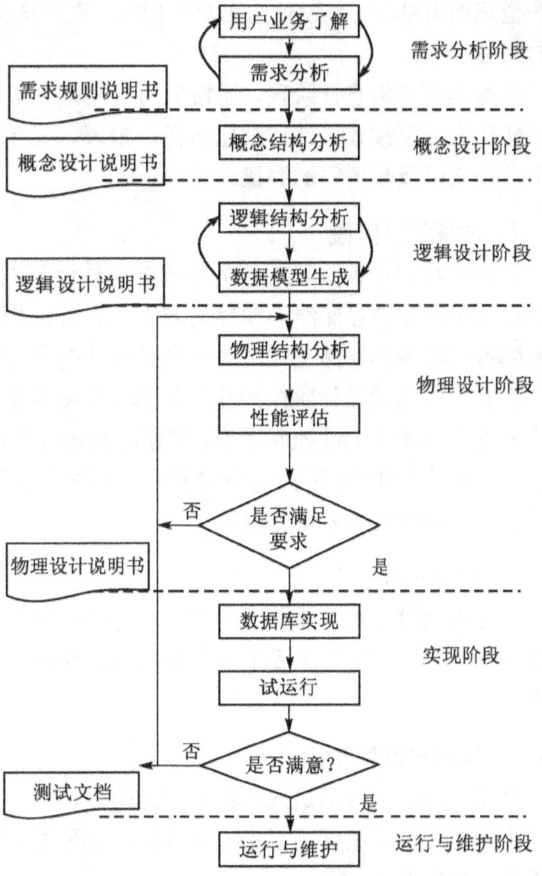

图 9.2 数据库设计过程步骤

1. 需求分析阶段

数据库需求分析是具体分析用户期望和数据库预期用途的过程，它是数据库设计中费时但很重要的一个阶段。同任何其他大的系统开发一样，首先要明确系统需要完成何种工作任务。如果需求理解错误，必然会导致所生成的系统不是用户所期望的系统。实际情况是，用户往往并不是非常明确地知道或准确地刻画出他们所需要的产品。所以，需求分析要求分析人员要和用户进行大量的沟通和交流工作。这个阶段的参与人员也非常多，会花费很长的周期。

需求分析的主要任务是通过详细调查要处理的对象，包括某个组织、某个部门、某个企业的业务管理等，充分了解原手工或原计算机系统的工作概况及工作流程，明确用户的各种需求，产生数据流图和数据字典，然后在此基础上确定新系统的功能，并产生需求说明书。值得注意的是，新系统必须充分考虑今后可能的扩充和改变，不能仅仅按当前应用需求来设计数据库。

2．概念设计阶段

软件工程所对应的设计阶段在数据库设计中被划分为了 3 个设计阶段，系统的概念结构设计是其中的第一个设计阶段。概念模型将具体的客观现实世界进行抽象的理解和表达，是实现从现实世界到数字化表示的过渡形式。

概念结构设计的任务是在需求分析阶段产生的需求说明书的基础上，按照特定的方法把它们抽象为一个不依赖于任何具体机器的数据模型，即概念模型。概念模型使设计者的注意力能够从复杂的实现细节中解脱出来，而只集中在最重要的信息的组织结构和处理模式上。数据库概念设计将用户的需求抽象为用户与开发人员都能接受的概念模型，是用户现实需求与数据库产品之间的纽带。该环节是数据库设计中非常关键的一环，保证了对用户需求的理解能否正确转化为系统开发人员的理解方式，对最终数据库的实现和使用都将产生深远的影响。

在数据库概念设计阶段，通常采用自顶向下策略，使用高层数据模型（如 E-R 模型和 EER 模型）来创建数据库的概念模式。

3．逻辑设计阶段

数据库逻辑设计所要完成的任务是将概念结构进一步转化为某一 DBMS 所支持的数据模型，然后根据逻辑设计的准则、数据的语义约束、规范化理论等对数据模型进行适当的调整和优化，形成合理的全局逻辑结构，并设计出用户子模式。概念结构设计向逻辑结构设计的转换依赖于具体实现要求的 DBMS 产品。

在数据库逻辑设计阶段，通常采用自底向上策略，根据关系数据库理论（见第 2 章）将概念数据模型转化为关系模式，然后细化事务、报表、显示和查询（视图），同时确定数据库的完整性规则、安全性控制以及数据库的容量。

4．物理设计阶段

数据库物理设计阶段的任务是根据具体计算机系统（DBMS 和硬件等）的特点，为给定的数据库模型确定合理的存储结构和存取方法。所谓的“合理”主要有两个含义：一个是要使设计出的物理数据库占用较少的存储空间，另一个是对数据库的操作具有尽可能高的速度。

在数据库物理设计阶段，需要描述基本关系用于实现数据有效访问的文件组织和索引、所有相关的完整性约束和安全性控制措施。数据库的物理设计要求在逻辑结构的基础上，考虑不同的物理运行环境。不同的 DBMS 所提供的物理环境有很大的差别。因此，对物理结构的时间性能和空间效率的评估，是该阶段的重要工作内容。

5．实现阶段

完成数据库的设计工作后，开发人员就开始着手完成各项设计阶段规划出的任务，进行数据库的构建工作。这一阶段也包括针对数据库的应用程序开发和调试，以及现实数据的录入和试运行等基本工作。

6．运行与维护阶段

数据库投入运行后进入系统的稳定阶段，但并不意味着不会有故障或突发事件发生。数据库在运行过程中应经常对数据进行备份和维护，以保证数据库系统的效率，以及根据实际运行情况和用户的需求变动进行调整。

大型的数据库系统的开发过程是一个不断完善的交互过程，上述的各个阶段相互之间也存在较为紧密联系的。因此，整个过程是渐进而反复的进行。每个阶段都有相应的文档生成，以形成对系统开发和质量追踪的控制记录。

数据库设计有一个开始起点，但对其进行的优化几乎是一个无终止的过程。一般地，商业数据库管理系统（DBMS）提供了一些辅助工具软件来辅助进行物理数据库设计和调整，例如，微软的 SQL Server 有一个调整向导提供了创建索引的建议，当其他索引的增加导致索引维护的代价超过了查询带来的好处时，该向导将建议删除这个索引。同样，IBM 的 DB2、甲骨文的 Oracle 也提供了这样的向导。

综上所述，数据库设计中需求分析阶段综合各个用户的应用需求（现实世界的需求），在概念设计阶段形成独立于机器特点、独立于各个 DBMS 产品的概念模式（信息世界模型），用 E-R 图来描述。在逻辑设计阶段将 E-R 图转换成具体的数据库产品支持的数据模型（如关系模型），形成数据库逻辑模式。然后根据用户处理的要求，出于安全性的考虑，在基本表的基础上再建立必要的视图形成数据的外模式。在物理设计阶段根据 DBMS 特点和处理的需要，进行物理存储安排，设计索引，形成数据库内模式。

9.2　数据库需求分析

需求分析是数据库设计的基础，其错误将影响到整个设计。需求分析也是令设计人员感到最烦琐和困难的一个阶段。软件工程理论认为，在软件的生命周期中，需求分析是最为重要的一个阶段。对于数据库应用系统的开发，这个阶段同样非常重要。需求分析是数据库设计的起点，为以后的具体设计做准备。需求分析的结果是否准确的反映了用户的实际要求，将直接影响到后面各个阶段的设计，并影响到设计结果是否合理和实用。经验证明，由于设计要求的不正确或误解，直到系统测试阶段才发现许多错误，则纠正起来要付出很大代价。因此，必须高度重视系统的需求分析。

数据库系统的需求分析对于整个开发过程将起到深远和全局的影响。需求分析中最基本的一项原则就是必须要正确理解客户的需求，这也意味着所要开展的项目能否实现用户最终所需要的数据库产品。在对用户需求的理解基础上，需求分析人员必须与用户之间达成一致的需求认识，并最终形成双方必须共同遵循的条文。数据库系统的需求分析是一个相当耗时而又复杂的过程，需要多方人员的共同参与。

需求分析一般包含了需求的获取、分析、规则说明、变更、验证及管理等工程内容。

9.2.1　需求描述与分析

需求是解决用户想要“做什么”的问题。需求分析的基本任务是完成对产品开发的可行性研究，包括调查应用领域，对各种应用的信息和操作要求（如业务需求、产品需求和功能需求）进行详细分析，列出系统中所有的输入流、输出流和数据存储，得到完整的数据流图、数据字典和数据加工的描述，形成需求分析说明书。需求分析的过程如图 9.3 所示。

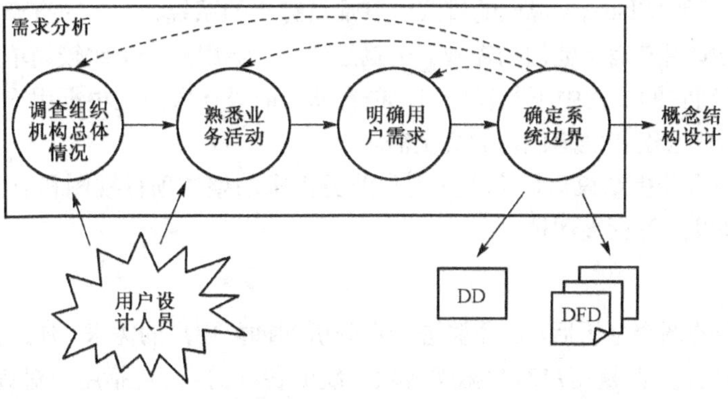

图 9.3　需求分析的过程

需求分析的重点是调查、收集和分析用户数据管理中的信息需求、处理需求、安全性与完整性要求。信息需求是指用户需要从数据库中获得的信息的内容和性质。由用户的信息需求可以导出数据需求，即在数据库中应该存储哪些数据。处理需求是指用户要求完成什么处理功能，对某种处理要求的响应时间。处理方式是指联机处理还是批处理等。明确用户的处理需求，将有利于后期应用程序模块的设计。

总之，需求分析就是将现实世界的系统，从用户的需求角度出发，得到对用户所期望产品的详细描述。需求分析的最终结果以需求规范说明书确定下来，成为用户和开发方共同遵守的文档。

9.2.2 需求分析的步骤

为了生成有效的需求说明书，需求分析人员在前期需要做大量的需求分析工作，以达到对用户不同层次需求的充分理解。一般来说，需求分析工作可分为需求调研、需求分析、编写需求规范说明书和需求验证4个步骤。

1．需求调研

调查活动首先是针对用户的业务需求。用户需要新的数据库产品总是有一定的目的性，是和用户的业务活动密切相关的，直接体现了用户组织机构的根本利益。因此，非常有必要了解和掌握用户当前的生产活动状况，确定用户业务所涉及的功能域和数据域，准确地掌握用户的需求目标。

调查、收集用户要求的具体做法如下：

① 了解组织机构的情况，调查这个组织由哪些部门组成，各部门的职责是什么，为分析信息流程做准备。

② 了解各部门的业务活动情况，调查各部门输入和使用什么数据，如何加工处理这些数据。输出什么信息，输出到什么部门，输出的格式等。在调查活动的同时，要注意对各种资料的收集，如票证、单据、报表、档案、计划、合同等，要特别注意了解这些报表之间的关系，各数据项的含义等。

③ 确定新系统的边界。确定哪些功能由计算机完成或将来准备让计算机完成，哪些活动由人工完成。由计算机完成的功能就是新系统应该实现的功能。

在调查过程中，根据不同的问题和条件，可采用的调查方法很多，如跟班作业、咨询业务权威、设计调查问卷、查阅历史记录等。但无论采用哪种方法，都必须有用户的积极参与和配合。强调用户的参与是数据库设计的一大特点。

收集用户需求的过程实质上是数据库设计者对各类管理活动进行调查研究的过程。设计人员与各类管理人员通过相互交流，逐步取得对系统功能的一致认识。但是，由于用户还缺少软件设计方面的专业知识，而设计人员往往又不熟悉业务知识，要准确地确定需求很困难，特别是某些很难表达和描述的具体处理过程。针对这种情况，设计人员在自身熟悉业务知识的同时，应该帮助用户了解数据库设计的基本概念。对于那些因缺少现成的模式、很难设想新的系统、不知应有哪些需求的用户，还可应用原型化方法来帮助用户确定他们的需求。也就是说，先给用户一个比较简单的、易调整的真实系统，让用户在熟悉使用它的过程中不断发现自己的需求，而设计人员则根据用户的反馈调整原型，反复验证，最终协助用户发现和确定他们的真实需求。

在用户活动的调查分析结束后，应生成用户业务需求的整体项目视图和业务范围的详细描述文档，并形成对项目开发的可行性评价。

2．需求分析

完成对用户活动的调查分析后，还需要进一步分析和抽象用户的需求，使之转换为后续各设计阶段可用的形式。具体来说，就是用户对数据库应用系统的各种需求，包括用户对数据信息存储的需求、数据信息的处理需求、业务数据流需求等。

需求分析人员可采用多种需求分析方法确定用户的产品需求，其中较为常用的有：原型化方法、结构化方法及数据流分析方法等。

原型化方法（Prototype）是一种可快速、形象地描述用户产品需求的分析方法。所谓原型，就是指系统早期的一种可运行版本，它能够体现出所要建设系统的部分或全部功能。原型化方法的目的就是尽可能快速地搭建起一个简化的模型产品系统，帮助用户能够直观地感受目标产品的形态，以确定产品的适用性和有效性。

原型系统的构建可以使用快速建模工具、Shell 编程及面向对象的建模等方法，使开发方能够快速搭建起系统的基本界面，实现一些展示性的功能，提供给用户来感受。开发方听取用户的反馈意见，确定是否满足用户的产品需求，然后决定是否在原型系统的基础上进行开发。

结构化分析方法（Structured Analysis）是一种常用的需求分析方法。结构化分析方法简单实用，一般使用自顶向下，或者是自底向上的分析方式，如图 9.4 所示。SA 方法采用自顶向下，逐层分解的方式分析系统，用数据流图（Data Flow Diagram，DFD）、数据字典（Data Dictionary，DD）描述系统。

数据流图是软件工程中专门描绘信息在系统中流动和处理过程的图形化工具。因为数据流图是逻辑系统的图形表示，即使不是专业的计算机技术人员也容易理解，所以是极好的交流工具。图 9.4 给出了数据流图中所使用的符号及其含义。

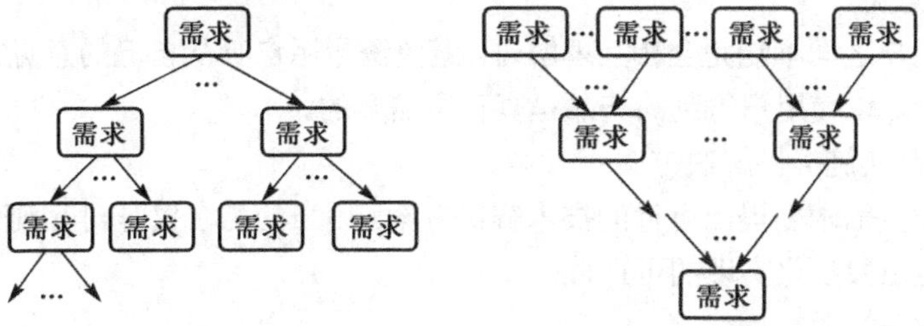

（a）自顶向下分析方法　　（b）自底向下分析方法

图 9.4　需求分析方法

数据流图是有层次之分的，越高层次的数据流图表现的业务逻辑越抽象，越低层次的数据流图表现的业务逻辑则越具体。在 SA 方法中，我们可以把任何一个系统都抽象为图 9.5 所示的形式。它是最高层次抽象的系统概貌，要反映更详细的内容，可将处理功能分解为若干子功能，每个子功能还可继续分解，直到把系统工作过程表示清楚为止。在处理功能逐步分解的同时，它们所用的数据也逐级分解，形成若干层次的数据流图，如图 9.6 所示。

当然，需求分析方法的使用也可以是综合的，分析人员可以根据不同抽象层次的特点选择所需要使用的分析方法。

确定用户最终的产品需求决不是一件容易的事情。用户与系统的开发人员之间有不同的视角和各自的专业领域。为了达到准确获得用户需求的目标，需求分析人员必须注意把握与客户进行需求交流的一些技巧和方法，下面是从需求人员角度应该严格遵从的一些基本原则。

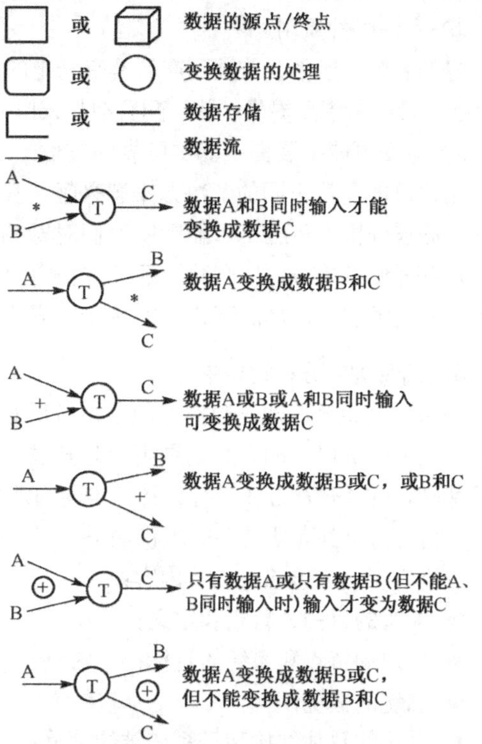

图 9.5　数据流图的符号

① 使用符合用户习惯的表达方式

需求是针对用户的业务，用户可能对计算机知识或数据库知识并不了解，使用符合用户习惯的表达方式，可以避免对用户真实需求的误解。

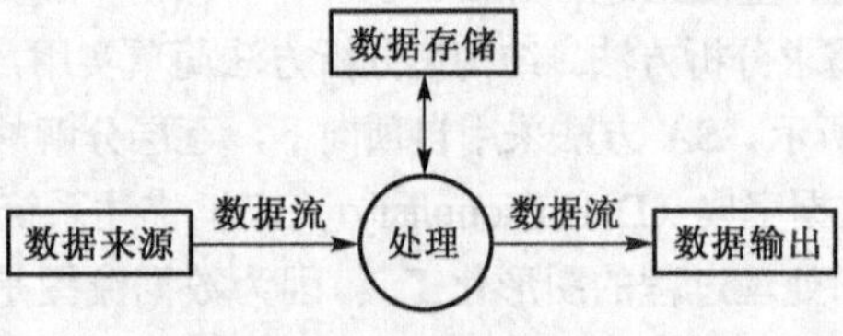

图 9.6　数据流图

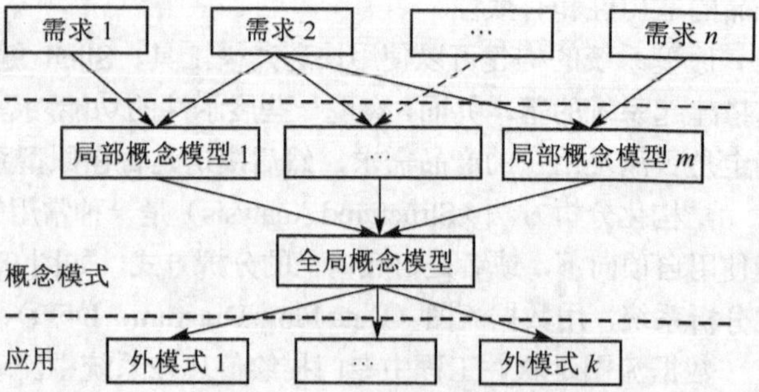

图 9.7　分层数据流图的建立

② 尊重用户的意见

当开发人员与用户之间不能完全相互理解时，避免诱导用户听从自己的意见或建议。分析人员应选择更好的交流方案，以使用户得到的产品是真正所需要的。

③ 对需求及产品实施提供解决方案

即是在用户的业务需求上提出可行的技术解决方案。用户的需求仅是对客观作业流程的描述，需求分析人员必须确定出数字化实现的可行性。

④ 产品的使用特性

除了功能性要求，还应该注意到产品的易用性、健壮性等非功能性要求。这些性质能够帮助用户更加准确高效地完成各项任务。因此，分析人员在平衡性能和代价的基础上，应尽可能为用户提供方便。

⑤ 允许组件重用

好的系统一般都会兼顾到产品具有一定的灵活性。用户的实际业务流程可能会有微小的改变，需求分析人员应考虑到提供一些可配置组件，让用户可以根据实际需要进行调整，以提高业务处理的性能。

⑥ 对变更或扩展提供真实可靠的评估

用户可能会对不同的解决方案感兴趣，也会对将来的业务有考虑。他们需要在不同的方案上进行选择。需求分析人员应尽可能帮助他们对影响、成本及得失上进行评估，以便于做出正确的决策。

这些原则的实施，将有助于开发方和用户方加深理解，确实界定出用户的需求，并将需求反映到可操作的技术层面，形成双方都能接受的固定条款，编制完成需求说明书。

3．编写需求分析说明书

需求规范说明书阐述数据库应用系统所必须提供的功能和性能要求，以及运行的实际约束条件。需求规范说明书以书面方式记录用户与开发方所达成的产品需求协议条款，不仅是用户对最终产品的接受基础，也是开发方在进行设计、实现与测试运行的规范。因此，它应尽可能完整和详细地描述系统的行为。为得到高质量的需求说明书，需求分析工作往往会反复进行，并不断改进和完善。典型的需求分析说明书应该包含以下内容：

- 编写的目的、背景和定义；
- 用户的特点和系统的目标；
- 系统的概况；
- 系统的总体结构和子系统结构划分；
- 通信接口定义；

- 系统功能需求说明；
- 系统非功能需求说明；
- 数据处理流程的描述，数据管理能力的要求；
- 系统方案的可行性论证；
- 运行环境和故障处理的要求。

编制需求规范说明书时，应采用标准的书写模板，必要时也可根据项目的特点对模板进行适当的改动。需求规范说明书完成后，还需要完成对说明书的验证工作。因为需求规范说明书对于整个项目的成败有如此大的影响，所以必须严格控制其可能导致的风险。需求规范说明书的验证应在项目单位的领导下组织相关技术专家进行评审，确定文档不会遗漏重要内容，或存在重大错误的危险。

4. 需求分析说明书的验证

系统缺陷在绝大多数时候是在需求和设计阶段引入的。不清晰或错误的需求条款会导致后续的开发工作困难增加。因此，需求的验证对于排除系统缺陷非常关键。需求验证主要包含 3 个方面的验证内容：

（1）有效性验证

有效性验证是指开发人员和用户双方应该对需求规则说明中的每条项目进行认真的核查，用以确认用户的需求被充分、完整地表达出来。应保证这些需求能够满足用户的需求，切实解决用户的问题。

（2）一致性验证

一致性是指在各项需求说明之间不会产生冲突，对相关联的系统功能的描述不应该存在矛盾的约束条件。验证需求规则说明中所使用的算法模型是否是相互兼容，以及保证接口定义的一致性。

（3）完备性验证

完备性验证是指对用户的所有功能和非功能性约束进行检验，对各项需求进行编号和按优先级排序，排查可能隐藏的故障或缺陷。

在需求分析过程中每一个重要的阶段完成后都有一个审查的工作内容，由项目方组织相关分析人员和用户成员，对阶段性的工作结果进行确认。

9.2.3　数据字典

需求分析除了生成需求规范说明书外，系统开发方更关注生成的数据流图。数据流图描述了系统中对数据对象的处理流程，但它只能给出对系统逻辑功能总框架的一个简要描述，而缺乏详细和具体的内容。

数据字典 Data Dictionary 对数据流图做进一步的说明和补充。数据字典是进行数据库设计的重要内容，是系统中所使用数据元素的定义和描述的集合。数据字典实际上可看作是关于数据对象的数据表和视图。

数据字典存放了系统所用到的数据信息，通常数据字典包含了 5 个基本组成部分：数据项、数据结构、数据流、数据存储和数据处理过程。

1. 数据项

数据项记录了数据对象的基本信息，是不可再分的基本数据单位，描述了数据的静态特性。数据项包含了数据对象完整性、一致性约束的描述。数据项一般包含了下述几个内容。

数据项描述={数据项名，数据项含义说明，别名，数据类型，长度，取值范围，取值含义，与关联数据项之间的约束关系}。

2．数据结构

将一些在逻辑上联系较为紧密的数据项结合在一起，形成有意义的数据项集合，就称为数据结构。数据结构反映了数据之间的组合关系，也可以是由多个数据结构的复合。数据结构的描述包含以下内容。

数据结构描述={数据结构名，数据结构的含义说明，组成:{数据项或数据结构}}

3．数据流

数据流是对数据动态特性的描述，表示了数据结构沿着系统的事务和处理过程中的传输流向。除了传输的方向性，数据流也对数据传输量的信息进行描述。数据流描述通常包含下述基本内容。

数据流描述={数据流名，数据流的含义说明，数据流来源，数据流去向，组成:{数据结构}，数据平均流量，数据峰期流量}

4．数据存储

数据存储是在事务和处理过程中，数据所停留和保存过的地方。数据存储包含了各类数据存储介质，如手工凭单、计算机文档等。同时，数据存储也包含了对数据存取的频度信息和存取方式等相关内容。数据存储的基本内容描述如下。

数据存储描述={数据存储名，数据存储的含义说明，数据存储的编号，流入的数据流，流出的数据流，组成:{数据结构}，存储的数据量，存取频度，存取方式}

5．数据处理过程

数据处理过程仅是对处理相关信息的简要描述，一般应包含下述几方面的内容。

处理过程描述={处理过程名，处理过程的含义说明，所处理的输入数据流:{数据流}，所处理的输出数据流:{数据流} ,处理行为描述:{简要说明}}

从上述内容可见，数据字典涵盖了对数据库系统所用到数据对象的所有信息描述，对于系统的组织结构有清晰地体现。数据字典是对数据库中元数据的描述，而不是数据本身。数据字典在需求分析阶段开始建立，在数据库的设计过程中，仍然需要不断进行充实和完善。

9.3 概念数据库设计

需求分析人员和用户共同完成需求分析后，系统的开发者需要将现实世界中存在的具体要求，抽象成信息结构的表达方式，以方便选择具体的 DBMS 进行实现。这一转换过程称为概念设计，概念设计对于整个数据库的设计非常关键。

9.3.1 概念数据库设计的必要性

概念设计的目标是生成能够准确反映用户组织和使用信息需求的抽象信息结构，即概念模式。概念模式独立于数据库逻辑结构，同时也独立于支持数据库的DBMS，不依赖于具体的计算机实现系统。概念模式是从现实世界到计算机的一个过渡，起着承上启下的作用。设计人员把客观世界的具体需求通过提炼和抽象，转换为信息世界的概念模式，再将概念模式转换为数字化的数据模型。

早期采用直观方法的数据库设计过程中，并没有明确的概念设计阶段。在完成用户需求分析之后，设计人员直接完成对系统的逻辑设计。由于在这种情况下，设计要考虑到很多方面的影响因素，使得设计过程非常复杂，也易于产生很多的疏漏，设计出来的数据库系统存在很多的问题。因此，有必要为数据库设计过程增加一个独立的概念设计阶段。

概念设计阶段仅从用户的需求角度来抽象概念模型。这样的模型只反映用户的观点，同时又可以把零散、分离的用户需求，有条理地组织成为系统的数据抽象模型。概念模型的引入可带来以下好处：

① 概念模式与逻辑设计分离，可使设计人员更专注于对系统数据信息本身的表示和分析，也使各个设计阶段的划分更加明确和清晰，各阶段的目标任务相对单一化，有效降低系统设计的复杂性。

② 抽象的概念模型避免了考虑系统具体的实现细节，不受特定 DBMS 的限制。模型因此具有更大的伸缩性和更高的稳定性。

③ 概念模式是以信息抽象方式对用户需求进行重新表达，由于不涉及技术实现层面的内容，因而也易于被用户接受和确认。

概念模式作为数据库概念设计阶段的表达工具，对系统的组织框架提供说明性的结构描述，具有以下的特点：

① 能够真实、完善地反映出现实世界的内容，体现出事物本身的属性和事物之间的相互联系，从而能够准确地再现用户的现实需求，是对现实世界的真实抽象。

② 表现的形象性和直观性。既然是对用户客观需求的再现，所以也应该易于被不具有数据库专业技术知识的用户所理解，以避免在模型的转换过程中出现误解和偏差，导致后续的设计工作偏离正确的方向。

③ 高度的独立性和抽象性。这样的特征使得模型对用户系统的描述有较好的灵活性和扩展性。当现实世界中用户的需求和系统的使用环境发生变动时，在概念结构设计的层面将尽可能小地受到冲击。

④ 易于实现与其他数据模型表示方式的相互转换。

目前有很多可供概念结构设计使用的概念模式，其中最常用的模式就是实体-关系模型（E-R）。市面上也有许多成熟的类似可视化工具，可以帮助设计人员能方便迅速地建立起系统的概念模式。

9.3.2　概念设计的方法和步骤

常用的概念设计有 3 类方法。

1. 自底向上

这种方式是通过分析用户的子需求，首先构建起局部概念模式，然后再向上组合成全局模式，如图 9.8 所示。

自底向上方式比较直观。用户子需求相对较为具体和确定，只需要把有关联的需求模块进行合并，就能较为方便地建立起局部概念模式。

2. 自顶向下

同传统的系统设计方法一样，自顶向下的设计方式首先要有对系统全局概貌的框架，其次再采用总分方式将大的概念模式逐步分解为更详细的较小划分模式，如图 9.9 所示。

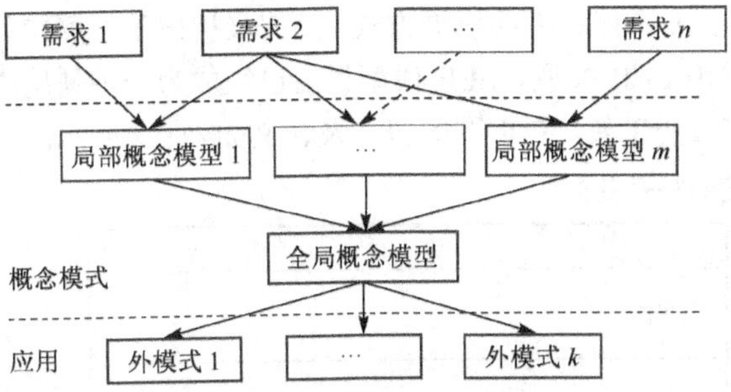

图 9.8　自底向上概念模式生成

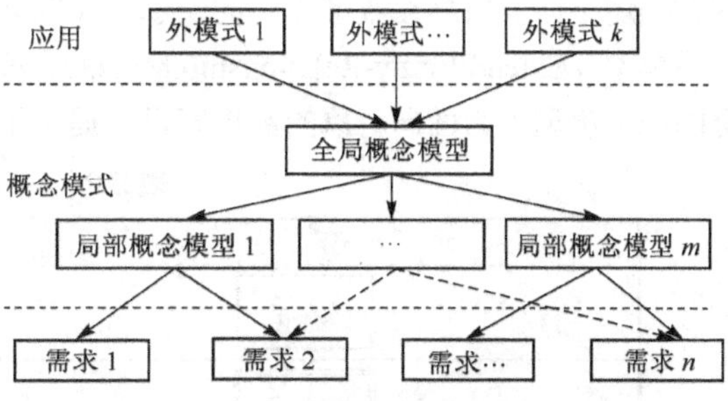

图 9.9　自顶向下概念模式生成

自顶向下的概念模式构建方式相比自底向上的方式更加难以控制。这是因为要直接抽象出全局的概念模式，再分解为局部的概念模式，并通过局部模式投影到各个子需求模块上，这是一个从抽象到具体的逆向思维过程，因此更加难以把握。

3. 逐步扩张

这种方法采用了层状扩展的方式，先定义出用户需求中核心的概念结构，然后在此基础上向外扩展，逐步将非核心的需求融入到模式中，最终完成系统的概念结构设计，如图 9.10 所示。

这些概念模型的设计方法也可以混合地使用。经常采用的方法是自顶向下地分解用户的需求，自底向上地完成核心概念模式的设计，再围绕核心模式逐步扩展完成整个数据库的概念结构设计工作。

采用典型的自底向上设计方式时，概念模式的设计过程可分为 3 个基本步骤完成，如图 9.11 所示。

① 数据的抽象，设计局部概念模式。

② 视图的集成，将局部概念模式综合形成全局的概念模式。

③ 对生成的概念模式进行评审。

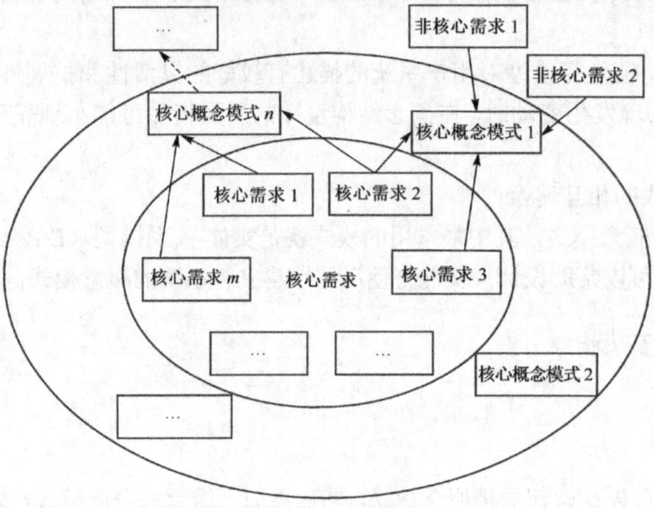

图 9.10　逐步扩张设计方法

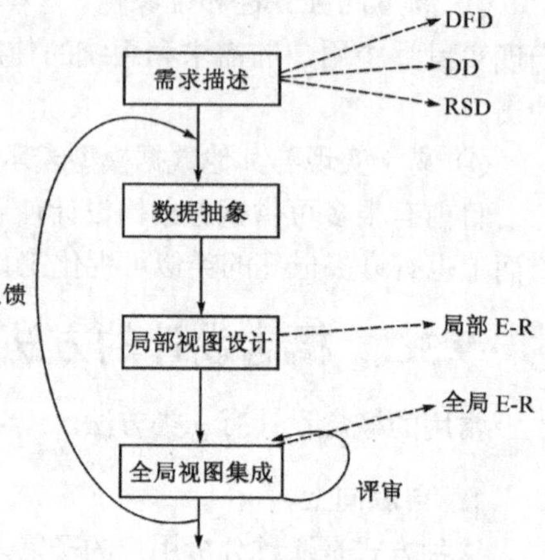

图 9.11　自底向上的概念模式设计步骤

9.3.3　概念设计工具：E-R 图

E-R 图方法是实体-联系方法的简称，是一种非常典型的数据库概念模式设计方法。E-R 图方法能够很好地抽象出现实世界的基本内容，并以图形化的表现方式为概念设计人员与用户提供对数据库系统的直观表达。

E-R 模型是一个面向问题的概念模型，即用简单的图形方式（E-R 图）描述现实世界中的数据。这种描述不涉及数据在数据库中的表示和存取方法，非常接近人的思维方式。后来又提出了扩展实体联系模型（Extend Entity-Relationship Model），简称为 EER 模型。EER 模型目前已经成为一种使用广泛的概念模型，为面向对象的数据库设计提供了有效的工具，E-R 图的符号及含义如表 9.2 所示。

表 9.2　E-R 图的符号及含义

符　号	含　义
实体名	强实体
实体名	弱实体

续表

符　号	含　义
	关系
	与弱实体关联的关系
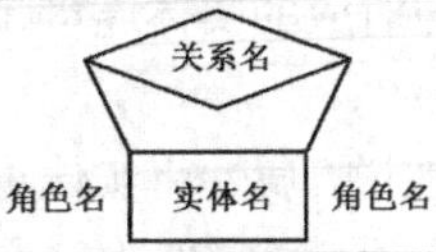	带有角色名的递归关系， 用来标识实体中的关系
	属性
	主键属性
	多值属性
	派生属性
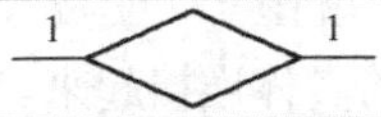	一对一关系（1∶1）
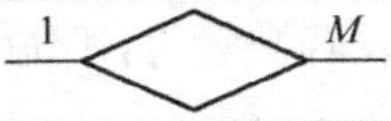	一对多关系（1∶*M*）
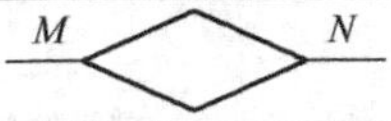	多对多关系（*M*∶*N*）
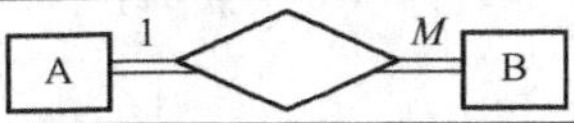	用于实体 A 和 B 的带有强 制参与的 1∶*M* 关系
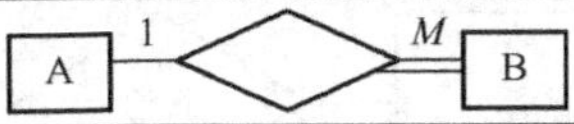	实体 A 为可选参与，实 体 B 为强制参与的 1∶*M* 关系
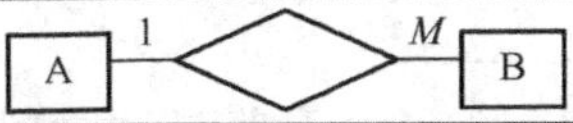	用于 A∶B 的带有可选参与 的 1∶*M* 关系
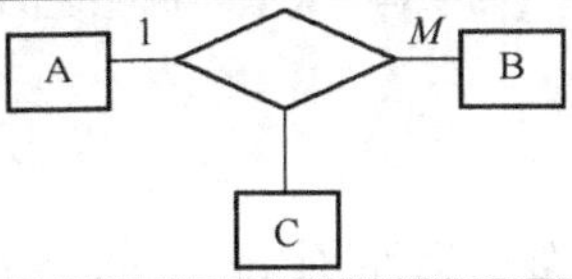	实体 A、B、C 之间的三元关系
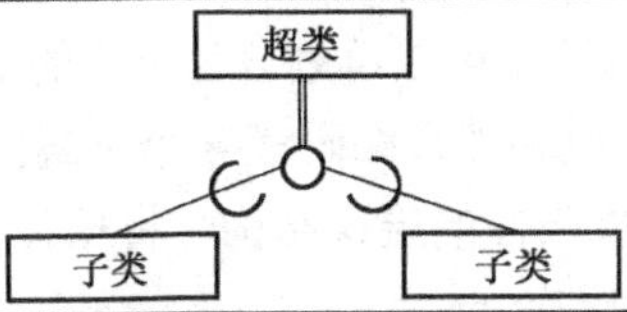	泛化/特化。如果圆中包含“d”关系则是无连接。 如果圆中包含“0”则是非连接，从超类引出的双线表 示强制参与，单线表示可选参与

E-R 模型反映的是现实世界中的事物及其相互联系，其基本构成元素有：实体、属性和联系，分别介绍如下。

1. E-R 模型的基本元素

（1）实体（Entity）

实体是客观世界中描述客观事物的概念，是一个数据对象。实体可以是人，也可以是物或抽象的概念；可以指事物本身，也可以指事物之间的联系，如一个人，一件物品，一个部门等都可以是实体。

在 E-R 模型中，实体用方框表示，方框内注明实体的名称。实体名通常用大写字母开头的具有特定含义的英文名词表示。但建议实体名在需求分析阶段使用中文表示，而在设计阶段再根据需要转换成英文形式，这样有利于分析人员和用户之间的交流。例如，医生实体表示如图 9.12 所示。

（2）属性（Attribute）

属性指实体具有的某种特性。属性用来描述一个实体。如医生实体可由编号、姓名、年龄、性别、所在病区、技术级别等属性来刻画。在一个实体中，能够唯一标识实体的属性或属性集称为"实体标识符"。但一个实体只有一个标识符，没有候选标识符的概念。实体标识符有时也称为实体的主键或主属性。

在 E-R 图中，属性用椭圆形框表示，并用无向边将属性与对应的实体连接起来。实体的主键用下画线加以标注。例如，医生实体的属性表示如图 9.13 所示。

属性域是属性的可能取值范围，也称为属性的值域。抽象地说，属性将实体集合中的每一个和该属性的值域的一个值联系起来，实体属性的一组特定值确定了一个特定的实体，实体的属性值是数据库中存储的主要数据。

（3）联系（Relationship）

联系表示一个或多个实体之间的关联关系。现实世界的事物总是存在着这样或那样的联系，这种联系必然要在信息世界中得到反映。在信息世界中，事物之间的联系可分为两类：一类是实体内部的联系，如组成实体的各属性之间的关系；二类是实体之间的联系。这里我们主要讨论实体之间的联系。

联系是实体之间的一种行为，一般用动词来命名联系，如"就诊"、"交费"、"发药"等。

在 E-R 图中，联系用菱形框表示，并用无向边将其与相关的实体连接起来。

联系也可能会有属性，用于描述联系的特征，如就诊时间、发药数量等，但联系本身没有标识符。例如，患者与医生之间的关系表示如图 9.14 所示。

图 9.12　医生实体表示

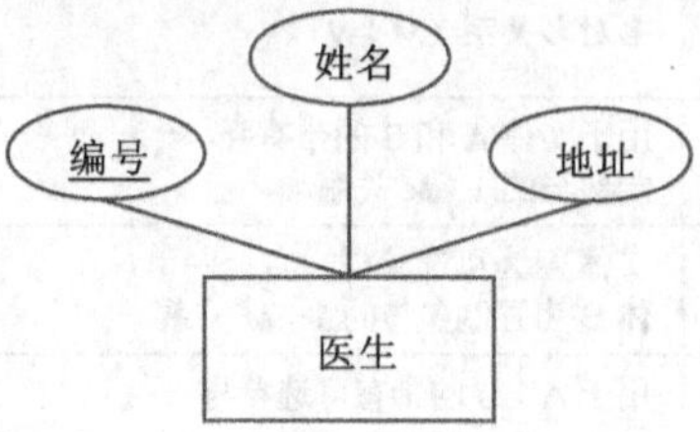

图 9.13　医生实体的属性表示

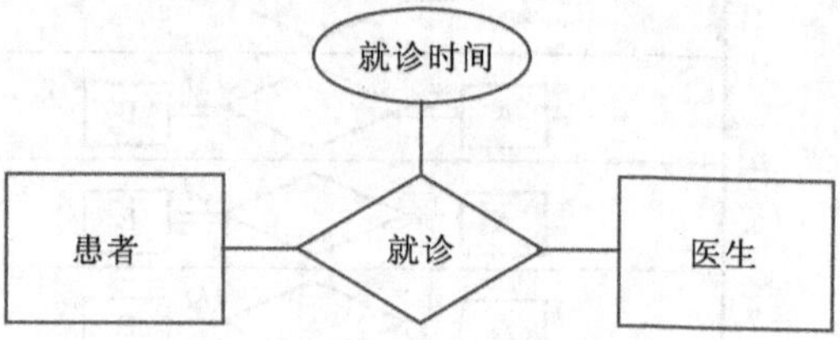

图 9.14　患者与医生之间的关系表示

2. 属性的分类

（1）简单属性和复合属性

根据属性的类别可分为简单属性（Simple Attribute）和复合属性（Composite Attribute）。简单属性是不可再分的属性，如性别和年龄都是简单属性。复合属性是可以再划分为更小的部分（即属性可以嵌套）。例如，患者的地址属性可分解为省份、城市、街道和邮政编码等 4 个子属性，而街道又可分为街道名、门牌号两个子属性。因此，复合属性可以形成属性的层次结构，将相关属性聚合起来，从而使模型更加清晰。图 9.15 表示了地址这个复合属性的层次结构。

（2）单值属性和多值属性

根据属性的取值特点，属性又可以分为单值属性（Single-Valued Attribute）和多值属性（Multi-Valued Attribute）。单值属性是指同一实体的属性只能取一个值。例如，同一个医生只能有一个性别，因此性别是一个单值属性。多值属性是指同一个实体的某些属性可能对应一组值，如一个患者可能有多个电话号码。多值属性用双椭圆形表示，具有多个电话号码的患者实体表示如图 9.16 所示。在应用中可以对某个多值属性的取值数目进行上、下限的限制，如患者的电话号码可以限制在两个以内，这个限制表明实体患者的电话号码属性的值可以是 0～2 个。

如果用上述的方法简单地表示多值，在数据库的使用过程中将会产生大量的数据冗余，也会造成数据库潜在的数据异常、数据不一致性和完整性的问题。因此我们需要修改原来的 E-R 模型，对多值属性进行变换。多值属性的变换通常有两种方法。

① 将原来的多值属性用几个新的单值属性来表示。

例如，患者的联系电话可以用家庭电话、办公电话、移动电话等进行分解，变换结果如图 9.17 所示。

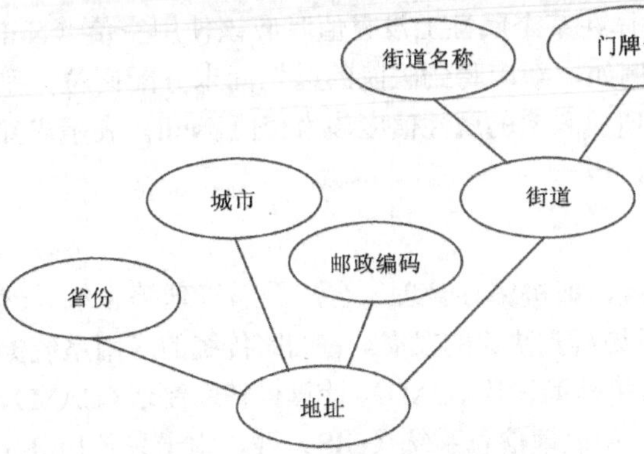

图 9.15　地址属性的层次结构

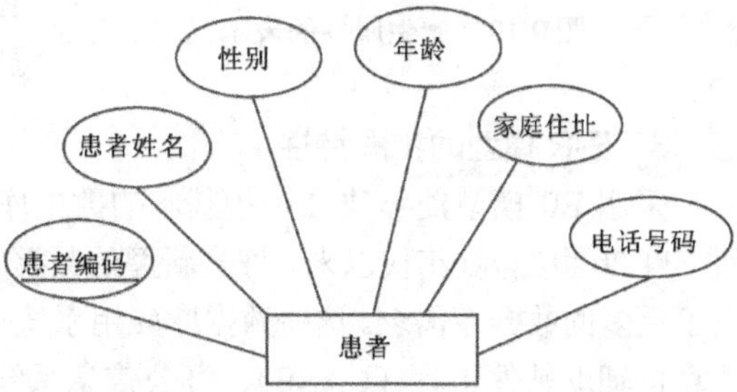

图 9.16　多值属性的表示方法

② 将原来的多值属性用一个新的实体类型来表示。

这个新的实体类型和原来的实体类型之间是 1∶N 联系，新的实体依赖于原来的实体而存在，因此称新的实体为弱实体。在 E-R 模型中，弱实体用双线矩形框表示，与弱实体相关的联系用双菱形框表示。关于弱实体在后面将详细讲解。在医院管理信息数据库中可以增加一个电话号码弱实体，患者实体与该电话号码弱实体之间具有“拥有”联系，其变换结果如图 9.18 所示。

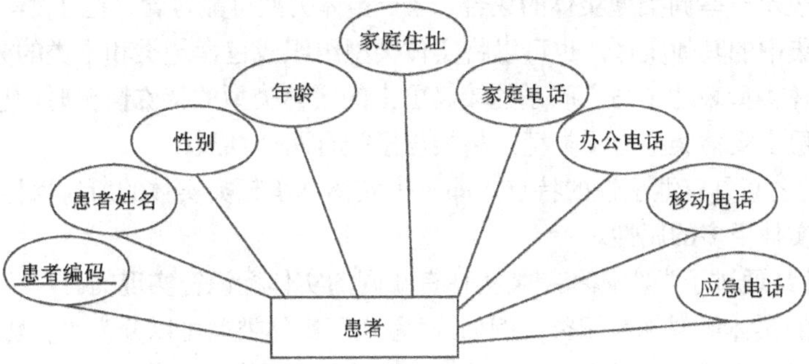

图 9.17　多值属性的变换表示（新属性方法）

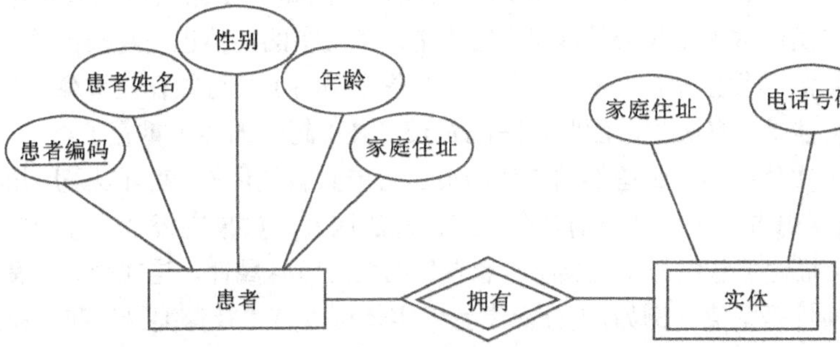

图 9.18　多值属性的变换表示（弱实体方法）

③ 派生属性

通过具有相互依赖的属性推导出来的属性称为派生属性（Derived Attribute）。例如，在患者实体

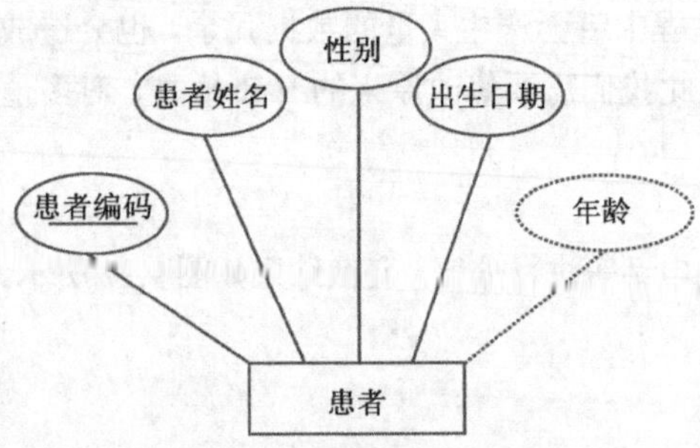

图 9-19　派生属性的表示

中，患者年龄可以由患者的出生日期与当前就诊日期推导出来。派生属性的值不仅可以从其他属性导出，也可以从有关的实体导出。派生属性用虚线椭圆形与实体相连，如图 9.19 所示。

④ 空值属性

当实体在某个属性上没有值时应该使用空值（Null Value）。例如，新应聘到医院的医生尚未分配岗位，则该医生的所属科室的属性值应该为空值 Null，表示未知或无意义。

3. E-R 模型的扩展特性

采用 ER 模型能够建立一些基本的数据库应用系统，如进销存管理、客户关系管理等系统。然而，自 20 世纪 80 年代以来，许多新型的数据库应用系统得到快速的发展，它们比传统的应用系统提出了更多的数据库需求。这些数据库应用系统包括计算机辅助设计（CAD）、计算机辅助制造（CAM）、计算机辅助软件工程（CASE）、办公信息系统（OIS）和地理信息系统（GIS）等。由于只使用 ER 模型的基本概念已经无法充分地表示这些新的复杂应用系统，从而促使新的语义建模概念的发展。支持附加语义概念的 ER 模型也称为增强的实体联系（EER，Enhanced Entity-Relationship）模型。下面将介绍几个最为重要和有用的附加概念。

特殊化/概化的概念与一些特殊实体类型及属性继承联系在一起，这些特殊的实体类型称为超类（Superclass）和子类（Subclass）。

（1）超类和子类的概念

一个实体类型表示一些同类型实体的集合。这一实体类型可能包含一些子集，子集中的实体在某些方面区别于实体集中的其他实体，也可以将实体类型组织成包含超类和子类的分层结构。

当较低层上实体类型表达了与之联系的较高层上的实体类型的特殊情况时，就称较高层上实体类型为超类型，较低层上实体类型为子类型。超类与子类有两个性质：

① 子类与超类之间具有继承性的特点，即子类实体继承超类实体的所有属性。但子类实体本身还可以包含比超类实体更多的属性。

② 这种继承性是通过子类实体和超类实体有相同的实体标识符实现的。

含有独立子类的实体类型称为超类。例如，“患者”实体类型可以分为“自费患者”和“社保患者”。这里的“患者”实体类型应看作超类；“自费患者”和“社保患者”实体类型应看作子类。超类和它的任意一个子类之间的联系称为一个超类/子类联系。例如，患者/自费患者就是超类/子类联系。

子类中的每个成员同样也是超类的成员，也就是说子类中的实体也是超类中的一个实体，但是有着不同的角色。超类和子类之间是一对一的关系。有些超类的子类可能存在重叠，例如，医院院长既是一名管理人员又可能是一名医生，因此，医院院长是员工超类的两个重叠子类。

为了避免在一个实体中描述那些不同类型的员工可能具有的属性，就可以采用超类和子类。例如，“自费患者”和“社保患者”一般都分别具有一些特殊的属性，如果在每个“患者”实体中既描述所有“患者”的属性又描述那些仅与特定类型“患者”相关的特殊属性，这就会导致某些“患者”实例中与其无关的那些属性是空值。例如，“社保患者”实体可以有“社保编号”和“社保类型”这个属性，而普通的“自费患者”就没有这项属性数据，从而造成存在空值的现象。试图用单个实体来表示所有的“患者”时，那些无法共享的属性就带来了问题。

将超类和子类的概念引入 ER 模型有两个主要原因。第一，避免对相似的概念进行重复的描述，使 E-R 图具有更好的可读性；第二，通过一种很多人都非常熟悉的形式为设计添加更多的语义信息。例如，"社保患者是一名患者"这些断言使用一种简练的形式传递了有意义的语义内容。

（2）属性继承

子类中的实体表示某个在超类中客观存在的同一对象，它除了拥有其所在子类特有的属性外，同时还具有超类的所有属性。例如，"社保患者"子类的成员继承了超类"患者"的所有属性，包括患者编码、姓名、性别、年龄等，同时还具有"社保患者"子类特有的属性"社保编号"和"社保类型"。

一个子类也是一类实体，因而子类也可以有一个或多个自己的子类。同样，子类的子类也可以有自己的子类，以此类推。例如，"社保患者"可以有自己的子类"省级社保患者"、"市级社保患者"和"区级社保患者"等。这就形成了类型层次。类型层次有许多名字，包括特殊化层次，如"社保患者"是"患者"的一个特殊化；概化层次，如"患者"是"社保患者"的概化；IS-A 层次，如"社保患者"IS-A"患者"。

当一个子类不止有一个超类时，这个子类则为共享子类。共享子类的成员必须是所有相关超类的成员。因此，超类的属性都被共享子类所继承，同时，共享子类还可以有子集的附加属性，这种继承称为多重继承。

（3）特殊化过程

特殊化过程是通过标识实体成员的差异特征使成员间的差异最大化的过程。特殊化是一种自上而下的方法。这种方法定义一系列的超类和它们相关的子类，而子类的定义是建立在超类中实体之间差异特征基础之上的。当为一个实体类型确定子类时，将属性和特殊子类关联起来，并确定子类之间的联系，以及子类和其他实体类型或子类之间的联系。例如，对"患者"实体进行特殊化过程时，需要确定该实体成员之间的差异，如成员的独特属性和联系。具有不同医疗费用报销处理方法的患者类型，如"自费患者"和"社保患者"，它们拥有各自特有的属性，所以就将"患者"确定为超类，"自费患者"和"社保患者"确定为"患者"超类的子类。

（4）概化过程

概化是通过标识实体成员间的共同特征使成员间的差异最小化的过程。概化是一种自下而上的方法，最终的结果是从一些最初的实体类型中概化出一个超类。例如，根据医疗费用报销的方法差异上，医疗中存在"省级社保患者"、"市级社保患者"和"区级社保患者"这些独立的实体类型，如果要对这些实体类型进行概化，就需要标识出这些实体具有的共同属性和联系。这些实体共享"社保患者"所具有的共同属性"社保编码"，所以可以将"省级社保患者"、"市级社保患者"和"区级社保患者"子类概化成为一个"社保患者"超类。而"自费患者"和"社保患者"又具有共同属性"患者编码"、"姓名"、"性别"、"年龄"等，因此，可以将"自费患者"和"社保患者"概化为"患者"超类。

由于概化过程可以看作特殊化过程的逆过程，因此称这种建模概念为特殊化/概化。员工实体的特殊化/概化如图 9.20 所示。

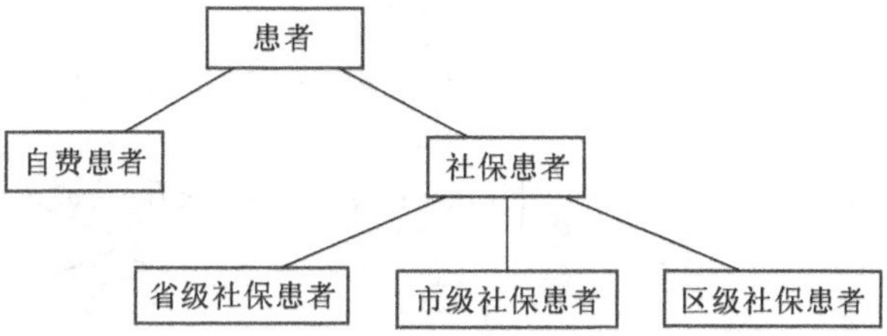

图 9.20　特殊化/概化示例

4．E-R 模型的设计

E-R 模型的设计分为局部设计、全局设计两个内容。

（1）设计局部 E-R 模式

设计局部 E-R 模式的主要工作是要确定出实体和联系的定义、属性的分配，以及根据系统的实际情况，恰当地划分出各个分系统的局部结构范围。

由于在现实世界中，实际的应用基本上对实体和属性就已经做了大体的自然划分。因此，局部 E-R 设计中，在前述的抽象工作的基础上可较方便地完成。正如前所述，数据抽象后得到的实体和属性需要做适当的调整，而实体和属性是相对的概念，在调整的过程中应遵循两个基本原则：

① “属性”是不可分的最小数据项，不能再具有需要描述的性质。因此，属性不能是聚集性质，也不能包含其他的属性项。

② “属性”不能与其他的实体具有联系，联系只能发生在实体之间。

只要满足上述两个原则的对象，都可以被看作是属性。和实体相比较而言，属性更加简单，不具备独立的使用特征，因而不能与其他实体具有联系。如果某个实体对象对于具体应用来说没有进一步划分的必要，并且仅作为对某类实体特征的描述，该实体对象可被划分为属性。图 9.21 给出了在岗编号分别作为实体和属性两种类别的情况。

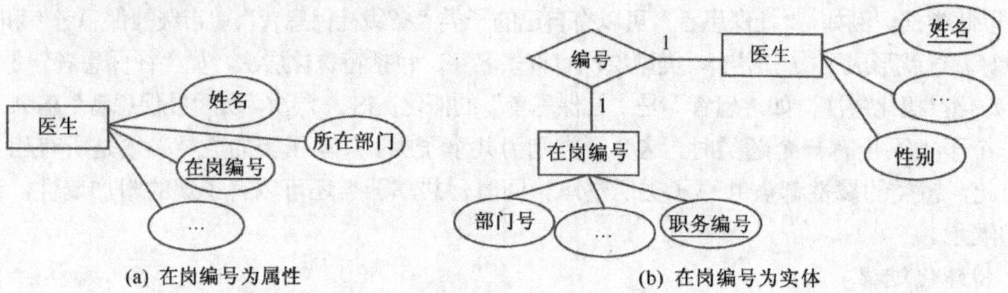

图 9.21　在岗编号两种不同的抽象方式

在图 9.21(a)中，用户不关心在岗编号的应用，只作为表征医生的一种属性存在。在图 9.21(b)中，实体医生没有标记部门的属性，而是通过与之联系的在岗编号实体的属性来决定医生所在的部门。

一般情况下，只要能够作为属性对待的数据对象，应尽量设计为属性，以达到简化 E-R 图的目的。

随后更多的设计工作将放在对局部子模式结构的范围确定上。采用模块化的设计方法，可把大系统划分为多个相对独立的子系统。这种设计方法可降低系统设计的复杂性，还可以使得各个子模块的工作内容更加清晰，增强模块的可重用性。对局部子模式的划分主要需要处理好子模块的内聚性和各个子模块之间的接口情况。

如图 9.22 所示给出了对 HIS 系统的 E-R 全局图。为了简洁表达，图 9.22 中省略了实体的属性。图 9.23 是针对该全局模式的局部划分示例。图 9.23(a)描述了部门（Dept）实体的自关联局部 E-R 图；图 9.23(b)描述了医生与部门之间的工作联系（Work）的局部 E-R 图；图 9.23(c)描述了患者与其联系电话的拥有联系（Own）的局部 E-R 图；图 9.23(d)描述了患者、医生和药品之间的就诊、处方和交费联系的局部 E-R 图。

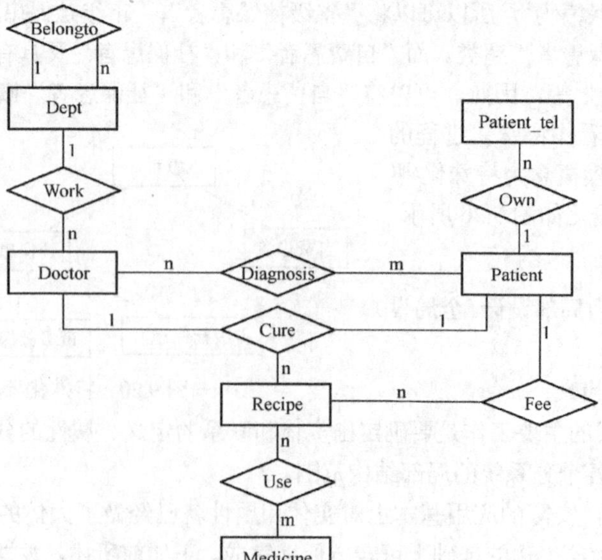

图 9.22　HIS 中的 E-R 全局图（不含属性）

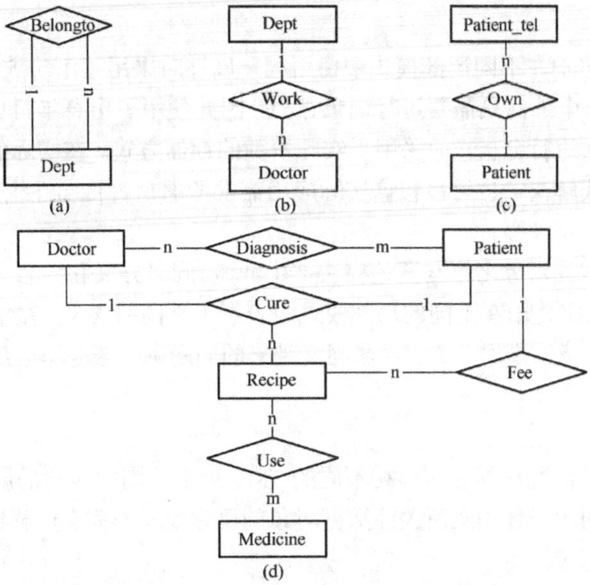

图 9.23　HIS 中的局部 E-R 图（不含属性）

局部模块的划分也可以考虑根据实际的业务或工作环境的需要进行设计。

（2）全局 E-R 视图集成

在局部 E-R 模式设计完成之后，接下来的工作就是集成这些局部模式，形成全局的 E-R 模型。常用的集成方法有多元集成法和二元集成法。多元集成即一次性把多个局部 E-R 模式集成为一个全局 E-R 视图；二元集成则把局部模式两两合并，然后再逐层向上合并成全局视图。图 9.24 是局部模式合并成全局 E-R 模式的示意图。

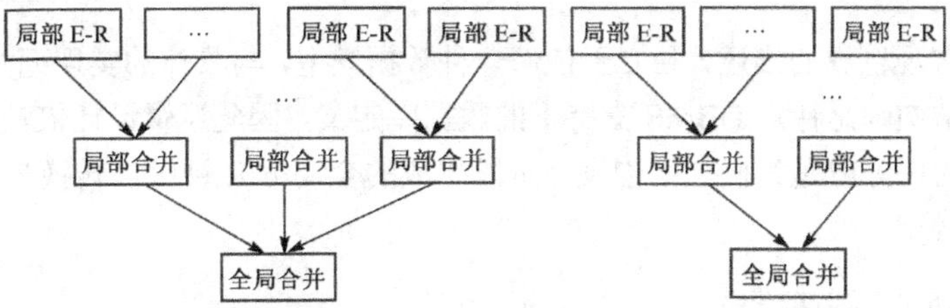

(a) 多元合并　　(b) 二元合并

图 9.24　局部视图的合并

具体选择何种合并方法应主要根据实际系统的复杂情况来考虑。但不论用哪种合并方式，都需要考虑合并过程中可能存在的冲突情况。如果局部模式在合并过程中出现冲突，必须要考虑到对局部模式的修改和重构。这个过程也很类似在对软件系统集成时，子模块使用全局数据发生冲突或接口不一致产生冲突时的情形。

图 9.25 所示为全局合并时对冲突的消除与重构过程的示意图。

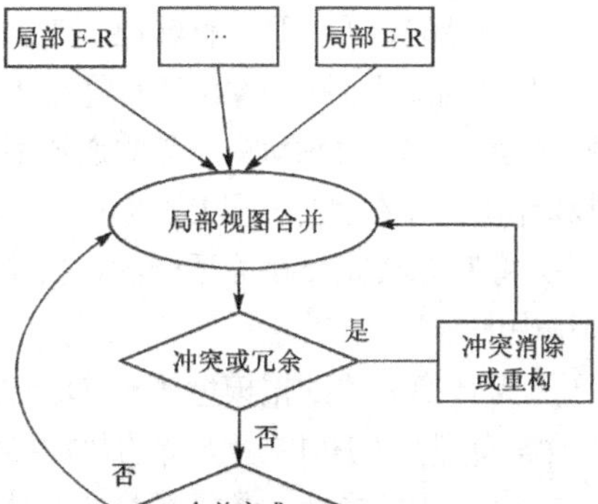

图 9.25　视图集成冲突消除与重构

全局视图集成的主要工作为冲突发生时的消除以及对冗余的重构。下面分别对这两个方面进行介绍。

① 冲突的消除

E-R 图局部模式之间的冲突主要有 3 种类型：属性冲突、命名冲突和结构冲突。

● 属性冲突

这类冲突最容易产生于在不同局部模式中使用同一属性时采用了不一致的标记。例如对某个病患年龄的记录追踪，其中一个部门只需要进行记录存档，因此使用了出身年月日的标记；而另一部门则因为要对患者的年龄分布进行分析，而采用了实际岁数的存储方式。在实际的应用中，属性冲突的问题可以通过部门协商方式解决，也可以根据实际应用需求考虑是否将属性统一或分离表示。

● 命名冲突

局部模式中使用的数据对象名字与其他模块产生冲突。同名异义和异名同义则是常见的命名冲突情况。同名异义指同一名字使用在不同的局部模式中表示了不同的含义，在集成时该名字就会发生语义冲突，不知应该如何赋予该事物含义。异名同义带来的问题则一般是不一致或冗余，可以考虑协商统一命名方式解决。

● 结构冲突

结构冲突常见的一种情况是同一实体在不同的 E-R 局部视图中包含的属性个数不完全相同，这种情况的发生是因为不同的局部模式所关注数据对象的侧重点是不完全一样的。实际情况中可考虑取属性的合集来解决这一问题。

集成过程中消除冲突后，进一步需要考虑的一个问题是冗余的消除。

② 消除冗余与优化

冗余存在于实体数据和实体间的冗余联系。冗余数据是指可由基本数据导出得到的数据，冗余的联系则是指可由其他关系联合导出的联系。当然，这类冗余也是相对的，有时考虑到性能和效率等综合因素，一些冗余的存在还是可以被接受的。

9.4 数据库逻辑结构设计及优化

概念设计是对客观世界的描述，独立于任何一种数据模型，与具体的实现无关。从数据库逻辑设计所导出的数据库结构则是特定 DBMS 支持下的数据库定义，因此逻辑设计依赖于实现的 DBMS 基础。逻辑结构设计的任务就是为概念结构设计阶段生成的全局 E-R 视图，转换为特定 DBMS 产品所能支持的数据模型。

9.4.1 逻辑设计环境

E-R 图所表示的概念模型可以转换成任意一种数据模型。在设计逻辑结构时，理论上应选择最适合相应概念模型的数据模型进行转换，在此基础上对比各种可支持该数据模型的 DBMS，从中选出最适合的 DBMS 产品。目前 DBMS 产品普遍都比较支持的数据模型有关系、网状、层次模型 3 类。对于特定的数据模型，由于 DBMS 产品的选择不同，提供给逻辑设计的工具和环境也存在差异，所以逻辑设计一般要分为 3 个步骤进行：

① 将概念模式转换为适合的 3 类常用关系、网状、层状数据模型中的一种。

② 为转换后的数据模型确定 DBMS 产品，并在该环境下实现数据模型向 DBMS 所支持的数据模型转换。

③ 对完成转换后的数据模型进行优化和评估。

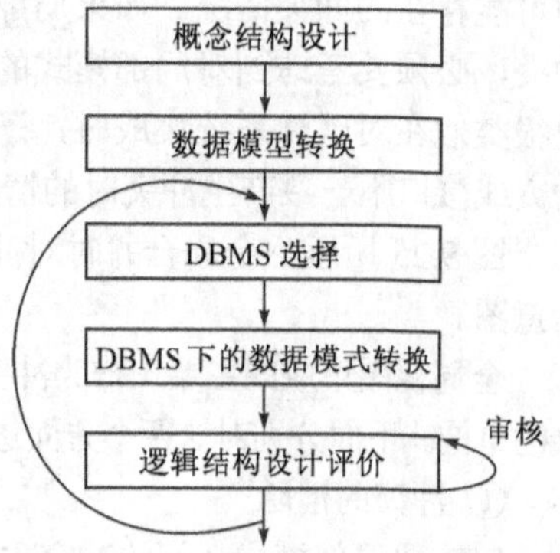

图 9.26 逻辑结构设计步骤

图 9.26 是逻辑结构设计步骤的示意图。目前，设计的数据库应用系统大多数都采用了支持关系数据模型的 RDBMS，下面着重对 E-R 概念模式向关系数据模型的转换进行讨论。

9.4.2 E-R 模式向关系模型的转换

E-R 模式描述的是现实世界中数据对象，以及数据对象之间的联系。实体、实体的属性及实体之间的联系是 E-R 图的基本组成要素。关系模型的逻辑结构则是一组关系模式的集合。所以，E-R 模式向关系模式的转换，最主要的工作就是要确定如何将 E-R 中的 3 个基本要素转换为关系模式集合的表示，这种转换可遵循以下转换规则：

① 将一个实体转换为一个关系模式，实体的属性就是关系的属性，而实体的键就是关系的键。

② 实体之间的联系转换为关系模式，联系的属性直接转换为关系的属性。与联系相连的实体的键转化为关系模式时，则分下述 3 种情况考虑：

- 一个 1∶1 的联系可以转换为一个独立的关系模式，也可以与任意一端对应的关系模式合并。当转换为独立的关系模式时，与之相连的每个实体的键均成为此关系模式的候选键，联系具有的属性成为关系的属性。如果采用与其中一端实体对应的关系模式合并方式，则合并后的关系模式属性应该加入另一端未合并的实体键和联系本身所具有的属性。
- 一个 1∶n 的联系可以转换为一个独立的关系模式，并与 n 端所对应的关系模式合并。如果采用转换为一个独立的关系模式，则与此联系相连接的各个实体的键，以及联系本身的属性均被转换为关系的属性，关系的键为 n 端实体的键。
- 一个 m∶n 联系转换为一个关系模式。与此联系相连的各个实体的键及联系本身的属性均转换为关系的属性，各个相连实体的键的组合成为关系的键。

下面给出一个具体的 E-R 图转换为关系数据模型的示例。

【例 9-1】将图 9.27 的患者与医生之间的就诊 E-R 图转换为关系模式。

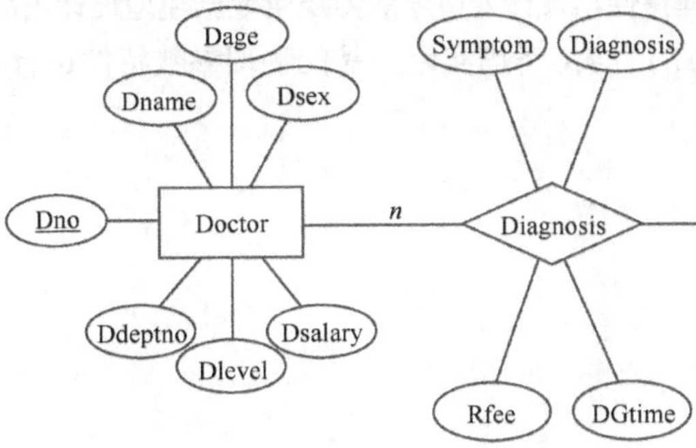

图 9.27 患者与医生之间的就诊 E-R 图

解：

① 将 Patient（患者）实体转换为 Patient 模式如下：

Patient（<u>Pno</u>, Pname, Page, Psex, Pid, Pino）

② 将 Doctor（医生）实体转换为 Doctor 模式如下：

Doctor（<u>Dno</u>, Dname, Dage, Dsex, Ddeptno, Dlevel, Dsalary）

③ 将 Diagnosis（就诊）联系转换为 Diagnosis 模式如下：

Diagnosis（<u>Dno</u>, <u>Pno</u>, Diagnosis, Symptom, DGtime, Rfee）

9.4.3 用关系规范化理论对关系数据模型进行优化

从前述内容可知，概念模式向关系模式的转换可以有多种选择方式，因而数据库逻辑设计的结果也不是唯一的。在完成 E-R 图向 RDBMS 的转换之后，为了提高数据库系统的性能，还应该对转换后的关系模式进行适当的修改、调整和优化方面的工作。这些工作通常是在针对关系模型的规范理论指导下完成的，可以减少和消除关系模式中存在的各类异常情况，提高设计的完整性和一致性。可分为理论检测和实施规范化来完成该优化过程：

确定范式的使用：采用各级范式来确定关系模式中的各种关系是否符合规范，检测数据依赖关系、函数依赖关系、传递依赖关系等。

实施规范化：根据需求规则说明书，分析实际应用环境中，确定对关系模式的选择和使用是否得当，以及是否需要调整和改进。

9.5 数据库的物理设计

完成对数据库逻辑结构的设计之后，则进入数据库的物理设计阶段。数据库系统最终会在具体的物理设备上实现，对数据库在物理设备上存储结构和存取方法将会直接影响到最终数据库系统实现的性能。数据库的物理设计内容即是为确定的逻辑数据模型制定出适合的物理结构。

数据库的物理设计包含两个方面的内容：

① 为逻辑数据模型确定物理结构，即前述的存储结构和存取方法。

② 对整体物理结构的时间和空间性能进行评价。

9.5.1 数据库的物理结构确定

要确定数据库的物理结构，要求设计人员对不同的数据库产品所能提供的物理环境有清晰的认识。不同DBMS产品提供了相异的数据存储结构和存取方法，可供设计人员使用的设计变量和参数范围也不尽相同，只有深入了解和掌握相关的物理特性，设计人员才能为逻辑数据模型设计出高性能的物理结构。

物理结构的确定应结合数据库事务的需求，考虑实际产品的物理参数特性进行选取，需要分析以下数据库事务处理的基本信息：

- 数据的查询关系
- 查询条件和涉及的属性
- 查询的投影操作
- 连接条件和涉及的属性
- 插入记录的属性要求
- 插入记录的关联关系
- 记录更新的关系
- 更新操作条件和涉及的属性
- 记录删除的关联关系

这些内容涵盖了数据库查询、插入、删除和更新等基本操作内容。此外，事务在各类关系上的运行频度和性能要求也是必须考虑的内容。这些内容是确定物理结构的直接依据，在此基础上设计出关系数据的存储结构和存取方法。

1. 存储结构的设计

数据库中，数据的操作一般是以存储记录为单位来进行的。从逻辑设计中得到的数据结构，如数据项的组成、类型和长度等信息，均可供物理设计考虑实际存储空间的部署和分配。

数据记录集合在存储空间中的保存称为“文件”，文件的组织方式可以是定长的，也可以是变长的。文件组织的结构涉及物理上的存储表示格式：文件的格式、逻辑排列顺序、物理存储顺序、访问路径、物理存储设备的分配等。

通常存储结构的设计是存储空间效率、存取时间性能，以及维护成本等方面综合考虑的结果。有两个方面的考虑因素在存储结构设计时需要考虑。

（1）数据的存放位置

数据根据操作或存取的性质进行区分存放。可根据应用情况把数据按照稳定部分，易变动部分，高频使用数据和不常用数据等分类存放。并针对性地采用不同的存储设备和存取策略进行设计，折中考虑性能和成本等因素。

（2）确定系统配置

决定使用的 DBMS 产品后，需要对相应产品的系统配置变量、存储分配参数进行分析。DBMS 所提供的默认配置只是针对大多数一般使用环境下的考虑，设计人员在进行物理设计时，应对具体的使用环境进行深入了解，优化这些系统参数的设置，以达到对数据库性能实现物理优化的目标。

2．存取方法的设计

存取方法是为存取物理设备上的数据而提供存储和检索的方法。数据库管理系统一般都提供了多种存取方法。较为常用的有聚簇、索引和 HASH 存取方法。

（1）聚簇

聚簇是指为了提高某个属性，或属性组的查询速度，把这些属性（聚簇键）按照具有相同键值的元组集中存放的原则，组织存储在连续的物理块中。

聚簇可以极大地提高这类属性的查询效率，有下述两个方面的好处：

① 节省存储空间：相同聚簇键值的元组集中存储，只需为聚簇存储键值，可以避免为每个聚簇元组单独存储键值的开销。

② 提高查询速度：聚簇数据查询时，可一次性提取聚簇元素的记录，可以避免对分散存储数据的多 I/O 操作，显著降低对低速存储设备的访问次数。

（2）索引

索引是指根据应用要求，确定对关系的哪些属性列建立索引、组合索引及唯一索引等。为主关系键建立索引是一种常见的情况，这样不仅能够提高检索速度，还能够避免关系键重复值的录入，保证了数据的完整性。

关系上定义的索引并非单纯是越多越好，索引的建立和维护都需要较高的代价，索引的查找也需要额外的开销。若是关系使用情况较少，而更新频度又很高时，需要仔细考虑索引的构建情况。因为关系的更新将导致关系上的索引也会有相应的修改，会极大地增加维护成本和时间开销。

（3）HASH 存取方法

有些 DBMS 提供了 HASH 存取方法。HASH 是一种直接存取方法，通过对 HASH 值的计算来获得存取地址。HASH 存取方法主要考虑 HASH 函数的设计，既要保证很好的计算效率，又要具有较好的散列性。

9.5.2　物理结构的评价

在数据库物理结构设计完成后，需要对系统的时间效率、空间效率、维护成本和用户需求等方面进行评估，选择出一个较优化的方案执行。评价数据库物理结构的方法几乎完全依赖于所选用的 DBMS 产品，使用其提供的各种性能参数，计算得到准确的量化结果，以此来得到设计方案的正确性的判断结果。

9.6 数据库的实施和运行维护

在完成数据库的各项设计工作后，系统开发人员就要使用 DBMS 所提供的数据定义语言和程序来实现数据库系统。数据库的实现主要包括了数据库实际结构的建立、数据装入、应用程序开发和调试、测试和试运行等几个内容。

9.6.1 实际数据库结构的建立

数据库系统开发人员通过使用 DBMS 所提供的数据定义语言 DDL 来定义数据库的结构。开发人员编写 SQL 语句用以创建数据库、创建表和定义视图等，也可以使用数据库系统提供的管理工具来完成数据库的实施。例如，可以在 SQL Server 数据库中使用企业管理器的可视化工具来完成创建库和表等操作。

9.6.2 装入数据

数据库建立起来后，要进入实施运行阶段之前，必须要有真实的数据存在，将真实数据录入到数据库，这个过程称之为数据的加载。

但是，由于实际的数据库所处理的数据量一般都很大，而且数据来源于不同的业务部门，针对不同的处理业务，表现形式也多种多样，如数据文件、表单和报表等。要把这些数据全部装载入数据库中，首先需要大量的工作量。其次，要很好地和新建立的数据库系统融合，还存在以下问题：

① 由于数据的来源各不相同，在局部应用中需要完成对数据的抽取、计算机录入、数据转换、分类并整合等工作。

② 数据量很大，数据录入工作需要耗费很大的人力和物力。

③ 数据中可能存在大量的冗余，录入过程中也可能会存在差错，因此对录入的数据还需要进行检测，以避免不正确的数据入库。

④ 现实的数据结构和设计、实现中的数据结构与组织方式等也可能会存在一定的差距，还需要考虑数据的载入调整。

由于上述问题的存在，在初期对数据库进行数据装载时，一次性全部装载显然并不是一个很好的主意。实际的最初数据装载仅小部分这样尝试，既可以检测数据库对所装载数据的适应性，也可减少不匹配数据录入所导致的浪费。另外，提高数据装载的自动化程度和录入效率，充分使用 DBMS 提供的数据转换工具，都可以帮助改进数据装入的性能。

9.6.3 应用程序开发和调试

数据库开发过程中，数据库应用程序的开发也会同时进行。数据库应用程序的开发本质上也是属于程序开发的范畴，但由于处理的数据对象特征，数据库应用程序有其自身的一些特点：海量数据的处理、形式多样的报表输出格式、数据操纵的关联性等。这些特点使得数据库应用程序在批量数据的处理能力，外围的数据使用和展示，以及数据完整性检测等方面都提出了更高的要求。

数据库应用程序对数据库中数据的操作也存在多样性，特定的 DBMS 产品一般为各类程序设计语言都提供了存取接口，可方便实现各种类型的数据库应用程序开发。当然，整个数据库应用程序的开发过程与软件开发过程一样，需要经历设计、编码、调试和测试等步骤。

9.6.4　数据库试运行

装载了部分实际数据后，就可以运行数据库系统检测各项功能和事务处理是否正常，以及调整系统的各种参数。这个阶段就是数据库系统的试运行。试运行阶段处于新系统正式运行之前的磨合阶段，系统在软、硬件方面存在的故障都可能会发生。系统的操作人员也是逐渐适应的阶段，可能会产生误操作的情况。因此，这个阶段应重视对数据库的备份和还原工作，以免系统运行过程中，故障发生后导致数据受到破坏，增加额外的数据装载工作。

9.6.5　数据库运行和维护

当数据库试运行满足要求后，数据库就可以正式投入运行，进入了运行和维护阶段。运行阶段系统处于生命周期中相对稳定状态，这阶段的故障较少，维护成本相对较低。随着实际运行环境的不断变化，用户的需求和业务处理流程发生变动，数据库系统本身的软、硬件系统改变等情况的发生，数据库系统也会有所改变和调整。在这些情况下，运行和维护需要保证 4 个方面的内容。

（1）数据库的备份和恢复

数据库的备份和恢复是系统运行中的最基本维护工作。数据库的特点是大数据量的处理，数据是其所有事务和工作的根本来源。一旦数据因故障而发生破坏或丢失，将会导致许多业务工作无法正常开展，同时这些数据的重新装载也会花费大量的人力和物力。因此，DBA 应针对不同的应用需求，制订相应的数据备份和转储计划，以达到尽可能降低故障损失的目标。

（2）数据库的完整性和安全性

当系统的应用环境发生变化时，不同用户的操作权限及数据存储的安全性要求也可能随之而发生相应的变化。DBA 应及时根据实际的情况监控和调整数据库的安全性，以保证用户的资料和信息不会受到损害。另外，变动也可能会导致对数据的完整性约束条件发生更改，需要 DBA 进行修正，以确保各类数据库应用程序的正常运行。

（3）数据库性能满足既定的要求

数据库系统发生变动后，DBA 需要对变动进行追踪，除了保证变动后系统的功能应保证正常以外，还应检测系统的性能是否仍然能满足用户的要求。DBMS 产品一般都提供了一些系统性能的监测工具，当 DBA 检测到系统的性能下降时，应分析下降原因并及时调整系统参数，以及进行数据库重组或重构的工作。

（4）数据库的重组和重构

数据库运行过程中，存储的数据也在不断发生改变。记录的增加、删除和修改操作都会导致数据库的物理存储情况发生变化，这也会直接影响到对数据的存取效率。因此，DBA 应制定周期性的重组织计划，重新安排和整理数据的存储结构，处理存储碎片的合并与回收，以保证数据的存储效率和存取性能。

重组织并不会改变原设计的逻辑和物理结构，然而数据库的重构却会改变数据库的模式和内模式。但重构一般发生在用户需求发生变动时。增加新的应用和实体，或实体之间的联系发生了变化等，都将导致数据库的模式发生改变。所以，重构基本上是对系统的扩展性维护。数据库的重构是有限的，当用户的应用需求变化太大，即使采用了重构仍然无法控制时，标志着数据库应用系统的生命周期结束，需要进行新的数据库系统设计了。

9.7 习题

1. 试述数据库设计的基本过程。

2. 简述需求分析的步骤。

3. 数据字典的内容是什么?

4. 试述概念模式的主要特点。

5. 简述自底向上进行概念模式设计的主要步骤。

6. 根据“学生选课教务系统”需求，设计学生、课程、教师系统E-R图。

7. 对局部E-R图进行集成时，可能存在哪些类型的冲突?

8. 简述E-R模型向关系模型进行转换的规则。

9. 某企业集团有若干工厂，每个工厂生产多种产品，且每一种产品可以在多个工厂生产，每个工厂按照固定的计划数量生产产品；每个工厂聘用多名职工，且每名职工只能在一个工厂工作，工厂聘用职工有聘期和工资。工厂的属性有工厂编号、厂名、地址，产品的属性有产品编号、产品名、规格，职工的属性有职工号、姓名。

① 根据上述语义画上E-R图，在E-R图中需注明实体的属性、联系的类型及实体的标识符。

② 将E-R模型转换成关系模型，并指出每个关系模式的主键和外键。

10. 设有系、教师、学生、课程等实体，其中：

① 每一个系包括系名、系址、系主任姓名、办公电话等属性；

② 教师实体包括工作证号码、教师姓名、出生日期、党派等属性；

③ 学生实体包括学号、学生姓名、性别等属性；

④ 课程实体包括课程号、课程名、先修课程号等属性。

设一个系可以有多名教师，每名教师可以教多门课程，一门课程由一名教师教。每一名学生可选多门课程，每门课程只有一门先修课，每一名学生选修一门课程有一个成绩，试根据以上语义完成下述要求：

① 画出E-R图；

② 将以上实体及实体集间的联系用关系模型表示出来。

11. 数据库物理结构设计的主要任务是什么？哪些因素会影响数据库中数据存储结构的确定？

第 10 章　数据库高级开发技术

本章主要介绍数据库应用开发的编程方面内容，包括游标、存储过程、函数、触发器、嵌入式 SQL、数据库访问接口和 XML 等。

学习目标：

- 掌握游标编程
- 掌握存储过程和函数的编程
- 了解触发器的工作原理
- 了解嵌入式 SQL 的作用和工作原理
- 了解 XML 数据交换技术
- 了解原生 XML 数据库

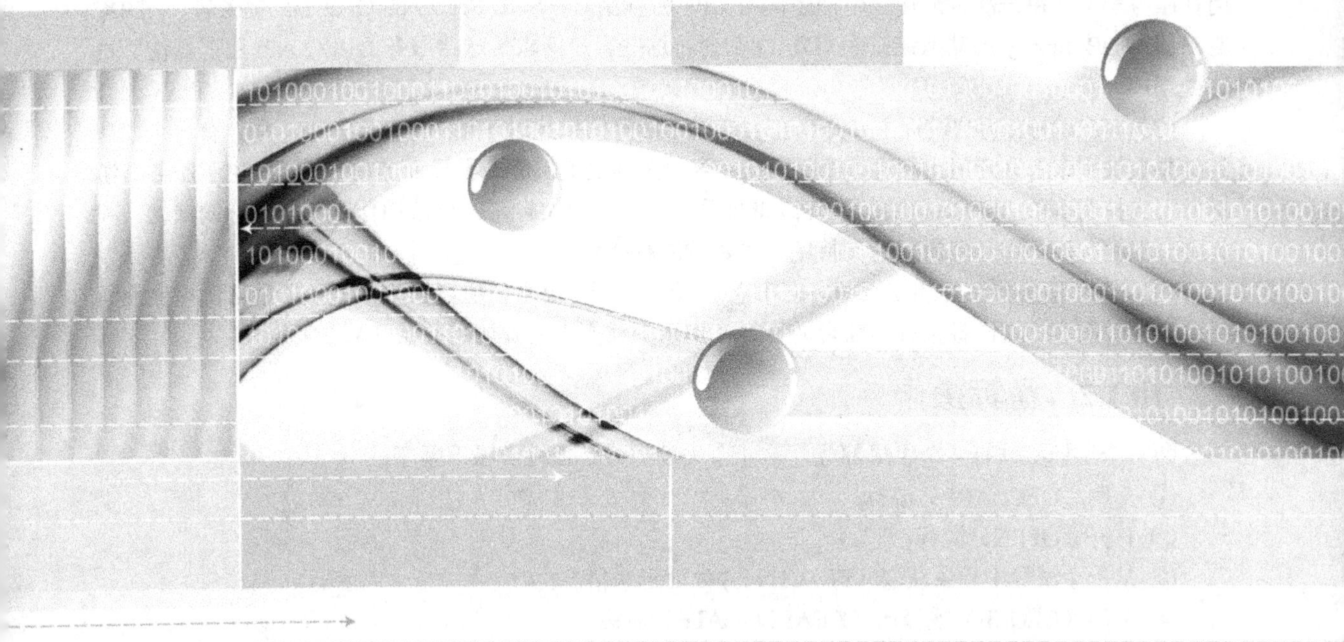

10.1 游标

在数据库开发过程中，如果需要从某一结果集中逐一地读取一条记录时，游标（Cursor）提供了一种极为优秀的解决方案。在数据库中，游标是一个十分重要的概念，为用户开设了一个数据缓冲区，用于存放SQL语句的执行结果。

游标提供了一种对从表中检索出的数据进行操作的灵活手段。就本质而言，游标实际上是一种能从包括多条数据记录的结果集中每次提取一条记录的机制。游标总是与一条SQL选择语句（Select）相关联。因为游标由结果集（可以是零条、一条或由相关的选择语句检索出的多条记录）和结果集中指向特定记录的游标位置组成。当需要对结果集进行逐条记录处理时，必须声明一个指向该结果集的游标。如果曾经用C语言写过对文件进行处理的程序，那么游标就像打开文件所得到的文件句柄一样，只要文件打开成功，该文件句柄就可代表该文件。对于游标而言，其道理是相同的。可见游标能够实现按与传统程序读取平面文件类似的方式处理来自基础表的结果集，从而把表中数据以平面文件的形式呈现给程序。

我们知道关系数据库管理系统实质是面向集合的，在关系数据库中并没有一种描述表中单一记录的表达形式，除非使用where子句来限制只有一条记录被选中。因此我们必须借助于游标来进行面向单条记录的数据处理。

10.1.1 游标种类

SQL Server 支持三种类型的游标：Transact_SQL 游标，API 服务器游标和客户游标。

（1）Transact_SQL 游标。Transact_SQL 游标是由 DECLARE CURSOR 语法定义，主要用在 Transact_SQL 脚本、存储过程和触发器中。Transact_SQL 游标主要用在服务器上，由从客户端发送给服务器的 Transact_SQL 语句或是批处理、存储过程、触发器中的 Transact_SQL 进行管理。Transact_SQL 游标不支持提取数据块或多行数据。

（2）API 游标。API 服务器游标支持在 OLE DB、ODBC 以及 DB_library 中使用游标函数，主要用在服务器上。每一次客户端应用程序调用 API 游标函数，SQL Server 的 OLE DB 提供者、ODBC 驱动器或 DB_library 的动态链接库（DLL）都会将这些客户请求传送给服务器以对 API 服务器游标进行处理。

（3）客户游标。客户游标主要是当在客户机上缓存结果集时才使用。在客户游标中，有一个默认的结果集被用来在客户机上缓存整个结果集。客户游标仅支持静态游标而非动态游标。由于服务器游标并不支持所有的 Transact-SQL 语句或批处理，所以客户游标常常仅被用作服务器游标的辅助。因为在一般情况下，服务器游标能支持绝大多数的游标操作。

由于 API 服务器游标和 Transact-SQL 游标使用在服务器端，所以被称为服务器游标，也被称为后台游标，而客户端游标被称为前台游标。在本章中我们主要讲述服务器（后台）游标。

10.1.2 游标操作

每一个游标必须有4个组成部分，这4个关键部分必须符合以下顺序：

① 声明（DECLARE）游标；

② 打开（OPEN）游标；

③ 从一个游标中逐条获取（FETCH）并处理记录信息；

④ 关闭（CLOSE）或释放（DEALLOCATE）游标。

1．声明游标

声明一个游标的语法格式如下：

```
DECLARE cursor_name [INSENSITIVE] [SCROLL] CURSOR
FOR select_statement
[FOR {READ ONLY | UPDATE [OF column_name [, … n]]}]
```

其中，参数说明如下：

cursor_name：游标的名字。

INSENSITIVE：将游标定义所选取出来的数据记录存放在一临时表内。对该游标的读取操作皆由临时表来应答。因此，对基本表的修改并不影响游标提取的数据，即游标不会随着基本表内容的改变而改变，同时也无法通过游标来更新基本表。如果不使用该保留字，那么对基本表的更新、删除都会反映到游标中。

SCROLL：表明所有的提取操作（如 FIRST、LAST、PRIOR、NEXT、RELATIVE、ABSOLUTE）都可用。如果不使用该保留字，那么只能进行 NEXT 提取操作。由此可见，SCROLL 极大地增加了提取数据的灵活性，可以随意读取结果集中的任一行数据记录，而不必关闭再重开游标。

select_statement：定义结果集的 SELECT 语句。应该注意的是，在游标中不能使用 COMPUTE、COMPU- TE BY、FOR BROWSE、INTO 语句。

READ ONLY：表明不允许游标内的数据被更新，尽管在默认状态下游标是允许更新的。而且在 UPDATE 或 DELETE 语句的 WHERE CURRENT OF 子句中，不允许对该游标进行引用。

UPDATE [OF column_name[,…n]]：定义在游标中可被修改的列，如果不指出要更新的列，那么所有的列都将被更新。当游标被成功创建后，游标名成为该游标的唯一标识，也是在以后的存储过程、触发器或 Transact_SQL 脚本中使用的名字。

【例 10-1】将 RecipeDetail 中的处方编号为“1284041”所包含的药品信息声明为 MedicineList 游标。

```
DECLARE MedicineList CURSOR
FOR
    SELECT M.Mno, D.Mamount, M.Mname, M.Mprice, M.Munit, M.Mtype
        FROM RecipeDetail D LEFT JOIN Medicine M ON D.Mno = M.Mno
      WHERE D.Rno = '1284041'
```

2．打开游标

打开游标语句执行游标定义中的查询语句，查询结果存放在游标缓冲区中，并使游标指针指向游标区中的第一个元组，作为游标的默认访问位置。查询结果的内容取决于查询语句的设置和查询条件。打开游标的语法如下：

```
OPEN 游标名称;
```

【例 10-2】打开名为 MedicineList 的游标。

```
OPEN MedicineList;
```

当游标被打开时，行指针将指向该游标集的第 1 行之前，如果要读取游标集中的第 1 行数据，必须移动行指针使其指向第 1 行。就本例而言，可以使用下列操作读取第 1 行数据：

```
  FETCH FIRST FROM MedicineList;
或 FETCH NEXT FROM MedicineList;
```

如果打开的游标为 INSENSITIVE 游标，在打开时将产生一个临时表，将定义的游标数据集合从其基表中复制过来。在 SQL Server 中，游标打开后，可以从全局变量@@CURSOR_ROWS 中读取游标结果集合中的行数。

【例 10-3】显示游标结果集合中的数据行数。

```
SELECT 数据行数 =@@CURSOR_ROWS;
```

3．读游标区中的数据

读游标区数据语句是读取游标区中当前元组的值，并将各分量依次赋给指定的共享主变量。FETCH 语句用于读取游标中的数据，语句格式为：

```
FETCH [[NEXT|PRIOR|FIRST|LAST| ABSOLUTE n| RELATIVE n]
from ] 游标名
[INTO @局部变量[, … n]]
```

其中参数说明如下：

NEXT：表示返回结果集中当前行的下一行记录，如果第一次读取则返回第一行。默认的读取选项为 NEXT。

PRIOR：表示返回结果集中当前行的前一行记录，如果第一次读取则没有行返回，并且把游标置于第一行之前。

FIRST：表示返回结果集中的第一行，并且将其作为当前行。

LAST：表示返回结果集中的最后一行，并且将其作为当前行。

ABSOLUTE *n*：如果 *n* 为正数，则返回从游标头开始的第 *n* 行，并且返回行变成新的当前行；如果 *n* 为负，则返回从游标末尾开始的第 *n* 行，并且返回行为新的当前行；如果 *n* 为 0，则返回当前行。

RELATIVE *n*：如果 *n* 为正数，则返回从当前行开始的第 *n* 行；如果 *n* 为负，则返回从当前行之前的第 *n* 行；如果为 0，则返回当前行。

INTO：表示将游标当前字段值赋值给对应的局部变量。

【例 10-4】获取游标 MedicineList 中的下一个元组的药品名称。

```
DECLARE @Mno        VARCHAR(50);
DECLARE @Mname   VARCHAR(50);
DECLARE @Mtype     VARCHAR(50);
DECLARE @Munit      VARCHAR(50);
DECLARE @Mamount Integer;
DECLARE @Mprice Decimal(8,2);
FETCH NEXT FROM MedicineList
      INTO @Mno,@Mamount,@Mname,@Mprice,@Munit,@Mtype;
```

4．关闭游标

在处理完游标中数据之后必须关闭游标来释放数据结果集和定位于数据记录上的锁。CLOSE 语句关闭游标，但不释放游标占用的数据结构。如果准备在随后的使用中再次打开游标，则应使用 CLOSE 命令。关闭游标的语法规则为：

```
CLOSE { { [GLOBAL] cursor_name } | cursor_variable_name }
```

游标可应用在存储过程、触发器和 Transact_SQL 脚本中。如果在声明游标与释放游标之间使用了事务结构，则在结束事务时游标会自动关闭。

【例 10-5】关闭名为 MedicineList 的游标。

```
CLOSE MedicineList;
```

5．释放游标

在使用游标时，各种针对游标的操作或者引用游标名，或者引用指向游标的游标变量。当 CLOSE

命令关闭游标时，并没有释放游标占用的数据结构。因此常使用 DEALLOCATE 命令。通过该命令可以删除掉游标与游标名或游标变量之间的联系，并且释放游标占用的所有系统资源。其语法规则为：

```
DEALLOCATE { { [GLOBAL] cursor_name } | @cursor_variable_name}
```

当使用 DEALLOCATE @cursor_variable_name 来删除游标时，游标变量并不会被释放，除非超过使用该游标的存储过程、触发器的范围（即游标的作用域）。

【例 10-6】释放名为 MedicineList 的游标。

```
DEALLOCATE MedicineList;
```

6．游标操作综合示例

为了将声明游标、打开游标、读取游标数据、关闭游标和释放游标操作形成整体示例，在此特将上述分散的例子组织为一个完整的示例，该实例按照 SQL Server 的语法实现。

【例 10-7】将 RecipeDetail 中的处方编号为“1284041”所包含的药品信息通过游标显示。

```
DECLARE @Mno        VARCHAR(50);
DECLARE @Mname      VARCHAR(50);
DECLARE @Mtype      VARCHAR(50);
DECLARE @Munit      VARCHAR(50);
DECLARE @Mamount INTEGER;
DECLARE @Mprice     DECIMAL(8,2);
DECLARE MedicineList CURSOR FOR
    SELECT M.Mno,D.Mamount,M.Mname,M.Mprice,M.Munit,M.Mtype
        FROM RecipeDetail D LEFT JOIN Medicine M ON D.Mno = M.Mno
        WHERE D.Rno = '1284041';
OPEN MedicineList;
FETCH NEXT FROM MedicineList INTO @Mno,@Mamount,@Mname,@Mprice,@Munit,@Mtype;
WHILE (@@Fetch_Status = 0)
    BEGIN
        PRINT '药品编号: '+@Mno+'; 数量: '+LTRIM(STR(@Mamount)) + @Munit + '; 名称: ' + @Mname;
        FETCH NEXT FROM MedicineList INTO @Mno,@Mamount,@Mname,@Mprice,@Munit,@Mtype;
    END
CLOSE MedicineList;
DEALLOCATE MedicineList;
```

执行结果如下：

```
-----------------------------------------------------------------
药品编号：；数量：盒；名称：L-谷氨酰胺胶囊
药品编号：；数量：粒；名称：盐酸雷尼替丁胶囊
药品编号：；数量：盒；名称：胃立康片
```

10.2　存储过程

存储过程（Stored Procedure）是一组为了完成特定功能的 SQL 语句集，它经编译后存储在数据库中。存储过程是数据库中的一个重要对象，用户通过指定存储过程的名字并给出参数（如果该存储过程带有参数）来执行它。

10.2.1　存储过程的概念

存储过程是一组已被编辑在一起的，存储在服务器上的，执行某种功能的预编译 SQL 语句。它是一种封装重复任务操作方法，支持用户提供的参数变量，具有强大的编程能力。

存储过程非常类似于DOS系统中的批处理文件。它将完成某项任务的许多SQL语句写在一起，组成命令集合的形式，然后通过执行该存储过程就可以完成相应的任务。

存储讨程具有许多优点：

（1）加快程序的执行速度

存储过程不像解释执行的SQL语句那样在提出操作请求时才进行语句分析和优化工作，而是在运行之前，数据库已对其进行了语法和句法分析，并给出了优化执行方案。由于存储过程在第一次被执行之后，其执行规划就存储在高速缓存中，而在以后的操作中，只需要从高速缓存中调用编译好的存储过程的二进制代码执行即可。这种已经编译好的过程可极大地改善SQL语句的性能。所以存储过程能以极快的速度执行，提高系统的性能。

（2）减少网络的数据流量

这是一条使用存储过程的非常重要的原因。例如，如果有1000条SQL语句的命令，一条条地通过网络在客户机和服务器之间传递，那么这种传递所耗费的时间将使任何用户都无法忍受。存储过程使一个需要数百行SQL代码的操作由一条执行存储过程代码的单独指令就可实现，极大地减轻了网络的负担，提高了系统的响应速度。

（3）提供了一种安全机制

如果用户被授予了执行某些存储过程的权限，那么不管他是否拥有该存储过程中所涉及的表或视图的使用权限，他都可以完全执行该存储过程而不会受到限制。因此，可以创建存储过程来完成所有的增加、删除操作，并且可以通过编程的方式控制上述操作中对信息的访问。

（4）允许程序模块化设计

对于同一个任务操作，只需创建一次存储过程并将其存储在数据库中，以后便可以在不同的程序中多次调用。而且，模块化的封装方法使存储过程可独立于程序源代码而单独修改，提高了程序的可用性，可减少数据库开发人员的工作量。另外，可共享的存储过程使用相同的逻辑处理结构保证了数据修改的一致性。

（5）提高编程的灵活性

存储过程可以用流控制语句编写，具有很强的灵活性，可以完成复杂的判断和运算，可以根据条件执行不同的SQL语句。

10.2.2 存储过程的种类

目前的几大数据库厂商提供的编写存储过程的工具都没有统一，虽然它们的编写风格有些相似，但由于没有标准，所以各家的开发调试过程也不一样。本书以Microsoft的SQL Server为例介绍存储过程的开发和使用，其他厂家的存储过程可以参照相应的联机帮助类似使用。

在SQL Server中，存储过程包括系统存储过程、本地存储过程、临时存储过程、远程存储过程和扩展存储过程。

（1）系统存储过程

以sp_开头，用来进行系统的各项设定、取得信息和相关管理工作。

（2）本地存储过程

用户创建的存储过程是由用户创建并完成某一特定功能的存储过程，事实上一般所说的存储过程就是指本地存储过程。

（3）临时存储过程

临时存储过程分为两种存储过程：一是本地临时存储过程，以井字号(#)作为其名称的第一个字符，该存储过程将成为一个存放在TEMPDB数据库中的本地临时存储过程，且只有创建它的用户才能执行它；二是全局临时存储过程，以两个井字号(##)开始，该存储过程将成为一个存储在 TEMPDB 数据库中的全局临时存储过程，全局临时存储过程一旦创建，以后连接到服务器的任意用户都可以执行它，而且不需要特定的权限。

（4）远程存储过程

在 SQL Server 中，远程存储过程（Remote Stored Procedures）是位于远程服务器上的存储过程，通常可以使用分布式查询和 EXECUTE 命令执行一个远程存储过程。

（5）扩展存储过程

扩展存储过程（Extended Stored Procedures）是用户可以使用外部程序语言编写的存储过程，而且扩展存储过程的名称通常以 xp_开头。

10.2.3 存储过程的操作

存储过程的操作包括创建、重命名、执行和删除 4 种。

1．创建存储过程

存储过程包括过程首部和过程体两部分，其创建语句的基本格式如下：

```
CREATE PROC [ EDURE ] procedure_name [ ; number ]        /* 存储过程首部*/
    [ { @parameter data_type }
        [ VARYING ] [ = default ] [ OUTPUT ]
    ] [ ,… n ]
[ WITH
    { RECOMPILE | ENCRYPTION | RECOMPILE , ENCRYPTION } ]
[ FOR REPLICATION ]
AS < SQL 语句块> [ … n ]                    /* 存储过程体，描述该存储过程的操作 */
```

procedure_name：存储过程名称，必须符合标识符规则，不能超过 128 个字符，且对于数据库及其所有者必须唯一。要创建局部临时过程，可以在 procedure_name 前面加一个编号符 (#procedure_name)，要创建全局临时过程，可以在 procedure_name 前面加两个编号符 (##procedure_name)。

[;number]：可选的整数，用来对同名的过程分组，以便用一条 DROP PROCEDURE 语句即可将同组的过程一起除去。

@parameter：参数列表，用户必须在执行过程时提供每个所声明参数的值（除非定义了该参数的默认值）。

① 每个存储过程中最多设定 1024 个参数。

② 用名字来标识调用时给出的参数值，必须指定值的参数类型。

③ 每个参数名前要有一个“@”符号，每一个存储过程的参数仅为该程序内部使用。

④ data_type，参数的数据类型。所有数据类型（包括 text、ntext 和 image）均可以用作存储过程的参数。不过，cursor 数据类型只能用于 OUTPUT 参数。如果指定的数据类型为 cursor，也必须同时指定 VARYING 和 OUTPUT 关键字。

⑤ VARYING，指定作为输出参数支持的结果集（由存储过程动态构造，内容可以变化）。仅适用于游标参数。

⑥ OUTPUT，表明参数是返回参数。该选项的值可以返回给 EXEC[UTE]。使用 OUTPUT 参数可将信息返回给调用过程。使用 OUTPUT 关键字的输出参数可以是游标占位符。存储过程的参数可以定义输入参数（INPUT）、输出参数（OUTPUT）、输入/输出参数（INPUT/OUTPUT）。默认为 INPUT 参数。

⑦ default，参数的默认值。如果定义了默认值，不必指定该参数的值即可执行过程。默认值必须是常量或 NULL。

{RECOMPILE | ENCRYPTION | RECOMPILE, ENCRYPTION}：RECOMPILE 表明 SQL Server 不会缓存该过程的计划，该过程将在运行时重新编译。在使用非典型值或临时值而不希望覆盖缓存在内存中的执行计划时，需要使用 RECOMPILE 选项。ENCRYPTION 表示 SQL Server 加密 syscomments 表中包含 CREATE PROCEDURE 语句文本的条目。使用 ENCRYPTION 可防止将过程作为 SQL Server 复制的一部分发布。

FOR REPLICATION：指定不能在订阅服务器上执行为复制创建的存储过程。使用 FOR REPLICATION 选项创建的存储过程可用作存储过程筛选，且只能在复制过程中执行。本选项不能和 WITH RECOMPILE 选项一起使用。

过程体：一个<SQL 块>，它包括声明部分和可执行部分。

【例 10-8】利用存储过程计算患者支付处方中药品的总金额。

```
CREATE PROCEDURE procPaymentSum
      @RecipeNo VARCHAR(10),
      @PaymentSum DECIMAL(18,2) OUTPUT
AS
      SELECT @PaymentSum = SUM(Mamount*Mprice)
      FROM RecipeMaster RM LEFT JOIN RecipeDetail RD ON RM.Rno = RD.Rno
           INNER JOIN Medicine M ON M.Mno = RD.Mno
      WHERE RM.Rno = @RecipeNO
```

这个例子建立了一个名为 procPaymentSum 的简单存储过程，它根据用户指定处方编号（@RecipeNo）从处方主表和处方明细表中计算该处方的总费用（一张处方包含的所有药品的数量与价格的乘积的和），并通过输出参数@PaymentSum 将处方的总金额返回给调用者。

【例 10-9】在存储过程中利用游标计算患者支付处方中药品的总金额，其中要求对药品类型为“中药”的药品按照价格的 90%计算。

```
CREATE PROCEDURE procPaymentSumCursor
      @RecipeNo VARCHAR(10),
      @PaymentSum DECIMAL(18,2) OUTPUT
AS
DECLARE @amount INTEGER;
DECLARE @price DECIMAL(8,2);
DECLARE @mtype    VARCHAR(10);
DECLARE MedicineList CURSOR
FOR
      SELECT RD.Mamount,M.Mprice,M.Mtype
           FROM RecipeMaster RM LEFT JOIN RecipeDetail RD ON RM.Rno = RD.Rno
                INNER JOIN Medicine M ON M.Mno = RD.Mno
           WHERE RM.Rno = @RecipeNO;
OPEN MedicineList;
SET @PaymentSum = 0;
FETCH NEXT FROM MedicineList INTO @amount,@price,@mtype;
WHILE(@@fetch_status = 0)
      BEGIN
           IF @mtype = '中药'   SET @price = @price * 0.85;
           SET @PaymentSum = @PaymentSum + @amount * @price;
           FETCH NEXT FROM MedicineList INTO @amount,@price,@mtype;
      END
CLOSE MedicineList;
DEALLOCATE MedicineList;
```

本例利用游标 MedicineList 实现了计算指定处方编号的处方总金额。当然，本例的功能也可以不用游标实现。

2．重命名存储过程

存储过程的重命名语句格式为：

```
ALTER PROCEDURE 旧过程名称 RENAME TO 新过程名称;
```

3．执行存储过程

存储过程的实质就是部署在数据库端的一组定义代码以及 SQL 语句。将常用的或很复杂的工作预先用 SQL 语句写好并用一个指定的名称存储起来，那么以后要叫数据库提供与已定义好的存储过程的功能相同的服务时，只需调用 EXECUTE，即可自动完成命令。

存储过程的执行语句格式为：

```
CALL/PERFORM/EXECUTE PROCEDURE 过程名（[参数 1, 参数 2, …]）;
```

在大多数 DBMS 中数据库服务器支持存储过程的嵌套调用。

【例 10-10】 执行处方费用计算的存储过程 procPaymentSum。

```
DECLARE @FeeSum DECIMAL(18,2);
EXECUTE procPaymentSum '1282317' , @FeeSum OUTPUT;
PRINT @FeeSum;
```

4．删除存储过程

存储过程的删除语句格式为：

```
DROP PROCEDURE 过程名;
```

【例 10-11】 删除处方费用计算的存储过程 procPaymentSum。

```
DROP PROCEDURE procPaymentSum;
```

10.3　函数

10.3.1　SQL 中函数的概念

函数是由一个或多个 SQL 语句组成的子程序，可用于封装代码以便重新使用。与编程语言中的函数类似，数据库中用户定义函数是接受参数、执行操作（例如复杂计算）并将操作结果以值的形式返回的例程。返回值可以是单个标量值或结果集。

用户自定义函数是 SQL Server 的数据库对象，它不能用于执行一系列改变数据库状态的操作，但它可以像系统函数一样在查询或存储过程等的程序段中使用，也可以像存储过程一样通过 EXECUTE 命令来执行，可以返回一定的值。

用户定义函数可以嵌套，也就是说，用户定义函数可相互调用。被调用函数开始执行时，嵌套级别将增加；而被调用函数执行结束后，嵌套级别将减少。用户定义函数的嵌套级别最多可达 32 级。如果超出最大嵌套级别数，整个调用函数链将失败。

使用用户定义函数有以下优点：

① 允许模块化程序设计。

② 只需创建一次函数并将其存储在数据库中，以后便可以在程序中调用任意次。用户定义的函数可以独立于程序源代码进行修改。

③ 执行速度更快。与存储过程相似，用户定义函数通过缓存计划并在重复执行时重用它来降低 SQL

代码的编译开销。这意味着每次使用用户定义函数时均无须重新解析和重新优化，从而缩短了执行时间。

④ 减少网络流量。基于某种无法用单一标量的表达式表示的复杂约束来过滤数据的操作，可以表示为函数。然后，此函数便可以在 WHERE 子句中调用，以减少发送至客户端的数字或行数。

上节介绍了存储过程，它与函数一起向用户提供了强大而灵活的编程能力。存储过程（用户定义的存储过程）和自定义函数（用户定义的函数）的区别如下：

① 存储过程，功能强大，可以执行包括修改表等一系列数据库操作。用户定义函数不能用于执行一组修改全局数据库状态的操作。

② 存储过程可以使用非确定函数。自定义函数不允许在用户定义函数主体中内置非确定函数。

注：确定性函数是在使用特定的输入值集调用函数的任何时候，它们总是返回相同的结果。而非确定性函数在每次使用特定的输入值集调用函数时，它们可能返回不同的结果。例如，ABS 返回给定数字表达式的绝对值，每次输入相同的参数值，所得的结果都是相同的，所以它是确定函数；而 GETDATA 返回当前系统时间，每次调用的结果都不同，所以它是非确定函数。

③ 存储过程可返回记录集。自定义函数可以返回表变量。

④ 存储过程的返回值不能被直接引用。自定义函数的返回值可以被直接引用。

⑤ 存储过程用 EXECUTE 语句执行。而自定义函数在查询语句中调用。

10.3.2 函数类型

在 SQL Server 中根据函数返回值形式的不同将用户自定义函数分为三种类型：

1. 标量函数（Scalar Function）

用户定义标量函数返回在 RETURNS 子句中定义的类型的单个数据值。标量值是单个语句的结果。对于多语句标量函数，定义在 BEGIN…END 块中的函数体包含一系列返回单个值的 Transact-SQL 语句。返回类型可以是除 text、ntext、image、cursor 和 timestamp 外的任何数据类型。

2. 内联表值型函数（Inline Table-valued Function）

内联表值型函数以表的形式返回一个返回值，即它返回的是一个表内联表值型函数没有由 BEGIN-END 语句括起来的函数体。其返回的表由一个位于 RETURN 子句中的 SELECT 命令段从数据库中筛选出来。内联表值型函数功能相当于一个参数化的视图。用户定义表值函数返回 TABLE 数据类型。

3. 多声明表值型函数（Multi-statement Table-valued Function）

多声明表值型函数可以看作标量型和内联表值型函数的结合体。它的返回值是一个表，但它和标量型函数一样有一个用 BEGIN-END 语句括起来的函数体，返回值的表中的数据是由函数体中的语句插入的。由此可见，它可以进行多次查询，对数据进行多次筛选与合并，弥补了内联表值型函数的不足。

10.3.3 函数的操作

SQL 函数的操作可分别使用 CREATE FUNCTION、ALTER FUNCTION 以及 DROP FUNCTION 语句来分别实现用户定义函数的创建、调用、修改和删除。

1. 创建函数

所有用户定义函数都具有相同的由两部分组成的结构：标题和正文。函数可接受零个或多个输入参数，返回标量值或表。SQL Server 为三种类型的用户自定义函数提供了不同的命令创建格式。

（1）创建标量函数的语法

```
CREATE FUNCTION [owner_name. ] function_name
```

```
([ { @parameter_name scalar_ parameter_data_type [ = default ] }[ ,… n ] ] )
RETURNS scalar_return_data_type
    [ WITH <function_option> [ ,… n ] ]
    [ AS ]
    BEGIN
        function_body
        RETURN scalar_expression
END

<function_option>::=
{    [ ENCRYPTION ] | [ SCHEMABINDING ] }
```

各参数说明如下：

owner_name： 指定用户自定义函数的所有者。

function_name： 指定用户自定义函数的名称。database_name.owner_name.function_name 应是唯一的。

@parameter_name： 定义一个或多个参数的名称。一个函数最多可以定义 1024 个参数，每个参数前用“@”符号标明。参数的作用范围是整个函数。参数只能替代常量，不能替代表名、列名或其他数据库对象的名称。用户自定义函数不支持输出参数。

scalar_parameter_data_type： 指定标量型参数的数据类型，可以为除 TEXT、NTEXT、 IMAGE、CURSOR、TIMESTAMP 和 TABLE 类型外的其他数据类型。

scalar_return_data_type： 指定标量型返回值的数据类型，可以为除 TEXT、NTEXT、 IMAGE、CURSOR、TIMESTAMP 和 TABLE 类型外的其他数据类型。

scalar_expression： 指定标量型用户自定义函数返回的标量值表达式。

function_body： 指定一系列的 Transact-SQL 语句，它们决定了函数的返回值。

ENCRYPTION： 加密选项。让 SQL Server 对系统表中有关 CREATE FUNCTION 的声明加密，以防止用户自定义函数作为 SQL Server 复制的一部分被发布（Publish）。

SCHEMABINDING： 计划绑定选项。将用户自定义函数绑定到它所引用的数据库对象。如果指定了此选项，则函数所涉及的数据库对象从此将不能被删除或修改，除非函数被删除或去掉此选项。应注意的是，要绑定的数据库对象必须与函数在同一数据库中。

【例 10-12】 通过用户输入的处方编号，计算该处方包含所有药品的总金额。

```
CREATE FUNCTION funcRecipeFee ( @recipeID VARCHAR(10) )
RETURNS Decimal(18,2)
AS
BEGIN
 DECLARE
         @recipeFee Decimal(18,2)
  Select @recipeFee = sum(d.Mamount*m.Mprice)
      From RecipeDetail d inner join Medicine m on d.Mno = d.Mno
      Where d.Rno = @recipeID
     Return @recipeFee
END
```

（2）创建内联表值函数的语法

```
CREATE FUNCTION [owner_name.] function_name
([{@parameter_name parameter_data_type [=default]} [ ,… n ]])
RETURNS TABLE
    [ WITH <function_option> [ ,… n ] ]
    [ AS ]
    RETURN [ ( ] select_stmt [ ) ]
```

各参数说明如下：

TABLE：指定返回值为一个表。

select-stmt：单个 SELECT 语句，确定返回的表的数据。

其余参数与标量型用户自定义函数相同。

【例 10-13】通过用户指定医生编号，统计该医生为所有患者开具的药品金额和数量。

```
CREATE FUNCTION dbo.funcMedicineSales (@Dno VARCHAR(10))
RETURNS TABLE
AS
RETURN
(    SELECT M.Mname As '药品名称', Sum(RD.Mamount) AS '药品数量',
             SUM(RD.Mamount*M.Mprice) AS '药品总金额'
     FROM Doctor As D
     INNER JOIN RecipeMaster As RM On D.Dno = RM.Dno
     INNER JOIN RecipeDetail As RD On RM.Rno = RD.Rno
     INNER JOIN Medicine AS M   On RD.Mno = M.Mno
     INNER JOIN Patient AS P On RM.Pno = P.Pno
     WHERE D.Dno = @Dno
     GROUP BY   M.Mname
)；
```

本例返回了表值类型的结果集，由药品名称、药品数量、药品金额三个字段组成。通过如下查询语句：

```
Select * From funcMedicineSales('82')
```

可以得到以下结果：

药品名称	药品数量	药品总金额
L-谷氨酰胺胶囊	2	53.8000
复方雷尼替丁胶囊	12	27.6000
胃立康片	2	53.0000
心胃止痛胶囊	2	53.8000
盐酸雷尼替丁胶囊	30	3.8010

（3）创建多声明表值函数的语法

```
CREATE FUNCTION [ owner_name. ] function_name
([{ @parameter_name parameter_data_type [=default]}[ ,… n ]])
RETURNS @return_variable TABLE < table_type_definition >
    [ WITH <function_option> [ ,… n ] ]
    [ AS ]
    BEGIN
        function_body
        RETURN
END

<table_type_definition>:: =
( { <column_definition> <column_constraint>
  | <computed_column_definition> }
        [ <table_constraint> ] [ ,… n ]
)
```

各参数说明如下：

@return_variable：一个 TABLE 类型的变量，用于存储和累积返回的表中的数据行。

其余参数与标量型用户自定义函数相同。

在多声明表值型用户自定义函数的函数体中允许使用下列 Transact-SQL 语句：赋值语句、流程控制语句、定义作用范围在函数内的变量和游标的 DECLARE 语句、SELECT 语句、编辑函数中定义的表变量的 INSERT、UPDATE 和 DELETE 语句。

【例 10-14】通过用户指定的部门编号，查询该部门的所有下级部门，包括该部门的子结点、子结点的子结点……直至某结点为叶结点为止。

```
CREATE FUNCTION funcDescendantDept(@DeptNo VARCHAR(10))
RETURNS
@DescendantDept    TABLE
(    DeptNo VARCHAR(10),
     DeptName VARCHAR(50),
     ChildDeptNo VARCHAR(10),
     ChildDeptName VARCHAR(50),
     DeptLevel INT
)
AS
BEGIN
WITH Descendant(DeptNo,DeptName,ChildDeptNo,ChildDeptName,DeptLevel) AS
    (   SELECT Parent.DeptNo, Parent.DeptName, Child.DeptNo,Child.DeptName,1
        FROM Dept AS Parent LEFT JOIN Dept AS Child On Parent.DeptNo = Child.ParentDeptNo
        WHERE Parent.DeptNo = @DeptNo
    UNION ALL
        SELECT P.ChildDeptNo AS DeptNo,P.ChildDeptName AS DeptName,
               C.DeptNo AS ChildDeptNo,C.DeptName AS ChildDeptName,
               P.DeptLevel+1 AS DeptLevel
        FROM Descendant AS P INNER JOIN Dept AS C On P.ChildDeptNo = C.ParentDeptNo
    )
    INSERT @DescendantDept
    SELECT DeptNo,DeptName,ChildDeptNo,ChildDeptName,DeptLevel
    FROM Descendant
    RETURN
END;
```

本例通过多声明表值函数，递归使用公用表表达式来生成层次结构的组织机构。如果用户指定一个组织机构的编号如“00”，使用如下函数查询语句：

```
SELECT * FROM funcDescendantDept('00')
```

系统返回如下结果：

DeptNo	DeptName	ChildDeptNo	ChildDeptName	DeptLevel
00	XX 医院	10	门诊部	1
00	XX 医院	20	社区医疗部	1
20	社区医疗部	201	家庭病床病区	2
10	门诊部	101	消化内科	2
10	门诊部	102	急诊内科	2
10	门诊部	103	门内三诊室	2
102	急诊内科	1021	急诊内一科	3

2．调用函数

用户定义函数是作为提供可重用代码的数据库对象存储的。用户定义函数不能用于执行修改数据库状态的操作。与系统函数一样，用户定义函数可从查询中调用。标量函数和存储过程一样，可使用EXECUTE 语句执行。

可在使用标量表达式的位置调用标量值函数。这包括计算列和 CHECK 约束定义。也可以使用EXECUTE 语句执行标量值函数。在允许表表达式的情况下，可在 SELECT、INSERT、UPDATE 或DELETE 语句的 FROM 子句中调用表值函数。

（1）调用标量函数

可以在 SELECT 语句中使用标量函数，对例 10-12 的函数调用如下：

```
Select funcRecipeFee('1282317') As RecipeFee;
```

（2）调用值表函数

可以通过查询语句使用值表函数，对例 10-14 的函数调用如下：

```
SELECT * FROM funcDescendantDept('00')
```

3．修改函数

通过 ALTER FUNCTION 更改先前通过执行 CREATE FUNCTION 语句创建函数。不能用ALTER FUNCTION 将标量值函数更改为表值函数，反之亦然。同样，也不能用 ALTER FUNCTION将内联函数更改为多语句函数，反之亦然。

4．删除函数

通过使用 DROP FUNCTION 从当前数据库中删除一个或多个用户定义函数。语法如下：

```
DROP FUNCTION { [ schema_name. ] function_name } [ ,… n ]
```

如果数据库中存在引用 DROP FUNCTION 的 Transact-SQL 函数或视图，并且这些函数或视图通过使用 SCHEMABINDING 创建，或者存在引用该函数的计算列、CHECK 约束或 DEFAULT 约束，则 DROP FUNCTION 将失败。

【例 10-15】删除名为 funcDescendantDept 的函数。

```
DROP FUNCTION funcDescendantDept;
```

10.4 触发器

从本质上看，触发器是一种特殊的存储过程，它不同于我们前面介绍过的存储过程。触发器主要是通过事件进行触发而被执行的，而存储过程可以通过存储过程名字而被直接调用。触发器在插入、删除或修改特定表中的数据时触发执行，它比数据库本身标准的功能有更精细和更复杂的数据控制能力。当使用 INSERT、DELETE、UPDATE 命令对触发器所保护的数据进行修改时，触发器能够被自动激活，从而确保对数据的处理必须符合由这些 SQL 语句所定义的规则。它除了能够完成复杂的完整性约束以外，还可以在主动数据库（Active Database）的应用中对不同的外部事件做出及时反应。触发器虽然不是 SQL-92 标准的一部分，但已经纳入 SQL：1999 标准。很多数据库厂商在他们的产品中都已经包含对触发器的支持。

10.4.1 触发器的概念

触发器（Trigger）是数据库模式的一个元素。它是一个能由系统自动执行对数据库修改的语句。触发器有时也称为“主动规则”（Active Rule）或“事件-条件-动作规则”（Event-Condition-Action Rule，ECA 规则）。它的结构如下：

ON 事件；IF 前提条件；THEN 动作；

一个触发器由 3 部分组成：

① 事件。事件是指对数据库的插入、删除、修改等操作。触发器在这些事件开始发生时将开始工作。

② 条件。触发器将测试条件是否成立。如果条件成立，就执行相应动作，否则什么也不做。

③ 动作。如果触发器测试满足预定的条件，那么就由 DBMS 执行这些动作，即对数据库的操作。这些动作能使触发事件不发生，即撤销事件，如删除一个插入的元组等。这些动作也可以是一系列对数据库的操作，甚至可以是与触发事件本身无关的其他操作。

触发器在数据库处理中充当很多角色：

① 维护约束。前面讨论了触发器可以用于维护外码和语义约束。这种类型的触发器通常形式是使用 ON DELETE 和 ON UPDATE 子句。

② 业务规则。业务是对基本规则简洁的正式陈述，这些基本规则是企业中业务运作的基础。例如，在患者用社保卡支付药品费用时，收费系统应该向患者发送一条短信或者电子邮件提示支付信息。因此，当收费系统向数据库插入一个“社保支付”元组时将触发短信或电子邮件的发送事件。

③ 监控。由于在数据库中每条新记录的插入都是一个事件，触发器可以间接地用于监控这些对象的状态。例如，每当记入一笔住院患者的费用时，系统将监控患者的预交金账户余额。

④ 辅助高速缓存数据的维护。物化视图（MATERIALIZED VIEW）是这类应用的实例。每当物化视图的基础表发生改变时，与该基础表相连的触发器就会更新物化视图。

⑤ 简化应用设计。将核心编程逻辑从异常处理中分离出来，可以相当大地简化某些应用。若异常可以被模型化为数据库中的更新操作，则触发器是此类应用的理想实现途径。

10.4.2 触发器的作用

触发器的主要作用就是其能够实现由主键和外键所不能保证的复杂的参照完整性和数据的一致性。为了响应数据库更新，触发器可以调用一个或多个存储过程，甚至可以通过外部过程的调用而在 DBMS（数据库管理系统）本身之外进行操作。

总体而言，触发器性能通常比较低。当运行触发器时，系统处理的大部分时间花费在参照其他表的处理上，因为这些表既不在内存中也不在数据库设备上，而删除表和插入表总是位于内存中。可见触发器所参照的其他表的位置决定了操作要花费的时间长短。

10.4.3 触发器的工作过程

SQL Server 包括两大类触发器：DML 触发器和 DDL 触发器。其中 DDL 触发器是 SQL Server 2005 的新增功能，当服务器或数据库中发生数据定义语言（DDL）事件时将调用该触发器；DML 触发器是指当数据库中发生数据操作语言（DML）事件时被调用。DML 事件包括在指定表或视图中修改数据的 INSERT、UPDATE 或 DELETE 语句。DML 触发器可以查询其他表，还可以包含复杂的 Transact-SQL 语句。DML 触发器包括三种类型：AFTER 触发器、INSTEAD OF 触发器、CLR 触发器。在执行了 INSERT、UPDATE 或 DELETE 语句操作之后将会执行 AFTER 触发器。

在触发器的应用中通常会用到两个特殊的表：inserted 表和 deleted 表。它们都是针对当前触发器的局部表。这两个表与触发器所在表的结构完全相同，而且总是存储在高速缓存中。当触发 DELETE 触发器后，从受影响的表中删除的行的副本将被放置到 deleted 表中。同理，当触发 INSERT 触发器后，inserted 表中保存的是刚被插入的数据行的一个副本。

当一个触发器执行激发另一个触发器的操作，而另一个触发器又激发第三个触发器，如此等等，这时就发生了触发器的嵌套。也就是下文中用到的嵌套触发器。DML 触发器和 DDL 触发器最多可以嵌套 32 层。

1. INSERT 触发器的工作过程

当触发 INSERT 触发器时，新的数据行就会被插入到触发器表和 inserted 表中。inserted 表是一个逻辑表，它包含了已经插入的数据行的一个副本。inserted 表包含了 INSERT 语句中已记录的插入动作。inserted 表还允许引用由初始化 INSERT 语句而产生的日志数据。触发器通过检查 inserted 表来确定是否执行触发器动作或如何执行它。inserted 表中的行总是触发器表中一行或多行的副本。

日志记录了所有修改数据的动作（INSERT、UPDATE 和 DELETE 语句），但在事务日志中的信息是不可读的。然而，inserted 表允许你引用由 INSERT 语句引起的日志变化，这样就可以将插入数据与发生的变化进行比较，来验证它们或采取进一步的动作。也可以直接引用插入的数据，而不必将它们存储到变量中。

2. DELETE 触发器的工作过程

当触发 DELETE 触发器后，从受影响的表中删除的行将被放置到一个特殊的 deleted 表中。deleted 表是一个逻辑表，它保留已被删除数据行的一个副本。deleted 表还允许引用由初始化 DELETE 语句产生的日志数据。

使用 DELETE 触发器时，需要考虑以下的事项和原则：

（1）当某行被添加到 deleted 表中时，它就不再存在于数据库表中；因此，deleted 表和数据库表没有相同的行。

（2）创建 deleted 表时，空间是从内存中分配的。deleted 表总是被存储在高速缓存中。

（3）为 DELETE 动作定义的触发器并不执行 TRUNCATE TABLE 语句，原因在于日志不记录 TRUNCATE TABLE 语句。

3. UPDATE 触发器的工作过程

UPDATE 语句可以看成两步操作：（1）捕获数据前像的 DELETE 语句；（2）捕获数据后像的 INSERT 语句。当在定义有触发器的表上执行 UPDATE 语句时，原始行（前像）被移入到 deleted 表，更新行（后像）被移入到 inserted 表。

触发器检查 deleted 表和 inserted 表以及被更新的表，来确定是否更新了多行以及如何执行触发器动作。可以使用 IF UPDATE 语句定义一个监视指定列的数据更新的触发器。这样，就可以让触发器容易的隔离出特定列的活动。当它检测到指定列已经更新时，触发器就会进一步执行适当的动作，例如发出错误信息指出该列不能更新，或者根据新的更新的列值执行一系列的动作语句。

4. INSTEAD OF 触发器的工作过程

可以在表或视图上指定 INSTEAD OF 触发器。执行这种触发器就能够替代原始的触发动作。INSTEAD OF 触发器扩展了视图更新的类型。对于每一种触发动作（INSERT、UPDATE 或 DELETE），每一个表或视图只能有一个 INSTEAD OF 触发器。

10.4.4 触发器的操作

SQL Server 触发器的操作包括创建触发器、修改触发器和删除触发器。

1. 创建触发器

创建触发器的语法如下：

```
CREATE TRIGGER 触发器名称
ON { table | view }
[ WITH ENCRYPTION ]
{ {
  { FOR | AFTER | INSTEAD OF } { [ INSERT ] [ , ] [ UPDATE ] [ , ] [ DELETE ] }
        [ WITH APPEND ]
        [ NOT FOR REPLICATION ]
        AS
            <SQL STATEMEN>
    }
}
```

其中参数说明如下：

table | view：是在其上执行触发器的表或视图，有时称为触发器表或触发器视图。可以选择是否指定表或视图的所有者名称。

WITH ENCRYPTION：加密 Syscomments 表中包含 CREATE TRIGGER 语句文本的条目。使用 WITH ENCRYPTION 可防止将触发器作为 SQL Server 复制的一部分发布。

AFTER：指定触发器只有在触发 SQL 语句中指定的所有操作都已成功执行后才激发。所有的引用级联操作和约束检查也必须成功完成后，才能执行此触发器。如果仅指定 FOR 关键字，则 AFTER 是默认设置。不能在视图上定义 AFTER 触发器。

INSTEAD OF：指定执行触发器而不是执行触发 SQL 语句，从而替代触发语句的操作。在表或视图上，每个 INSERT、UPDATE 或 DELETE 语句最多可以定义一个 INSTEAD OF 触发器。然而，可以在每个具有 INSTEAD OF 触发器的视图上定义视图。INSTEAD OF 触发器不能在 WITH CHECK OPTION 的可更新视图上定义。如果向指定了 WITH CHECK OPTION 选项的可更新视图添加 INSTEAD OF 触发器，SQL Server 将产生一个错误。用户必须用 ALTER VIEW 删除该选项后才能定义 INSTEAD OF 触发器。

DELETE, INSERT, UPDATE：指定在表或视图上执行哪些数据修改语句时将激活触发器的关键字。必须至少指定一个选项。在触发器定义中允许使用以任意顺序组合的这些关键字。如果指定的选项多于一个，需用逗号分隔这些选项。对于 INSTEAD OF 触发器，不允许在具有 ON DELETE 级联操作引用关系的表上使用 DELETE 选项。同样，也不允许在具有 ON UPDATE 级联操作引用关系的表上使用 UPDATE 选项。

WITH APPEND：指定应该添加现有类型的其他触发器。WITH APPEND 不能与 INSTEAD OF 触发器一起使用，或者如果显式声明 AFTER 触发器，也不能使用该子句。

NOT FOR REPLICATION：表示当复制进程更改触发器所涉及的表时，不应执行该触发器。

AS：是触发器要执行的操作。

SQL_STATEMENT：是触发器的条件和操作。触发器条件指定其他准则，以确定 DELETE、INSERT 或 UPDATE 语句是否导致执行触发器操作。当尝试 DELETE、INSERT 或 UPDATE 操作时，Transact-SQL 语句中指定的触发器操作将生效。触发器可以包含任意数量和种类的 Transact-SQL 语句。触发器旨在根据数据修改语句检查或更改数据，它不应将数据返回给用户。触发器中的 Transact-SQL 语句常常包含控制流语言。

【例 10-16】在本书附录的案例数据库 HIS 中，当用户修改 RecipeDetail 表中的数据时，通过触发器 UpdateFee 自动修改 Fee 表中的付款总金额字段 Fsum 值。

```
Create Trigger UpdateFee
On RecipeDetail
After Update
As
Declare
```

```
    @PaymentSum DECIMAL(18,2),
    @RecipeNo VARCHAR(50)
SELECT @RecipeNo = Inserted.Rno From Inserted;   --获取被修改的处方编号 Rno
SELECT @PaymentSum = SUM(Mamount*Mprice)   --计算被修改处方的总金额
FROM   RecipeMaster RM LEFT JOIN RecipeDetail RD ON RM.Rno = RD.Rno
              INNER JOIN Medicine M ON M.Mno = RD.Mno
WHERE RM.Rno = @RecipeNo;
Update Fee Set Fsum = @PaymentSum            --更新 Fee 表中被修改处方总金额
Where Fee.Rno = @RecipeNo;
```

2．修改触发器

如果必须改变现有触发器的定义，可以修改它，而不必删除它。修改后的定义替换现有的触发器的定义，也可以修改触发器的动作。例如，如果为 INSERT 语句创建了一个触发器，之后把动作修改为 UPDATE，那么在更新表时，就执行修改后的触发器。

修改触发器的语句如下：

```
ALTER TRIGGER trigger_name
      ON table
      [WITH ENCRYPTION]
      {{FOR{[,][DELETE][,][UPDATE][,][INSERT]}
      [NOT FOR REPLICATION]
      AS
           <Sql 语句块>
      }
```

用户可以禁止或者启用一个指定的触发器，或者表中的所有触发器。当一个触发器被禁止后，它仍在表上存在定义；但是，当表中执行 INSERT、UPDATE 和 DELETE 语句时，触发器的动作并不被执行，直到触发器重新被启用后为止。

可以使用 ALTER TABLE 语句禁止或者启用触发器：

```
ALTER TABLE table
      {ENABLE | DISABLE} TRIGGER
      {ALL | trigger_name[, … n]}
```

3．删除触发器

不再需要的触发器可以被删除。当触发器所关联的表被删除时，触发器自动被删除。删除触发器的权限默认为表的拥有者，且这种权限不可传递。

删除触发器使用“DROP TRIGGER”语句如下：

```
DROP TRIGGER  触发器名称 1  [, 触发器名称 2, …, n ]
```

【例 10-17】删除名为 UpdateFee 的触发器。

```
DROP TRIGGER UpdateFee;
```

4．合理使用触发器

触发器能保持数据的完整性与一致性，它可以方便地基于一个表的修改，自动更新其他相关表的记录，以保证数据的完整性。在数据库的应用中，触发器扮演着很重要的角色。无论是作为提供高级参照完整性功能的途径，还是执行自动维护非正规化数据的任务，触发器都能帮助用户实现满足实际需要的规则，简化业务逻辑，并使系统更方便、更有效。

虽然触发器的功能强大，可以可靠地实现许多复杂的功能，但是滥用触发器会造成数据库及应用程序的维护困难。在数据库操作中，可以通过关系、触发器、存储过程、应用程序等来实现数据操作，比如删除 T1 表记录时期望删除 T2 表相关的记录，此时可以建立级联删除的关系，也可以为 T1 表建立触发器时同时删除 T2 表相关记录，也可以自定义存储过程删除 T1 表和 T2 表的记录，也可以在应用程序中使用两个 SQL 语句来删除。但我们到底用哪一种方法更好呢？应该说通过建立关系来实现级联删除是最好的，除非有更高的需求。

触发器的另一个用途可以用来保障数据的完整性，但同时规则、约束、默认值也可以保障数据完整性。一般说来，不应该使用触发器来维护较为简单的完整性要求。同时以上两种方法在运行机制上也有区别，如规则、约束、默认值这些是在数据更改之前进行数据验证，而触发器是在数据更改之后进行验证（如果事务回滚，该表将不会产生变化）。

10.5　嵌入式 SQL

SQL 语言可以独立使用，称为交互式（Interactive SQL，ISQL）。但 ISQL 的功能仅限于数据库上操作，缺少数据处理能力。而一个应用程序既要访问数据，又要处理数据，把 SQL 嵌入到程序设计语言，如 C，C++，Java 等，即宿主语言中，将两者的功能相结合起来，是目前解决这个问题的实现途径。这样使用的 SQL 称为嵌入式 SQL（Embedded SQL，ESQL）。

嵌入式 SQL 是一个语句级接口，通过程序访问的数据库模式必须在编写程序时已知，以便构造 SQL 语句。例如，程序员必须知道数据表名称、列名称及它的域。

10.5.1　ESQL 的处理过程

对于嵌入式 SQL，RDBMS 一般采用预编译方法处理，即由 RDBMS 的预处理程序对源程序进行扫描，识别出 ESQL 语句，把它们转换成主语言调用语句，以使主语言编译程序能识别它们，然后由主语言的编译程序将纯的主语言编译成目标码，如图 10.1 所示。

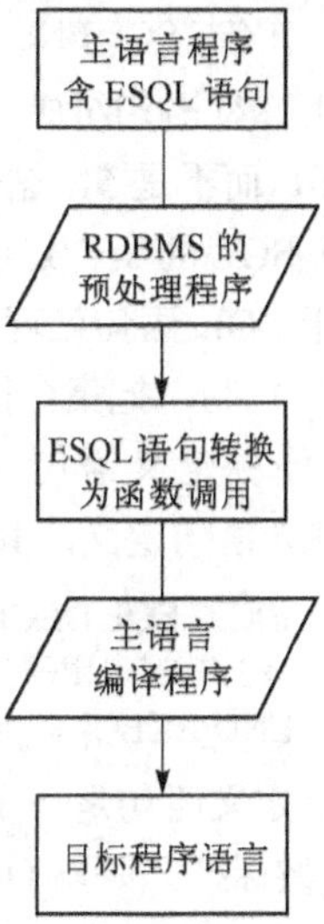

图 10.1　ESQL 基本处理过程

10.5.2　ESQL 与主语言之间的通信

将 SQL 嵌入到高级语言中混合编程，SQL 语句负责操纵数据库，高级语言语句负责控制流程。这时程序中会含有两种不同的计算模型的语句，从而需要二者之间建立通信。数据库工作单元与源程序工作单元之间的通信主要包括：

① 向主语言传递 SQL 语句的执行状态信息，使主语言能够根据此信息控制程序流程，主要用 SQL 通信区实现；

② 主语言向 SQL 语句提供参数，主要用主变量实现；

③ 将 SQL 语句查询数据库的结果交给主语言处理，主要用主变量和游标实现。

数据库与宿主语言程序间信息的传递是通过共享变量实现的。这些共享变量先由宿主语言程序定义，再用 SQL 的 DECLARE 语句说明，随后 SQL 语句就可以引用这些变量。共享变量也就成了 SQL 和宿主语言之间的接口。

10.5.3　ESQL 的使用规定

为了区分 SQL 语句和宿主语言语句，ESQL 语句有以下使用规定：

（1）在程序中要区分 SQL 语句和宿主语言语句。

在 ESQL 中，为了能够区分 SQL 语句与宿主语言语句，所有的 SQL 语句都必须加前缀标识“EXEC SQL”，并以“END_EXEC”作为语句的结束标志。嵌入式 SQL 语句的格式如下：

EXEC SQL <SQL 语句> END_EXEC

结束标志在不同的宿主语言中可能是不同的，在 C 和 PASCAL 语言程序中规定结束标志为“;”，而不是“END_EXEC”。

（2）允许嵌入的 SQL 语句引用宿主语言的程序变量（成为共享变量），但有两条规定如下：

① 引用共享变量前必须加冒号“:”作为前缀标识，以区别数据库中的变量。

② 共享变量由宿主语言的程序定义，并用 SQL 的 DECLARE 语句说明。例如在 C 语言程序中可以按如下形式使用共享变量：

```
EXEC SQL BEGIN DECLARE SECTION;
        char Pno [10];
        char Pname [50];
        char SQL_STATE [6];
EXEC SQL END DECLARE SECTION;
```

以上 5 行语句组成一个说明节，第 2～4 行说明了 3 个共享变量，其中共享变量 SQL_STATE 的长度为 6，而不是 5，这是由于 C 语言中规定变量值做字符串使用时应该有结束符“\0”而引起的。

（3）SQL 的集合处理方式与宿主语言单记录处理方式之间的协调。

由于 SQL 语句处理的是记录集合，而宿主语言语句一次只能处理一条记录，因此需要使用游标（Cursor）机制，把集合操作转换为单记录处理方式。与游标有关的 SQL 语句如下：

① 游标定义语句（DECLARE）。游标是与某一查询结果相联系的符号名，游标用 SQL 的 DECLARE 语句定义，其格式如下：

```
EXEC SQL DECLARE < 游标名 > CURSOR FOR
< SELECT 语句 >
END_EXEC
```

游标定义语句是一个说明语句，定义中的 SELECT 并不立即执行。

② 游标打开语句（OPEN）。该语句在执行游标定义中的 SELECT 语句，同时游标处于活动状态。游标是一个指针，此时指向查询结果的第一行之前。OPEN 语句的格式如下：

```
EXEC SQL OPEN < 游标名 >
END_EXEC
```

③ 游标推进语句（FETCH）。此时游标推进一行，并把游标指向的行（即当前行）中的值取出并送到共享变量，其格式如下：

```
EXEC SQL FETCH FROM < 游标名 >  INTO  <变量表>
END_EXEC
```

变量表由逗号分开的共享变量组成。FETCH 语句通常置于宿主语言程序的循环结构中，并借助宿主语言的处理语句逐一处理查询结果中的每一个元组。

④ 游标关闭语句（CLOSE）。关闭游标使得它不再和查询结果相联系。关闭的游标可以再次打开，与新的查询结果相联系，其格式如下：

```
EXEC SQL CLOSE < 游标名 >
END_EXEC
```

在游标处于活动状态时，可以修改和删除游标指向的元组。

10.5.4 ESQL 的使用技术

只要加上前缀标识“EXEC SQL”和结束标识“END_EXEC”，SQL DDL 语句就能嵌入在宿主语言程序中使用。SQL DML 语句在嵌入使用时，要注意是否使用了游标机制。

【例 10-18】根据指定的患者编码查询患者信息，其中患者编码已经赋给了主变量 patientNO。

```
EXEC SQL SELECT Pno, Pname, Psex, Page, Pino,Pid
        INTO : HPno,: HPname,: HPsex,: HPage,: HPino,: HPid
        FROM Patient
        WHERE Pno = : patientNO;
```

需要注意以下几点：

① INTO 子句、WHERE 子句和 HAVING 短语的条件表达式中均可使用主变量。

② 查询结果为空值的处理。在查询结果返回的记录中，可能某些列为空值 NULL。为了表示空值，在 INTO 子句的主变量后面跟有指示变量，当查询得出的某个数据项为空值时，系统会自动将相应主变量后面的指示变量为负值，而不再向该主变量赋值。所以当指示变量为负值时，不管主变量为何值，均认为主变量值为 NULL。指示变量只能用于 INTO 子句中。

③ 如果查询结果实际上并不是单条记录，而是多条记录时，程序将会出错，RDBMS 会在 SQL 通信区中返回错误信息。

10.6 数据库的连接访问

传统数据库编程方式是"主语言+DML"。虽然 ANSI 和 ISO 定义了关系数据库查询语言标准 SQL，但传统方式中一个特定的前端应用不能访问不同数据库服务器上的数据。这主要是由于：① 各厂商的 SQL 版本不同，每个关系数据库管理系统（RDBMS）厂商都对标准 SQL 进行了独特的扩充或解释，使得不同的 RDBMS 提供的 SQL 互不兼容；② 不同厂商的 RDBMS 在客户机与数据库服务器之间用了不同的通信协议。与此同时，RDBMS 产品却在迅速增加，因此有必要建立一个公共的、与数据库无关的应用程序设计接口（Application Programming Interface，API）

10.6.1 ODBC

ODBC（Open DataBase Connectivity，开放数据库互连）是微软公司开放服务结构（WOSA，Windows Open Services Architecture）中有关数据库的一个组成部分，它建立了一组规范，并提供了一组对数据库访问的标准 API（应用程序编程接口）。这些 API 利用 SQL 来完成其大部分任务。

1. ODBC 接口

最初，各数据库厂商为了解决互连的问题，往往提供嵌入式 SQL API，用户在客户机端要操作系统中的 RDBMS 时，往往要在程序中嵌入 SQL 语句进行预编译。由于不同厂商在数据格式、数据操作、具体实现甚至语法方面都具有不同程度的差异，所以彼此不能兼容。长期以来，这种 API 的非规范情况令用户和 RDBMS 厂商都不能满意。一个特定的前端应用却不能访问不同数据库上的数据，主要原因有两个：一是各厂商的 SQL 版本不同，每个关系数据库管理系统（RDBMS）厂商都对标准 SQL 进行了独特的扩充或解释，使得不同的 RDBS 提供的 SQL 互不兼容；二是不同厂商的 RDBMS 在客户机与数据库服务器之间使用了不同的通信协议。

正是在这种技术背景下，为了在 Windows 平台下提供统一的数据库访问方式，Microsoft 公司于 1992 年推出了 ODBC 产品，并提供 ODBC API，使应用程序与 DBMS 在逻辑上分离，应用程序开发者在程序中只需要调用 ODBC API，由 ODBC 驱动程序将调用请求转换为对特定数据库的调用请求。这样同一个应用程序就可以访问不同的数据库系统，存取多个数据库中的数据，提高了应用程序的可移植性。与嵌入式 SQL 相比，ODBC 一个最显著的优点是用它生成的应用程序与数据库或数据库引擎无关。ODBC 工作原理示意图如图 10.2 所示。

在传统方式中，开发人员要熟悉多个DBMS及其API，一旦DBMS端出现变动，则往往导致用户端系统重新编建或者源代码的修改，这给开发和维护工作带来了很大困难。在ODBC方式中，不管底层网络环境如何，也无论采用何种DBMS，用户在程序中都使用同一套标准代码，无须逐个了解各DBMS及其API的特点，源程序不因底层的变化而重新编译或修改，从而减轻了开发维护的工作量，缩短了开发周期。

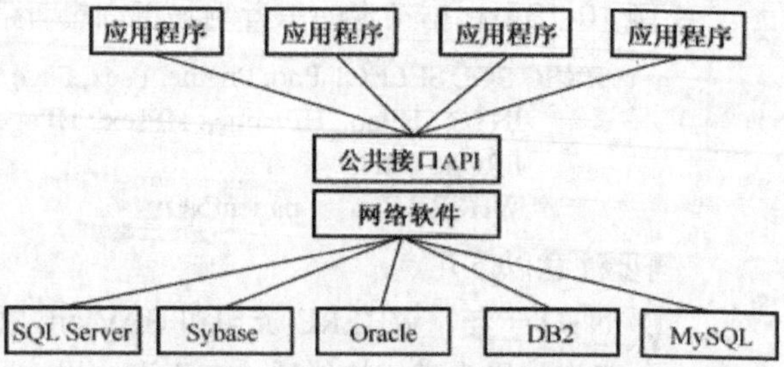

图 10.2　ODBC 的工作原理图

一个基于ODBC的应用程序对数据库的操作不依赖任何DBMS，不直接与DBMS打交道，所有的数据库操作由对应的DBMS的ODBC驱动程序完成。也就是说，不论是FoxPro、Access还是Oracle数据库，均可用ODBC API进行访问。由此可见，ODBC的最大优点是能以统一的方式处理所有的数据库。

2．ODBC 的体系结构

ODBC技术为应用程序提供了一套CLI（Call-Leve Interface，调用层接口）函数库和基于DLL（Dynamic Link Library，动态链接库）的运行支持环境。使用ODBC开发数据库应用程序时，在应用程序中调用标准的ODBC函数和SQL语句，通过可加载的驱动程序将逻辑结构映射到具体的DBMS或者应用系统所使用的系统中。换言之，连接其他数据库和存取这些数据库的低层操作由驱动程序驱动各个数据库完成。

ODBC的卓越贡献是使应用程序具有良好的互用性和可移植性，并且具备同时访问多种DBMS的能力，从而克服了传统数据库应用程序的缺陷。对用户来说，ODBC驱动程序屏蔽掉了不同的DBMS的差异。ODBC是一个分层的体系结构，这样可保证其标准性和开放性，ODBC应用体系结构如图10.3所示。

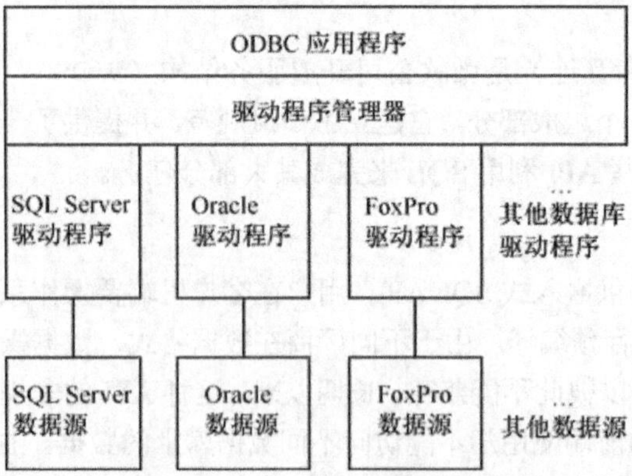

图 10.3　ODBC 应用体系结构图

一个完整的ODBC由下列几个部件组成：

① ODBC数据库应用程序（Application）：用宿主语言和ODBC函数编写的应用程序用于访问数据库。其主要任务是管理安装ODBC驱动程序和管理数据源。

② 驱动程序管理器（Driver Manager）：应用程序要访问一个数据库，首先必须用ODBC管理器注册一个数据源，管理器根据数据源提供的数据库位置、数据库类型及ODBC驱动程序等信息，建立起ODBC与具体数据库的联系。只要应用程序将数据源名提供给ODBC，ODBC就能建立起与相应数据库的连接。这样，应用程序就可以通过驱动程序管理器与数据库交换信息。驱动程序管理器负责将应用程序对ODBC API的调用传递给正确的驱动程序，而驱动程序在执行完相应的操作后，将结果通过驱动程序管理器返回给应用程序。

③ DB驱动程序（DBMS Driver）：驱动程序是实现ODBC函数和数据源交互的DLL，提供了ODBC和数据库之间的接口。当应用程序调用SQL Connect或者SQL Driver Connect函数时，驱动程序管理器装入相应的驱动程序。

④ 数据源（DSN，Data Source Name）：是驱动程序与DBMS连接的桥梁，数据源不是DBMS，而是用于表达一个ODBC驱动程序和DBMS特殊连接的命名。在连接中，用数据源名来代表用户名、

服务器名、连接的数据库名等，可以将数据源名看成是与一个具体数据库建立的连接。创建数据源最简单的方法是使用 Windows 的 ODBC 驱动程序管理器，如图 10.4 所示。

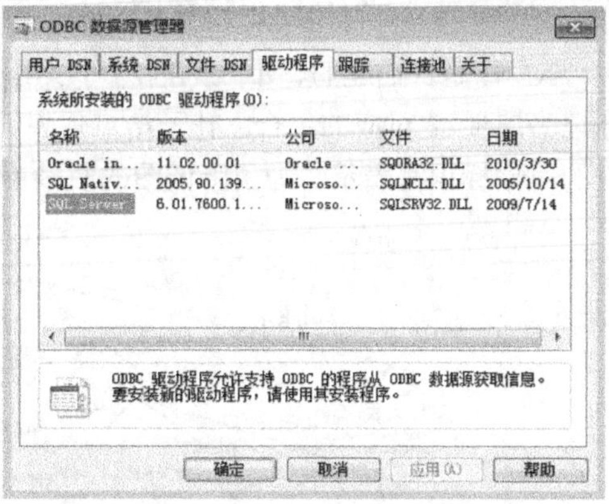

图 10.4　ODBC 驱动程序

10.6.2　JDBC

JDBC（Java Data Base Connectivity，Java 数据库连接）是一种用于执行 SQL 语句的 Java API，可以为多种关系数据库提供统一访问，它由一组用 Java 语言编写的类和接口组成。JDBC 提供了一种基准，据此可以构建更高级的工具和接口，使数据库开发人员能够编写数据库应用程序，同时，JDBC 也是一个商标名。

有了 JDBC，向各种关系数据发送 SQL 语句就是一件很容易的事。换言之，有了 JDBC API，就不必为访问 Sybase 数据库专门写一个程序，为访问 Oracle 数据库又专门写一个程序，或为访问 SQL Server 数据库又编写另一个程序等。程序员只需用 JDBC API 写一个程序就够了，它可向相应数据库发送 SQL 调用，将 Java 语言和 JDBC 结合起来使程序员只需写一遍程序就可以让它在任何平台上运行，这也是 Java 语言“编写一次，到处运行”优点的体现。

Java 数据库连接体系结构是用于 Java 应用程序连接数据库的标准方法。JDBC 对 Java 程序员而言是 API，对实现与数据库连接的服务提供商而言是接口模型。作为 API，JDBC 为程序开发提供标准的接口，并为数据库厂商及第三方中间件厂商实现与数据库的连接提供了标准方法。JDBC 使用已有的 SQL 标准并支持与其他数据库连接标准，如 ODBC 之间的桥接。JDBC 实现了所有这些面向标准的目标，并且具有简单、严格类型定义且高性能实现的接口。

JDBC 实际上做了 3 件事：建立与数据库的连接、发送 SQL、处理结果。

【例 10-19】 建立数据库连接、发送 SQL 和处理结果。

```
Connection con = DriverManager.getConnection( "jdbc：odbc：wombat", "login", "password" );
Statement stmt = con.createStatement();
ResultSet rs = stmt.executeQuery( "SELECT DeptNo， DeptName， Manager FROM Dept" );
While ( rs.next())   {
        String deptNo = rs. getString ("DeptNo ");
        String deptName = rs.getString("DeptName ");
        String manager = rs. getString ("Manager ");
        }
```

10.7　XML 数据库

随着 Internet 的迅速发展，Web 上各种半结构化、非结构化数据源已经成为重要的信息来源。万维网（Web）为信息技术开辟了一个新的领域，并且结合目前的数据库结构提出了很多挑战。与传统数据库不一样的是 Web 上的数据源没有一种统一的数据结构，如关系模型或对象模型。传统的数据库存储和操作技术不足以处理这种数据源。因此，这就很有必要扩展现有的数据库技术以支持基于 Web 的电子信息传输与交换应用。

可扩展标记语言（XML，Extensible Markup Language）是 Web 应用的一种新技术，是万维网联盟（W3C）制定的标准。XML 是在 SGML（the Standard Generalized Markup Language）和 HTML（HyperText Markup Language）的基础上发展起来的。XML 吸取了二者的优点，并克服了 SGML 过于复杂和 HTML 局限性等缺点。

10.7.1 XML 数据模型

XML 是自描述的、不规则的，可以用图模型来表示。其中，图的边标记为元素的标识名，结点标记为属性-值对应的集合，叶子结点代表元素的文本内容。XML 图要有一个根结点，每个结点用唯一的对象标识符表示，为了降低图的复杂度，图 10.5 中省略了结点的对象标识符。

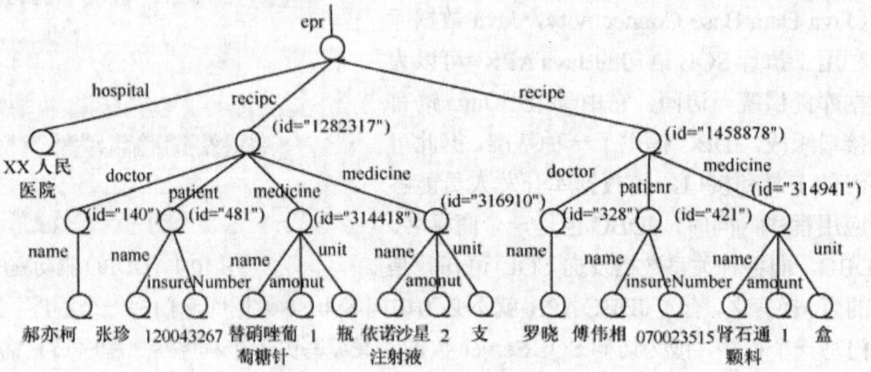

图 10.5 XML 数据模型表示

XML 数据与半结构化的数据非常类似，可以将它看成是半结构化数据的特例。但它们之间还是存在一些差别，使得半结构化数据模型不能很好地描述 XML 特征：

① XML 存在参照。XML 的元素可以用类型为 ID 的特殊属性来标识，而元素的参照则使用类型为 IDREF 的属性来定义，引用要参照的元素的标识。

② XML 中的元素是有序的。

③ XML 中可以将文本与元素混合。XML 中的元素可以包含文本和子元素的混合。

④ XML 包含许多其他内容：处理指令、注释、实体、CDATA、文档类型定义（DTD）等。

为了充分发挥 XML 的潜力，实现数据的自动处理，往往需要事先约定模式。在 XML 标准中提供了文档类型定义 DTD（Document Type Descriptors），用来描述 XML 文档的结构，类似于数据库模式的概念。

10.7.2 XML 数据库

XML 数据库是一个 XML 文档的集合。XML 文档是数据的集合，它是自描述的、可交换的，能够以树型或图形结构描述数据。XML 提供了许多数据库所具备的工具：存储（XML 文档）、模式（DTD、XMLschema、RE1AXNG 等）、查询语言（XQuery、XPath、XQL、XML-QL、QUILT 等）、编程接口（SAX、DOM、JDOM）等。但 XML 并不能完全替代数据库技术。XML 缺少作为实用的数据库所应具备的特性：高效的存储、索引和数据修改机制；严格的数据安全控制;完整的事务和数据一致性控制；多用户访问机制；触发器、完善的并发控制等。因此，尽管在数据量小、用户少和性能要求不太高的环境下，可以将 XML 文档用作数据库，但却不适用于用户量大、数据集成度高以及性能要求高的作业环境。

随着 Web 技术的不断发展，信息共享和数据交换的范围不断扩大，传统的关系数据库也面临着挑战。数据库技术的应用是建立在数据库管理系统基础上的，各数据库管理系统之间的异构性及其所依赖操作系统的异构性，严重限制了信息共享和数据交换范围；数据库技术的语义描述能力差，大多通过技术文档表示，很难实现数据语义的持久性和传递性，而数据交换和信息共享都是基于语义进行的，在异构应用数据交换时，不利于计算机基于语义自动进行正确数据的检索与应用；数据库属于高端应用，需要昂贵的价格和运行环境。而随着网络和 Internet 的发展，数据交换的能力已成为新的应用系统的一个重要要求。

XML 数据库是一个能够在应用中管理 XML 数据和文档的集合的数据库系统。XML 数据库是 XML 文档及其部件的集合，并通过一个具有能力管理和控制这个文档集合本身及其所表示信息的系统来维护。XML 数据库不仅是结构化数据和半结构化数据的存储库，像管理其他数据一样，持久的 XML 数据管理包括数据的独立性、集成性、访问权限、视图、完备性、冗余性、一致性以及数据恢复等。这些文档是持久的并且是可以操作的。

目前 XML 数据库有三种类型：

① XMLEnabledDatabase（XEDB），即能处理 XML 的数据库。

其特点是在原有的数据库系统上扩充对 XML 数据的处理功能，使之能适应 XML 数据存储和查询的需要。一般的做法是在数据库系统之上增加 XML 映射层，这可以由数据库供应商提供，也可以由第三方厂商提供。映射层管理 XML 数据的存储和检索，但原始的 XML 元数据和结构可能会丢失，而且数据检索的结果不能保证是原始的 XML 形式。XEDB 的基本存储单位与具体的实现紧密相关。这种类型将 XML 文件存储于 BLOB 类型的数据库字段中，利用数据库的事务管理、安全、多用户访问等优点。此外许多关系数据库提供的检索工具可以进行全文检索、近似检索、同义词检索和模糊检索。其中某些工具将会支持 XML，这样就可消除将 XML 文件作为纯文本检索所带来的问题。

② NativeXMLDatabase（NXD），即纯 XML 数据库。

其特点是以自然的方式处理 XML 数据，以 XML 文档作为基本的逻辑存储单位，针对 XML 的数据存储和查询特点专门设计适用的数据模型和处理方法。NXD 是专用于存储 XML 文件的数据库，支持事务管理、安全、多用户访问、编程 API 和查询语言等。与其他数据库的唯一区别在于其内部模型是基于 XML 的。NXD 最适于存储以文档为中心的文件。这是由于 NXD 保留了文件、顺序、处理指令、注释、CDA-TA 块以及实体引用等。

NXD 一般采用层次数据存储模型，保持 XML 文档的树形结构，省掉了 XML 文档和传统数据库的数据转换过程。NXD 还适用于存储“天然格式”为 XML 的文件，NXD 还可以存储半结构化数据、在某种特定情形下提高存取速度以及存储没有 DTD 的文件。

原生 XML 数据库的结构可分为两大类：基于文本的和基于模型的。基于文本的 NXD（Text-BasedNativeXMLDatabases）将 XML 作为文本存储。它可以是文件系统中的文件、关系数据库中的 BLOB 或特定的文件格式。基于文本的 NXD 与层次结构的数据库很相似，当存取预先定义好层次的数据时，它比关系数据库更胜一筹。和层次结构的数据库一样，当以其他形式比如转置层次存取数据时，NXD 也会遇到麻烦。这个问题的严重程度尚未可知，很多关系数据库都使用逻辑指针，使相同复杂度的查询以相同的速度完成。基于模型的 NXD 是根据文件构造一个内部模型并存储这个模型。有些数据库将该模型存储于关系型和面向对象的数据库中，例如在关系型数据库中存储 DOM 时，就会有元素、属性、PCDATA、实体、实体引用等表格。其他数据库使用了专为这种模型优化了的存储格式。使用专用存储格式的基于模型的 NXD 如果以文件的存储顺序读取文件，其性能与基于文本的 NXD 相似。

③ HybridXMLDatabase（HXD），即混合 XML 数据库。

根据应用的需求，可以视其为 XEDB 或 NXD 的数据库，典型的例子是 Ozone。

与传统数据库相比，XML 数据库具有以下优势：

① XML 数据库能够对半结构化数据进行有效的存取和管理。如网页内容就是一种半结构化数据，而传统的关系数据库对于类似网页内容这类半结构化数据无法进行有效的管理。

② 提供对标签和路径的操作。传统数据库语言允许对数据元素的值进行操作，不能对元素名称操作，半结构化数据库提供了对标签名称的操作，还包括了对路径的操作。

③ 当数据本身具有层次特征时，由于 XML 数据格式能够清晰表达数据的层次特征，因此 XML 数据库便于对层次化的数据进行操作。XML 数据库适合管理复杂数据结构的数据集，如果已经以 XML

格式存储信息，则 XML 数据库利于文档存储和检索，可以用方便实用的方式检索文档，并能够提供高质量的全文搜索引擎。另外 XML 数据库能够存储和查询异种的文档结构，提供对异种信息存取的支持。

④ SQL Server 对 XML 的支持

SQL Server 提供了丰富的支持来将关系数据映射到 XML 数据或将 XML 数据映射到关系数据。在服务器上，XML 数据可以从表生成，并通过在 SELECT 语句中使用 FOR XML 子句来查询结果。这对于数据交换和 Web 服务应用程序是很理想的。FOR XML 的逆函数是一个名为 OpenXML 的关系行集合生成器函数，它通过求 XPath 1.0 表达式的值来从 XML 数据提取值，并将其放到行集合的列中。

10.8 本章小结

本章介绍了数据库可编程方面的知识，包括游标、存储过程、函数、触发器等。高级编程语言通过数据库的连接访问接口操作数据库的模式结构和数据。这些内容为更好地开发数据库应用程序提供了灵活高效的手段。

游标是 DBMS 为用户开设的一个数据缓冲区，用于存放 SQL 语句的执行结果。游标实际上是一种能从包括多条数据记录的结果集中每次提取一条记录的机制。

存储过程是一组已被编辑在一起的，存储在服务器上的，执行某种功能的预编译 SQL 语句。它是一种封装重复任务操作的方法，支持用户提供的参数变量，具有强大的编程能力。

数据库中用户定义函数是接受参数、执行操作（例如复杂计算）并将操作结果以值的形式返回的例程。返回值可以是单个标量值或结果集。

触发器是一种特殊的存储过程。它是一个能由系统自动执行对数据库修改的语句。触发器有时也称为“主动规则”或“事件—条件—动作规则”。触发器的主要作用就是其能够实现由主键和外键所不能保证的复杂的参照完整性和数据的一致性。

嵌入式 SQL 是一个语句级接口。由 RDBMS 的预处理程序识别出 ESQL 语句，把它们转换成主语言调用语句，然后由主语言的编译程序将纯的主语言编译成目标码。

XML 数据库是 XML 文档及其部件的集合，并通过一个具有能力管理和控制这个文档集合本身及其所表示信息的系统来维护。

10.9 习题

1．写出下列基于 HIS 数据库模式的嵌套 SQL 语句。可以使用你所熟悉的任何宿主语言，宿主语言编程的细节可以用标注代替。

① 查询 102 科室医生的就诊详细记录。

② 修改指定药品的价格，药品编码和价格由用户键盘输入。

③ 查询指定患者的就诊信息。

2．基于 HIS 数据库模式，利用存储过程对每日的出诊医生统计其当日诊断病人的人数及所开处方中药品的总金额。

3．基于 HIS 数据库模式，编写存储过程实现如下功能：

（1）将价格作为输入参数，输出患者支付处方中药品的总金额超过这个价格的处方信息。

（2）按部门统计医生的平均年龄。

4．基于 HIS 数据库模式，当用户修改 Medicine 表中的某一药品编号时，使用触发器自动将处方表 RecipeDetail 中该药品的编号进行修改。

5．简述存储过程的优点。

6．简述触发器的作用。

第 11 章　数据仓库技术

商业智能是信息时代对数据进行收集、处理、管理、分析和决策的一种先进技术，其目标是“了解过去和现在，预测未来”，实现“数据→信息→知识→行动→智慧”的过程。数据仓库是商业智能的核心技术之一。

数据仓库是“一个面向主题的、集成的、反映历史变化的、相对稳定的数据集合，用于支持管理决策”。与传统的事物处理系统不同的是，数据仓库是一种过程，它是对分布在组织或企业内部各处的业务数据进行整合、加工和分析的过程，而不是一种可以购买的产品。

学习目标：

- 了解商业智能的概念和体系结构
- 了解数据仓库的概念和特征
- 了解数据仓库的体系结构
- 理解多维数据模型
- 掌握数据仓库结构设计

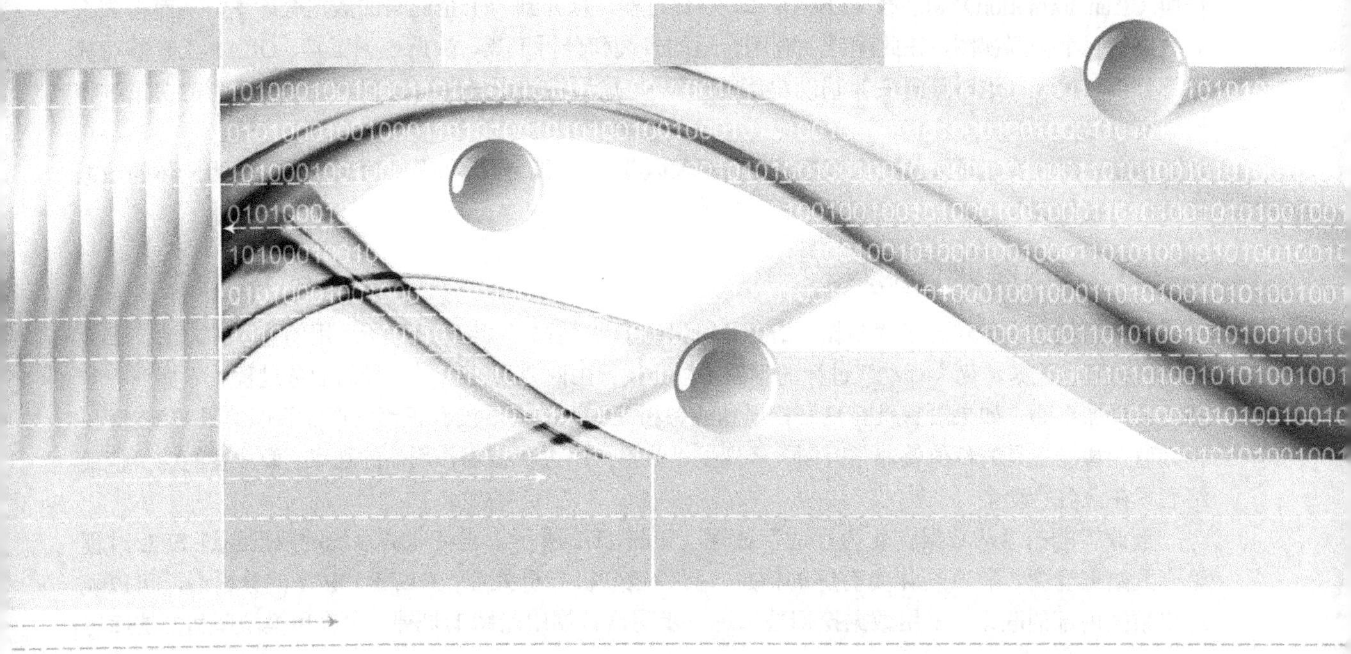

11.1 商业智能

11.1.1 商业智能是什么

商业智能（BI，Business Intelligence）的概念最早是Gartner Group于1996年提出来的。当时将商业智能定义为一类由数据仓库（或数据集市）、查询报表、数据分析、数据挖掘、数据备份和恢复等部分组成的，以帮助企业决策为目的技术及其应用。其实，商业智能所涉及的技术与应用，在Gartner Group提出之前就有，最初被称为经理信息系统（EIS，Executive Information System），在演化成商业智能之前叫决策支持系统（DSS，Decision Support System）。

商业智能一直存在于企业的日常工作当中。比如对数据的简单整理、对报表的分析、通过这些分析做出未来若干时间内的工作规划等，这些都是商业智能的表现。随着企业信息化的发展，在应用ERP过程中，大量的数据积累，大量的信息涌现，造成了企业对ERP数据信息的困惑，从而引发了企业对于专业商业智能软件产品的需求。商业智能不再仅仅是一种概念、一种技术，它更多的成为了一种业务层面的需求，为企业应用服务。商业智能产品在制造业领域应用的核心就是通过数据提取、整理、分析，最终通过分析结果制定有关策略、规划，达到资源的合理配置，节约成本，提高效益。

目前，商业智能通常被理解为将企业中现有的数据转化为知识，帮助企业做出明智的业务经营决策的工具。这里所谈的数据包括来自企业业务系统的订单、库存、交易账目、客户和供应商资料，来自企业所处行业和竞争对手的数据及企业所处的其他外部环境中的各种数据。而商业智能辅助业务经营决策，既可以是操作层的，也可以是战术层和战略层的决策。为了将数据转化为知识，需要利用数据仓库、联机分析处理（OLAP）工具和数据挖掘等技术。

从技术层面上讲，商业智能不是什么新技术，它只是数据仓库、OLAP和数据挖掘等技术的综合运用。因此，把商业智能看成是一种解决方案应该比较恰当。商业智能的关键是从许多来自不同的企业运作系统的数据中，提取出有用的数据，进行清理以保证数据的正确性，然后经过抽取（Extraction）、转换（Transformation）和装载（Load），即ETL过程，合并到一个企业级的数据仓库里，从而得到企业数据的一个全局视图，在此基础上利用合适的查询和分析工具、数据挖掘工具、OLAP工具等对其进行分析和处理（这时信息变为辅助决策的知识），最后将知识呈现给管理者，为管理者的决策过程提供支持。

因此，商业智能是涉及一个很宽领域的，集收集、合并、分析和提供信息存取功能为一体的数据挖掘和可视化工具。

11.1.2 商业智能过程

商业智能的实现包含了“数据→信息→知识→行动→智慧”这一过程所运用的技术和方法。商业智能涵盖了“数据转化为行动”过程的不同阶段。执行由商业智能结果引导的业务过程比掌握商业智能工具更加重要。如果没有具有良好素质和业务相关知识的人，没有正确的商业智能结果实施过程，那么商业智能工具的价值就非常有限，体现了“业务作用大于技术作用”的观点。商业智能的价值最终表现在业务行动中。

商业智能的“从数据转化为行动”过程，如图11.1所示。它将业务系统的数据经过ETL过程整合到数据仓库，将其转化为有序的信息；再经过联机分析处理（OLAP）技术的分析后，可以表达出数据内部的联系。采用数据挖掘技术进一步明确数据中隐藏的规律，可以用模型库和方法库等决策支持的相关技术来辅助决策，最后采取商业行动，而决策和行动的结果又可以作为业务数据反映在业务环境中，为以后的决策提供数据源支持。如此循环往复，商业活动就在 BI 系统的支持下变得智能了。

商业智能系统是建立在数据仓库、OLAP 和数据挖掘等技术的基础之上，通过收集、整理和分析企业内外部的各种数据，加深企业对客户及市场的了解，并使用一定的工具对企业运营状况、客户需求和市场动态等做出合理的评价及预测，为企业管理层提供科学的决策依据。

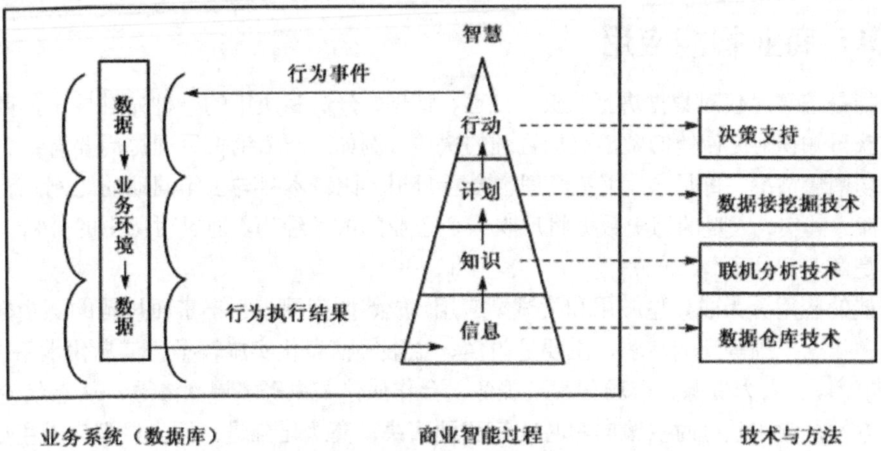

图 11.1　商业智能过程及其对应的技术与方法

11.1.3　商业智能的体系结构

商业智能的体系结构分为源数据层、数据转换层、数据仓库（数据集市）层、OLAP 及数据挖掘层和用户展现层。

数据仓库系统的数据来源主要是外部的操作性应用系统，这些数据源包括数据的业务含义和业务规则，表达业务数据的表、字段、视图、列、和索引等。

ELT 过程即抽取（Extraction）、转换（Transformation）和装载（Load）。ETL 过程负责将业务系统中各种关系型数据、外部数据、遗留数据和其他相关数据经过清洗、转化和整理后放进中心数据仓库。BI 解决方案的体系结构如图 11-2 所示。

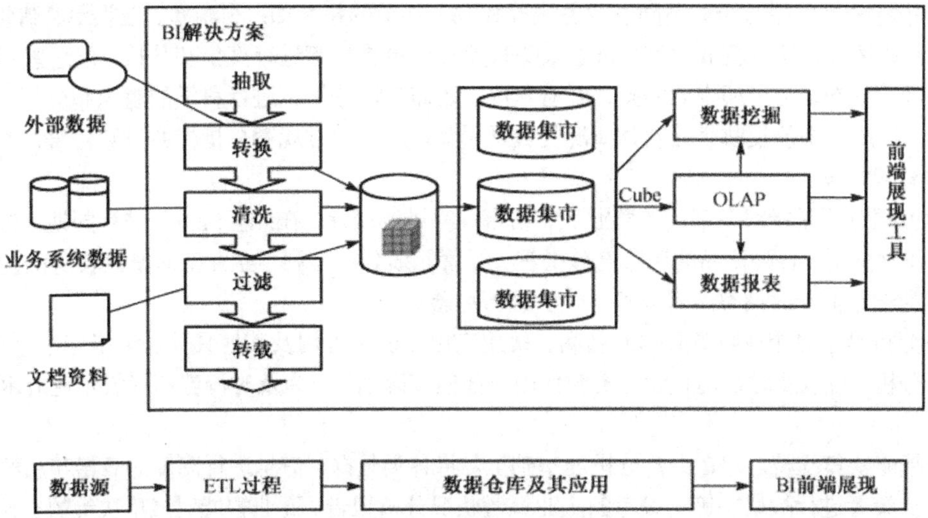

图 11.2　BI 解决方案的体系结构

数据仓库是商业智能系统的基础，是面向主题的、集成的、稳定的和随时间不断变化的数据集合。数据仓库的应用包括联机在线分析处理（OLAP）和数据挖掘（DM）。通过对数据仓库中多维数据的钻取、切片及旋转等分析动作，可以完成决策支持需要的查询及报表。通过数据挖掘，可以发现隐藏在数据中的潜在规则。

前端展现可以提供各种能帮助人们快速理解数据内涵的可视化手段。它是数据仓库的门面，包含各种报表工具、查询工具和数据分析工具以表格或图形化的手段对数据的展现。

11.1.4　商业智能应用

商业智能是信息时代对数据进行收集、处理、管理、分析和决策的一种先进技术，目的是使企业各级决策者获得知识，促使他们做出更加合理的决策。例如，一个销售经理每周要看销售周报，反映这一周的市场销售情况。每月末，销售经理也会看月报，比较本月与去年同期的比例。而两年以前的数据难以问津。其实，大量的历史数据将反映一个企业的成长经历，通过对历史的分析，可以预测未来，这恰好是商业智能所体现的宗旨。

商业智能的应用分为成熟型应用和尝试型应用。成熟型应用基于丰富而规范的历史数据资产，侧重数据分析和数据挖掘等高端需求，主要是电信、金融等信息化实施较早、信息化水平较高的行业，从 IT 部门向管理、人力资源、市场、客户服务、合作伙伴关系等多层次渗透，从点状使用者分布向面状分布全方位扩散，从延时决策向实时决策和预演决策高级化推进。而尝试型应用主要是制造业、流通业、部分能源业及政府行业用户，其 BI 应用基础薄弱，历史数据资产不尽完善与规范，结构化和非结构化数据并存，数据孤岛现象严重。

目前商业智能的应用呈现出行业化趋势。电信业以“巩固实力，提升服务”为主要 BI 需求；银行、证券、保险等金融企业以“筛选客户、防范风险”为主要 BI 需求；税务、公安、社保、卫生等政府部门以“加大监管、科学决策”为主要 BI 需求；连锁零售企业、物流、电子商务等流通业用户以“动态跟踪、应急调配”为主要 BI 需求；电力、石油石化、煤炭等能源企业以“整合资源、完善保障”为主要 BI 需求；特别是制造业，以“优化配置、高效生产”为主要 BI 需求，在钢铁、消费电子、电器、汽车、食品、烟草、医药等企业得到广泛应用。BI 提升绩效的价值日益明显，使得用户接受度大幅提升。

商业智能的应用呈现出专业化趋势，应用在企业经营分析战略决策支持和绩效管理等方面。

（1）经营分析包括经营指标分析、经营业绩分析和财务分析三部分。

经营指标分析是指对企业不同的业务流程和业务环节的指标如：利润率、应收率、销售率、库存量、单品销售情况及所占营业比例、风险采购和库存评价指标等进行搜集和分析。但这些指标只能反映局部的经营状况。为了解企业的整体经营状况，还需对这些指标进行科学的组织和分析，利用智能管理技术，形成一个能反映企业整体情况的数学模型。这样通过观察总指标并设置告警，才能获得整个企业的经营状况。

经营业绩分析是指对各部门的营业额、销售量等进行统计，在此基础上，进行同期比较分析、应收分析、盈亏分析、各种商品的风险度分析等。经营业绩分析有利于企业实时掌握自身的发展和经营情况，有利于企业及时调整经营业务、化解经营风险。

财务分析是指对企业财务数据的利润、费用支出、资金占用及其他具体经济指标进行有效分析。通过财务分析，可以及时掌握企业在资金使用方面的实际情况，为及时调整和降低企业成本提供数据依据。

（2）战略决策支持。即在经营分析的基础上，将各类数据、信息进行高度的概括和总结，然后形成供高级决策者进行战略决策时参考的企业经营状况分析报告。商业智能对战略决策的支持，分别表现在对公司战略、业务战略和职能战略的支持上。在公司战略决策支待层面上，可以根据公司各战略业务单元的经营业绩和经营定位，选择一种合理的投资组合战略。在业务战略决策支持层面上，由于商业智能系统中集成了更多的外部数据，如外部环境和行业信息，各战略业务单元可据此分别制定自身的竞争战略。在职能战略决策支持层面上，由于来自于企业内部的各种信息，源源不断地输入进来，相应地可以提供营销、生产、财务、人力资源等决策支持。

（3）绩效管理。商业智能技术能够从企业各种应用系统中提取出各种基础绩效指标与关键绩效指标（Key Performance Indicator，KPI）。为了考核员工的绩效，企业可以先将希望员工要做的工作进行量化，然后借助商业智能工具，管理人员可以追踪、衡量和评价员工的工作绩效并引导员工的思想方向和行动与企业的整体目标保持一致。

11.1.5　商业智能工具

根据 BI 解决方案的体系结构，一个完整的 BI 应用需要 ELT 工具、数据仓库管理工具、OLAP 工具。IBM、Oracle、NCR、CA、SAS 和 Sybase 等著名数据仓库厂商在数据库管理、OLAP 和报表、数据挖掘方面都提供了丰富的工具，如表 11.1 所示。

表 11.1　一些厂商提供的数据仓库工具

公司名称	ELT 工具	数据仓库管理工具	OLAP 工具	数据挖掘工具	报表工具
IBM	Warehouse Manager	Visual Warehouse	OLAP Sever	Intelligent Miner	Insight&Quci Kview
Oracle	Oracle ETL Sever	Enterprise Manager	Express Server	Darwin	Express Analyser
Sybase	Replication Sever PowerStage	Warehouse Studio	Warehouse Analyzer	SAS SPSS	InfoMaker
CA	InfoPump	PLATINUM ERWin PLATINUM InfoPump	DecisionBase InfoBeacon	Neugent Aion	Forest&Trees InfoReports
SAS	第三方	Warehouse Administrator	SAS MDDB	Enterpris e Miner	EIS ER
Microsoft	SSIS	SQL Sever	SSAS	SSAS	SSRS

目前 BI 在开放源代码方面也有发展，最著名的是 Pentaho 开源 BI 系统，该系统的 OLAP 服务器采用 Mondrian，OLAP 展示使用 JPivot，关系型数据库使用 Firebird RDBMS，ETL 工具使用 Enhydra，服务器使用 JBoss，数据挖掘使用 Weka、集成管理和开发环境使用 Eclipse。

商业智能工具的选择需要考虑以下的因素：

① 了解商业需求。首先要了解应用的范围和级别。这需要确定建立的数据仓库属于企业级数据仓库、部门级数据仓库和个人级数据仓库中的哪一级。还需要了解系统预期使用的用户群体是哪些、用户数量是多少、用户在地理上的位置分布怎样。然后还需要了解建立数据仓库的用途和功能，需要使用简单的多维查询，还是需要进行多维分析，甚至是复杂的数据挖掘。

② 了解信息系统本身的需求。估算系统的数据量，了解数据的稳定性。另外，元数据的维护要求也非常重要。如果元数据由专业的技术人员来维护，则可以注重工具的效率；如果元数据由非专业的用户群体来维护，则可以注重工具表达的直观性。还需要了解企业用户现有的技术情况，比如企业现在经常使用哪些工具进行数据处理。在选择工具时，需要考虑选择的工具是否能够同用户已经使用习惯了的工具互联互通。

③ 对各大数据仓库厂商的工具进行客观的功能评估。功能评估可能包括：系统结构、数据抽取能力、数据存储与呈现能力、应用支持、用户接口和工具的互操作性。

11.2 数据仓库的概念与特征

传统数据库主要用于事务处理，即面向日常业务，通常对一个或一组记录完成增加、删除、修改、查询和一些基本统计操作，主要用于支持特定的应用服务，侧重于响应时间、数据的安全性、一致性和完整性等方面。在企业的日常事务处理信息化以后，数据分析和决策支持应用成为发展的必然。

对数据的处理可以分为操作型处理和分析型处理（或信息型处理）。操作型处理也叫事务处理，是指对数据库联机的日常操作，通常是对一个或一组记录的查询和修改，主要是为企业的特定应用服务的，人们关心的是响应时间，数据的安全性和完整性。而分析型处理则用于管理人员的决策分析，决策支持过程要求系统保存大量的历史数据，以支持长期趋势分析；集成全局范围的数据，以支持宏观及综合分析的能力；具有对大量数据进行复杂分析的能力；对复杂的决策检索过程具有快速响应的能力等。操作型处理和分析型处理之间的差异使得传统的数据库技术不能同时满足要求，数据仓库概念的提出，为这个问题提供了一个很好的解决方法，数据仓库技术就此应运而生。数据仓库系统是在20世纪90年代中期诞生的新技术，并引起了学术界广泛关注，是当前数据库学科研究的重要课题。数据仓库系统的建设是企业信息系统建设向体系化、集成化发展的必然组成部分。

11.2.1 数据仓库的产生背景

数据仓库是在数据库基础上发展而来的，从数据库到数据仓库的源驱动力来自组织或企业的业务发展需求。早期的数据库系统主要应用于日常事务的操作性处理，即OLTP，重点在于完成事务处理，在短时间内给予用户响应，服务于操作型业务需求，可以称之为“操作型数据库”。随着业务应用不断拓展，以及市场竞争不断加剧，数据分析师和企业家们发现仅仅依靠联机事务处理系统OLTP已经不足以获得市场竞争的优势，希望能够从庞大的日常业务数据以及历史归档数据中，分析发掘出潜在的、规律性的、更有价值的信息。用于对企业的业务运作以及市场的行业态势进行分析判断，从而做出正确的决策。这就推动了数据仓库的产生，即服务于分析型业务需求的系统，可以称之为“分析型数据库”。

将操作型（事务处理）数据库系统与分析型（决策支持）数据库系统分离，主要有以下五个原因：

（1）业务应用的响应时间不同。

在操作型（事务处理）计算环境中，其业务应用的处理特点是数据的存取操作频率高，而每次操作处理的时间短。因此，用户的业务请求往往在很短时间内即可完成，使得系统在多用户并发访问的情况下，也可以保持较高的实时响应速度。而在分析型（决策支持）计算环境中，其决策分析问题的解决，往往需要遍历数据库中的大部分数据，不仅需要消耗大量的系统资源，还可能导致长达数小时的运行。因此，用户的业务请求并不要求瞬间响应，只要在允许的时间里给予响应即可。

（2）数据需求的集成要求不同。

在操作型数据库中，数据往往是分散而非集成的。主要原因有操作型（事务处理）应用分散的问题、“蜘蛛网”问题、数据不一致问题、外部数据和非结构化数据等问题。而在分析型数据库中，首先需要解决的就是“数据集成”的问题。只有全面、广泛、准确、相关的数据收集和有效集成，才有可能得到可信的分析结果。

（3）历史数据的使用价值不同。

操作型（事务处理）系统一般只处理当前数据，在数据库中也只是短期存储数据，且不同数据的保存期限也不一样，即使有一些历史数据保存下来了，无特殊需求一般不再访问。而在分析型（决策支持）系统中，历史数据是相当重要的，因为联机分析处理与数据挖掘都需要以大量的、详细的、且有一定时间、空间跨度的历史数据为基础，才可能发现潜在发展规律和趋势走向。

(4) 服务支持的用户对象不同。

操作型（事务处理）系统直接面向业务操作人员，提供数据处理支持。而分析型（决策支持）系统面向使用本系统的业务者和中高层管理人员，提供决策分析支持。

(5) 数据的综合问题。

在事务处理系统中积累了大量的细节数据，一般而言， DSS 并不对这些细节数据进行分析。在分析前，往往需要对细节数据进行不同程度的综合。而事务处理系统不具备这种综合能力，根据数据库的规范化理论，这种综合还往往因为是一种数据冗余而加以限制。这也是二者相矛盾的地方。

综上所述，要提高分析和决策的有效性，必须把分析型数据从操作型（事务处理）环境中分离出来，按照分析型（决策支持）系统处理的需要进行重新组织，建立相应的分析处理环境。数据仓库正是为了构建这种新的分析处理环境而出现的一种数据存储、组织和处理技术。

11.2.2　数据仓库的概念

数据仓库的概念最早出现于 20 世纪 80 年代。而直到 1993 年，被称为“数据仓库之父”的 William H.Inmon 在其论著“Building the Data Warehouse”一书中，首次系统地阐述了数据仓库的思想和相关理论，为数据仓库的发展奠定了基石。他将数据仓库定义为：“一个面向主题的、集成的、反映历史变化的、相对稳定的数据集合，用于支持管理决策”。与传统的事物处理系统不同的是，数据仓库是一种过程，它是对分布在组织或企业内部各处的业务数据进行整合、加工和分析的过程，而不是一种可以购买的产品。

1. 面向主题的（Subject-oriented）

“主题”是一个较为抽象的概念，是指用户使用数据仓库进行决策时所关心的重点方面。从信息管理的角度看，主题是在一个较高的管理层次上对数据进行综合、归类所形成的分析对象；从数据组织的角度看，主题就是一些数据集合，这些数据集合对分析对象做了比较完整的、一致的描述，这种描述不仅涉及数据本身，还涉及数据之间的关系。面向主题的数据组织方式能完整、统一地刻画各个分析对象所涉及的企业的各项数据及数据之间的联系。典型的主题包括：医院收入分析主题、患者分析主题、药品分析主题、疾病分析主题。

面向主题和面向应用的是有区别的，每一个具体应用都包含一些与每一个主题相关的数据。如患者分析主题的数据就包含在医疗费用管理、患者管理和发药管理等具体应用系统中。同样，各个应用系统中同样也包含患者分析主题的数据。

2. 集成的（Integrated）

“集成”是指数据仓库中的信息并不是对各个数据源简单的选择、抽取，而是首先进行一系列的加工、整理和转换等来消除源数据中的不一致，同时按照本行业的逻辑模型设计便于查询及分析的数据仓库。然后按照组织或企业的需求，针对不同的主题对数据进行某种程度的综合、概括和聚集，将源数据加载进数据仓库。经过这样的处理，数据就具有了集成性，可以用于决策分析。

3. 反映历史变化的（Time-variant）

“反映历史变化”是指数据仓库内的信息并不只是反映企业当前的状态，而是记录了从过去某一时点到当前各个阶段的信息。通过这些信息，可以对企业的发展历程和未来趋势做出定量分析和预测。而信息本身相对稳定，是指一旦某个数据进入数据仓库以后，一般很少进行修改，更多的是对信息进行查询操作。

时间相关性意味着数据仓库中的数据是与时间相关，并且数据组织方式要便于按时间段来计算和提取数据。数据仓库中随时间变化的记录是在某一段时间的某个时刻创建的记录，数据仓库的每一个记录都具有时间字段。数据仓库随时间不断增加新的数据，不断将当前最新的操作性数据统一集成到数据仓库中。

4．相对稳定的（Non-volatile）

“相对稳定”是指数据一旦进入数据仓库，一般情况下会被长期保留，所涉及的数据操作也主要是查询、分析，很少会被修改或删除，通常也只需要定期地加载和刷新。相对稳定性保证了数据仓库中的数据能够真实地反映历史变化。

11.2.3 数据仓库与传统数据库的比较

联机事务系统的数据库（事务数据库）作为数据仓库的主要数据源，同数据仓库目标数据库（分析数据库）有着很大区别。事务数据库存在频繁的数据更新活动，因此，数据库的设计主要考虑事务处理效率和完整性。如事务的原子性（Atomicity）、一致性（Consistency）、隔离性（Isolation）、持久性（Durability），也就是需要保证事务具有并发控制和故障恢复能力。事务进行频繁的查询、插入、更新及删除，就会涉及事务设计的长短问题，如果一个事务执行的时间过长，全部事务的执行效率就会降低。因此，数据库的设计原则是对那些更新频繁的关系至少需要满足第三范式，否则会出现数据的冗余，以及删除和更新异常。

分析数据库的特性同事务数据库通常完全相反。数据仓库环境事务活动的特性是事务属于大事务，系统中事务数目较少，这些大事务通常需要访问许多事实表的大部分数据。数据仓库的性能同从大量事实表中获得的高度稳定的数据流紧密相关。DSS查询通常需要访问大量的事实表，查询返回的记录数目很大，对返回的记录可能还需要进一步操作。为了提供确定的、可以接受的结果返回时间，数据仓库必须具备能够快速访问事实表大量数据的能力。

表11.2对事务数据库和分析数据库做了一定比较。

表11.2　事务数据库和分析数据仓库的比较

比较项 \ 数据系统	传统事务处理数据库系统	数据仓库系统
开发方法	利用规范和成熟的开发方法，按功能分项组织和具体事务管理职能集成，以事件驱动方式为主	利用渐进、迭代的开发方法，按系统结构和交叉功能的定制形式集成，以数据驱动为主
数据内容	与日常例行事务管理相关的信息	与决策管理相关的支持信息
数据模型	关系模型或层次模型（平面模型）	关系模型、对象模型（多维模型）
数据稳定性	频繁更新	不经常改变、比较稳定
数据特性	详细数据	集成、详细和综合数据
数据负载	处理事务次数多，而每个事务涉及的数据量很少	事务处理次数少，每次处理的查询涉及的数据量一般较大
输出形式	数据输出形式少，数据种类少	输出表达形式多样，数据种类多
数据来源	以内部数据为主	数据来源多，一般情况内外皆有
异常行为影响	仅影响当前事务处理，可能暂时改为手工办理，无长远影响	影响决策的科学性或推迟决策，会产生长远影响
冗余性	减少冗余	增加冗余

尽管数据仓库与传统数据库之间存在着如此大的差异，但设计数据仓库并不是完全抛开传统的数据库系统，而是利用现有的操作数据，从中进行信息的集成，从而构造出满足不同需求的数据仓库。即数据从动态的、当前事件驱动的传统操作数据流向静态的、历史数据的数据仓库。从理论上说，从操作数据中策略性地引入到期的数据可以完成这个转变，但是由于受到实际存储容量和技术的限制，实际上是不可能的，而必须从操作数据中分离和提取数据进入数据仓库。

11.3　数据仓库的体系结构

数据仓库是解决决策支持系统数据存储的技术方案。数据仓库系统体系结构绝大部分是基于数据中心存储的关系数据库管理系统。在数据仓库体系结构中，操作型数据处理完全和数据仓库处理分离。

11.3.1　数据仓库系统的总体结构

一个完整的数据仓库产品体系结构，它主要包括 ELT 数据抽取工具、数据仓库管理工具、OLAP 工具、数据挖掘工具这几个部分。ELT 工具负责将业务系统中各种关系型数据、外部数据、遗留数据和其他相关数据经过清洗、转化、整理后放进中心数据仓库。ELT 工具可以通过可视化的界面，或者编程界面让系统开发者制定从哪里抽取数据、需要抽取哪些数据、如何对数据进行格式转化、数据清洗的规则怎样。一般来说，通过一个严格定义和实施的数据装载过程可以解决数据一致性中的大部分问题。在数据装载后需要数据管理员对数据质量进行校验，并将数据中存在的问题反馈给负责数据抽取的小组。数据仓库管理工具包括数据的存储管理、元数据的管理等功能。许多数据仓库管理工具提供可视化的数据建模工具，它实际上是对数据仓库中数据模型的可视化描述，数据模型本身也是元数据的一部分。在中心数据仓库的基础上，常常需要针对某些部门或主题建立数据集市。数据仓库管理工具需要维护中心元数据库和数据集市本地元数据库的一致性，以及中心数据仓库和数据集市的数据一致性。在数据集市上可以建立多种 OLAP 应用，它们可以基于 ROLAP 也可以基于 MOLAP 或 HOLAP。不同数据仓库厂商从自身的技术特长角度出发，选择不同的实现方法。MOLAP 产品的多维展现速度快、响应时延短，但是占用的磁盘空间大，难以处理巨量数据的展现。ROLAP 产品响应时延较长，但是易于处理巨量数据。OLAP 工具包括 OLAP 服务器和位于前端的数据展现工具。数据挖掘工具通常需要通过中间层软件的数据仓库接口，以便从数据仓库中抽取数据，为数据挖掘准备原始数据集合。

数据仓库是储存、管理信息数据的一种组织形式，其物理实质仍是计算机存储数据的系统，只是由于使用目的不同，其存储的数据及前端分析工具上与传统信息系统有所不同。数据仓库按照功能分为以下几部分，如图 11.3 所示。

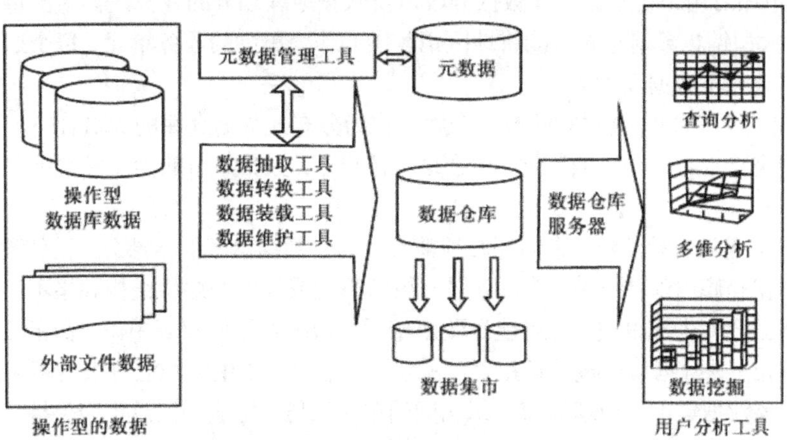

图 11.3　数据仓库系统的总体结构

（1）元数据（Meta）

元数据是数据仓库的核心，是关于数据的数据，是关于数据和信息资源的描述信息。它通过对数据的内容、质量、条件和其他特征进行描述和说明，帮助人们有效地定位、评论、比较、获取和使用相关数据。

元数据包含的内容有：

① 数据仓库数据源的信息，包括现有的操作型数据、历史部数据及外部数据。

② 数据模型信息，如仓库中的表名、关键字、属性、仓库模式、视图、维等。

③ 操作型环境到数据仓库环境的映射关系，包括源数据及其内容，完整性规则和安全性等。

④ 操作元数据，如抽取历史、访问模式、仓库使用统计和审计跟踪等。

⑤ 汇总用的算法，包括度量和维定义算法，数据粒度、聚集、汇总、预定义的查询和报告。

⑥ 商业元数据，包括商业术语和定义、数据所有者信息和收费策略。

（2）源数据

为数据仓库提供源数据，如各种生产系统数据库、OLTP 系统的操作性数据、外部数据源等到可以作为数据仓库的数据源。源数据来源于已有的生产系统，是操作型数据。提供源数据的数据源可以是各种数据库管理系统，或各种格式的数据文件或外部数据源。数据仓库是一种信息集成手段，在实际工程中，面对的数据源可能千差万别，只要能够为数据仓库所支持的决策和分析过程提供所需的信息，就可能成为数据仓库的数据源。因此，数据仓库需要有相应的工具从数据源中抽取数据。

（3）数据变换工具

数据进入数据仓库之前必须经过检验，检查数据的完整性和相容性，以排除数据中可能隐藏的错误。数据转换指统一数据编码和数据结构、给数据加上时间标志、根据需要对数据集进行各种运算及语义转换等。数据变换工具为数据库和数据仓库之间架起了一座桥梁，使源数据得到了增值和统一，最大限度地满足了数据仓库高层次决策分析的需要。为了满足决策支持和深入分析的需要，数据要经过特别整理、加工和重新组织，然后装载到一个或多个数据仓库的数据库中。所有这些工作都是数据抽取和转换工具完成的，数据仓库中装载数据的数据库即为数据仓库中的目标数据库。

（4）数据集市

数据集市是指数据仓库的一个部门子集，是针对特定部门范围的主题。可以将数据集市看成一个微型的数据仓库或数据仓库的一部分。数据集市具有如下几大功能。

① 数据集市通常用于为单位的职能部门提供信息。典型示例如销售部门、库存和发货部门、财务部门、高级管理部门等的数据集市。

② 数据集市还可用于将数据仓库数据分段以反映按地理划分的业务，其中的每个地区都是相对自治的。例如，大型销售数据仓库可能将地区销售中心作为单独的业务单元，每个这样的单元都有自己的数据集市以补充主数据仓库。

③ 数据集市可以作为完全独立的数据仓库，作为分布式数据仓库的成员补充，数据集市可以通过定期更新接收来自主数据仓库的数据，但在这种情况下，数据集市的功能经常受限于客户端的显示服务。

无论数据集市提供何种功能，它们都必须被设计为主数据仓库的一部分，以使数据的组织、格式和架构在整个数据仓库内保持一致。表的设计、更新机制或维度的层次结构如果不一致，可能会使数据难于在整个数据仓库内被重用，并可能导致由相同的数据在不同报表中不一致的现象。例如，由财务部门的数据集市（该数据集市按管理报表结构组织销售队伍）生成的汇总报表不大可能与由销售部门的数据集市（该数据集市按地理区域组织相同的销售队伍）生成的汇总报表保持一致。但是，没有必要为获得一致性而将一个数据视图强加在所有数据集市上。通常可以设计一致的架构和数据格式，使得可以有很多不同的数据视图同时保持互操作性。例如，使用时间、客户和产品数据的标准格式及组织方式，不会妨碍数据集市以库存、销售额或财务分析等不同的角度显示信息。应从作为数据仓库一部分的角度设计数据集市，而无须考虑它们各自的功能或构造，从而使得信息在整个单位内保持一致和可用。

（5）数据仓库

源数据经过变换进入数据仓库。数据仓库以多维方式来组织数据和显示数据。属性维和时间维是数据仓库反映现实世界动态变化的基础，它们的数据组织方式是整个数据仓库技术的关键。

（6）数据分析工具

为了使数据仓库用户能有效的使用数据仓库中的信息，以实现深层次的综合分析和决策。数据仓库系统要为用户提供一整套数据访问和分析工具，这些工具不但要提供一般的数据访问功能，如查询、汇总和统计等，更需要功能强大的分析和挖掘工具，是数据仓库系统的重要组成部分。分析工具主要实现对数据仓库中的数据进行分析和综合。挖掘工具负责从大量的数据中发现数据的关系，找到可能忽略的信息，预测趋势和行为。数据仓库的数据访问和分析在一定程度上面向企业的业务需求，所提供的数据是在业务上有意义的信息，而不只是通用的数据查询和操作功能。

数据仓库工具主要由一些分析工具组成，主要包括检索查询工具、多维数据的 OLAP 分析工具、统计分析及数据挖掘工具等。严格的说，数据挖掘工具只是数据仓库支持辅助决策的一种方法，数据挖掘可以从数据仓库中挖掘知识、规律，也可以从数据库或一些平面文件中挖掘，但是从支持辅助决策的角度来看，将它归为数据仓库系统的一部分也是可以的。数据仓库应用是一个典型的客户-服务器结构形式，其客户端的工作主要包括客户交互、格式化查询、可视化及报表生成等内容，服务器端完成各种辅助的查询、复杂的计算和各类综合功能等。这种方式在提高性能和可靠性、降低数据传输量，以及保证数据的安全性等方面会带来很大的好处。

数据仓库的后台工具，包括数据抽取、清洗、转换、装载和维护工具。它们负责把企业或组织中各部门的操作型数据进行转换，装载到数据仓库系统中，同时维护数据仓库和操作型数据源数据的一致性。

数据仓库服务器相当于数据库系统中的 DBMS，它负责管理数据仓库中数据的存储，并给前端工具提供 SQL 和多维查询的接口。数据仓库服务器是数据仓库系统的核心，它采用多种适合数据仓库特点的技术提高用户查询的响应速度。服务器端有 OLAP 服务器和数据挖掘服务器两种，其中 OLAP 服务器能加强和规范决策支持的服务工作，集中和简化客户端和数据仓库服务器的部分工作。建立数据仓库的目的主要是给决策支持提供丰富的数据基础，前台工具用于向数据仓库管理系统发出请求，并把返回的结果通过各种可视化方式展现给用户。

11.3.2　数据仓库系统的分层结构

数据仓库系统的层次结构可以采用两层结构，即客户-服务器结构，这是典型的“胖客户机”模型。客户端执行的功能包括用户界面、查询规范、报表格式化、数据挖掘、数据聚集及数据访问等功能。服务器端提供的服务包括数据逻辑、数据服务、数据管理、性能监控及元数据存储。图 11.4 所示为两层体系结构的功能分配示意图。数据仓库服务器通常是一个关系数据库系统，服务器需要解决如何从外部或者操作型数据库抽取数据，创建数据仓库等活动。

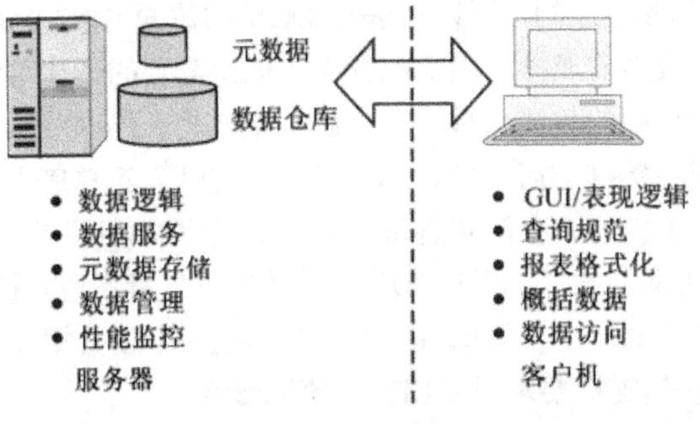

图 11.4　两层数据仓库体系结构的功能分配示意图

两层体系结构的缺点是缺乏可伸展性和灵活性，因此，现在提出了三层体系结构。三层体系结构解决了两层体系结构的上述缺点。在两层体系结构基础上，增加一个 OLAP 服务器作为应用服务器，执行数据过滤、聚集及数据访问，支持元数据和提供多维视图等功能。而客户端只运行图形用户界面、查询规范，报表格式化和数据访问功能。图11.5为三层数据仓库体系结构的示意图。

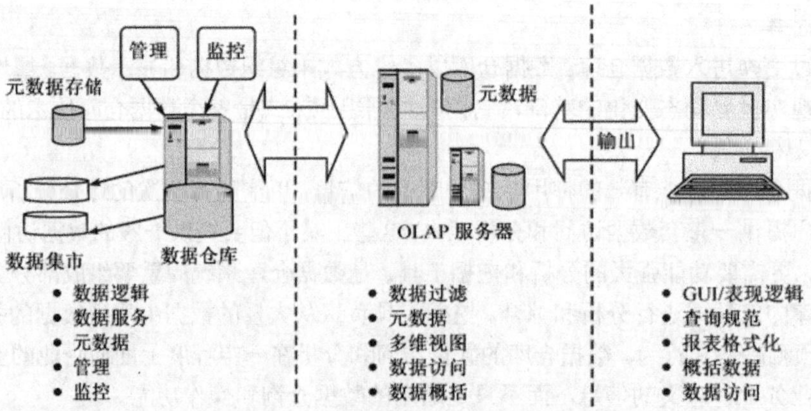

图 11.5　三层数据仓库体系结构示意图

从结构的角度看，有 3 种数据仓库模型：企业级数据仓库、数据集市和虚拟数据仓库。企业数据仓库对主题的所有信息收集以后进行存储，数据处理涉及整个组织，特点是组织范围进行数据集成、包含多种粒度级别的数据、存储容量大、开发周期长（至少几年）。企业级数据仓库可以在传统大型计算机上实现，如 UNIX 超级服务器或者并行结构平台。数据集市针对特定部门，是企业范围数据的子集，特点是开发周期短（几周）、主题少、实现费用低（基于 UNIX 或者 Windows NT 的部门服务器）。虚拟数据仓库（Virtual Data Warehouse）是在操作型数据库上实现有效查询的方案，特点是容易建立，要求操作型数据库服务器具有剩余计算能力。

11.3.3　带有 ODS 的数据仓库体系结构

ODS（Operational Data Store）具备数据仓库的部分特征和 OLTP 系统的部分特征，它是“面向主题的、集成的、当前或接近当前的、不断变化的”数据，用于支持企业对于即时性的、操作性的、集成的全体信息的需求。常常被作为数据仓库的过渡，也是数据仓库体系结构中的一个可选部分。带有 ODS 的数据仓库体系结构如图 11.6 所示。

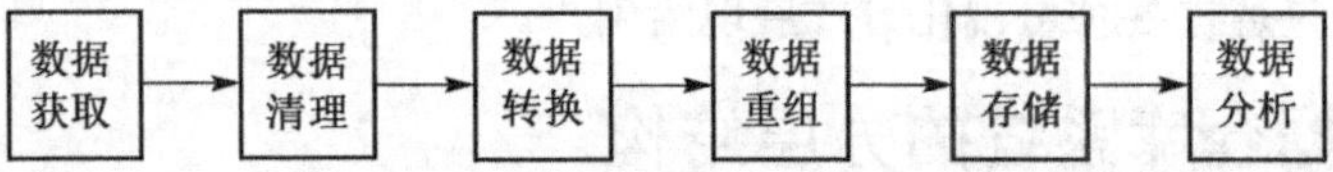

图 11.6　包含 ODS 的数据仓库体系结构

ODS 是介于 DB 和 DW 之间的一种数据存储技术，和原来面向应用的分散的 DB 相比，ODS 中的数据组织方式和数据仓库（DW）一样也是面向主题的和集成的，所以对进入 ODS 的数据也像进入数据仓库的数据一样进行集成处理。另外 ODS 只是存放当前或接近当前的数据，如果需要的话还可以对 ODS 中的数据进行增、删和更新等操作，虽然 DW 中的数据也是面向主题和集成的，但这些数据一般不进行修改，所以 ODS 和 DW 的区别主要体现在数据的可变性、当前性、稳定性、汇总度上。

由于 ODS 仍然存储在普通的关系数据库中，出于性能、存储和备份恢复等数据库的角度以及对源数据库的性能影响角度，不建议 ODS 保存相当长周期的数据，同样 ODS 中的数据也尽量不做转换，而是与业务数据库保持一致，即 ODS 只是业务数据库的一个备份或者映像，目的是为了使数据仓库的处理和决策支持要求与 OLTP 系统相隔离，减少决策支持要求对 OLTP 系统的影响。

为什么 DW 中需要有一个 ODS 系统呢？一般在带有 ODS 的系统体系结构中，ODS 都设计为如下几个作用：

① 在业务系统和数据仓库之间形成一个隔离层。

一般的数据仓库应用系统都具有非常复杂的数据来源，这些数据存放在不同的地理位置、不同的数据库、不同的应用之中，从这些业务系统对数据进行抽取并不是一件容易的事。因此，ODS 用于存放从业务系统直接抽取出来的数据，这些数据从数据结构、数据之间的逻辑关系上都与业务系统基本保持一致，因此在抽取过程中极大降低了数据转化的复杂性，而主要关注数据抽取的接口、数据量大小、抽取方式等方面的问题。

② 转移一部分业务系统细节查询的功能。

在数据仓库建立之前，大量的报表、分析是由业务系统直接支持的，在一些比较复杂的报表生成过程中，对业务系统的运行产生相当大的压力。ODS 的数据从粒度、组织方式等各个方面都保持了与业务系统的一致，那么原来由业务系统产生的报表、细节数据的查询自然能够从 ODS 中进行，从而降低业务系统的查询压力。

③ 完成数据仓库中不能完成的一些功能。

一般来说，带有 ODS 的数据仓库体系结构中，DW 层所存储的数据都是进行汇总过的数据，并不存储每笔交易产生的细节数据，但是在某些特殊的应用中，可能需要对交易细节数据进行查询，这时就需要把细节数据查询的功能转移到 ODS 来完成，而且 ODS 的数据模型按照面向主题的方式进行存储，可以方便地支持多维分析等查询功能。

在一个没有 ODS 层的数据仓库应用系统体系结构中，数据仓库中存储的数据粒度是根据需要而确定的，但一般来说，最为细节的业务数据也是需要保留的，实际上也就相当于 ODS，但与 ODS 所不同的是，这时的细节数据不是“当前、不断变化的”数据，而是“历史的、不再变化的”数据。这样的数据仓库的存储压力和性能压力都是比较大的，因此对数据仓库的物理设计和逻辑设计提出了更高的要求。

11.4　多维数据模型

数据模型一般有两个层次：概念层（逻辑层）和物理层。逻辑数据模型是从概念角度抽象出现实世界的内在规律，如业务流程、数据架构等；物理数据模型则侧重于特定环境下的具体实现，如效率、安全性等。

多维数据模型是一个逻辑概念，该模型主要解决如何对大量数据进行快速查询和多角度展示，以便得出有利于管理决策的信息和知识。多维数据模型的应用领域主要有数据仓库、OLAP 和数据挖掘 3 个方面，其中，多维结构是 OLAP 的核心。

数据仓库和数据仓库技术是基于多维数据模型的。这个模型把数据看作是数据立方体形式。多维数据模型围绕中心主题组织。该主题用事实表表示，事实是数值度量的。

11.4.1　数据立方体

数据立方体允许以多维数据建模和观察。它由维和事实来定义。维是关于一个组织想要记录的视角或观点。每个维都有一个表与之相关联，称为维表。维表是对维的属性的描述。事实是一个数据度量，对所要考察的数据的一个数值度量，事实表包括事实的名称或度量以及每个相关维表的关键字。

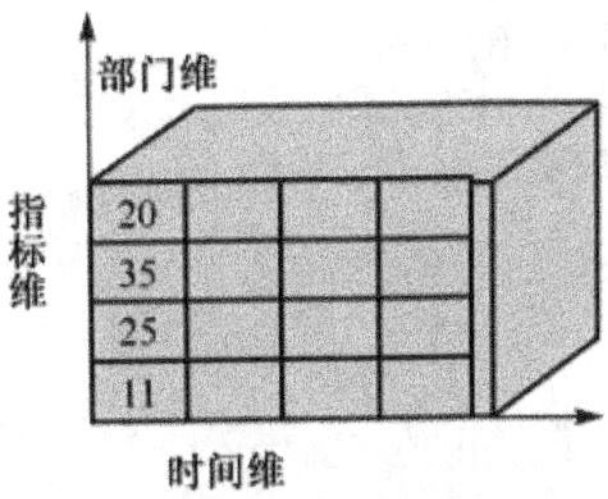

图 11.7　一个数据立方体

一个 n 维的数据的立方体叫作基本方体。给定一个维的集合，可以构造一个方体的格。每个格都在不同的汇总级或不同的数据子集显示数据，方体的格称为数据立方体。0 维方体存放最高层汇总，称为顶点方体，而存放最底层汇总的方体则称为基本方体。

多维数据模型通过引入维、维分层和度量等概念，将信息在概念上视为一个立方体。图 11.7 表示了一个数据立方体。

1. 立方体

用三维或更多的维数描述一个对象，每个维彼此垂直。数据的度量值发生在维的交叉点上，数据空间的各个部分都有相同的维属性。

2. 维度

是人们观察数据的特定角度，是考虑问题时的一类属性，属性的集合构成一个维（如时间维、部门维等）。

3. 维分层

同一维度还可以存在细节程度不同的各个描述方面（如时间维可包括年、季度、月份、旬和日期等）。

4. 维属性

维度的一个取值，是数据项在某维中位置的描述（例如“某年某月某日”是在时间维上位置的描述）。

5. 度量值

立方体中的单元格，用以存放数据。

数据仓库的多维数据模型分为星型模式、雪花模式及事实星座模式 3 种基本模式，下面我们将分别介绍这 3 种模式。

11.4.2 星型模式

星型模式是数据仓库常见的一种数据模型，主要构成为：一个含大量而无冗余数据的事实表、多个相对含有较少数据的维表。每个维度自主组成一个维表，每个维表有一个维标识符与中心事实表发生联系，用图形描述呈星型状。

例如，从图 11.8 可以看出，在产品销售数据仓库由 1 个销售事实表、3 个维表（产品维表、顾客维表、商场维表）构成。事实表的索引包含产品编号、时间编号、顾客编号、商场编号等字段，这些字段是事实表的外键，也是相应维表的主键。通过这种引用关系，构成了多维联系。在每张维表中除了包含每个维的主键外，还需要描述该维的一些其他属性字段。如产品维表包含有关产品的数据，顾客维表包含有关顾客的信息。

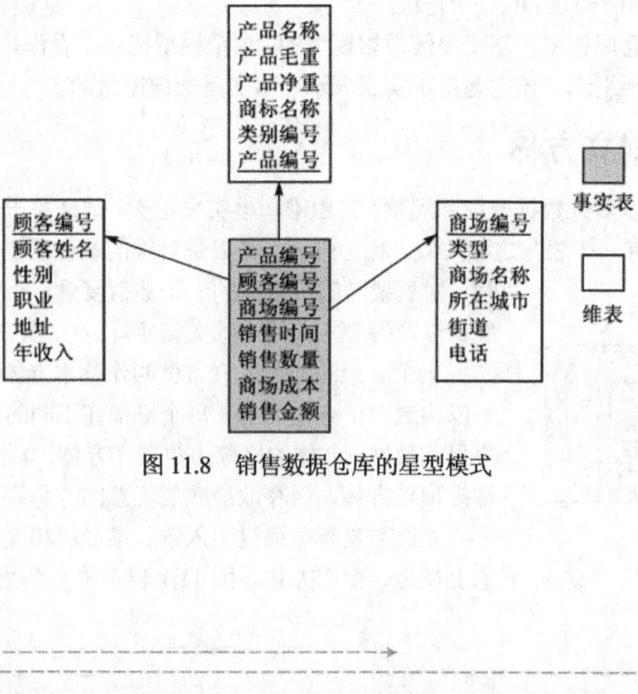

图 11.8 销售数据仓库的星型模式

11.4.3　雪花模式

雪花模式是数据仓库的又一种数据模型，是星型模型的变异形式，因为维表是用二维关系的一个特例，在设计维表时，可用关系数据库的规范化理论进行优化，以减少数据冗余，消除插入、删除异常，同时达到易维护和节约存储空间的目的。这样就有可能把某个维表的数据分解到多个不同的表中，而使模式图表现为类似于雪花的形状。但是，雪花模式的某个维的数据分布在二维表中，在执行查询时，需要执行多个表的连接操作，这种操作会给系统带来时间上的开销而降低性能。因此，在设计时，因数据仓库主要用于静态存放，数据的更新频率较低，一般是考虑使用星型模式，以空间的代价换取时间的效率。

例如，在图 11.8 中的商场维表和顾客维度表中，如果一个顾客可能有多个职业，某个商场可能有多个联系电话，则商场维表和顾客维表中存在多值属性，所以可以将商场维表和顾客维表分解成如图 11.9 所示情况。

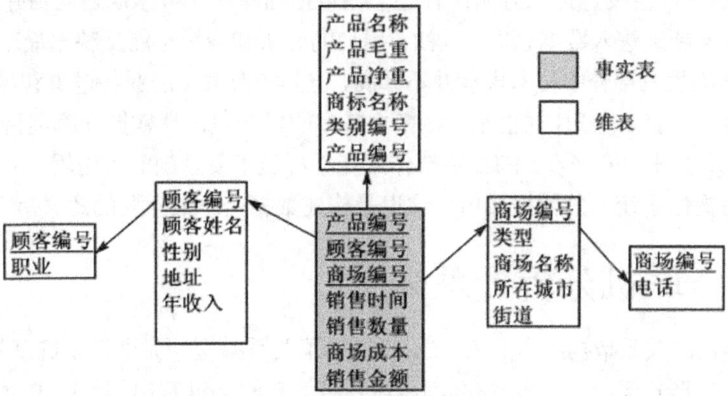

图 11.9　销售数据仓库的雪花模式

11.4.4　事实星座模式

事实星座模式是指在具体应用存在多个事实表，而这些事实表共享某些维表，也称为星系模式。

例如，某家贸易公司从其他公司的商场采购一些商品，然后分配到自己的一些商场销售，则贸易数据仓库包括销售事实表和采购事实表，如图 11.10 所示。

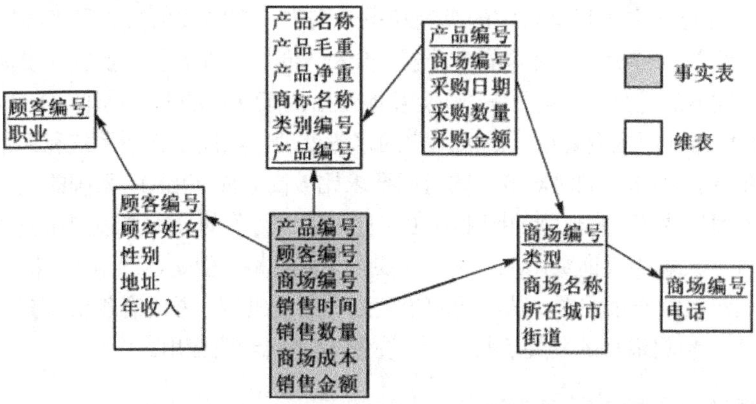

图 11.10　贸易数据仓库的事实星座模式

11.5 数据仓库的 ETL 过程

ETL 即数据抽取（Extract）、转换（Transform）、装载（Load）的过程。它是构建数据仓库的重要环节。

数据仓库系统中有可能存在着大量的脏数据，引起的主要原因有：滥用缩写词、惯用语、数据输入错误、重复记录、丢失值、拼写变化、不同的计量单位和过时的编码等。即便是一个设计和规划良好的数据仓库系统，如果其中存在着大量的脏数据，那么这个系统也是没有任何意义的，因为“垃圾进，垃圾出”，系统根本就不可能为决策分析系统提供任何支持。为了清除脏数据，必须在数据仓库系统中进行数据清洗。

ETL 的过程就是数据流动的过程，从不同异构数据源流向统一的目标数据。其间，数据的抽取、清洗、转换和装载形成串行或并行的过程。

ETL 所完成的工作主要包括三方面：首先，在数据仓库和业务系统之间搭建起一座桥梁，确保新的业务数据源源不断地进入数据仓库；其次，用户的分析和应用也能反映出最新的业务动态，虽然 ETL 在数据仓库架构的三部分中技术含量并不算高，但其涉及大量的业务逻辑和异构环境，因此在一般的数据仓库项目中 ETL 部分往往也是花费精力最多的，一般占据数据仓库项目的 40%～60%的工作量；第三，如果从整体角度来看，ETL 主要作用在于屏蔽了复杂的业务逻辑，从而为各种基于数据仓库的分析和应用提供了统一的数据接口，这也是构建数据仓库最重要的意义所在。

11.6 联机分析处理

20 世纪 60 年代，关系数据库之父 E.F.Codd 提出了关系模型，促进了联机事务处理（OLTP）的发展（数据以表格的形式而非文件方式存储）。1993 年，E.F.Codd 提出了 OLAP 概念，认为 OLTP 已不能满足终端用户对数据库查询分析的需要，SQL 对大型数据库进行的简单查询也不能满足终端用户分析的要求。用户的决策分析需要对关系数据库进行大量计算才能得到结果，而查询的结果并不能满足决策者提出的需求。因此，E.F.Codd 提出了多维数据库和多维分析的概念，即 OLAP。

11.6.1 OLAP 的基本概念

OLAP 即联机分析处理。OLAP 技术主要通过多维方式来对数据进行分析、查询和生成报表，主要目标是满足决策支持或多维环境特定的查询和报表需求，它的技术核心是“维”这个概念，因此 OLAP 也被称为多维数据分析。利用 OLAP 分析，分析人员、管理人员或执行人员能够针对同一个主题，从多个角度对数据进行分析，从而快速、交互地得出决策支持的分析结论。OLAP 与传统的 OLTP 处理应用相同。OLTP 应用主要是用来完成用户的事务处理，如民航订票系统和银行的储蓄系统等，通常要进行大量的更新操作，同时对响应的时间要求比较高。而 OLAP 系统的应用主要是对用户数据进行分析，用于领导决策，其典型的应用有对银行信用卡风险的分析与预测和公司市场营销策略的制定等，主要是进行大量的查询操作，对时间的要求不太严格。但是，OLAP 分析只是将数据转化为了信息，提供了用户对某一个主题，从不同的角度来观察的机制，并没有将信息转化为知识，即没有在数据中发现规律，预测未来的发展趋势，属于数据仓库的一般应用。

11.6.2 OLAP 的基本操作

多维分析是指对以多维形式组织起来的数据采取向上综合（Rollup）、下钻（Drill-Down）、切片（Slice）、切块（Dice）、旋转（Pivot）等各种分析动作，以求剖析数据，使最终用户能从多个角度、多侧面地观察数据库中的数据，从而深入地了解包含在数据中的信息、内涵。

切片（Slice）是指在多维数组的某一维上选定一维成员的操作，即在多维数组（维 1，维 2，…，维 n，度量值）中选一维：维 i，并取其一维成员（设为“维成员 vi”），所得的多维数组的子集（维 1，…，维成员 vi，…，维 n，度量值）称为在维 i 上的一个切片。例如，一个按产品维、地区维和时间维组织起来的产品销售数据，用多维数组表示为：（地区，时间，产品，销售额）。如果在时间维上选定一个维成员（设为“1997 年 1 月”），就得到了在时间维上的一个切片。显然，这样切片的数目取决于时间维上维成员的个数。

切块（Dice）是指在多维数组的某一维上选定某一区间的维成员的操作，即限制多维数组的某一维的取值区间。切块可以看成是在切片的基础上，进一步确定各个维成员的区间得到的片段体，也即由多个切片叠合起来。例如，如果将时间维上的取值设定为一个区间（如取“1997 年 1 月至 1997 年 10 月”），而非单一的维成员时，就得到一个数据切块，它可以看成由 1997 年 1 月至 1997 年 10 月的 10 个切片叠合而成的。

钻取（Drill）包含向下钻取（DrillDown）和向上钻取（Drillup）/上卷（Rollup）操作，Drilldown 和 Rollup 操作是在维的层次上查看数据，DrillDown 操作可以看到更细节的数据，而 Rollup 操作则是看到比较综合的数据，钻取的深度与维所划分的层次相对应。查看了一个季度每个月的销售额后，再查看全年每一季度的销售额，这就是 Rollup 操作；相反，查看到每一季度的销售额后，可以继续查看某个季度中每一个月的销售额，这就是 DrillDown 操作。

旋转（Rotate）/转轴（Pivot）：通过旋转可以得到不同视角的数据。旋转即是改变一个报告或页面显示的维方向。例如，现在是从产品和时间维来分析销售额，因此看到的是关于产品和时间的聚集报表，现在想从产品和地区维来分析销售额，这时就利用旋转操作，得到另一个数据的视图。

11.6.3　OLAP 的特点

OLAP 是一种软件技术，它使分析人员、经理及管理人员通过对信息的多种可能的观察角度进行快速、一致和交互的存取以获得对信息的深入理解。这些信息是从原始数据进行多维分析而来，反映了用户所能理解的企业的真实数据“维”。目前常见的 OLAP 主要由基于多维数据库的 MOLAP 和基于关系数据库的 ROLAP。在数据仓库应用中，OLAP 一般是数据仓库应用的前端工具。同时，OLAP 工具还可以与数据挖掘工具、统计分析工具配合使用，增强决策分析的功能。OLAP 特征可以分为以下几个方面：

① 提供数据的多维概念视图。数据的多维视图使最终用户能从多角度、多层次和多侧面考察数据库中的数据，从而深入的理解包含在数据中的信息及其内涵。

② 快速响应用户的分析请求。

③ 分析功能。是指 OLAP 系统可以提供给用户强大的统计、分析和报表处理功能。

④ 共享特性。是指 OLAP 系统应有很高的安全性。例如，当多个用户同时向 OLAP 服务器写数据时，系统应能在适当的粒度级别上加更新锁。

⑤ 信息性。这是指 OLAP 系统分析所需的数据及导出的有用信息。

11.6.4　OLAP 与 OLTP 的比较

数据仓库最根本的特点是物理地存放数据，而且这些数据并不是最新的、专有的，而是来源于其他数据源。数据仓库的建立并非要取代数据库，它旨在建立和维护一个较全面和完善的信息库，用于支持高层决策分析，而联机事务处理（OLTP）数据库在企业的信息环境中承担的是日常操作性的任务。联机分析处理（OLAP）系统和联机事务处理系统在各个方面具有较大差别，如数据库设计方法、用户及存储的数据内容等方面。表 11.3 给出了两个系统存在的差异。

聚类模式与分类模式不同，聚类模式事先并不知道分组及怎样进行分组的，仅仅知道划分数据的基本原则。在这种原则的指导下，把一组个体按照个体间的相似性划分成若干类，这种划分的结果称为聚类模式。其目的是使属于同一个类别的数据间的相似性尽可能大，而不同类别的数据间的相似性尽可能小。

4．关联模式

关联规则挖掘是数据挖掘中最活跃的研究方法之一。最早是由 Agrawal 等人提出的。最初提出的动机是针对购物篮分析问题，其目的是为了发现交易数据库中不同商品之间的联系规则。交易数据库可以把顾客的相关交易如所购物品项目等存储下来，通过对这些数据的智能分析，可以获得有关顾客购买模式的一般性规则。这些规则刻画了顾客的购买行为模式，可以用来指导商家科学地安排进货、库存以及货架设计等。关联规则在其他领域也可以得到广泛使用，如目录设计、商品广告邮寄分析、追加销售、仓库规划、网络故障分析、市场规则、广告策划、分类设计等。关联知识反映一个事件和其他事件之间的依赖或关联。关联可分为简单关联、时序关联、因果关联和数量关联等。这些关联并不总是事先知道的，而是通过数据库中数据的关联分析得到的，因而对商业决策具有新价值。

关联规则是形式如下的一种规则："在购买面包和黄油的顾客中，有 90%的人同时也买了牛奶"（面包+黄油（牛奶））。用于关联规则发现的主要对象是事务型数据库，其中针对的应用则是售货数据，也称货篮数据。一个事务一般由如下几个部分组成：事务处理时间，一组顾客购买的商品，有时也有顾客标识号（如信用卡号）。

由于条形码技术的发展，零售部门可以利用前端收款机收集、存储大量的售货数据。因此，如果对这些历史事务数据进行分析，则可对顾客的购买行为提供极有价值的信息。例如，可以帮助如何摆放货架上的商品（如把顾客经常同时买的商品放在一起），帮助如何规划市场（怎样相互搭配进货）。由此可见，从事务数据中发现关联规则，对于改进零售业等商业活动的决策非常重要。

5．序列模式

序列模式与关联模式相仿，主要把数据之间的关联性与时间联系起来。序列模式不仅需要考虑事件是否发生，而且需要考虑事件发生的时间。它可以看成是一种特定的关联模式，只是在关联模型中增加了时间属性。例如，在购买彩电的人们当中，70%的人会在 5 个月内购买影碟机。

12.2.3 数据挖掘的主要技术

数据挖掘技术有根据发现知识的种类分类、根据挖掘的数据库种类分类、根据采用的技术分类等几种分类方法。其中，根据发现知识的种类分类有关联规则挖掘、分类规则挖掘、特征规则挖掘、离群数据挖掘、聚类分析、数据总结、趋势分析、偏差分析、回归分析、序列模式分析等；根据挖掘的数据库种类分类有关系型、事务型、面向对象型、时间型、空间型、文本型、多媒体型、主动型和异构数据库等；根据采用的技术分类，最常用的数据挖掘技术有如下 7 种。

（1）规则归纳

规则归纳即通过统计方法归纳、提取有价值的 if-then 规则，例如关联规则挖掘。

（2）决策树方法

即用树形结构表示决策集合，这些决策集合是通过对数据集的分类来产生规则。决策树方法是首先利用信息熵来寻找数据库中具有最大信息量的字段，从而建立决策树的一个结点，再根据字段的不同取值来建立树的分支；然后在每个分支子集中，重复建立树的下层结点和分支，即可建立决策树。国际上最有影响的决策树方法是由 Quinlan 研制的 ID3 方法，其典型的应用是分类规则挖掘。

（3）人工神经网络

这种方法主要是模拟人脑神经元结构，也是一种通过训练来学习的非线性预测模型。它可以完成

表 11.3　OLAP 和 OLTP 比较

特　点	OLAP	OLTP
用户	决策者（经理、主管、分析员）	DBA、办事员
DB 设计	面向主题，星型/雪花	面向应用，E/R 模型
规范化	非规范化设计	规范化设计
面向	分析	事务
特征	信息处理	操作处理
功能	全局决策支持、长期信息需求	日常操作
数据	历史数据	当前数据
工作单位	复杂查询	短的简单事务
数据存取	只读	更新频繁
系统关注	数据输出量	数据进入
操作	大量扫描	主关键字上索引
DB 规模	100GB 到 TB	100MB 到 GB
设计目标	高灵活性，终端用户自治	高性能，高可用性
系统度量	查询响应时间	事务吞吐量
用户数目	多	相对较少
访问记录	相对较少	特别多

11.7　数据仓库结构设计

11.7.1　数据仓库的工作过程

数据仓库处理数据的过程如图 11.11 所示，其步骤说明如下：

① 从数据源获得数据；

② 清理数据，去除无效和错误的数据；

③ 将数据转换成标准化格式的、易于共享的数据；

④ 根据企业的核心业务和决策形式，重新组织数据；

⑤ 有利于数据访问和数据增补的形式存储数据，并补充附加的数据；

⑥ 根据用户数据请求，处理数据查询事务，并传送用户所需的分析结果或制定的方案。

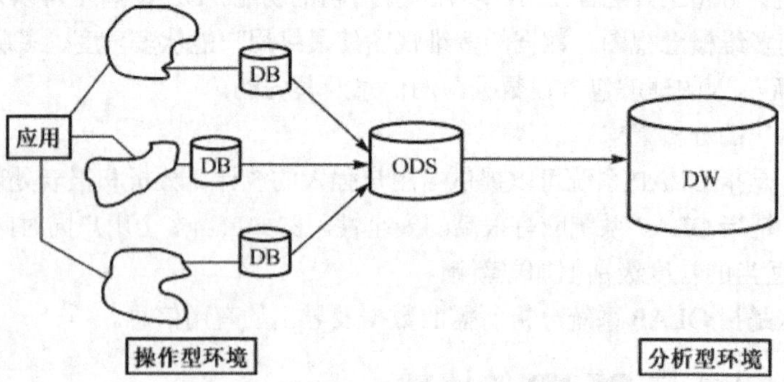

图 11.11　数据仓库系统处理数据过程

数据仓库的数据来源于多个正在运行的事务操作应用数据库系统，通过访问操作数据库，将数据转换为正确的数据仓库格式，并将数据发行到要求查询的用户站点。需要提供多种不同的技术工具如：复制工具、数据清理工具、数据转换及连接工具、数据传送工具和数据加载工具，能够快速有效地抽取相关数据的工具和提供快速的数据访问工具。

描述数据仓库环境的重要形式是元数据——描述数据的数据。它描述和定位数据组件、数据的起源及在数据仓库进程中的活动，描述数据访问、数据存储、数据操作（输入、输出、计算规则）的信息。

元数据可以从数据结构中提取，包含以下内容：

① 数据模型描述；

② 用于数据库设计的布局描述；

③ 主要数据项的系统管理含义；

④ 从操作记录数据系统到数据仓库的数据分布描述，包括数据转换描述和聚合描述；

⑤ 数据元素特征定义、推导规则与检验规则。系统分析人员通过元数据的支持，对信息的实体生命进程的改进，获得数据仓库的维护性和可管理性。

系统的数据容量是影响数据仓库运行的重要因素，它以两种方式影响：总体容量和加载能力。总体容量影响系统的查询效率，如果数据随时间增长为主，则数据的加载能力则显得较为重要，它与主题领域数据实体的出生事件相关，经常插入数据，引起数据索引和数据存储布局的变化，进而会影响系统的运行效率。

进行数据转换时，要确保数据从传统的数据存储形式到数据仓库的同步。利用开放的、标准的数据转换工具和数据移动平台与合理的传输策略、数据支持策略进行转换，企业的数据一般存储在网络数据库系统中，如果在不同的网络系统之间，应采用网关进行数据的批处理转换，在同一网络系统中采用复制工具进行转换等。

在数据的清理和净化过程中，数据仓库的管理员可以删除那些将来不会使用的数据（数据访问的可能性为零或近似为零的数据）——休眠数据，为数据仓库的使用提供更好的性能。过期的和失效的数据也需要进行清理，数据仓库的管理员还需要清理进入数据仓库环境中的“脏数据”。出于某种原因，脏数据会通过编辑录入到系统中，没有被及时捕获或没有被及时处理而遗留在系统中。在数据转换和集成的时刻，用不正确的方式收集的数据，如：不同的数据源间的键（关键字）、数据结构、数据编码、数据定义和物理特征等是不兼容的，数据仓库中如果保留了这些数据，在集成和转换时就需要进行数据清理和数据审查，确保为数据仓库系统提供高质量、高性能的数据存储。数据的物理存储形式和存储数目应尽可能对整体处理过程透明，这将简化数据提取和数据的净化过程。

数据仓库存储的数据形式应能够支持决策、事务分析和支持管理过程的应用程序，着重于从数据源提取数据的转换过程和数据的查询处理过程，应与日常应用的事务管理数据库中的数据分别独立存储，有利于企业管理、分析决策活动的多个方面。

① 减少了报表和复杂查询处理对操作过程的影响；

② 根据企业的核心业务保存有效数据，即使从事务操作数据库中删除，也能重新利用；

③ 以时间为基础保存了长期数据，允许用户回顾和了解企业的发展过程；

④ 提供了可以修改的数据结构和存储方式，适应用户未来的数据查询过程；

⑤ 统一了企业的数据定义形式，反映了完整、真实的企业状况；

⑥ 支持动态的数据分析过程，跨越多个业务数据库界限，提供了多种数据来源（包括外部数据）并保持数据的一致性，可提供更好的数据质量。

11.7.2　数据仓库系统开发过程

数据仓库是面向主题的、集成的、不可更新的、随时间的变化而不断变化的，这些特点决定了数据仓库的系统设计不能采用同开发传统的 OLTP 数据库一样的设计方法。对于 OLTP 数据库，业务过程和规则比较规范且固定，系统设计人员能够清晰地了解应用的需求和数据流程。系统的设计一般采用系统生命周期法（System Development Life Cycle）。而数据仓库系统的原始需求不明确，且不断变化与增加，开发者最初不能确切了解到用户的明确而详细的需求，用户所能提供的无非是需求的大方向及部分需求，不能准确地预见到以后的需求。因此，采用原型法来进行数据仓库的开发是比较合适的，因为原型法的思想是从系统的基本框架着手，不断丰富与完善整个系统。但是，数据仓库的设计开发又不同于一般意义上的原型法，数据仓库的设计是数据驱动的。这是因为数据仓库是在现存数据库系统基础上进行开发，它着眼于有效地抽取、综合、集成和挖掘已有数据库的数据资源，服务于企业高层领导管理决策分析的需要。总的来说，数据仓库系统开发是一个经过不断循环、反馈而使系统不断增长与完善的过程，这也是原型法区别于系统生命周期法的主要特点。因此，在数据仓库开发的整个过程中，自始至终要求决策人员和开发者的共同参与和密切协作，要求保持灵活的头脑，不做或尽量少做无效工作或重复工作。

数据仓库设计涉及的知识面相对较广。首先要知道数据驱动方法和需求驱动方法的区别，其次需要明确采用自底向上法还是自顶向下法或者两者相结合来设计。自底向上法以实验和原型开始进行设计，具有开发代价低和积累技术的优点；自顶向下法从总体规划和设计开始，适合技术成熟及业务问题清楚的场合；两者结合方法具有快速实现和应用，又有计划性和战略性等特点。操作型环境采用的数据模型是企业数据模型，而数据仓库设计采用的数据模型是企业数据模型的一种变形。数据仓库设计需要解决数据粒度以及数据分割的问题。考虑到数据访问速率问题，需要对物理设计进行优化。

数据仓库设计主要涉及两个问题，即数据仓库和操作型业务系统之间接口的设计，以及数据仓库自身的设计。由于数据仓库开发的最初需求并不特别明确，因此数据仓库的构建过程是按照启发方式进行的。首先装载一部分数据供决策支持分析员查看和使用，然后再根据最终用户对结果的反映，对系统做进一步修改。这种循环反馈的方法贯穿于数据仓库的整个开发过程。

① 系统分析。对现有系统进行分析，了解存在问题，收集潜在的需求领域，如业务目标、数据仓库/数据集市的范围、目标、顾客，以及系统开发的出资者、数据来源、计划（预算、进度、资源）、目前需要的投资信息，如人员、技术和培训等。

② 数据仓库建模。数据仓库设计初期应明确数据仓库的主题，主题是一个在较高层次将数据归类的标准，每一个主题对应一个宏观的分析领域，根据具体决策需求可细化为多个主题表。主题的确定就是确定决策涉及的范围及所要解决的问题，必须建立在现有联机事务处理（OLTP）系统基础上，根据主题的需要完整地收集数据，数据仓库才能满足决策和分析的需要。

③ 数据获取和集成。对收集的数据进行探测和测试。

④ 构建数据仓库。根据收集的数据构建一个数据仓库，数据仓库的管理通过建立以下各项内容来实现：编写和选择创建、修改数据仓库/数据集市数据库的代码；设置和编写抽取数据的程序；设置和编写数据转换程序（包括集成、概括、聚集等程序）；设置和编写数据更新程序；设置和编写运行的接口程序；编写搜索大型数据库的程序；设置和编写执行关系数据库更新活动的程序；建立这一阶段的所有管理数据的元数据。此阶段所有程序统一标准命名和建档。数据仓库的组织包括：规划数据仓库的初始装载；在数据仓库中建立所需的索引；除了数据表外，建立数据视图（Data View）；进行数据仓库及工作平台的安全检查；装入数据和应用功能；建立这一阶段的所有管理数据用的元数据。

⑤ DSS 应用编码。根据前面收集的数据编写决策支持系统程序，从而查看访问和分析数据还需要什么。

⑥ 系统测试。程序结果收集后，对这些数据进行测试，检验结果是否满足决策支持系统，如测试不满足，则返回 DSS 应用编码。

11.7.3 数据仓库的元数据设计

元数据是关于数据的数据，它描述数据的结构、内容、关键字及索引项等。传统数据库中的数据字典就是一种元数据。数据仓库中的元数据同数据字典相比，内容要更加复杂、丰富。设计一个内容完整、描述能力强的元数据，是有效管理数据仓库的具有决定意义的重要前提。元数据设计是数据仓库设计的重要内容，是数据仓库设计的重要组成部分，数据仓库中元数据的重要性表现在：

① 数据仓库用户一般是 DSS 分析员和高层决策人员，在进行决策分析时需要访问元数据。

② 数据仓库的数据源来自不同的应用系统，从操作环境到分析型环境的转换是复杂的、多方面的。元数据包含这种数据转换的描述信息。元数据需要具有将这种转换清楚表示出来的信息，把从哪些数据单元采用怎样的转换逻辑上转变成数据仓库中的那些目的数据的内容描述出来。这样，当需要了解数据仓库中的数据的来源时，分析员可以找到原始数据。

③ 元数据除了具有管理和描述数据之间的转换关系外，还需要管理和描述数据仓库数据的能力。

数据仓库的元数据除了同数据库数据字典内容相同以外，还应该包含数据仓库自身的特定信息。数据仓库元数据包含的内容一般如下：

① 主题描述。主题名、主题公共键码、相关信息描述。

② 外部数据和非结构化数据描述。外部数据元名称、存储地点、存储内容。

③ 记录系统定义。主题名、数据源系统、源数据表名称、源属性名。

④ 逻辑模型定义。关系名、属性 1、属性 2、……

⑤ 数据转换规则。

⑥ 数据抽取历史。

⑦ 粒度定义。

⑧ 数据分割信息。

⑨ 广义索引定义。广义索引名称、属性 1、属性 2、……

⑩ 有关存储路径和结构的描述。

11.7.4 数据仓库性能

设计数据仓库时必须重视性能问题。数据仓库的数据访问量大，分析处理时涉及的数据范围广泛，还涉及大规模的数据查询，因此，如果性能太低，用户就不会去使用或者不使用。计算机的 I/O 性能通常是系统性能的瓶颈，因此，要提高系统性能，关键是要提高 I/O 的性能。尽量减少每次查询 I/O 的次数，并且使每次查询返回尽量多的记录。另外，根据数据仓库数据访问方式的特点，数据仓库的物理设计可以采用更多的方法进行优化。

（1）粒度确定

数据仓库开发中最重要的设计问题之一是决定数据仓库的粒度。如果粒度设计恰当，则数据仓库其他方面的设计和实现就会比较容易，否则就会很困难。粒度级别的选择主要对管理多大数据量和使用数据单元详细程度的一种处理，数据越详细，粒度越小，级别就越低；数据综合度越高，粒度越大，级别就越高。传统事务系统中由于都是针对目前的详细数据进行处理，因此，设计时没有粒度设计问题。然而，数据仓库是针对分析处理设计的，粒度的划分将直接影响数据仓库中的数据存储量和用户能够查询的类型。粒度划分一般分为详细数据、轻度汇总数据、高度汇总 3 级。不同粒度的数据适合不同的查询需求。因此，粒度划分是数据仓库设计的重要内容，同时也涉及数据仓库最终的性能是否满足需求。

确定粒度级别是粗略估计数据仓库中将来需要存储的数据行数和需要的直接存取存储设备

(Direct Access Storage Device，DASD）的数目。当然，这种估算只是数量级的估计。需要注意的是，数据仓库的总的记录数与数据仓库的粒度设计有关，而与数据仓库的存储的字节数目没有多大关系。

（2）数据分割

数据分割是提高数据仓库性能的一项重要技术。数据分割是把逻辑上是统一整体的数据分割成较小的、可以独立管理的物理单元进行存储，以便于数据重构、恢复和重组，从而提高索引的创建和扫描数据的效率。数据分割的形式包括：按时间进行分割、按地理位置进行分割、按业务类型，以及混合形式的分割。例如，学生成绩表的成绩字段可以按学期进行分割，将相同学期的成绩存放在一起，因此，在执行操作的时候，可以提高数据访问效率。

通常采用按时间进行数据分割的原因有：一是由于数据仓库的数据的获取一般都是按照时间顺序进行的，同一时间段的数据一般是连续获得，因此，按照时间进行分割比较简单。其次是因为数据仓库的数据综合通常是在时间维进行，按照时间分割可以方便数据统计。数据分割不仅能使系统性能得到提高，而且给系统设计带来更大的灵活性。如果数据按照时间进行分割，各个分片的数据可以相对独立而不影响其他分片数据的操作。因此，如果系统以后需要对某个主题进行改动，可以只针对相应的分片进行。设计数据分割最重要的是选择适当的分割标准。选择分割标准的时候，一般需要考虑以下几个方面的因素：

- 数据量；
- 实施难度；
- 数据分割和分析主题相结合；
- 结合粒度划分。

11.8 本章小结

商业智能的关键是从许多来自不同的企业运作系统的数据中，提取出有用的数据，进行清理以保证数据的正确性，然后经过抽取（Extraction）、转换（Transformation）和装载（Load），即 ETL 过程，合并到一个企业级的数据仓库里，从而得到企业数据的一个全局视图，在此基础上利用合适的查询和分析工具、数据挖掘工具、OLAP 工具等对其进行分析和处理（这时信息变为辅助决策的知识），最后将知识呈现给管理者，为管理者的决策过程提供支持。

数据仓库是一个面向主题的、集成的、反映历史变化的、相对稳定的数据集合，用于支持管理决策。

数据仓库和数据仓库技术是基于多维数据模型的。这个模型把数据看作是数据立方体形式。多维数据模型围绕中心主题组织。该主题用事实表示，事实是数值度量的。

OLAP 操作包括上卷（Rollup)、下钻（Drill-Down)、切片（Slice)、切块（Dice)、旋转（Pivot）等各种分析动作，以求剖析数据，使最终用户能从多个角度、多侧面地观察数据库中的数据，从而深入地了解包含在数据中的信息、内涵。

11.9 习题

1. 简述商业智能的体系结构。
2. 数据仓库的基本特征是什么？
3. 比较 OLAP 与 OLTP 异同点。

第 12 章　数据挖掘技术

企业在数据库或数据仓库中积累了大量的数据，但如何使这些数据转变为有价值的资产呢？数据挖掘正是在大量的、不完整的、有噪声的数据中发现潜在的、有价值的模式和数据间关系（或知识）的过程。本章将介绍如何从数据库或数据仓库中发现隐含知识的新技术——数据挖掘技术。

学习目标：

- 了解数据挖掘技术产生的背景及技术特点
- 理解数据挖掘的相关概念和过程
- 理解数据挖掘的任务以及主要技术方法
- 了解基本的数据挖掘工具及其评价标准
- 了解数据挖掘的主要应用领域

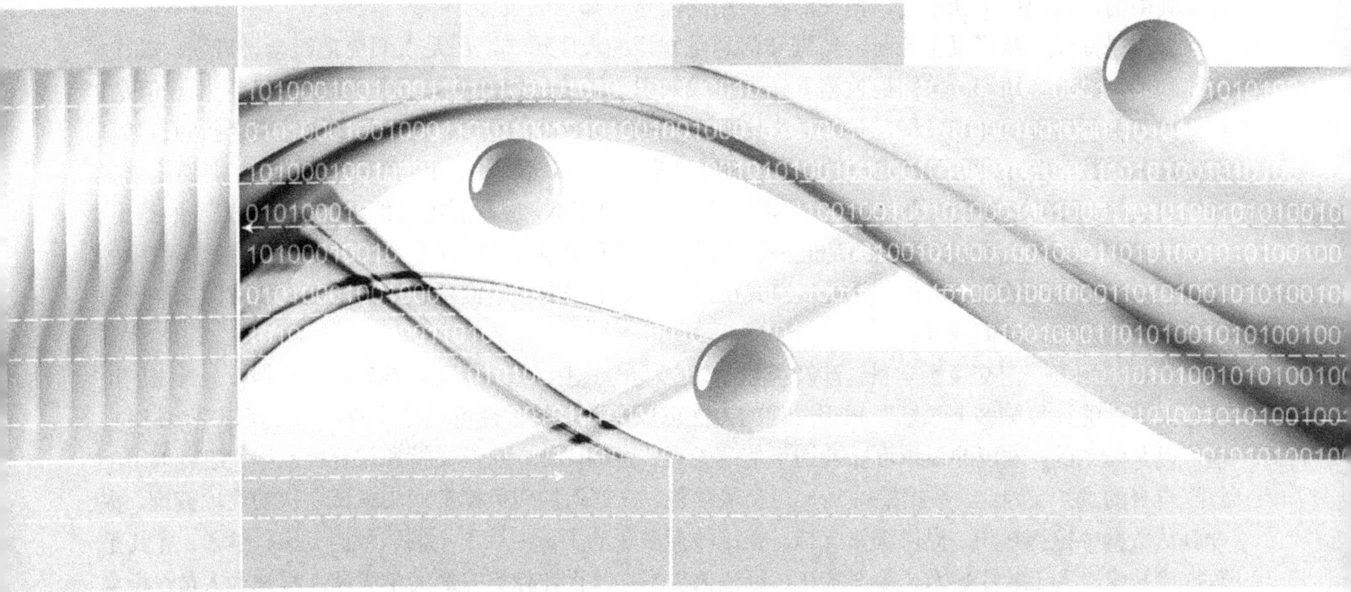

12.1 数据挖掘概述

数据库技术是计算机应用技术中应用最广泛的技术之一，在企业、科研机构和政府部门的运作和管理中发挥着巨大作用。自动数据收集工具和数据库技术的日趋成熟导致了数据库、数据仓库和其他信息存储库中的数据量急剧增加。据有关资料统计，其数据量以每月 15%、每年 5.3 倍的幅度增加。而在这些海量的数据中，往往蕴含有丰富的、对人类活动有指导意义的知识。然而现有的数据库系统只能进行数据录入、查询、统计等事务性的处理过程，却不能发现这些数据内部隐含的规则和规律。这些规则和规律对企业的生产具有重要的指导作用。人类急需一种能从海量数据中发现潜在知识的工具，以解决“数据爆炸与知识贫乏”的矛盾。

12.1.1 数据挖掘的起源和发展

1989年8月，在美国底特律召开的第11届国际人工智能会议上，首先提出数据库中知识发现（Knowledge Discovery in Database，KDD），其目的是在数据库中发现不被人们所知道的潜在知识和有用的信息。随后引起了国际人工智能和数据库等领域专家的广泛关注。1995 年，在加拿大蒙特利尔召开了首届 KDD&DataMining 国际学术会议，数据挖掘（DM，Data Mining）这一术语被学术界正式提出，数据挖掘技术为海量数据的知识发现带来了新的希望，从此以后，KDD&DataMining 国际学术会议每年召开一次。

随着科学技术的不断发展，数据挖掘这一新兴的技术已经逐步的渗透到社会的各个方面。超大规模数据库，尤其是数据仓库的出现，使得数据挖掘技术有了赖以生存的基础。而随着进入 21 世纪以后，全球经济一体化进程日益加快，企业经营管理人员，特别是决策人员希望能够采用某种工具能够快速地从大量数据中挖掘出对经营者管理有用的信息，以应对瞬息万变的市场变化。这从客观上加速了数据挖掘技术及相应挖掘工具的发展。

12.1.2 数据挖掘的定义和任务

从技术角度看，数据挖掘是从大量的、不完全的、有噪声的、模糊的、随机的实际数据中提取隐含在其中的，人们所不知道的，但又潜在有用的信息和知识的过程。

什么是知识？从广义上理解，数据和信息是知识的表现形式，但是人们更把概念、规则、模式、规律和约束等看作知识。人们把数据看作是形成知识的源泉，好像从矿石中采矿或淘金一样。但是，数据挖掘中所研究的知识发现，不是要求发现放之四海而皆准的真理，也不是要去发现崭新的自然科学定理和纯数学公式，更不是定理的机器证明。实际上，所有发现的知识都是相对的，是有特定前提和约束条件，面向特定领域的，同时还要能够易于被用户理解，最好能用自然语言表达所发现的结果。

从商业应用角度看，数据挖掘是一种崭新的商业信息处理技术，其主要特点是对商业数据库中的大量业务数据进行抽取、转化、分析和模式化处理，从中提取辅助商业决策的关键知识，即从一个数据库中自动发现相关商业模式。

数据挖掘是一门交叉性学科，涉及机器学习、模式识别、归纳推理、统计学、数据库、数据的可视化、高性能计算等多个领域。知识发现的方法可以是数学的，也可以是非数学的；可以是演绎的，也可以是归纳的。发现的知识可以被用于信息管理、查询优化、决策支持和过程控制等，还可以用于数据自身的维护。因此，数据挖掘是一门交叉学科，它把人们对数据的应用从低层次的简单查询，提升到从数据中挖掘知识，提供决策支持。在这种需求驱动下，汇聚了不同领域的专家、学者，尤其是数据库技术、人工智能技术、数理统计、可视化技术、并行计算等方面的学者和工程技术人员，投身到数据挖掘这一新兴的研究领域，逐步形成了新的技术热点。经过十多年的努力，数据挖掘技术的研究已经取得了丰硕的成果。不少软件公司已研制出数据挖掘软件产品，在北美、欧洲等国家率先得到应用。例如，IBM 公司开发的 QUEST 和 Intelligent Miner；SPSS 公司开发出来的 Clementin；SAS 公司开发出来的 Enterprise Miner；加拿大 SimonFraser 大学开发的 DBMinner；SGI 公司开发的 MineSet 等。在我国，数据挖掘技术的研究也引起了学术界的高度重视，逐步成为科学界的热点研究课题。

12.1.3　一个典型的数据挖掘过程

众多 KDD 的研究学者把整个数据挖掘的过程描述为图 12.1 的形式。可见，KDD 是多个步骤相互连接，反复进行的人机交互过程。这个过程可分为以下 4 个阶段：数据清理与集成、数据选择与转换、数据挖掘和模式评估表示。

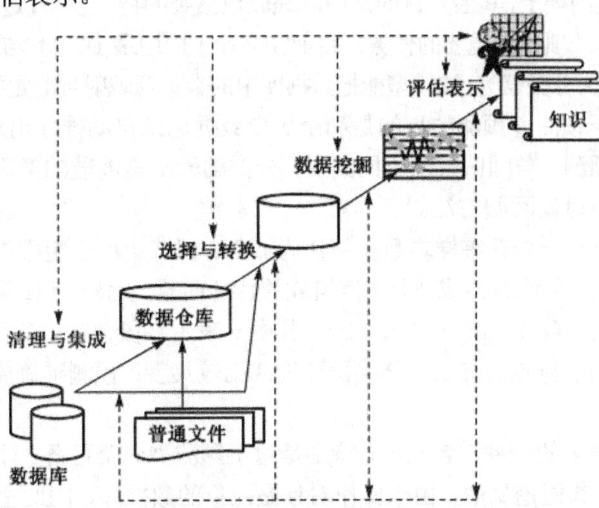

图 12.1　数据挖掘的主要过程

（1）数据清理与集成

数据清理是指消除噪音或不一致数据。数据集成是指将多种数据源组合在一起，将多文件或多数据库运行环境中的数据进行合并处理，解决语义模糊性，处理数据中的遗漏和清洗脏数据等。

（2）数据选择与转换

数据选择目的是辨别出需要分析的数据集合，缩小处理范围，从数据库中提取与分析任务相关的数据，提高数据挖掘质量。数据转换是将数据变换或统一成适合挖掘的形式，如通过汇总或聚集操作。

（3）数据挖掘

数据挖掘是基本部分，由一组功能模块组成，用于特征概括、关联分析、分类、聚类、演变和偏差分析。

（4）模式评估与表示

模式评估与表示就是根据最终用户的决策目的对提取的信息进行分析，把最有价值的信息区分开来，并通过决策支持工具提交给决策者。因此，这一步骤的任务不仅是把结果表达出来（如利用可视化方法），还要对信息进行过滤处理，如果不能令决策者满意，需重复以上数据挖掘的过程。

12.2　数据挖掘的传统技术

12.2.1　数据挖掘的数据对象

从原则上讲，数据挖掘可以在任何类型的信息载体上进行，这些信息可以是结构化的数据源，包括关系数据库、事务数据库、数据仓库和面向特殊应用的数据库系统，如面向对象数据库、对象关系数据库、空间数据库、时间数据库和时间序列数据库，也可以是半结构化的，如文本数据库、多媒体数据库和 WEB 数据源。这些复杂多样的数据类型，给数据挖掘技术带来了巨大的挑战。

12.2.2 数据挖掘发现的知识模式

数据挖掘的主要任务是发现海量数据中隐藏的知识模式。数据挖掘发现的知识模式有多种不同类型，最常见的几种模式有：分类模式、时间序列模式、聚类模式、关联模式和序列模式等。

1．分类模式

分类模式是反映同类事物间的共性，以及异类事物间的差异的特征知识。构造某种分类器，将数据集上的数据映射到特定的类上，其主要目的是用以提取数据类的特征模型，进而预测事物发展的趋势。

分类在数据挖掘中是一项非常重要的任务，目前在商业上应用最多。分类的目的是构造一个分类函数或分类模型（也常常称为分类器），该模型能把数据库中的数据项映射到给定类别中的某一个类标签。

分类和回归都可用于预测。预测的目的是利用历史数据记录自动推导出对给定数据的推广描述，从而能对未来数据进行预测。与回归方法不同的是，分类的输出是离散的类别值，而回归的输出则是连续数值。这里我们将不讨论回归方法。

要构造分类器，需要有一个训练样本数据集作为输入。训练集由一组数据库记录或元组构成，每个元组是一个由有关字段（又称属性或特征）值组成的特征向量。此外，训练样本还有一个类别标记。一个具体样本的形式可为：(v_1，v_2，…，v_n；c)；其中 v_i 表示字段值，c 表示类别。

不同的分类器有不同的特点。有三种分类器评价或比较尺度：预测准确度、计算复杂度、模型描述的简洁度。

预测准确度是用得最多的一种比较尺度，特别是对于预测型分类任务。计算复杂度依赖于具体的实现细节和硬件环境。在数据挖掘中，由于操作对象是巨量的数据库，因此空间和时间的复杂度问题将是非常重要的一个评价指标。对于描述型的分类任务，模型描述越简洁越受欢迎。

分类的效果一般和数据的特点有关，有的数据噪声大，有的存在数据缺失，有的分布稀疏，有的字段或属性间相关性强，有的属性是离散的，也有的是连续值或混合式的。目前普遍认为不存在某种方法能适合于各种特点的数据。

2．时间序列模式

时序数据库是指由随时间变化的序列值或事件组成的数据库。序列值通常是在时间间隔测得的数据。时序数据库的应用很普遍，如股票市场的交易序列，动态产品的加工过程等。时序数据库也是一种序列数据库。序列数据库是指由有序事件序列组成的数据库，它可以有时间标记，也可以没有。例如，页面遍历是一种序列数据，但可以不是时序数据。有许多来自于统计学的方法经过改造可以用于时序数据挖掘中，如基于阶移动平均值、阶加权移动平均值、最小二乘法、徒手法等回归预测技术。

3．聚类模式

聚类是把一组个体按照相似性归成若干类别，即“物以类聚”。它的目的是使属于同一类别的个体之间的距离尽可能的小，而不同类别的个体间的距离尽可能的大。聚类方法包括统计方法、机器学习方法、神经网络方法和面向数据库的方法。在统计方法中，聚类称为聚类分析，它是多元数据分析的三大方法之一（其他两种是回归分析和判别分析）。它主要研究基于几何距离的聚类，如欧式距离、明考斯基距离等。传统的统计聚类分析方法包括系统聚类法、分解法、加入法、动态聚类法、有序样品聚类、有重叠聚类和模糊聚类等。这种聚类方法是一种基于全局比较的聚类，只有考察了所有的个体才能决定类的划分。因此它要求所有的数据必须预先给定，而不能动态增加新的数据对象。聚类分析方法不具有线性的计算复杂度，难以适用于数据库非常大的情况。

分类、聚类、特征规则等多种数据挖掘任务，同时它又以 MP 模型和 HEBB 学习规则为基础，来建立前馈式网络、反馈式网络、自组织网络 3 类神经网络模型。

（4）遗传算法

遗传算法是一种模拟生物进化过程的算法，20 世纪 70 年代由 Holland 提出。它是基于群体的、具有随机和定向搜索特征的迭代过程。这些过程有基因组合、交叉、变异和自然选择 4 种典型算子。遗传算法作用于一个由问题的多个潜在解（个体）组成的群体上，并且群体中的每个个体都由一个编码表示，同时每个个体均需依据问题的目标函数而被赋予一个适应值。此外，为了应用遗传算法，还需要把数据挖掘任务表达为一种搜索的问题，以便发挥遗传算法的优势搜索能力。

（5）模糊技术

模糊技术是利用模糊集合理论对实际问题进行模糊评判、模糊决策、模糊模式识别和模糊聚类分析，这种模糊性是客观存在的，且系统的复杂性越高，模糊性越强，一般模糊集合理论是用隶属度来刻画模糊事物的不确定性。因而它为数据挖掘提供了一种概念和知识表达、定性和定量转换、概念的综合和分解的新方法。

（6）粗集方法

粗集方法是 1982 年由波兰逻辑学家 Pawlak 提出的一种全新的数据分析方法，近年来在机器学习和 KDD 等领域获得了广泛的重视和应用。这种粗集方法是一种研究信息系统中不确定、不精确问题的有效手段，其基本原理是基于等价类的思想。而这种等价类中的元素在粗集中被视为不可区分的，其基本方法是首先用粗集近似的方法来将信息系统（关系）中的属性值进行离散化，然后对每一个属性划分等价类，再利用集合的等价关系来进行信息系统（关系）的约简，最后得到一个最小决策关系，从而便于获得规则。

（7）可视化技术

即采用直观的图形方式来将信息模式、数据的关联或趋势呈现给决策者。这样决策者就可以通过可视化技术来交互地分析数据关系。可视化技术主要包括数据、模型和过程等 3 个方面的可视化。其中，数据可视化主要有直方图、盒须图和散点图。模型可视化的具体方法则与数据挖掘采用的算法有关，例如，决策树算法采用树形表示。而过程可视化则采用数据流图来描述知识的发现过程。

上述数据挖掘技术虽各有各的特点和适用范围，但它们发现知识的种类不尽相同，其中规则归纳法一般适用于关联规则、特征规则、序列模式和离群数据的挖掘；决策树方法、遗传算法和粗集方法一般适用于分类模式的构造；而神经网络方法则可以用于实现分类、聚类、特征规则等多种数据挖掘；模糊技术通常被用来挖掘模糊关联、模糊分类和模糊聚类规则。

12.3 数据挖掘工具及其评价标准

随着互联网信息时代的全面到来和知识的爆炸性增长，数据挖掘技术的发展越来越快，为了适应数据挖掘的发展和应用，涌现出了大量不同的数据挖掘软件。据著名数据挖掘网站 KDnuggets 统计，目前约有 50 多种数据挖掘软件问世。如何从这众多的软件挑选出最适宜于使用者的一种，这受到多种因素的影响，比如使用者的分析能力、分析目的、数据的类型、数据挖掘软件所能提供的分析方法及其易使用性等。按照其在世界范围内的使用程度，表 12.1 列举了 7 种常用的数据挖掘工具及其所属公司，以供读者参考。

表 12.1 7 种常用的数据挖掘工具及其所属公司

数据挖掘工具	所属公司
Clementin	SPSS
Enterprise Miner	SAS
Intelligent Miner	IBM
MineSet	SGI
Darwin	Oracle
DBMiner	Simon Fraser
QUEST	IBM

12.3.1 数据挖掘工具的分类

如此繁多的数据挖掘工具，我们可以按照其所采用的数据挖掘技术和应用范围来进行分类。

1. 按数据挖掘技术分类的数据挖掘工具

按照数据挖掘技术分类，数据挖掘工具可以分成基于神经网络的工具，基于规则和决策树的工具，基于模糊逻辑的工具和综合性数据挖掘工具等。

基于神经网络的工具由于有非线性数据的快速建模能力，在实际应用中越来越流行，开发过程基本上是首先进行数据聚类，然后分类计算权值。神经网络很适合非线性数据和含噪声数据，所以在市场数据库的分析和建模方面应用比较广泛。

基于规则和决策树的工具则采用规则发现和决策树分类技术来发现数据模式和规则，其核心是某种归纳算法。这类工具通常是对数据库的数据进行开发，生成规则和决策树，然后对新数据进行分析和预测。这类工具的主要优点是规则和决策树都是可读的。

基于模糊逻辑工具的数据挖掘方法是应用模糊逻辑进行数据查询，排序等。该工具使用模糊概念和“最近”搜索技术的数据查询工具，它可以让用户指定目标，然后对数据库进行搜索，找出接近目标的所有记录，并对结果进行评估。

综合性数据挖掘工具采用多种数据挖掘方法，这类工具一般规模较大，适合对大型数据库的数据进行挖掘。综合性数据挖掘工具的数据挖掘能力很强，但价格昂贵，并且用户需要花很长的时间进行学习，才能掌握这类工具的应用

2. 按应用范围分类的数据挖掘工具

按照数据挖掘工具的应用范围可以将数据挖掘工具分为通用型和专用型两种。

（1）通用型数据挖掘工具

通用型工具占有最大和最成熟的那部分市场。通用的数据挖掘工具不区分具体数据的含义，采用通用的挖掘算法，处理常见的数据类型，其提供的算法和挖掘技术不限于某一特定领域，允许自定义数据源进行数据挖掘。工具本身只提供通用的接口供用户使用，所以适用面比较宽，但是对某一特定领域的挖掘效果却不能保证。通用性数据挖掘工具中比较典型的有 IBM 开发的 Intelligent Miner、SPSS 开发的 Clementine、SAS 开发的 Enterprise Miner、 SGI 的 MineSet、Oracle 的 Darwin 和 Angoss 的 KnowledgeSeker 等，通用的数据挖掘工具可以做多种模式的挖掘，挖掘什么、用什么来挖掘都由用户根据自己的应用来选择。

（2）专用型数据挖掘工具

专用型数据挖掘工具是只针对某一特定领域，这些工具是纵向的，贯穿这一领域的方方面面，如零售业的 KD1，主要应用在保险业的 Option＆Choices 和针对欺诈行为探查开发的 HNC 软件等。

12.3.2 几种常用的数据挖掘工具

在数据挖掘技术日益发展的同时，出现了许多数据挖掘工具。比较著名的有 IBM 开发的 Intelligent Miner、SAS 开发的 Enterprise Miner、SPSS 开发的 Clementine 等，它们都能够提供常规的挖掘过程和挖掘模式。

（1）Intelligent Miner

Intelligent Miner 是由美国 IBM 公司开发的数据挖掘软件。Intelligent Miner 是一种分别面向数据库和文本信息进行数据挖掘的软件系列。它包括 Intelligent Miner for Data 和 Intelligent Miner for Text。Intelligent Miner for Data，可以挖掘包含在数据库、数据仓库和数据中心中的隐含信息，帮助用户利

用传统数据库或普通文件中的结构化数据进行数据挖掘。它已经成功应用于市场分析、诈骗行为监测及客户联系管理等。Intelligent Miner for Text 允许企业从文本信息进行数据挖掘。文本数据源可以是文本文件、Web 页面、电子邮件、数据库等。

Intelligent Miner 采用了多种统计方法和挖掘算法，主要有单变量曲线、双变量统计、线性回归、因子分析、主变量分析、分类、分群、关联、相似序列、序列模式和预测等。它能处理的数据类型有：结构化数据（如数据库表、数据库视图、平面文件）和半结构化或非结构化数据（如顾客信件、在线服务、传真、电子邮件、网页等）。Intelligent Miner 通过其独有的世界领先技术，例如自动生成典型数据集、发现关联、发现序列规律、概念性分类和可视化呈现，可以自动实现数据选择、数据转换、数据挖掘和结果呈现这一整套数据挖掘操作。若有必要，对结果数据集还可以重复上述过程，直至得到满意结果为止。它采取客户–服务器（C/S）架构，并且它的 API 提供了 C++类和方法。

IBM DB2 Intelligent Miner for Data Version 6 提供了一套分析数据库的挖掘过程、统计函数和查看、解释挖掘结果的可视化工具。它可以从企业数据集中验证并析取高价值的商业知识，包括大量交易数据的销售点，如 ATM（Automatic Teller Machine）、信用卡、呼叫中心或电子商务应用。分析家和商业技术专家能够发现那些隐藏的、用其他类型的分析工具无法洞察的模式。Intelligent Miner 提供了基本的技术和工具来支持挖掘过程，同时还提供了应用服务支持定制应用的发展。

IBM DB2 Intelligent Miner for Text 允许企业从文本信息中获取有价值的客户信息。文本数据源可以是 Web 页面、在线服务、传真、电子邮件、Lotus Notes 数据库、协定和专利库。它扩展了 IBM 的数据采集功能，可以从文本文档和数据源获取信息。其功能包括识别文档语言，建立姓名、用语或其他词汇的词典，提取文本的含义，将类似的文档分组，并根据内容将文档归类。新版本中还包括一个全功能的先进文本搜索引擎和非常高效的 Web 文本搜索功能。系统支持的服务器平台包括 AIX 和 Windows NT、OS/390 和 Sun Solaris。

IBM DB2 Intelligent Miner Scoring 使实时数据挖掘分析成为可能。它可以在交易发生时，不管是在商业智能、电子商务，还是联机处理领域的应用，直接对交易进行挖掘。作为 DB2 通用数据库的一个组件，它还可以使企业依据既定的标准对自己的客户进行归类。IBM DB2 Intelligent Miner Scoring Service 直接将数据挖掘技术集成为相关的数据库管理系统，满足了应用程序开发、配置的快速增长，使应用程序速度更快。

Intelligent Miner 的不足之处是在连接 DB2 以外的数据库时（如 Oracle，SAS，SPSS）需要安装 DataJoiner 作为中间软件。

（2）Enterprise Miner

Enterprise Miner 是一种在我国的企业中得到采用的数据挖掘工具。比较典型的包括上海宝钢配矿系统应用和铁路部门在春运客运研究中的应用。SAS Enterprise Miner 是一种通用的数据挖掘工具，按照“抽样—探索—转换—建模—评估”的方法进行数据挖掘。可以与 SAS 数据仓库和 OLAP 集成，实现从提出数据、抓住数据到得到解答的“端到端”知识发现。

SAS/Enterprise Miner 是在数据挖掘市场上令人敬畏的竞争者。它支持 SAS 统计模块，使之具有杰出的力量和影响，它还通过大量数据挖掘算法增强了那些模块。SAS 使用它的 SEMMA 方法学来提供一个能支持包括关联、聚类、决策树、神经元网络和统计回归在内的广阔范围的模型数据挖掘工具。 SAS/Entelprise Miner 设计为初学者和有经验的用户使用。它的 GUI 界面是数据流驱动的，且易于理解和使用。允许分析者通过构造一个使用链接连接数据结点和处理结点的可视数据流图建造一个模型。另外，此界面允许把处理结点直接插入到数据流中。由于支持多种模型，所以 Enterprise Miner 允许用户比较（评估）不同模型并利用评估结点选择最适合的。Enterprise Miner 还提供了一个能产生被任何 SAS 应用程序所访问的评分模型的评分结点。

SAS Enterprise Miner 能运行在客户-服务器上或（计算机的外围设备）能独立运行的配置上。此外，在客户-服务器模式下，Enterprise Miner 允许把服务器配置成一个数据服务器、计算服务器或两者的综合。Enterprise Miner 被设计成能在所有 SAS 支持的平台上运行。该结构支持胖客户机配置（要求客户机上的完全 SAS 许可证）和瘦客户机（浏览器）版本。

数据访问、操纵和预处理：直接数据界面贯穿于 SAS 数据集。然而，数据也能通过标准 SAS 数据程序（例如，访问 RDBMS 和 PC 格式数据的 ACCESS 被访问。对 Oracle、Informix、Sybase 和 DB2RDBMS 的支持是通过 ACCESS 来实现）。

数据操纵能力包括通过基本 SA3 引擎可用的所有特征。此外，各种各样的数据取样和数据划分技术也通过合适的 Enterprise Miner 结点被支持。

数据挖掘技术、算法和应用程序：SAS Enterprise Miner 支持关联、聚类、决策树、神经元网络和经典的统计回归技术。

- 关联：此算法允许关联规则勘测（例如市场划分分析）和顺序模式勘测。
- 聚类：无监督学习技术用作初始知识勘测和数据可视化。
- 决策树：支持几种决策树技术：CHAID and Entropy Reductlon（二进制和绝对变量）和 F—TESTandVarianceReductlon（为间隔目标变量）。
- 神经元网络：支持几种神经元网络，包括多层感知器（MLP）和基于半径的函数（RBF）。Enterprise Miner 还提供了各种各样的转变和报错函数以及训练方法。设计这些能力是为了提供比标准向后传播网络更好的预测和运行性能。
- 回归：Enterprise Miner 支持多种在标准 SAS 上已被实现的回归技术。

Enterprise Miner 支持市场划分分析、分类、预测模型、顾客分析、计量经济时序的统计分析范围、运作研究和其他许多方面。

使用工具：Enterprise Miner 为构造预测模型提供了大量选项。指定过程是在可视化编程环境中通过拖曳和点击动作完成的。大量的默认集使它能对初学者合适。

Enterprise Miner 为神经元网络的解释提供了日志文件和 SAS 源代码。

Enterprise Miner 支持两种评估模型的方法：通过模型管理器或通过评估结点。模型管理器是从特定的模型分析输出结果的好工具；评估结点在评估模型的概况和健壮性方面很有用。两者都支持提升表、利润表、ROI 和别的指示器。

由于评分结点能把模型存储在 SAS 结构中，并在以后代入数据，所以模型能通过使用评分结点被直接配置。

有经验的用户能把任意复杂的代码并入数据流的 SAS 代码结点。关于元数据，Enterprise Miner 使用了与 SAS 系统其他部分一样的元数据。

由于它在统计分析软件上的丰富经验，所以 SAS 开发出了一个全功能、易于使用、可靠和易于管理的系统。模型选项和算法所覆盖的广阔范围、设计良好的用户界面、现存数据商店的能力和在统计分析市场所占的巨大份额（允许一个公司获得一个增加的 SAS 部件而不是一个新的工具）都可能使 SAS 在数据挖掘市场上取得领先位置。由于它最近刚投放市场，所以在写此书时只能获得少数公布的用户基本测试。这些结果表明 Enterprise Miner 在可伸缩性、预测准确性和处理时间上都表现得很好。总的来说，此工具适合于企业在数据挖掘方面的应用，以及 CBM 的全部决策支持应用。

（3）Clementine

Clementine 是 SPSS 开发的一个开放式数据挖掘工具，曾两次获得英国政府 SMART 创新奖。它不但支持整个数据挖掘流程，从数据获取、转化、建模、评估到最终部署的全部过程，还支持数据挖掘的行业标准—CmsP—DM。Ckmene 的可视化数据挖掘使得“思路”分析成为可能。即将集中精力在要解决的问题本身，而不是局限于完成一些技术性工作（比如编写代码）。提供了多种图形化技术，有助理解数据间的关键性联系，指导用户以最便捷的途径找到问题的最终解决办法。

作为一个数据挖掘平台，Clementine 结合商业技术可以快速建立预测性模型，进而应用到商业活动中，帮助人们改进决策过程。强大的数据挖掘功能和显著的投资回报率使得 Clementine 在业界久负盛誉。同那些仅仅着重于模型的外在表现而忽略了数据挖掘在整个业务流程中的应用价值的其他数据挖掘工具相比，Clementine 其功能强大的数据挖掘算法，使数据挖掘贯穿业务流程的始终，在缩短投资回报周期的同时极大地提高了投资回报率。

① 广泛分析带来最优结果。

为了解决各种商务问题，企业需要以不同的方式来处理各种类型迥异的数据，相异的任务类型和数据类型就要求有不同的分析技术。Clementine 提供了出色和广泛的数据挖掘技术，确保你可用最恰当的分析技术来处理相应的问题，从而得到最优的结果以应对随时出现的商业问题。即便改进业务的机会被庞杂的数据表格所掩盖，Clementine 也能最大限度地执行标准的数据挖掘流程，帮助找到解决商业问题的最佳答案。

② CRISP-DM 使数据挖掘成为标准的商业流程。

为了推广数据挖掘技术，以解决越来越多的商业问题，SPSS 和一个从事数据挖掘研究的全球性企业联盟制定了关于数据挖掘技术的行业标准——CRISP-DM（Cross-Industry Standard Process for Data Mining）。与以往仅仅局限在技术层面上的数据挖掘方法论不同，CRISP-DM 把数据挖掘看作一个商业过程，并将其具体的商业目标映射为数据挖掘目标。最近一次调查显示，50%以上的数据挖掘工具采用的都是 CRISP-DM 的数据挖掘流程，它已经成为事实上的行业标准。

Clementine 完全支持 CRISP-DM 标准，这不但规避了许多常规错误，而且其显著的智能预测模型有助于快速解决出现的问题。

③ 应用模板帮助获得更优结果。

在数据挖掘项目中使用 Clementine 应用模板（CAT）可以获得更优化的结果。应用模板完全遵循 CRISP-DM 标准，借鉴了大量真实的数据挖掘实践经验，是经过理论和实践证明的有效技术，为项目的正确实施提供了强有力的支撑。Clementine 中的应用模板包括：

CRM CAT——针对客户的获取和增长，提高反馈率并减少客户流失；

Web CAT——点击顺序分析和访问行为分析；

cTelco CAT——客户保持和增加交叉销售；

Crime CAT——犯罪分析及其特征描述，确定事故高发区，联合研究相关犯罪行为；

Fraud CAT——发现金融交易和索赔中的欺诈和异常行为；

Microarray CAT——研究和疾病相关的基因序列并找到治愈手段。

（4）MineSet

MineSet 是由 SGI 公司和美国 Standford 大学联合开发的多任务数据挖掘系统。MineSet 集成多种数据挖掘算法和可视化工具，帮助用户直观地、实时地发掘、理解大量数据背后的知识。MineSet 2.6 有如下特点：

① MineSet 以先进的可视化显示方法闻名于世。MineSet 2.6 中使用了 6 种可视化工具来表现数据和知识。对同一个挖掘结果可以用不同的可视化工具以各种形式表示，用户也可以按照个人的喜好调整最终效果，以便更好地理解。MineSet 2.6 中的可视化工具有 Splat Visualize、Scatter Visualize、Map Visualize、Tree Visualize、Record Viewer、Statistics Visualize、Cluster Visualizer，其中 Record Viewer 是二维表，Statistics Visualize 是二维统计图，其余都是三维图形，用户可以任意放大、旋转、移动图形，从不同的角度观看。

② 提供多种数据挖掘模式。包括分类器、回归模式、关联规则、聚类归、判断列重要度。

③ 支持多种关系数据库。可以直接从 Oracle、Informix、Sybase 的表读取数据，也可以通过 SQL 命令执行查询。

④ 多种数据转换功能。在进行挖掘前，MineSet 可以去除不必要的数据项，统计、集合、分组数据，转换数据类型，构造表达式由已有数据项生成新的数据项，对数据采样等。

⑤ 操作简单。

⑥ 支持国际字符。

⑦ 可以直接发布到 Web。

（5）DBMiner

DBMiner 是加拿大 Simon Fraser 大学开发的一个多任务数据挖掘系统，它的前身是 DBLearn。该系统设计的目的是把关系数据库和数据开采集成在一起，以面向属性的多级概念为基础发现各种知识。DBMiner 系统具有如下特色：

① 能完成多种知识的发现：泛化规则、特性规则、关联规则、分类规则、演化知识、偏离知识等。

② 综合了多种数据开采技术：面向属性的归纳、统计分析、逐级深化发现多级规则、元规则引导发现等方法。

③ 提出了一种交互式的类似 SQL 语言——数据开采查询语言 DMQL。

④ 能与关系数据库平滑集成。

⑤ 实现了基于客户-服务器体系结构的 Unix 和 PC（Windows/NT）版本的系统。

（6）Oracle Darwin

Darwin 常被认为是最早资料探勘工具之一，可见它的知名度。最近，Oracle 从 Thinking Machines 公司购买了 Darwin 来加强它的产品系列。资料探勘可以扮演一个重要的角色，以下将讨论由 Thinking Machines 公司发展和行销的 Darwin 之特色（Oracle 也许决定改变任何组件及工具架构）。Darwin 资料探勘工具组是一个复杂的产品，包含了 3 个资料探勘工具：neural network、decision tree 和 K-nearest neighbor。Darwin neural network tool（Darwin-Net）提供广泛的 model 建立工具组，它可以处理明确、连续预测因素和目标变量且可以用于分类及预测问题。决策树工具（DarwinTree）使用 CART 算法，且可以用于以明确和连续变量来分类问题解决。K-nearest neighbor 工具（DarwinMatch）可用于以明确相依变量和明确且连续预测变量来分类问题解决。虽然每个组件工具有一些缺点，Darwin 包含了模式评价的完全功能组，它可对所有模式形态产生 summary statistics、confusion matrices、lift tablesDarwin 提供初学者及专家相当好的使用者接口。虽然接口显得较适合专业使用者，从一个大量并行计算机的第一制造者可知，Darwin 在处理效能及范围有强大的优势，它的算法对并行计算是最适合的，且有足够的弹性执行平行及循序架构。Oracle 当然不会忽视这种能力，且它定位在帮助 Oracle 成为可以包含到一个大型的全球企业的数据库及应用产品的首要厂商。主要使用的算法为 neural network、decision tree 和 K-nearest neighborneural 。network-training algorithms 包含 back propagation、steepest descent、modified Newton 等方法。decision tree 使用 CART algorithms 可选择所需的子树数目自动的修改决策树。K-nearest neighbor algorithm 是 memory-based reasoning（MBR）技术，它可依训练组中 K 最接近的匹配记录来预测相依变量值的结论。Darwin 的优点是支持多重算法（计划再加入基因算法及人工智能逻辑），它可在多种主从式架构上执行，服务器端可以是单处理器、同步多处理器或大量平行处理器。在多处理器服务器上，Darwin 可以取得硬件及大范围能力的优势，Darwin 证明了强大的效能及大范围的能力。整体而言，Darwin 定位在中、大范围的执行。

12.3.3 数据挖掘工具的评价标准

1. 包含的数据挖掘方法的种类

作为市场上主力的通用性数据挖掘工具，是否包含更多的数据挖掘方法成为衡量一个挖掘工具的重要标准。虽然说并不是每一次的挖掘过程都需要用到所有的数据挖掘的方法，但是包含的数据挖掘方法越多，也就意味着其在市场上能够应对更多的未知的数据环境，其生存的能力也就更加的强劲。

2. 可视化程度的高低

数据挖掘经常是从数据库中提取其中隐藏的信息和模式，这一过程通常较为复杂。人类的眼睛和大脑具有强大的结构探测能力。可视化方法就是以各种可以发挥出人类在模式处理方面的特殊能力的方式来显示数据。这种方法与正规的建模方法和用来验证观察数据是否出自某种假设结构的方法是截然不同的。可视化方法在数据挖掘中具有非常重要的地位，它是筛选数据、寻找未知数据关系的理想方法。但是对于非常庞大的数据集合时，也具有局限性。为了方便数据挖掘人员更好地了解数据的分布和建模的结果，需要数据挖掘工具提供较强的可视化功能。

3. 数据的存取和选择能力

好的数据挖掘工具可以使用SQL语句直接从DBMS中读取数据。这样可以简化数据准备工作，并且可以充分利用数据库的优点，而数据的选择则是因为在海量的数据中有很多的数据是冗余的，有的甚至是完全无关的，而这些数据项的存在会影响到有价值的模式的发现。数据挖掘系统的一个很重要功能就是能够处理数据复杂性，提供工具，选择正确的数据项和转换数据值。

4. 操作性能

由于数据挖掘工具的绝大部分使用者都是普通的商业用户，所以数据挖掘工具可操作性也就成了其是否能够被广大用户所接受的一个重要的衡量标准。一个图形界面友好的工具可以方便用户，引导用户执行任务，为用户节省时间，自然也就会得到广大用户的青睐。

5. 开放性

开放性是指数据挖掘工具与数据库的结合能力。好的数据挖掘工具应该可以连接尽可能多的数据库管理系统和其他的数据资源，应尽可能的与其他工具进行集成；尽管数据挖掘并不要求一定要在数据库或数据仓库之上进行，但数据挖掘的数据采集、数据清洗、数据变换等将耗费巨大的时间和资源。因此数据挖掘工具必须要与数据库紧密结合，减少数据转换的时间，充分利用整个的数据和数据仓库的处理能力，在数据仓库内直接进行数据挖掘，而且开发模型，测试模型，部署模型都要充分利用数据仓库的处理能力。另外，多个数据挖掘项目可以同时进行。

12.3.4 数据挖掘工具的选择原则

通过上述对当前主流数据挖掘工具的比较我们可以看出，尽管IBM支持的Intelligent miner功能强大，SPSS的Clementine在全球有着最大市场份额，也不能适用于所有的应用场合。所以，企业在选择数据挖掘工具的时候一定要切身的结合自己的实际情况，首先确定是否有专用的挖掘工具，如果有专用的挖掘工具并且能够胜任用户的数据挖掘的应用时，应该首先考虑采用专用挖掘工具。如果采用通用数据挖掘工具，则要认真的将产品特征与自己的实际情况相结合，选择最适合自己的数据挖掘产品，真正的将数据挖掘融入到企业的决策经营中。

12.4　数据挖掘技术的新发展

随着技术的不断发展和人类认识的不断深入，带来了一些新的问题，由此使得数据挖掘取得了一些新的发展，比较引人注目的有文本数据挖掘、Web 数据挖掘、可视化数据挖掘、空间数据挖掘和分布式数据挖掘，等等。

12.4.1　文本数据挖掘

在现实世界中，知识不仅以传统数据库中的结构化数据的形式出现，它也以各种各样形式存储和表现，诸如书籍、研究论文、新闻文章、Web 页面、电子邮件等。在这些非结构化数据源中存在着大量的知识。因此，从这些数据源中进行数据挖掘，以致提取知识成为数据挖掘中的一个研究热点。从原则上讲，可以在任何类型的信息存储上进行数据挖掘从而提取知识。文本挖掘技术就是其中的一个解决方案。

1．文本分析

文本分析是实现文本挖掘的关键技术。几十年来，科学家一直在努力使计算机能理解自然语言，文本分析就是努力的一个方向。文本分析是文本信息的自动分析，让计算机从自然语言文档中获得语义。文本分析主要被用于为一个大型文本集合提供内容概况，指出对象间的隐藏结构，提高发现相似或相关信息搜索过程的效率和有效性，以及文本的自动分析。

2．文本挖掘技术和应用

在当今世界上，一个人或者组织所能获得的文本信息集合十分巨大。而且，文本信息还在不断的更新和增加。这样信息检索等技术就不能适合现今文本信息处理的需要。因此，必须用文本挖掘技术来解决这一难题。文本挖掘可以对大量文档集合的内容进行文本总结，基于关键字的关联分析，文档分类分析，文档聚类分析等。

（1）文本总结

文本总结是从文档中抽取关键信息，用简洁的形式对文档内容进行摘要或者解释。这样，用户不用浏览全文就可以了解文档或者文档集合的总体内容。文本总结在有些场合十分有用，例如，搜索引擎在向用户返回查询结构时，可以给出文档的摘要，便于用户的理解。

（2）基于关键字的关联分析

基于关联字的关联分析首先收集经常一起出现的关键字或词汇，然后找出其关联或者相互关系。在这类分析中，每一个文档被视为一个事务，文档中的关键字组可视为事务中的一组事务项。这样，这种基于关键字的关联分析就变成事务数据库中事务项的关联挖掘问题。例如，一种经常连续出现的词或者词组，如[2008，中国，奥运会]。

（3）文档分类分析

文档的分类分析就是数据挖掘技术中分类挖掘的一个特例，即在已有数据基础上用一个分类函数或者分类的模型，对文档进行分类，有利于对文档进行检索和分析。常用的一种对文档分类的有效方法是基于关联的分类。

（4）文档聚类分析

类似于数据挖掘技术中的文档聚类，文档聚类是把文档集分成不同组的自动过程。文档聚类与分类的不同之处在于，聚类没有预先定义好主题类别，它的目标是将文档集合分成若干个小组，同一小组中文档之间的关联性要尽可能地大，而小组与小组之间文档的关联性则要尽可能地小。

（5）文本挖掘的应用

电子邮件管理是文本挖掘应用的成功案例。利用文本挖掘构造的电子邮件路由，可以对电子邮件进行文本挖掘以后，确定由哪一个部门，哪一个人来处理这些邮件，并且可以对电子邮件的内容进行相关统计。此外，企业可以利用文本挖掘来管理烦琐的文档，以便更加高效的进行统计分析。

12.4.2　Web数据挖掘

Web挖掘从某种意义上来讲，是属于广义的文本挖掘的一种。我们之所以把它单独拿出来讲，是因为随着Internet的大力发展，Web数据已经成了一个十分重要的数据源，因而基于web的数据挖掘变得尤为的重要。再者，如今Web数据挖掘在社会上的应用，特别是在电子商务上的应用变得十分普遍。

1. Web挖掘的概念

Web挖掘指使用数据挖掘技术在WWW数据中发现潜在的、有用的模式或信息。Web挖掘研究覆盖了多个研究领域，包括数据库技术、信息获取技术、统计学、人工智能中的机器学习和神经网络等。与传统数据库和数据仓库相比，Web上的信息是非结构化或半结构化的、动态的，并且是容易造成混淆的，所以很难直接以Web网页上的数据进行数据挖掘，而必须经过必要的数据处理。

2. Web挖掘的过程

一个典型的Web挖掘的处理流程如下：

① 查找资源：任务是从目标Web文档中得到数据，值得注意的是，有时信息资源不仅限于在线Web文档，还包括电子邮件、电子文档、新闻组，或者网站的日志数据甚至是通过Web形成的交易数据库中的数据。

② 信息选择和预处理：任务是从取得的Web资源中剔除无用信息和将信息进行必要的整理。例如从Web文档中自动去除广告连接、去除多余格式标记、自动识别段落或者字段并将数据组织成规整的逻辑形式甚至是关系表。

③ 模式发现：自动进行模式发现。可以在同一个站点内部或在多个站点之间进行。

④ 模式分析：验证、解释上一步骤产生的模式。可以是机器自动完成，也可以是与分析人员进行交互完成。

3. Web数据挖掘的意义和应用

随着网络信息资源的增多，Web数据中隐藏的价值也越来越高，如果没有及时的被人们挖掘出来，则很有可能成为数据垃圾，而Web数据挖掘则有助于网络资源的开发和利用，并且通过Web数据的合理挖掘，可以发现其形成和存在的规律，以及用户的规律，从而有利于我们提高网络服务水平。

Web数据挖掘在现实生活中被人们发觉出来的一个最大的应用就是在电子商务当中，因而越来越受到电子商务管理者的重视，目前Web数据挖掘在电子商务中的主要的应用主要体现在网络营销，客户的聚类分析，客户的个性化服务，挖掘潜在用户和挽留老客户方面。

12.4.3　可视化数据挖掘

1. 数据的可视化

可视化数据挖掘是用数据可视化技术从庞大的数据集中将数据转换为图形或者图像在屏幕上显示出来，并进行交互处理的理论、方法和技术。利用数据可视化可以很清楚地发现隐含的和有用的知识，而可视化数据挖掘是从大量数据中发现知识的有效途径，可视化技术的主要特点是可视性、多维性以及交互性，数据可视化的应用非常的广泛，已经在自然科学、工程技术、金融、商业和通信等各个领域得到广泛应用。同时，数据的可视化程度也已经成为衡量现代数据挖掘工具的一个重要指标。

2. 可视化数据挖掘技术

可视化数据挖掘可以看作是数据可视化和数据挖掘这两个学科的融合，它也与计算机图形学，图像处理，计算机视觉，多媒体系统紧密相关。可视化数据挖掘可以有效利用人类的大脑，把可视化技术应用到数据之中，有助于人们更好、更方便地理解数据的含义，使得用户能在较高的抽象层次上观察数据，方便用户找出潜在模式，更好的理解数据挖掘结果。

可视化数据挖掘主要可分为数据可视化，数据挖掘结果可视化和数据挖掘过程可视化。

12.4.4 空间数据挖掘

1. 空间数据库技术

空间数据库指的是地理信息系统在计算机物理存储介质上存储的与应用相关的地理空间数据的总和，一般是以一系列特定结构的文件的形式组织在存储介质之上的。空间数据库的研究始于 20 世纪 70 年代的地图制图与遥感图像处理领域，其目的是为了有效地利用卫星遥感资源迅速绘制出各种经济专题地图。由于传统的关系数据库在空间数据的表示、存储、管理、检索上存在许多缺陷，从而形成了空间数据库这一数据库研究领域。而传统数据库系统只针对简单对象，无法有效的支持复杂对象（如图形、图像）等。

2. 空间数据挖掘

空间数据挖掘是指对空间数据库中非显示存在的知识、空间关系或其他有意义的模式进行提取。空间数据挖掘需要综合数据挖掘与空间数据库技术，利用空间数据挖掘技术可以加强对数据的理解，加强对空间关系及非空间数据间关系的发现，以及对空间知识库的构造，空间数据库的重组和空间数据查询的优化。

空间数据挖掘和知识发现的过程大致可分为以下多个步骤：数据准备、数据选择、数据预处理、数据缩减、数据变换、确定数据挖掘目标、确定知识发现算法、数据挖掘、模式解释、知识评价等，而数据挖掘只是其中的一个关键步骤。但是为了简便，人们常常用空间数据挖掘来代替空间数据挖掘和知识发现。常用的空间数据挖掘技术主要有基于概率论的方法、空间分析方法、统计分析方法等。

3. 空间数据挖掘的主要应用

近年来，随着人们对空间数据挖掘技术研究的深入，空间数据挖掘已在众多领域，如灾害天气预报、地质探矿、土地利用等方面得到了广泛的应用。

（1）在灾害天气预报中的应用

运用空间数据挖掘技术预报灾害天气的一个成功例子是 Raymond 和 James 研制的 ATOMOSPHER 系统。在这个系统中，他们调用了 1985 年至 1998 年间 120 个热带气旋的气象数据来分析该预报系统的性能，结果表明，该系统的分类精度达到 97%，而其预测热带气旋的精度则为 86%。Kitamoto 则采用空间统计分析方法从 34 000 个已有的台风图像中挖掘出了形成台风的云图模型，然后利用挖掘出的云图模型来预测台风，取得了令人满意的效果。

（2）在地质探矿中的应用

空间数据挖掘应用的一个重要方面是研究地球内部的地质构造、矿藏的成因、石油的迁移等。为了探明某一地区地下岩层的结构、构造，需要将各种方法有机地结合。采用空间数据挖掘技术则能从众多的观测数据中提取出与岩层结构、构造有关的潜在的数学模型。

（3）在地理信息系统（GIS）中的应用

地理信息系统（GIS）是空间数据库和空间数据挖掘的一个十分典型的应用。地理信息系统是一种特定的十分重要的空间信息系统。它是在计算机硬、软件系统支持下，对整个或部分地球表层（包括大气层）空间中的有关地理分布数据进行采集、储存、管理、运算、分析、显示和描述的技术系统。在地里信息系统技术飞速发展的这么多年中，窄间数据挖掘技术的不断发展起着尤为重要的作用。

12.4.5 分布式数据挖掘

1．分布式技术和分布式数据库

分布式技术是一种基于网络的计算机处理技术，与集中式相对应。由于个人计算机的性能得到极大的提高及其使用的普及，使处理能力分布到网络上的所有计算机成为可能。分布式计算是和集中式计算相对立的概念，分布式计算的数据可以分布在很大区域。而分布式数据库就是建立在分布式技术的基础上的数据库形式，分布式数据库系统通常使用较小的计算机系统，每台计算机可单独放在一个地方，每台计算机中都有 DBMS 的一份完整拷贝副本，并具有自己局部的数据库，位于不同地点的许多计算机通过网络互相连接，共同组成一个完整的、全局的大型数据库。分布式数据库系统的主要特点为：

- 多数处理就地完成；
- 各地的计算机由数据通信网络相联系；
- 克服了中心数据库的弱点，降低了数据传输代价；
- 提高了系统的可靠性，局部系统发生故障，其他部分还可继续工作；
- 各个数据库的位置是透明的，方便系统的扩充；
- 为了协调整个系统的事务活动，事务管理的性能花费高。

为了使得数据能够分配在不同的地方，引入了数据分片的技术。按照分片标准的不同，主要可分为水平分片、垂直分片和混合分片。

2．分布式数据挖掘

分布式数据挖掘是一种应用分布式算法从分布式数据库中挖掘知识的过程，是一种用途广泛的数据挖掘技术。

分布式数据挖掘技术通常用于已经拥有的分布式数据资源之上。一个典型的分布式数据挖掘算法涉及两个步骤：首先完成各个站点的局部数据分析，构建局部数据模型，然后组合不同数据站点上的局部数据模型，获得全部数据模型。

由于分布式数据库的分片方式不同，数据挖掘的过程也稍有不同。对于水平数据划分的分布式数据挖掘来说，由于各个站点的数据模式的同构，挖掘算法简单，只要将通常的集中式数据方法稍微改造，就能挖掘出合适的全局数据模型。但是对于垂直式数据划分的数据库，就不能利用集中式的数据挖掘来构造合适的局部数据模型，而需要采用汇集型的数据挖掘方法。

12.5 数据挖掘及其他系统的关系

在数据挖掘中，有许多相似或相关的概念，如数据仓库，专家系统，OLAP（联机系统）等，弄清楚它们之间的联系和区别对于深刻的学习数据挖掘技术有着重要的作用。

12.5.1 与数据仓库集成的数据挖掘体系

该体系可以称为嵌入式数据挖掘体系，其结构如图12.2 所示。它从应用角度出发，充分考虑了与数据仓库的集成，避免了数据复制及预处理所带来的错误发生。

因为数据仓库的数据来源于整个企业，从而保证了数据挖掘中数据来源的广泛性和完整性，这样才不会漏掉任何与主题相关的信息。另外，为了保证结果的准确性，数据挖掘需要大量的历史数据，数据仓库可以很好地满足这个要求。

在该体系中，数据挖掘的结果可以嵌入到 OLAP 数据集中，作为多维空间的新维度，这样易于被企业中的用户理解和使用。

企业的管理者通过分析数据集，制订出市场决策，在市场上采取相应的行动。这些行为影响顾客后，结果又反馈到数据仓库中，开始下一轮的数据流程和市场运作。

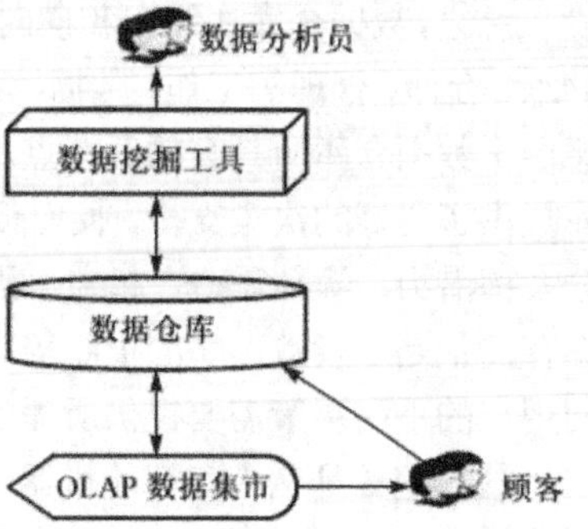

图 12.2　嵌入式数据挖掘的体系结构

12.5.2　数据仓库与数据挖掘的关系

数据挖掘和数据仓库作为决策支持新技术，在近十年来得到迅速发展。作为数据挖掘对象，数据仓库技术的产生和发展为数据挖掘技术开辟了新的战场，同时也提出了新的要求和挑战。数据仓库和数据挖掘是相互结合起来一起发展的，二者是相互影响，相互促进的。二者的联系可以概括为以下几点：

（1）数据仓库为数据挖掘提供了更好的、更广泛的数据源

数据仓库中集成和存储来自异质的信息源的数据，而这些信息源本身就可能是一个规模庞大的数据库。同时数据仓库存储了大量长时间的历史数据（5～10 年），这使得我们可以进行数据长期趋势的分析，这为决策者的长期决策行为提供了支持。数据仓库中数据在时间轴上的纵深性是数据挖掘不能回避的又一个新难点。

（2）数据仓库为数据挖掘提供了新的支持平台

数据仓库的发展不仅仅是为数据挖掘开辟了新的空间，更对数据挖掘技术提出了更高的要求。数据仓库的体系结构努力保证查询和分析的实时性。数据仓库一般设计成只读方式，数据仓库的更新由专门的一套机制保证。数据仓库对查询的强大支持使数据挖掘效率更高，开采过程可以做到实时交互，使决策者的思维保持连续，有可能开采出更深入、更有价值的知识。

（3）数据仓库为更好地使用数据挖掘工具提供了方便

数据仓库的建立，充分考虑数据挖掘的要求。用户可以通过数据仓库服务器得到所需的数据，形成开采中间数据库，利用数据挖掘方法进行开采，获得知识。数据仓库为数据挖掘集成了企业内各部门的全面的、综合的数据，数据挖掘要面对的是关系更复杂的企业全局模式的知识发现。而且，数据仓库机制大大降低了数据挖掘的障碍，一般进行数据挖掘要花大量的精力在数据准备阶段。数据仓库中的数据已经被充分收集起来，进行了整理、合并，而且有些还进行了初步的分析处理。这样，数据挖掘的注意力能够更集中于核心处理阶段。另外，数据仓库中对数据不同粒度的集成和综合，更有效地支持了多层次、多种知识的开采。

（4）数据挖掘为数据仓库提供了更好的决策支持

企业领导的决策要求系统能够提供更高层次的决策辅助信息，从这一点上讲，基于数据仓库的数据挖掘能更好的满足高层战略决策的要求。数据挖掘对数据仓库中的数据进行模式抽取和发现知识，这些正是数据仓库所不能提供的。

（5）数据挖掘对数据仓库的数据组织提出了更高的要求

数据仓库作为数据挖掘的对象，要为数据挖掘提供更多、更好的数据。其数据的设计、组织都要考虑到数据挖掘的一些要求。

（6）数据挖掘还为数据仓库提供了广泛的技术支持

数据挖掘的可视化技术、统计分析技术等都为数据挖掘提供了强有力的技术支持。

总之，数据仓库在纵向和横向都为数据挖掘提供了更广阔的活动空间。数据仓库完成数据的收集、继承、存储、管理等工作，数据挖掘面对的是经初步加工的数据，使数据挖掘能更专注于知识的发现。又由于数据仓库所具有的新特点，对数据挖掘技术提供了更高的要求。另一方面，数据挖掘为数据仓库提供了更好的决策支持，同时促进了数据仓库技术的发展。可以说，数据挖掘和数据仓库技术要充分发挥潜力，就必须结合起来。数据仓库与数据挖掘是有区别的。数据仓库是一种存储技术，它的数据存储量是一般数据库的 100 倍，它包含大量的历史数据，当前的详细数据以及综合数据。它能为不同用户的不同决策需要提供所需的数据和信息。

数据挖掘是从人工智能机器学中发展起来的，它研究各种方法和技术，从大量的数据中挖掘出有用的信息和知识。

两者虽然有很密切的联系，但却是两个截然不同的概念。

12.5.3 数据仓库与专家系统、OLAP 的关系

数据挖掘与专家系统在使用的方法上有很大的相似点，但是两者的基本出发点有着根本的不同。前者的出发点是某领域记录的客观历史数据，而后者的出发点是某领域的专家经验。从这一点来说数据挖掘是唯物的，而专家系统是唯心的。在 KDD 经典的“尿布与啤酒”例子中，经理和销售专家事前还没有“尿布与啤酒”有关联的知识，因此在这个领域想用专家系统来完成对有用信息的获取是有局限的。随着目前计算机技术应用的领域知识更新的加快，能使用专家系统的领域已经越来越窄了。

OLAP（On Line Analysis Processing）与数据挖掘有着紧密的联系。OLAP（联机分析处理）是针对特定问题的联机数据访问和分析。通过对信息的很多可能的观察形式进行快速、稳定、一致和交互的存取，允许管理决策人员对数据进行深入观察。它往往是数据挖掘使用的一个很有力的工具。

数据挖掘与 OLAP 的区别体现在两个方面。

（1）出发点不同

数据挖掘的使用者并不精确地给出问题，而是启用一个模型，通过分析旧有的方式来预期将来的行为。这样可以充分挖掘出此前并不知道的有价值因素的潜能。联机分析处理则较少使用算法，并依赖于用户提供的问题或假设。这样做的缺点是：所提供的问题或假设要受到人们的先入之见的限制。

（2）数据挖掘与 OLAP 在处理与功能上也有区别

从处理上讲，OLAP 提供手动处理，而数据挖掘提供自动分析处理。利用 OLAP，用户查询信息，在初始报表趋势的基础上检测他们的假设；利用数据挖掘可以自动地发现数据中的信息。从功能上讲，OLAP 处理有两种功能：数据钻取、切片和旋转。而数据挖掘有五项主要功能：为数据集建立数学模型，找出数据间潜在的模式，图形化信息，利用模型预测结果和利用模型将数据划分为类。

举一个例子来说明这个问题。OLAP 的用户会提出这样的问题：“2011 年中西部地区的人是否比东部地区的人购买了更多的自行车？”OLAP 系统会这样回答：“中西部地区的人购买了 250 万辆自行车，而东部地区的人购买了 800 万辆自行车。”虽然这个结果对用户是有帮助的，但它受到了假设的限制。而数据挖掘所处理的问题可能是：“请分析 2011 年全国自行车的购买情况。”数据挖掘系统可做出这样的回答：“这依赖于不同地区的居民收入水平和当地地理交通情况，中西部地区居民收入水平偏低而且道路不太合适骑自行车，因此购买量要远远低于东部地区。”

12.6 数据挖掘的应用现状及前景

近几十年来，数据挖掘这门新兴的技术，已经被广泛地应用于人们生活的各个领域。这些领域包括零售、金融、保险、电信、医疗，等，对人们的学习生活产生了越来越广泛的影响。

12.6.1　商业零售行业

商场以获得最大的销售利润为目的，零售商都在考虑如下问题：销售什么样的商品？采用什么样的促销策略？商品在货架上如何摆放？为了解顾客的购买习惯和偏爱，会使他们对以上问题做出正确的决策具有指导意义。关联规则挖掘能够对商场销售数据进行分析，从而得到顾客的购买特性，并根据发现的规律而采取有效的行动。分析商场销售商品的构成，发现不同类别商品的共同特征及其规则，而这些规则对商场的市场定位、商品定价、新商品采购等决策问题都有非常重要的指导意义，从而进行商品销售预测、商品价格分析、零售地点的选择等。零售业数据挖掘主要应用于销售预测、库存需求、零售点选择和价格分析，例如用自然语言和商用图表分析超市销售数据的 Spotlight 系统，及扩展到其他市场领域的 Opportunity Explorer 系统。

12.6.2　金融和保险服务行业

该行业已经很广泛地应用了关联规则挖掘技术，证券分析家运用关联规则挖掘技术去分析大量的金融数据，从而为投资活动建立贸易和风险模型。已经有些金融公司尝试了这种技术并得到了有效的结果。例如：在市场金融方面，Integral Solution 为 BBC 开发的采用神经网络和归纳规则方法预测收视率的发现系统。

关联规则挖掘技术将来可以应用于货币交易、自动保险业、股票选择、信誉评估、识别欺骗行为等业务中。利用数据挖掘工具，从已有的数据中分析得到信用评估的规则和标准，并将得到的规则和评估标准应用到新账户的信用评估，这是一个获取知识并应用知识的过程。剔除无关的甚至是错误的、相互矛盾的数据，以更有效地进行金融市场分析和预测。根据一个人在相当长的一段时间里使用信用卡的习惯往往较为固定的常识，通过分析信用卡的使用模式，一方面可以监测到信用卡的恶性透支行为，另一方面可以识别非法用户。从股票交易的历史数据中得到股票交易的规则和规律，发现隐藏在数据后面的不同财政金融指数之间的联系，探测金融政策与金融行情的相互影响的关联关系；对受保险人员的分类将有助于确定适当的保险金额；分析购买了某种保险的人是否又会同时购买另一种保险；预测什么样的顾客将会购买新险种。

12.6.3　科学研究领域

科学研究是从大量、漫无头绪，而且真假难辨的科学数据和资料中提炼出对科研工作者有用的信息，这一过程数据挖掘是必不可少的。例如：在信息量极为庞大的天文、气象、生物技术等领域中，对于所获得的大量实验和观测数据，仅依靠传统的数据分析工具已难以处理。因此，迫切需要一种功能强大的智能化自动分析工具，这种需求推动了数据挖掘技术在科学研究领域的应用发展，并取得一些重要的应用成果。数据挖掘在社会科学领域也有应用前景，社会科学的特点是从历史预见未来的发展，利用数据挖掘技术，从社会发展的历史进程中发现社会发展的规律，或者从人类行为模式的变化中寻找人的行为规律，从而用以指导对社会的管理。例如：SKICAT 系统能对宇宙图像数据进行分类，Quakfinder 利用卫星采集的数据监测地壳活动，HMMs 和 SAM 用于发现和构造生物模型。

12.6.4　电信网络管理

在电信网络运行过程中，会产生一系列警告，虽然某些警告可以置之不理，但是，如果有些警告不及时采取措施，则会带来不可挽回的损失。由于警告产生的随机性很大，究竟哪些警告可以不予理睬，哪些警告必须迅速处理则往往很难判断，一般需要由人工根据经验来进行处理，因此效率不高。

而使用数据挖掘技术，则可以通过分析已有的警告信息的正确处理方法以及警告之间的前后关系，来得到警告之间的关联规则，这些有价值的信息可用于网络故障的定位检测和严重故障的预测。

12.6.5 其他主要应用领域

① 医疗数据挖掘可用于病例、病人行为特征的分析，以及用于药方管理等，以安排治疗方案，判断药方的有效性等。例如：由 GTE 开发的 KEFIR 数据挖掘系统用于分析健康数据，确定偏差，并通过 Web 浏览器以超文本形式输出结果。

② 司法数据挖掘可用于案件调查、案例分析、犯罪监控等，还可用于犯罪行为特征模式的分析，从而为案件的侦破提供指导；进而为教育和改造犯罪寻求有效方法。例如：美国财政部开发的 FAIS 系统。

③ 工业部门数据挖掘技术可用于进行故障诊断、生产过程优化等。制造业应用数据挖掘技术来进行零件故障诊断、资源优化、生产过程分析等，通过对生产数据进行分析，可发现容易产生质量问题的工序以及相关的故障因素等。

④ 在网络入侵检测领域中的应用。计算机的网络化和操作系统的日益复杂化给系统带来的安全隐患，以及黑客的活动日益活跃，这就为网络安全工作提出了挑战。如何从大量审计数据发现用户的行为模式，并提取出具有代表性的系统特征模式，从而发现异常的访问模式，是入侵检测急需解决的关键问题。数据挖掘技术是用于从海量数据中提取对用户有用的数据。将该技术用于入侵检测领域，利用数据挖掘中的关联分析、序列模式分析等算法提取相关的用户行为特征，并根据这些特征生成安全事件的分类模型，应用于安全事件的自动鉴别。

⑤ 空间数据库的数据采掘。近年来，空间数据库系统的发展为人们提供了丰富的空间数据，为数据分析和知识发现展示了广阔的前景。空间数据挖掘技术帮助人们从庞大的空间数据中抽取有用信息。由于空间数据的数量庞大及空间问题的特殊性，因此发现隐含在空间数据中的特征和模式，已成为空间数据库的一个重要问题。现已在 GIS 系统、图像数据库等领域得到了广泛应用。

12.7 习题

1. 简述数据挖掘的基本过程。

第 13 章　地理信息系统和空间数据库

本章介绍了地理信息系统（Geographic Information System，简称 GIS）及空间数据库（Spatial Database）的一些基本概念，包括信息、数据、信息系统、空间数据、空间信息和地理信息系统。

GIS 既是一项技术，也是一门学科。本章首先介绍了它的主要研究内容以及与其他学科（如地理学、地图学、遥感等）之间的关系；随后介绍了 GIS 的组成、功能及应用领域，并举例说明了其典型的行业应用；最后，简单地叙述了 GIS 的发展过程，并就目前主流的 GIS 平台产品进行了描述，使大家对 GIS 有一个感性的认识。

学习目标：

- 掌握地理信息、空间信息以及对应的 GIS 和空间数据库的概念
- 掌握 GIS 和地理空间数据库系统的组成、功能和应用领域
- 了解地理信息系统产生和发展的背景以及主流的 GIS 平台产品

13.1 GIS 和空间数据库概念

13.1.1 什么是 GIS

物质世界中的任何地物都被牢牢地打上了时空的烙印。人们的生产和生活中 80%以上的信息和地理空间位置有关。地理信息系统（GIS，Geographic Information System）作为获取、处理、管理和分析地理空间数据的重要工具、技术和学科，近年来得到了广泛关注和迅猛发展。

从技术和应用的角度，GIS 是解决空间问题的工具、方法和技术；从学科的角度，GIS 是在地理学、地图学、测量学和计算机科学等学科基础上发展起来的一门学科，具有独立的学科体系；从功能上，GIS 具有空间数据的获取、存储、显示、编辑、处理、分析、输出和应用等功能；从系统学的角度，GIS 具有一定结构和功能，是一个完整的系统。

图 13.1 形象地说明了 GIS 系统在现实世界中的位置，以及和其他现实活动之间的联系。

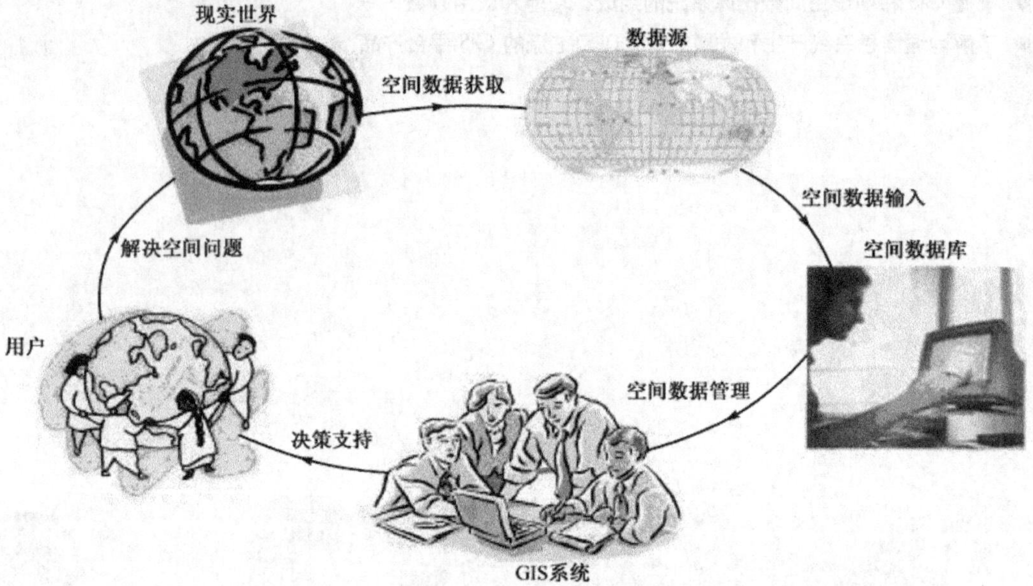

图 13.1 GIS 和现实世界的联系及在其中的位置

地理信息系统是以地理空间数据库为基础，在计算机软硬件的支持下，对空间相关数据进行采集、管理、操作、分析、模拟和显示，并采用地理模型分析方法，适时提供多种空间和动态的地理信息，为地理研究和地理决策服务而建立起来的计算机技术系统。因此，地理信息系统具有以下 3 个方面的特征。

① 具有采集、管理、分析和输出多种地理空间信息的能力。

② 以地理研究和地理决策为目的，以地理模型方法为手段，具有空间分析、多要素分析和动态预测的能力，并能产生高层的地理信息。

③ 由计算机系统支持进行空间地理数据管理，并由计算机程序模拟常规的或专门的地理分析方法，作用于空间数据，产生有用信息，完成人类难以完成的任务。计算机系统的支持是 GIS 的重要的特征，使 GIS 得到快速、精确、综合地对复杂的地理系统进行空间定位和动态分析。

地理信息系统是一种特定而又十分重要的空间信息系统。它是在计算机硬件与软件支持下运用系统工程和信息科学的理论，科学管理和综合分析具有空间内涵的地理数据，以提供对规划、管理、决策和研究所需要的空间信息系统。

地理信息系统是一门多技术交叉的空间信息科学。它依赖于地理学、测绘学、统计学等基础性学科，又取决于计算机硬件与软件技术、航天技术、遥感技术和人工智能与专家系统技术的进步与成就；同时，它又是一门以应用为目的的信息产业，它的应用可深入到各行各业。因而产生了多种相应的系统，如自然资源管理信息系统（Natural Resources Management Information System），资源与环境信息系统（Resources and Environment Information System），空间数据处理系统（Spatial Data Processing System），空间信息系统（Spatial Information System）和土地资源信息系统（Land Resources Information System）。这些系统的研究对象不同，但研究方法基本相似。

地理信息系统按其内容可以分为三大类：

① 专题地理信息系统。具有有限目标和专业特点的地理信息系统。

② 区域地理信息系统。主要以区域综合研究和全面信息服务为目标的地理信息系统。

③ 地理信息系统工具。它是一组具有图形图像数字化、存储管理、查询检索、分析运算和多种输出等地理信息系统基本功能的软件包。如美国环境系统研究所（Environmental Systems Research Institute，ESRI）研制的 ArcGIS，美国 INTERGRAPH 公司开发的 MGE，美国 MapInfo 公司开发的 MapInfo，北京超图公司开发的 SuperMap 和中地数码公司开发的 MapGIS 等。

通过上述的分析和定义，可得出如下几个基本概念：

① GIS 的物理外壳是计算机化的技术系统，它又由若干个相互关联的子系统构成，如数据采集子系统、数据管理子系统、数据处理和分析子系统、图像处理子系统、数据产品输出子系统等。这些子系统的优劣直接影响着 GIS 的硬件平台、功能、效率、数据处理的方式和产品输出的类型。

② GIS 的操作对象是空间数据，即点、线、面和体，这类有三维要素的地理实体。空间数据的最根本特点是每一个数据都按统一的地理坐标进行编码，以实现对其定位、定性和定量的描述。这是 GIS 区别于其他类型信息系统的根本标志，也是其技术难点之所在。

③ GIS 的技术优势在于它的数据综合、模拟与分析评价能力。它们可以得到常规方法或普通信息系统难以得到的重要信息，实现地理空间过程演化的模拟和预测。

④ GIS 与测绘学和地理学密切相关。大地测量、工程测量、矿山测量、地籍测量、航空摄影测量和遥感技术，为 GIS 中的空间实体提供了各种不同比例尺和精度的定位数。电子速测仪、GPS 全球定位技术、解析或数字摄影测量工作站和遥感图像处理系统等现代测绘技术的使用，可直接、快速和自动地获取空间目标的数字信息产品，为 GIS 提供更为丰富和实时的信息源，并促使 GIS 向更高层次发展。地理学是 GIS 的理论依托。有的学者断言，“地理信息系统和信息地理学是地理科学第二次革命的主要工具和手段。如果说 GIS 的兴起和发展是地理科学信息革命的一把钥匙，那么，信息地理学的兴起和发展将是打开地理科学信息革命的一扇大门，必将为地理科学的发展和提高开辟一个崭新的天地”。GIS 被誉为地学的第三代语言——用数字形式来描述空间实体。

GIS 按研究的范围大小可分为全球性的、区域性的和局部性的；按研究内容的不同可分为综合性的与专题性的。同级的各种专业应用系统集中起来，可以构成相应地域同级的区域综合系统。在规划、建立应用系统时应统一规划这两种系统的发展，以减少重复使用，提高数据共享程度和实用性。

13.1.2 GIS 的组成

从应用的角度，地理信息系统由硬件、软件、数据、人员和方法 5 部分组成。硬件和软件为地理信息系统建设提供环境；数据是 GIS 的重要内容；方法为 GIS 建设提供解决方案；人员是系统建设中的关键和能动性因素，直接影响和协调其他几个组成部分。

硬件主要包括：计算机和网络设备，存储设备，数据输入、显示和输出的外围设备等。

软件主要包括：操作系统软件，数据库管理软件，系统开发软件，GIS 软件等。

数据是 GIS 的重要内容，也是 GIS 系统的灵魂和生命。数据组织和处理是 GIS 应用系统建设中的关键环节，涉及许多问题。

方法指系统需要采用何种技术路线，采用何种解决方案来实现系统目标。方法的采用会直接影响系统性能，影响系统的可用性和可维护性。

人是 GIS 系统的能动部分。人员的技术水平和组织管理能力是决定系统建设成败的重要因素。系统人员按不同分工有项目经理、项目开发人员、项目数据人员、系统文档撰写和系统测试人员等。各个部分齐心协力、分工协作是 GIS 系统成功建设的重要保证。

这里我们去除涉及过程的动态要素——方法，单从静态的角度来讨论 GIS 的基本构成。这样 GIS 可以看作由 4 个部分构成，即计算机硬件系统、计算机软件系统、地理空间数据和系统管理操作人员，其核心部分是计算机软硬系统。空间数据库反映了 GIS 的地理内容，而管理人员和用户则决定系统的工作方式和信息表示方式。地理信息系统的组成图 13.2 所示。

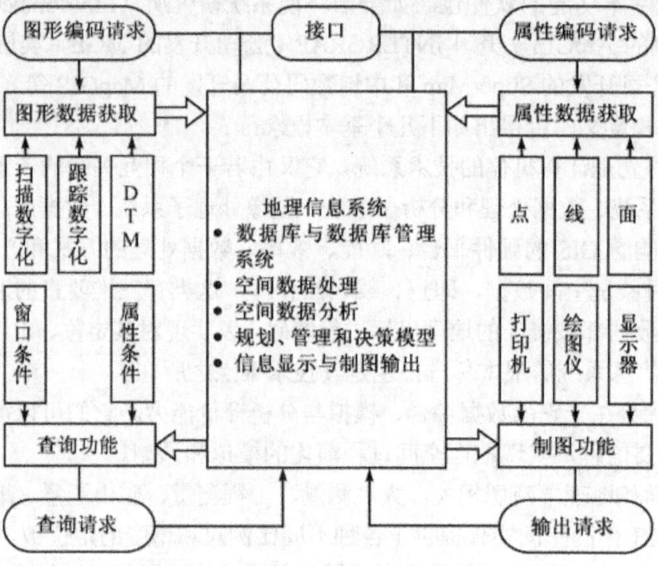

图 13.2　地理信息系统 GIS 的组成

1．计算机硬件系统

计算机硬件是计算机系统中的实际物理装置的总称，可以是电子的、电的、磁的、机械的、光的元件或装置，是 GIS 的物理外壳。系统的规模、精度、速度、功能、形式、使用方法，甚至软件都与硬件有极大的关系，受硬件指标的支持或制约。GIS 由于其任务的复杂性和特殊性，必须由计算机设备支持。GIS 硬件配置一般包括 4 个部分：

- GIS 主机；
- 数据采集与输入设备，数字化仪、图像扫描仪、解析和数字摄影测量设备，电子速测仪、GPS 接收机、手写笔、光笔、键盘、通讯端口等；
- 数据存储设备，光盘刻录机、磁带机、光盘塔、活动硬盘、磁盘阵列等；
- 数据输出设备，笔式绘图仪、喷墨绘图仪（打印机）、激光打印机等。

2．计算机软件系统

计算机软件系统是指 GIS 运行所必需的各种程序，通常包括以下几种软件。

（1）计算机系统软件

由计算机厂家提供的、为用户开发和使用计算机提供方便的程序系统，通常包括操作系统、汇编程序、编译程序、诊断程序、库程序，以及各种维护使用手册、程序说明等，是 GIS 日常工作所必需的。

（2）地理信息系统软件和其他支撑软件

可以是通用的 GIS 软件也可包括数据库管理软件、计算机图形软件包、CAD、图像处理软件等。

GIS 软件按功能可分为以下几类。

① 数据输入：将系统外部的原始数据（多种来源、多种形式的信息）传输给系统内部，并将这些数据从外部格式转换为便于系统处理的内部格式的过程。如将各种已存在的地图、遥感图像数字化，或者通过通讯或读磁盘、磁带的方式录入遥感数据和其他系统已存在的数据，还包括以适当的方式录入各种统计数据、野外调查数据和仪器记录的数据。

数据输入方式与使用的设备密切相关，常有三种形式：第一种，手扶跟踪数字化仪的矢量跟踪数字化，它是通过人工选点或跟踪线段进行数字化，主要输入有关图形点、线、面的位置坐标。第二种，扫描数字化仪的光栅扫描数字化，主要输入有关图像的网格数据。第三种，键盘输入，主要输入有关图像、图形的属性数据（即代码、符号），在属性数据输入之前，需对其进行编码。

② 数据存储与管理：数据存储和数据库管理涉及地理元素（表示地表物体的点、线、面）的位置、连接关系及属性数据如何构造和组织等。用于组织数据库的计算机系统称为数据库管理系统（DBMS）。空间数据库的操作包括数据格式的选择和转换、数据的连接、查询、提取等。

③ 数据分析与处理：指对单幅或多幅图件及其属性数据进行分析运算和指标量测，在这种操作中，以一幅或多幅图作为输入，而分析计算结果则以一幅或多幅新生成的图件表示，在空间定位上仍与输入的图件一致，故可称为函数转换。空间函数转换可分为基于点或像元的空间函数，如基于像元的算术运算、逻辑运算或繁类分析等；基于区域、图斑或图例单位的空间函数，如叠加分类、区域形状量测等；基于邻域的空间函数，如像元连通性、扩散、最短路径搜索等。量测包括对面积、长度、体积、空间方位、空间变化等指标的计算。函数转换还包括错误改正、格式变换和预处理。

④ 数据输出与表示模块：输出与表示是指将地理信息系统内的原始数据或经过系统分析、转换、重新组织的数据，以某种用户可以理解的方式提交给用户，如以地图、表格、数字或曲线的形式表示于某种介质上，或采用 CRT（Cathode Ray Tub）显示器、胶片副本、点阵打印机、笔式绘图仪等输出，也可以将结果数据记录于磁存储介质设备或通过通信线路传输到用户的其他计算机系统。

⑤ 用户接口模块：该模块用于接收用户的指令、程序或数据，是用户和系统交互的工具，主要包括用户界面、程序接口与数据接口。系统通过菜单方式或解释命令方式接收用户的输入。由于地理信息系统功能复杂，且用户又往往为非计算机专业人员，用户界面是地理信息系统应用的重要组成部分，它通过菜单技术、用户询问语言的设置，还可采用人工智能的自然语言处理技术与图形界面等技术，提供多窗口和鼠标选择菜单等控制功能，为用户发出操作指令提供方便。该模块还随时向用户提供系统运行信息和系统操作帮助信息，这就使地理信息系统成为人机交互的开放式系统。

（3）应用分析程序

应用分析程序是系统开发人员或用户根据地理专题或区域分析模型编制的用于某种特定应用任务的程序，是系统功能的扩充与延伸。在优秀的 GIS 工具的支持下，应用程序的开发应是透明的和动态的，与系统的物理存储结构无关，而随着系统应用水平的提高不断优化和扩充。应用程序作用于地理专题数据或区域数据，构成 GIS 的具体内容，这是用户最为关心的真正用于地理分析的部分，也是从空间数据中提取地理信息的关键。用户进行系统开发的大部分工作是开发应用程序，而应用程序的水平在很大程度上决定系统的实用性、优劣和成败。

3．地理空间数据

地理空间数据是指以地球表面空间位置为参照的自然、社会和人文景观数据，可以是图形、图像、文字、表格和数字等。由系统的建立者通过数字化仪、扫描仪、键盘、磁带机或其他通讯系统输入GIS，是系统程序作用的对象，是GIS所表达的现实世界经过模型抽象的实质性内容。根据地理实体的空间图形表示形式，它们的数据表达可以采用矢量和栅格两种组织形式，分别称为矢量数据结构和栅格数据结构。

地理信息系统中的数据包括两大类型：空间数据和非空间的属性数据。

空间数据：用来确定图形和制图特征的位置，这是以地球表面空间位置为参照的。

非空间的属性数据：用来反映与几何位置无关的属性，即通常所说的非几何属性。它是与地理实体相联系的地理变量或地理意义，一般是经过抽象的概念，通过分类、命名、量算、统计等方法得到。

不同用途的GIS其地理空间数据的种类、精度都是不同的，但基本上都包括3个互相联系的方面。

① 某个已知坐标系中的位置

即几何坐标，标识地理实体在某个已知坐标系（如大地坐标系、直角坐标系、极坐标系、自定义坐标系）中的空间位置，可以是经纬度、平面直角坐标、极坐标，也可以是矩阵的行、列数等。

② 实体间的空间相关性

即拓扑关系，表示点、线、面实体之间的空间联系，如网络结点与网络线之间的枢纽关系，边界线与面实体间的构成关系，面实体与岛或内部点的包含关系等。空间拓扑关系对于地理空间数据的编码、录入、格式转换、存储管理、查询检索和模型分析都有重要意义，是地理信息系统的特色之一。

③ 与几何位置无关的属性

即常说的非几何属性或简称属性（Attribute），是与地理实体相联系的地理变量或地理意义。属性分为定性和定量的两种，前者包括名称、类型、特性等，后者包括数量和等级。定性描述的属性如岩石类型、土壤种类、土地利用类型、行政区划等，定量的属性如面积、长度、土地等级、人口数量、降雨量、河流长度、水土流失量等。非几何属性一般是经过抽象的概念，通过分类、命名、量算、统计得到。任何地理实体至少有一个属性，而地理信息系统的分析、检索和表示主要是通过属性的操作运算实现的。因此，属性的分类系统、量算指标对系统的功能有较大的影响。

地理信息系统特殊的空间数据模型决定了地理信息系统特殊的空间数据结构和特殊的数据编码，也决定了地理信息系统具有特色的空间数据管理方法和系统空间数据分析功能，成为地理学研究和资源管理的重要工具。

4．系统管理操作人员

人是GIS中的重要构成因素。GIS不同于一幅地图，而是一个动态的地理模型，从其设计、建立、运行到维护的整个生命周期，处处都离不开人的作用。仅有系统软硬件和数据还构不成完整的地理信息系统，需要人进行系统组织、管理、维护和数据更新、系统扩充完善、应用程序开发，并灵活采用地理分析模型提取多种信息，为研究和决策服务。一个周密规划的地理信息系统项目应包括负责系统设计和执行的项目经理，信息管理的技术人员，系统用户化的应用工程师及最终运行系统的用户。

13.1.3 GIS的主要用途

1．直观、便捷地集成各种属性数据

由于地物的空间位置具有客观性，而地物本身又具有纷繁复杂的特性，除了具有自然特性以外，还具有社会经济特性。描述这些特性的属性数据非常丰富，但都可以通过具有同一坐标参考系统的空间位置进行统一组织。GIS为各种数据的集成提供了统一的框架，在此基础上可以直观表达地物及其空间关系。

2. 高效管理信息资源

GIS 是一个具有结构和功能的系统，能获取和输入空间数据，并进行空间数据的处理和分析，并将结果按一定的方式输出。通过这种方式，各个行业的信息资源都可以按各自的要求进行处理，从而提高了信息资源的管理和利用效率。各个行业信息系统的建设就是典型的例子，如地籍信息系统、林业资源管理信息系统，自来水设施管理信息系统，矿产资源管理信息系统，污染源管理信息系统，旅游资源管理信息系统，地下水资源管理信息系统等。

3. 提供辅助决策

采用 GIS 的重要目的是辅助解决空间问题，其核心功能是空间分析，通过空间分析为各类用户提供管理和商业上的辅助决策，如疾病、林火等突发事件的监测与预警、设施故障处理、基站选址、企业选址、客户分布管理、房地产管理等。

4. 制作地图

GIS 是在计算机辅助制图基础上发展起来的一门技术，是地图制作的重要工具。采用 GIS 可以制作符号，对数据进行各种渲染，高效、高性能、高度自动化是 GIS 制图的重要特点。

5. 提供与获得空间位置相关的服务

通过 GIS 可提供和获得与空间位置相关的服务，如获得一定范围、精度和一定要素的空间数据或地图，进行网络地理位置（如地名和路线）查询，还可通过嵌入式设备和无线通信网络进行位置查询、监控和导航等。

13.2 GIS 的主要功能和行业应用

13.2.1 GIS 的主要功能

由计算机技术与空间数据相结合而产生的 GIS 这一高新技术，它包含了处理地理信息的各种高级功能，但是它的基本功能是数据的采集、管理、处理、分析和输出。GIS 依托这些基本功能，通过利用空间分析技术、模型分析技术、网络技术、数据库和数据集成技术、二次开发环境等，演绎出丰富多彩的系统应用功能，以满足社会和用户的广泛需求。

1. 基本功能

（1）数据采集与编辑

地理信息系统的数据通常抽象为不同的专题或层（见图 13.3）。数据采集与编辑功能就是保证各层实体的地物要素按顺序转化为 X，Y 坐标，并将对应的代码输入到计算机中，各类数据的转化和输入方法如图 13.4 所示。

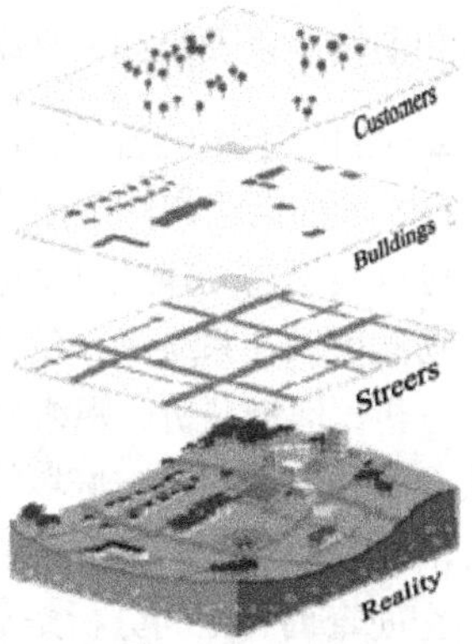

图 13.3 GIS 数据的图层组织概念

（2）数据存储与管理

数据库是数据存储与管理的最新技术，是一种先进的软件工程。GIS 数据库是区域内一定地理要素特征以一定的组织方式存储在一起的相关数据的集合。由于 GIS 数据库具有数据量大，空间数据与属性数据具有不可分割的联系，以及空间数据之间具有显著的拓扑结构等特点，因此 GIS 数据库管理功能，除了与属性数据有关的 DBMS 功能之外，对空间数据的管理技术主要包括：空间数据库的定义、数据访问和提取、从空间位置检索空间物体及其属性、从属性条件检索空间物体及其位置、开窗和接边操作、数据更新和维护等。

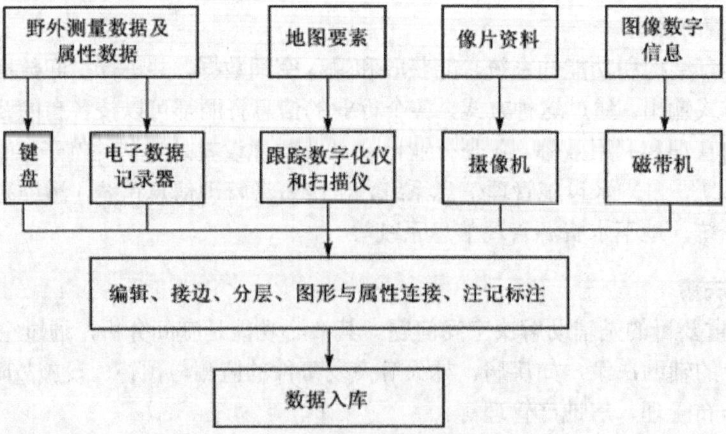

图 13.4　GIS 数据采集流程图

（3）数据处理和变换

由于 GIS 涉及的数据类型多种多样，同一种类型数据的质量也可能有很大的差异。为了保证系统数据的规范和统一，建立满足用户需求的数据文件，数据处理是 GIS 的基础功能之一。数据处理的任务和操作内容如下：

① 数据变换。指对数据从一种数学状态转换为另一种数学状态，包括投影变换、辐射纠正、比例尺缩放、误差改正和处理等。

② 数据重构。指对数据从一种几何形态转换为另一种几何形态，包括数据拼接、数据截取、数据压缩、结构转换等。

③ 数据抽取。指对数据从全集合到子集的条件提取，包括类型选择、窗口提取、布尔提取和空间内插等。

（4）产品显示与制作

指经由系统处理和分析，产生具有新的概念和内容，可以直接输出供专业规划或决策人员使用的各种地图、图像、图表或文字说明。其中地图图形输出是 GIS 产品的主要表现形式，包括各种类型的符号图、动线图、点值图、晕线图、等值线图、立体图等。一个运行的 GIS，其产品显示与制作的功能包括：设置显示环境，定义制图环境，显示地图要素，定义字形符号，设置字符大小和颜色，标注图名和图例，以及绘图文件编辑等。

2．空间查询与空间分析功能

GIS 的面向用户的应用功能不仅仅表现在它能提供一些静态的查询、检索数据，更有意义的在于用户可以根据需要建立一个应用分析的模式，通过动态的分析，从而为评价、管理和决策服务。这种分析功能可以在系统操作运算功能的支持下或建立专门的分析软件来实现，如空间信息量测与分析、统计分析、地形分析、网络分析、叠置分析、缓冲分析、决策支持等。系统本身是否具有建立各种应用模型的功能是判别它好坏的重要标志之一，因为这种功能在很大程度上决定了该系统在实际应用中的灵活性和经济效益。

空间查询和空间分析是从 GIS 目标之间的空间关系中获取派生的信息和新的知识，用以回答有关空间关系的查询和应用分析。

（1）拓扑空间查询

在此操作中，用户将地图当作查询工具，而不仅仅是数据载体。空间目标之间的拓扑关系可以有两种：一种是几何元素的结点、弧段和面块之间的关联关系，用以描述和表达几何元素间的拓扑关系；

另一种是 GIS 中地物之间的空间拓扑关系，可以通过关联关系和位置关系隐含表达，用户需通过特殊的方法查询。

这些空间关系主要有以下几项：面与面的关系，如检索与某个面状地物相邻的所有多边形及属性；线与线的关系，如检索与某一主干河相关联的所有支流；点与点的关系，如检索到某点一定距离内的所有点状地物；线与面的关系，如检索某公路所经过的所有县市或某县市内的所有公路；点与线的关系，如某河流上的所有桥梁；点与面的关系，如检索某市所有银行分布点。

（2）缓冲区分析

缓冲区用以确定围绕某地要素绘出的定宽地区，以满足一定的分析条件。点的缓冲区是个圆饼，线的缓冲区是个条带状，多边形的缓冲区则是个更大的相似多边形。缓冲区分析是 GIS 中基本的空间分析功能之一，尤其对于建立影响地带是必不可少的。如道路规划中建立缓冲区以确定道路两边若干距离内的土地利用性质。

（3）叠加分析

叠加分析根据提供两幅或两幅以上图层在空间上比较地图要素和属性的能力，通常有合成叠加和统计叠加之分，前者是根据两组多边形边界的交点建立具有多重属性的多边形，后者则进行多边形范围的属性特征统计分析。合成叠加得到一张新的叠加图，产生了许多新多边形，每个多边形都具有两种以上的属性。统计叠加的目的是统计一种要素在另一种要素中的分布特征。

（4）距离分析及相邻相接分析

距离分析提供了在地图上距离的功能，相邻分析确定哪些地图要素与其他要素相接触或相邻，而相接分析则结合距离和相邻分析两者的针对性，提供确定地图要素间邻近或邻接的功能。相邻和相接分析广泛应用于环境规划和影响评价的公共部门。大多数 GIS 软件目前不能直接进行相邻相接分析，而是通过先建立一定要求的缓冲区，再与其他图形要素进行叠置分析的间接方法解决。

（5）地形分析功能

通过数字地形模型 DTM，以离散分布的平面点来模拟连续分布的地形，再从中内插提取各种地形分析数据，地形分析包括以下内容。

等高线分析，等高线图是人们传统上观测地形的主要手段，可以从等高线上精确地获得地形的起伏程度，区域内各部分的高程等。

透视图分析，等高线虽然精确，但不够直观，用户往往需要从直观上观察地形的概貌，所以 GIS 通常具有绘制透视图的功能，有些系统还能在三维空间格网上着色，使图形更为逼真。

坡度坡向分析，在 DTM 中计算坡度和坡向，派生出坡度坡向图供地形分析（如日照分析、土地适宜性分析等）。

断面图分析，用户可以在断面图上考察该剖面地形的起伏并计算剖面面积，以便用于工程设计和工程量算。

地形表面面积和填挖方体积计算，利用 DTM 数据，可以比较容易地求出所需要地区的地形表面面积，以及施工区域内填挖方的体积（土石方量）。

3．二次开发和定制应用功能

为使 GIS 技术广泛应用于各个领域，满足各种不同的应用需求，它必须具备的另一个重要基本功能是二次开发环境。包括提供专用语言的开发环境，用户可在自己的编程环境中调用 GIS 的命令和函数，或者系统将某些功能做成专门的控件供用户的开发语言（C，C++，VB，VC++，Delphi……）调用等。这样，用户可以非常方便地编制自己的菜单和程序，生成可视化的用户应用界面，完成 GIS 的各项应用功能的开发。

13.2.2 GIS的应用领域

地理信息系统在最近的30多年内取得了惊人的发展，广泛应用于资源调查、环境评估、灾害预测、国土管理、城市规划、邮电通信、交通运输、军事公安、水利电力、公共设施管理、农林牧业、统计、商业金融等几乎所有领域。

以下地理信息系统的应用领域分别回答了在各自领域内的作用。

（1）资源管理（Resource Management）

主要应用于农业和林业领域，解决农业和林业领域各种资源（如土地、森林、草场）分布、分级、统计、制图等问题。主要回答“定位”和“模式”两类问题。

（2）资源配置（Resource Configuration）

在城市中各种公用设施，救灾减灾中物资的分配，全国范围内能源保障，粮食供应等到机构的在各地的配置等都是资源配置问题。GIS在这类应用中的目标是保证资源的最合理配置和发挥最大效益。

（3）城市规划和管理（Urban Planning and Management）

空间规划是 GIS 的一个重要应用领域，城市规划和管理是其中的主要内容。例如，在大规模城市基础设施建设中如何保证绿地的比例和合理分布，如何保证学校、公共设施、运动场所、服务设施等能够有最大的服务面（城市资源配置问题）等。

（4）土地信息系统和地籍管理（Land Information System and Cadastral Application）

土地和地籍管理涉及土地使用性质变化、地块轮廓变化、地籍权属关系变化等许多内容，借助GIS技术可以高效、高质量地完成这些工作。

（5）生态、环境管理与模拟（Environmental Management and Modeling）

区域生态规划、环境现状评价、环境影响评价、污染物削减分配的决策支持、环境与区域可持续发展的决策支持、环保设施的管理、环境规划等。

（6）应急响应（Emergency Response）

解决在发生洪水、战争、核事故等重大自然或人为灾害时，如何安排最佳的人员撤离路线，并配备相应的运输和保障设施的问题。

（7）地学研究与应用（Application in GeoScience）

地形分析、流域分析、土地利用研究、经济地理研究、空间决策支持、空间统计分析、制图等都可以借助地理信息系统工具完成。ArcInfo系统就是一个很好的地学分析应用软件系统。

（8）商业与市场（Business and Marketing）

商业设施的建立充分考虑其市场潜力。例如，大型商场的建立如果不考虑其他商场的分布，待建区周围居民区的分布和人数，建成之后就可能无法达到预期的市场和服务面。有时甚至商场销售的品种和市场定位都必须与待建区的人口结构（年龄构成、性别构成、文化水平）、消费水平等结合起来考虑。地理信息系统的空间分析和数据库功能可以解决这些问题。房地产开发和销售过程中也可以利用GIS功能进行决策和分析。

（9）基础设施管理（Facilities Management）

城市的地上地下基础设施（电信、自来水、道路交通、天然气管线、排污设施、电力设施等）广泛分布于城市的各个角落，且这些设施明显具有地理参照特征。它们的管理、统计、汇总都可以借助GIS完成，而且可以大大提高工作效率。

（10）选址分析（Site Selecting Analysis）

根据区域地理环境的特点，综合考虑资源配置、市场潜力、交通条件、地形特征、环境影响等因素，在区域范围内选择最佳位置，是GIS的一个典型应用领域，充分体现了GIS的空间分析功能。

（11）网络分析（Network System Analysis）

建立交通网络、地下管线网络等的计算机模型，研究交通流量、进行交通规则、处理地下管线突发事件（爆管、断路）等应急处理。警务和医疗救护的路径优选、车辆导航等也是 GIS 网络分析应用的实例。

（12）可视化应用（Visualization Application）

以数字地形模型为基础，建立城市、区域、行业网络（如电网、通信网、水管网、或大型建筑工程、著名风景名胜区的三维可视化模型），实现多角度浏览，可广泛应用于宣传、城市和区域规划，大型工程管理和仿真，旅游等领域。

（13）分布式地理信息应用（Distributed Geographic Information Application)

随着网络和 Internet 技术的发展，运行于 Intranet 或 Internet 环境下的地理信息系统应用类型，其目标是实现地理信息的分布式存储和信息共享，以及远程空间导航等。

13.2.3 GIS 行业应用案例——配电网可视化管理系统

随着国民经济的发展，电力资源需求迅速增长。面对越来越密织的电网，复杂的电力设备，时刻变化的负荷信息，不断变迁的道路和建筑，传统的电网管理方式已经很难满足电网的建设和安全经济运行要求。建立“数字电网”及“协同工作环境”为特征的电力 GIS 系统，能够降低生产成本、提高服务水平从而提高电网运行科学管理水平。

本案例主要围绕配电网的可视化管理的核心功能来叙述，并且只叙述关键部分（限于篇幅，其他细节略去）。

1. 运行环境之软件环境

系统平台：服务器端采用 Windows Server 2003 或 Windows Sever 2000，客户端采用 Windows XP 或 Windows 2000 Professional。

GIS 平台：采用 ArcEngine Runtime 作为配电 GIS 系统的运行平台。

数据库：使用基于 Oracle 的空间数据库引擎 ArcSDE，这是多用户地理信息数据库 GeoDatabase。

2. 需求规定

（1）数据管理

基于空间数据库的数据管理方式，对于矢量数据或栅格数据，用户可以以可视化的方式进行浏览。数据编辑基于图层进行操作，能够保持图形、属性的一致性。

图层浏览：系统对图层数据管理时，可以用可视化的方式浏览该图层数据，并可以进行任意缩放、拖动显示。

图层存储：系统的图层数据可以从本机文件导入存储到数据库中，也可以将数据库中的图层数据导出存储成本机文件。

图层删除：无论图层数据是存储在本机上还是在数据库中，系统都可以通过可视化的方式浏览，并且可以移除该图层。

图层移动：系统应可以通过复制、粘贴的方式移动图层数据的保存位置，也可以通过拖曳的方式移动图层数据。

矢量图形编辑、删除：在编辑状态时，系统应可以对矢量图层中的矢量图形对象进行编辑，可以删除单个或者多个矢量图形。

矢量图形修改：在编辑状态时，可以修改所编辑的矢量图形的形状。

矢量图形添加：在编辑状态时，可以添加一个或多个矢量图形。

矢量图形移动：在编辑状态时，可以移动单个或多个矢量图形的位置。

添加字段：系统应可以对矢量图层中的属性表进行编辑，可以添加一个或多个字段。

删除字段：系统应可以删除一个或多个字段，但是组成数据的基本字段，如 Shape 字段等不可删除。

修改字段值：在编辑状态时，可以增加、修改、删除属性表中的字段值。

（2）数据浏览

空间信息以图形方式浏览，形象直观。用户可以通过空间地物方便地查看地物的属性信息，了解地物特性。

图形缩放：系统应能够将视图内的图形进行放大、缩小显示，包括按指定区域放大，按指定区域缩小，中心放大，中心缩小，缩放至全屏显示。

图形漫游：系统应能够允许视图内的图形移动显示，用户可以在视图内任意拖动图形。

符号化：系统应可以为视图内的图层数据设置显示样式。

地图注记：根据地图标注对象的类型及标注内容的来源，可以进行交互标注操作，自动标注操作和链接标注操作。

样式管理：系统应提供对符号进行管理、修改、制作、应用色彩操作。

（3）查询统计

用户可以通过快速查找、模糊查询、属性信息和空间信息双向查询等方式方便灵活地查询地物的空间信息、属性信息。可以根据地物属性制作统计图，统计图包括柱状图、饼图、散点图和折线图等。

根据图形查询属性：系统应提供根据图形查询属性的功能，根据此功能，用户可以查看视图内的与图形相对应的属性信息。

根据属性查图形：系统应提供根据地物属性表里的属性记录，查询其相应的图形信息的功能。

固定方式查询：系统应提供按照固定的检索方式来查询，如根据高压、中压、低压线路名查询、电站名查询等。

模糊查询：系统应提供模糊查询功能，用户可以设置多个条件，查询满足指定条件的地物信息。

框选查询：系统应提供框选查询功能，可以根据用户指定的范围进行查询。

导出查询结果：系统应能够将查询的结果导出成文件。

制作统计图：系统应能够根据矢量图层的属性数据，根据用户指定的条件生成统计图，统计图有柱状、饼状、折线、散点等形式。

（4）电力分析应用

系统提供基于地物空间位置和空间关联的各种分析应用，其运行方式分为两种：离线和在线方式。

离线方式主要包括如下内容。

缓冲分析：系统应能够对地物进行缓冲分析，如对高压设备在一定距离内的缓冲分析。此过程中用户可以设置缓冲分析距离参数。

模拟操作：根据实时数据和设备的状态值，在离线状态下进行刀闸操作模拟、挂牌操作模拟等操作。

供电源分析：对于中低压供电网络，其中的每一条线路都有各自的供电来源，系统通过网络追踪功能，分析出每条线路或设备的上级供电源。

供电范围分析：包括中压公变供电范围分析和中压电站供电范围分析两部分。

计划停电管理：选择需检修的线路或设备，在地图上显示必须拉开的刀闸，以及停电范围。

在线方式主要包括如下内容。

实时显示设备的运行状态。

实时显示配电网中供电区域、停电区域及其变化。当发生停电事故时，及时给予报警，并在地图上显示停电地区负荷转移的建议方案。

停电管理：选择需检修的线路或设备，可以查询该线路或设备的停电历史记录及已停电的范围；当停电结束时，记录实际的停电结束时间。

负荷密度分析：支持与配电 SCADA 系统、负荷系统等的接口。

多数情况下，配电 GIS 以在线方式运行为主。在离线模拟操作结束后，自动恢复在线运行。

（5）专题图制作

系统应能够把地图、统计图、图像，以及图例、指北针、比例尺、标题等部件进行组合制图，并输出所制作的图件。

① 操作地图模板

调用地图模板：系统应提供常用的地图模板，用户可以调用该地图模板。

创建地图模板：系统应允许用户自己创建地图模板，包括底图要素底设置，图幅尺寸的设置，图面布局的设置。

保存地图模板：系统应允许用户保存地图模板。

② 设置制图版面

设置图面尺寸：系统提供 3 种方式设置图面尺寸，分别是：按照打印机的纸张来设置图面尺寸、按标准图纸尺寸设置图面尺寸、自由设置图面尺寸。

③ 地图整饰

图名：系统应能够向视图中添加图名并修改，也可以删除图名。

图例：系统应能够向视图内添加图例，并设置图例的标题、表现形式、内容、背景及定位，也可以删除图例。

比例尺：系统应能够向视图内添加比例尺，有两种比例尺可以添加，分别是图形比例尺和数字比例尺。

指北针：系统应能够向视图内添加指北针，可以设置指北针的大小、颜色、位置，可以删除。

设置图形要素：系统应允许向视图内添加图形要素，包括简单图形、统计报告、统计图形，并设置它们的大小与位置，以及删除视图内的图形要素。

（6）数据、地图输出

系统内所有的图层数据，包括矢量数据和栅格数据，都可以根据用户设置的方式（图例符号、比例尺、可视性等）输出到打印机或者绘图仪。用户制作的专题地图也可以输出到打印机或者绘图仪。

地图打印输出：有分幅打印和强制打印两种方式。

地图转换输出：将制作好的地图转换成文件存储在计算机上，支持的文件格式有 BMP、JPG 等。

3．总体设计

下面仅列出总体结构、架构设计及数据库设计的示意部分，细节及其余部分略去。

（1）总体结构

系统的总体结构如图 13.5 所示，具有空间分析和数据浏览的功能。

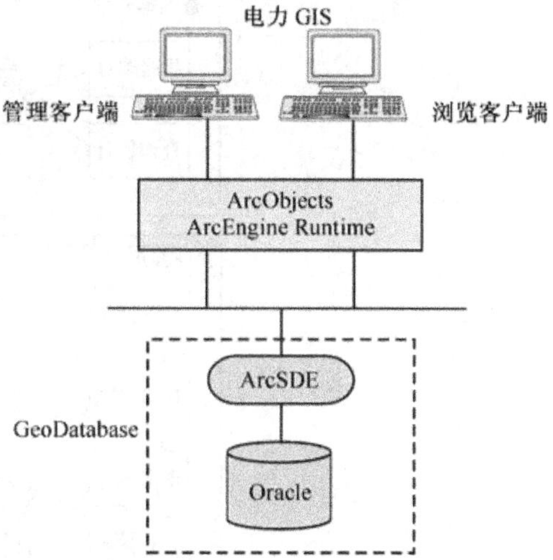

图 13.5　系统的总体结构

其中，GeoDatabase 是一种采用标准关系数据库技术来表现地理信息的数据模型，支持在标准的数据库管理系统（DBMS）表中存储和管理地理信息，是建立在 DBMS 之上的统一的、智能化的空间数据库。

ArcObjects（缩写为 AO）是 ESRI 公司 ArcGIS 家族中应用程序的开发平台，它是基于 COM 技术所构建的一系列 COM 组件集，开放性和扩展性很强大。桌面端开发的地理分析功能组件，是在 AO 的基础上进行的。

客户端分为浏览客户端和管理客户端，浏览客户端主要进行数据的浏览和查询，而管理客户端包括需求规定的所有内容。

（2）构架设计

① 用例视图

电力 GIS 系统由几个大的包组成，如图 13.6 所示。

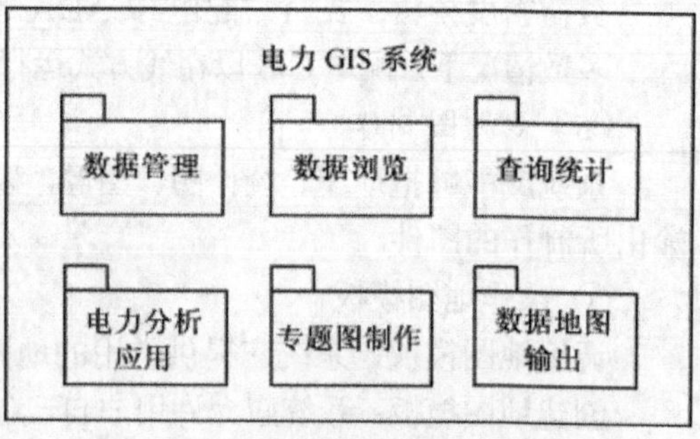

图 13.6　电力 GIS 系统组成示意图

② 逻辑视图

这种视图说明了最为重要的类，它们在服务包和子系统中的组织形式，以及将这些子系统组织为层的方式。另外还说明了最为重要的用例实现（如构架的动态方面）。

电力 GIS 系统由 3 个重要的层组成：用户服务层、业务服务层和业务对象层。

用户服务层包含主要用来同系统通信的各种形式的类。边界类用于支持数据管理、数据浏览、查询统计、分析应用、专题图制作和数据、地图输出。它们主要处理用户和软件的交互，以及确认并翻译指令，将指令传送给业务层。

业务服务层包含控制数据管理、应用业务规则和业务模型的控制类，包括对电网及设备的分析类。

业务对象层包含电力 GIS 所包含的工件（如电网、建筑物、道路等）的实体类，它是系统的数据基础，以图层的方式体现。

电力 GIS 采用二次开发的方式，采用了 ArcEngine 类库，大部分业务服务层使用的类都来自于开发平台提供的类库，业务对象层的类都以图层的方式体现，它的属性及确认方法都有图层的属性数据来确定。

③ 部署视图

部署视图如图 13.7 所示。

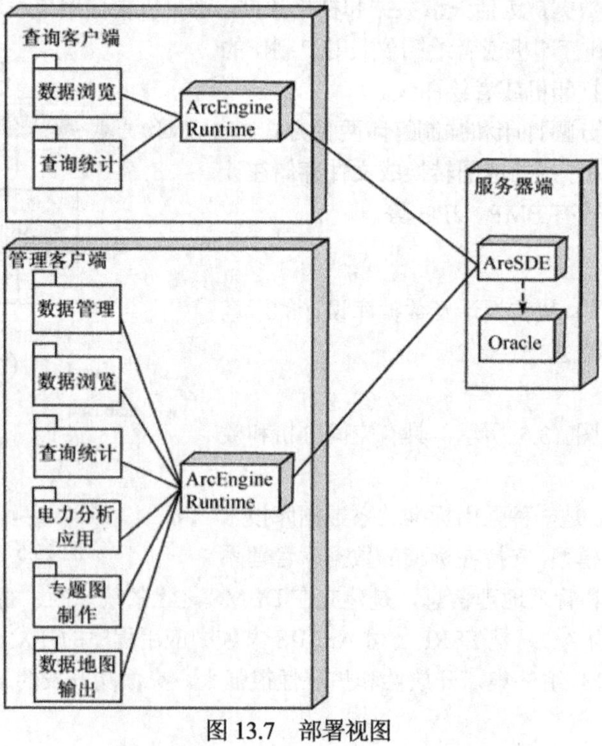

图 13.7　部署视图

（3）空间数据库设计

① 设计原则

配电 GIS 系统的数据类型复杂，数据量大，要求数据库的组织与设计能支持大容量数据管理，具有高效的检索和查询功能。

系统中既有属性信息，又有空间信息，能够使它们集成在同一数据库中。

具有分布式数据库的特点，实现数据的共享与更新，能够在网络上进行管理和访问。

② 数据分层

在配电 GIS 中，为了便于对各种电力设备数据进行管理，系统按设备分层：高压线、中压线、低压线、变电站、配电站、开闭所、箱变、配电房等。

为了对电网进行辅助分析，添加背景图层：行政区划图层、建筑物图层、道路图层、河流图层等。

③ 属性表设计

系统采用大型数据库 Oracle，各种图层数据是以二维表的形式存储在数据库中。为了便于分析电网，需要建立电力图层之间的关联性。

此外，关于接口设计、系统出错处理设计等内容，本书略去。

13.3　主流 GIS 和空间数据库产品

13.3.1　GIS 的发展和国内外的 GIS 产品

GIS 是 20 世纪 60 年代中期开始发展起来的新技术。它最初为解决地理问题而起，至今已成为一门涉及测绘学科、环境科学、计算机技术等多学科的交叉学科。1963 年加拿大测量学家 R.F Tomlinson 首先提出了地理信息系统这一术语，并建成世界上第一个 GIS（加拿大地理信息系统 CGIS），并用于自然资源的管理和规划。不久，美国哈佛大学提出了较完整的系统软件 SYMAP，这可算是 GIS 的起步。进入 20 世纪 70 年代以后，由于计算机软硬件水平的提高，促使 GIS 朝着实用方向迅速发展，一些经济发达国家先后建立了许多专业性的 GIS，在自然资源管理和规划方面发挥了重大的作用。例如，从 1970 年到 1976 年，美国国家地质调查局就建成 50 多个信息系统。其他国家如加拿大、德国、瑞典和日本等国相继发展了自己的 GIS。20 世纪 80 年代后兴起的计算机网络技术使地理信息的传输时效得到了极大的提高，它的应用从基础信息管理与规划转向更复杂的实际应用，成为辅助决策的工具，并促进了地理信息产业的形成。到 1995 年，市场上有报价的软件已达上千种，并且涌现出了一些有代表性的 GIS 软件。

我国地理信息系统发展虽然较晚，但在理论探索、硬件配制、软件研制方面经历了 4 个阶段，即起步（1970—1980 年）、准备（1980—1985 年）、发展（1985—1995 年）、产业化（1996 年以后）阶段。GIS 已在许多部门和领域得到应用，并引起了政府部门的高度重视。

从应用方面看，地理信息系统已在资源开发、环境保护、城市规划建设、土地管理、农作物调查与结产、交通、能源、通信、地图测绘、林业、房地产开发、自然灾害的监测与评估、金融、保险、石油与天然气、军事、犯罪分析、运输与导航、110 报警、公共汽车调度等方面得到了具体应用。国内外已有城市测绘地理信息系统或测绘数据库正在运行或建设中。一批地理信息系统软件已研制开发成功（如 GeoSTAR，CityStar，MapGIS 等），一批高等院校已设立了一些与 GIS 有关的学科或专业，一批专门从事 GIS 产业活动的高新技术产业相继成立。此外，还成立了“中国 GIS 协会”和“中国 GPS 技术应用协会”等。我国地理信息系统方面的工作自 20 世纪 80 年代初开始。以 1980 年中国科学院遥感应用研究所成立全国第一个地理信息系统研究室为标志。在几年的起步发展阶段中，我国地理信息系统在理论探索、硬件配制、软件研制、规范制订、区域试验研究、局部系统建立、初步应用试验和技术队伍培养等方面都取得了进步，积累了经验，为在全国范围内展开地理信息系统的研究和应用奠定了基础。

地理信息系统进入发展阶段的标志是第七个5年计划开始。地理信息系统研究作为政府行为，正式列入国家科技攻关计划，开始了有计划、有组织、有目标的科学研究、应用实验和工程建设工作。许多部门同时展开了地理信息系统研究与开发工作。如全国性地理信息系统（或数据库）实体建设，区域地理信息系统研究和建设，城市地理信息系统，地理信息系统基础软件或专题应用软件的研制和地理信息系统教育培训。通过近5年的努力，在地理信息系统技术上的应用开创了新的局面，并在全国性应用、区域管理、规划和决策中取得了实际的效益。

自20世纪90年代起，地理信息系统步入快速发展阶段。执行地理信息系统和遥感联合科技攻关计划，强调地理信息系统的实用化、集成化和工程化，力图使地理信息系统从初步发展时期的研究实验、局部实用走向实用化和生产化，为国民经济重大问题提供分析和决策依据。努力实现基础环境数据库的建设，推进国产软件系统的实用化，遥感和地理信息系统技术一体化。在地理信息系统的区域工作重心上，出现了"东移"和"进城"的趋向，促进了地理信息系统在经济相对发达、技术力量比较雄厚、用户需求更为急迫的地区和城市首先实用化。这期间开展的主要研究及今后尚需进一步发展的领域有：重大自然灾害监测与评估系统的建设和应用，重点产粮区主要农作物估产，城市地理信息系统的建设与应用，建立数字化测绘技术体系，国家基础地理信息系统建设与应用，专业信息系统与数据库的建设和应用，基础通用软件的研制与建立，地理信息系统规范化与标准化，基于地理信息系统的数据产品研制与生产。同时经营地理信息系统业务的公司逐渐增多。

目前，在国内外，关于GIS和空间数据库的平台和基础软件有很多。

国外主要的有：ArcGIS、MapInfo、Intergraph、AutoDesk、Bentley、GeoMania、SmallWorld等。

国内的主要有：SuperMap、MapGIS、GeoStar、VRMap、TopMap、MapEngine、SuperEngine等。

对这些平台和产品，本书无法一一介绍，只就其中具有代表性的主流国外产品ArcGIS及国内产品SuperMap和MapGIS做一些简单介绍。

13.3.2 ArcGIS

ArcGIS是美国环境系统研究所（Environment System Research Institute，ESRI）开发的新一代软件，是世界上应用广泛的GIS软件之一，是一个全面的、完善的和可伸缩的GIS软件平台。从1987年第一个Arc-Info产品诞生以来，随着计算机技术的飞速发展以及GIS技术的不断成熟，ESRI的GIS产品不断更新扩展，形成适应各种用户和机型使用的系列产品。2009年，在继承已有技术基础上，ESRI推出ArcGIS9.3.1，其功能性和适应性大大提高。

随着Internet的迅猛发展，DBMS技术的长足进步，面向对象编程语言、移动设备，以及GIS的广泛使用已经促使GIS有更加开阔的前景和发挥更加重要的作用。除了GIS桌面产品，GIS软件可以被集中在应用服务器上和Web服务器上，把GIS的功能通过网络传递给任意多的用户；可以集中一些GIS逻辑，将其嵌入和部署在用户定制的应用中；为野外GIS业务在移动设备上部署GIS软件的应用也多了起来。企业GIS用户使用传统高级的GIS桌面软件，使用Web浏览器，专门的应用程序移动计算设备及其他数字化设备连接中心GIS服务器。GIS平台涉及的范围在不断的扩展。

ArcGIS产品线正是为满足这种需求的发展而产生，从而为用户提供一个可伸缩的、全面的GIS平台，如图13.8所示。

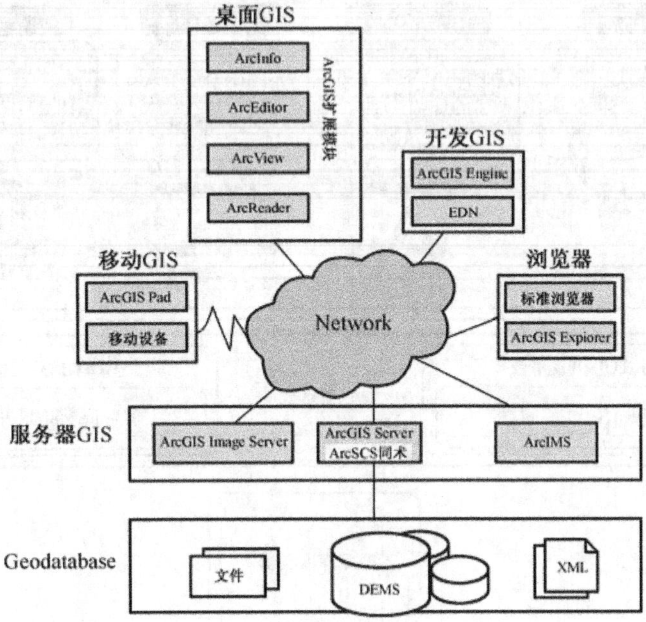

图 13.8 ArcGIS 产品架构

ArcGIS 作为一个可伸缩的平台，无论是在桌面、服务器、野外，还是通过 Web，为个人用户和群体用户提供相应的 GIS 功能。ArcGIS 9 是一个建设完整 GIS 的软件集合，它包含了一系列部署 GIS 的框架：

ArcGIS Desktop—— 一个专业 GIS 应用的完整套件。

ArcGIS Engine——为定制开发 GIS 应用的嵌入式开发组件。

服务器 GIS——ArcSDE、ArcIMS 和 ArcGIS Server。

移动 GIS——ArcPad 以及为平板电脑使用的 ArcGIS Desktop 和 Engine。

ArcGIS 是基于一套由共享 GIS 组件的通用组件库实现的，这些组件被称为 ArcObjects。

ArcObjects 包含了大量的可编程组件，从细粒度的对象（如单个的几何对象）到粗粒度的对象（如与现有 ArcMap 文档交互的地图对象），涉及面极广，这些对象为开发者集成了全面的 GIS 功能。每一个使用 ArcObjects 建成的 ArcGIS 产品都为开发者提供了一个应用开发的容器，包括桌面 GIS（ArcGIS Desktop），嵌入式 GIS（ArcGIS Engine）及服务器 GIS （ArcGIS Server）。

13.3.3 SuperMap GIS

SuperMap GIS 是北京超图软件股份有限公司开发的，具有完全自主知识产权的大型地理信息系统软件平台。它包括组件式 GIS 开发平台，服务式 GIS 开发平台，嵌入式 GIS 开发平台，桌面 GIS 平台，导航应用开发平台以及相关的空间数据生产、加工和管理工具。经过不断技术创新，市场开拓和多年技术与经验的积累，SuperMap GIS 已经成为产品门类齐全、功能强大、覆盖行业范围广泛，满足各类信息系统建设的 GIS 软件品牌，并深入到国内各个 GIS 行业应用，拥有大批的二次开发商。

SuperMap GIS 6R 由超图公司在 2009 年推出，它是一个综合的地理信息系统平台，由服务式 GIS、组件式 GIS、嵌入式 GIS 和桌面 GIS 平台组成（如图 13.9 所示），形成了 SuperMap GIS 系列软件产品，并结合行业应用研发了 SuperMap 应用平台系列软件。

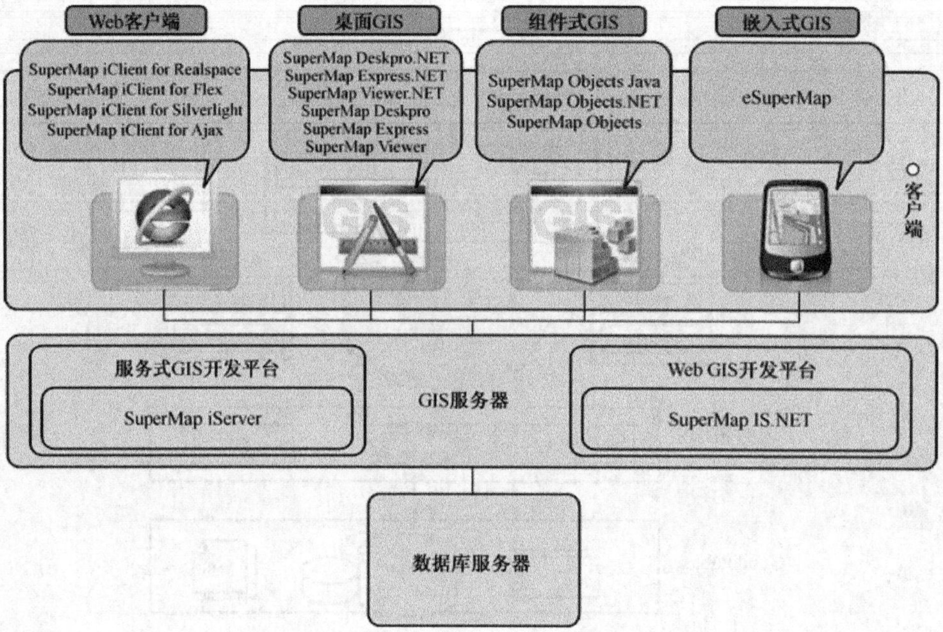

图 13.9　SuperMap GIS 6R 体系结构图

表 13.1 所示为 SuperMap 的主要产品说明。

表 13.1　SuperMap 的主要产品说明

产品类型	产品名称	产品说明
空间数据库引擎	SuperMap SDX+	SuperMap SDX+ 是支持海量空间数据管理的大型空间数据库引擎，是基于大型关系数据库管理海量空间数据的关键技术。SuperMap SDX+支持多用户并发访问、空间数据与属性数据一体化存储、大范围空间数据无缝管理，并具有效率高和安全稳定的特点； SuperMap SDX+ 是大型 GIS 系统的最佳空间数据管理方案
服务式开发平台	SuperMap IS.NET	SuperMap IS .NET 是基于 Web Services 和.NET 技术的大型网络 GIS 开发平台，适用于在广域网和局域网快速发布地理空间信息和建立各种 B/S 结构的 GIS 应用系统； SuperMap IS .NET 支持 OpenGIS WMS 标准，易于实现与其他同类产品的互操作
	SuperMap iServer .NET	基于微软.NET 平台提供的面向服务式架构的企业级 GIS 产品。面向空间信息服务的企业级体系结构，支持 SOA 标准，可用于构建功能强大、多层多级服务无缝聚合、服务集中式管理，具有高度无缝可扩展业务的企业级网络应用系统和网络服务
	SuperMap iServer Java	SuperMap iServer Java 是基于 Java 平台提供的面向服务式架构的企业级 GIS 产品，适用于在广域网和局域网快速发布地理空间信息和建立各种 B/S 结构的 GIS 应用系统；它是面向空间信息服务的企业级体系结构，支持 SOA 标准 在服务器端，可以面向网络客户端提供与专业 GIS 桌面产品相同功能的 GIS 服务，也可以与其他网络服务无缝聚合，是一个可多层次扩展的面向服务 GIS 的开发框架
组件开发平台	SuperMapObjects(COM)	SuperMap Objects 是大型全组件式 GIS 开发平台，适用于各种应用系统建设和专业 GIS 产品开发 SuperMap Objects 以 ActiveX 控件的形式提供全套的 GIS 功能，可以在流行的面向对象开发环境中使用。能有效地降低 GIS 应用系统开发的难度，提高开发效率
	SuperMap Objects .NET	SuperMap Objects .NET 是基于共相式地理信息系统技术理念开发的.NET 组件开发平台。具备丰富的 GIS 功能和.NET 组件特点
	SuperMap Objects Java	SuperMap Objects Java 是基于共相式地理信息系统技术理念开发的 Java 组件开发平台。具备丰富的 GIS 功能和 Java 组件特点

续表

产品类型	产品名称	产品说明
嵌入式开发平台	eSuperMap	eSuperMap 是嵌入式 GIS 开发平台，适用基于手持、车载等移动设备和其他嵌入式设备的 GIS 应用软件开发，是移动 GIS 和 LBS 应用的理想工具 eSuperMap 在数据存储、算法等方面都针对嵌入式设备资源有限、运行速度较慢等特点做了专门优化。用其开发的系统，硬件需求低、资源消耗少、运行效率高
桌面平台	SuperMap Deskpro	SuperMap Deskpro 是专业桌面 GIS 软件，它提供了从数据管理、地图编辑、统计查询，到布局排版、网络分析、叠加分析、栅格计算、三维建模和三维分析等 GIS 功能
	SuperMap Express	SuperMap Express 是大众桌面 GIS 软件，主要应用于数据转换、地图编辑、数据管理等常用的 GIS 任务，适合大范围大量部署
	SuperMap Viewer	SuperMap Viewer 是用于空间数据浏览的免费工具软件

13.3.4 MapGIS

MapGIS 7.0 是武汉中地数码科技有限公司开发的新一代面向网络超大型分布式地理信息系统基础软件平台。系统采用面向服务的设计思想，多层体系结构，实现了面向空间实体及其关系的数据组织，高效海量空间数据的存储与索引，大尺度多维动态空间信息数据库和三维实体建模和分析，具有 TB 级空间数据处理能力，可以支持局域和广域网络环境下空间数据的分布式计算，支持分布式空间信息分发与共享，网络化空间信息服务，能够支持海量、分布式的国家空间基础设施建设。

MapGIS7 总体架构按照分布式多层体系结构的思想建立，分为表示层、Web 服务层、应用逻辑层和数据服务层，如图 13.10 所示。

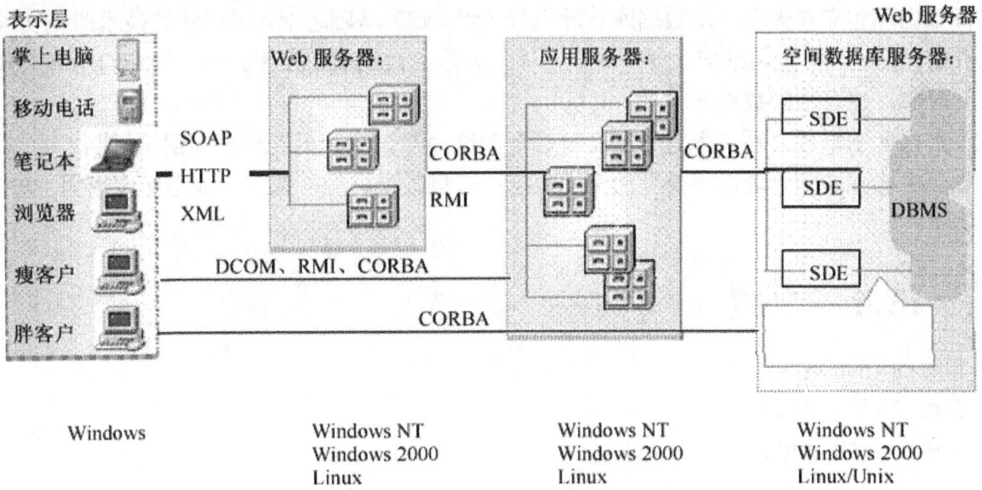

图 13.10 MapGIS 多层结构体系

多层结构提供了灵活的系统伸缩性，在数据服务层、Web 服务层、应用逻辑层以及表示层之间建立符合国际标准的访问接口。在实际应用部署时，可根据需求扩展系统的某个层面。Web 服务器可以调用多个应用服务器提供的功能；应用服务器可以是针对某个专题的专用服务器，也可以是针对主题或领域的集成服务器；应用服务器与不同的专题数据库服务器连接，根据应用逻辑获取、更新专题数据库中的数据，并完成相应的功能。

（1）表示层

表示层直接面向客户，提供空间数据表示和信息可视化功能，运行于 Windows 系列操作系统，可以是浏览器、瘦客户或胖客户。客户端可以通过 SOAP，HTTP，XML，HTML 等协议与 Web 服务层建立连接，发送请求，接收后者提供的 Web 服务，这种模式下，系统是一种多层的结构体系。客户端还可以通过 DCOM、CORBA、RMI 等协议或规范连接到应用逻辑层，通过远程过程调用（RPC）使用应用逻辑层上的远程服务，应用逻辑层再与数据服务层连接，获取或更新数据库中的数据，构成三层结构。胖客户也可以直接与数据服务层连接，获取或更新数据库中的数据，客户端完成全部分析运算，形成典型的两层结构。

（2）Web 服务层

Web 服务层提供空间信息 Web Services，基于.NET 或 J2EE 构架，在 Internet 网络上实现空间信息服务的远程过程调用（RPC）及空间信息共享和发布。系统采用分布式组件技术和高效空间数据压缩还原技术解决服务器负载均衡并减少信息传输量，支持构建 B/S 业务应用和大用户量并发访问。系统同时支持栅格和矢量的信息发布模式，适应不同的应用需求。

Web 服务层采用 ASP，PHP 或 WSDL 提供 Web 服务接口。提供空间元数据发布，空间数据获取，空间分析，空间定位（如手机定位服务、最短路径、最佳路径等）等方面的 Web 服务功能。

（3）应用服务层

应用服务层实现下列功能：提供空间数据的管理与一致性维护；实现多源数据集成；建立不同类型数据之间的关联关系，如空间元数据和空间数据之间的关系；提供各种分析处理功能。

应用逻辑层包括数据驱动层、数据管理层、核心功能层、概念层、接口层等二级层次。

（4）数据服务层

数据服务层由空间数据库引擎和大型商用数据库构成，用于建立空间数据库，存储、管理和维护各类数据，建立并维护空间、非空间索引。

空间数据库建立在大型商用数据库管理系统（DBMS）基础之上，采用两种技术路线实现对空间数据的存储、管理、检索和维护，一种是直接基于关系建立空间数据库；另一种是利用某些数据库提供的空间对象，建立空间数据库。

空间数据库引擎建立适应海量数据存储管理的空间数据组织机制和空间索引机制。

数据服务层存储和管理以下类型的空间数据：矢量数据、栅格数据、遥感影像数据、时态数据、空间元数据。

13.4 习题

1. 简述 GIS 的组成。
2. 简述 GIS 的主要用途。
3. 简述 GIS 的主要功能。

第 14 章　主流数据库产品介绍

开发数据库应用系统，选择一个好的数据库管理系统产品是非常重要的。目前，商品化的数据库管理系统以关系型数据库为主导产品，技术比较成熟。面向对象的数据库管理系统虽然技术先进，数据库易于开发、维护，但尚未有成熟的产品。国外和国内主导的关系型数据库管理系统有 Oracle，SQL Server，DB2，MySQL 和 Sybase 等。下面将对市场上主流数据库产品进行介绍。

学习目标：

- 了解数据库管理系统产品的基本架构
- 了解典型数据库产品 Oracle，MS SQL Server，DB2，MySQL，Sybase 等的一般结构和主要特点
- 了解数据库产品之间的性能及功能区别，指导数据库应用系统中的产品选型

14.1 Oracle 数据库

14.1.1 Oracle 简介

Oracle 数据库系统是美国甲骨文公司提供的以分布式数据库为核心的一组软件产品，是目前最流行的客户-服务器（Client/Server）或浏览器/服务器（Browser/Server）体系结构之一，也是目前应用广泛、功能强大、可用性高的数据库管理系统，目前最新版本为 Oracle11g。经过多年努力，Oracle 产品的应用领域涉及政府部门、电信、金融、保险、邮政、公安、能源电力、交通、教育、航空航天等各行各业。

14.1.2 Oracle 发展简史

1979 年的夏季，Oracle 公司发布了可用于 DEC 公司的 PDP-11 计算机上的商用 Oracle 产品，这个数据库产品整合了比较完整的 SQL 实现，其中包括子查询、连接及其他特性。出于市场策略，公司宣称这是该产品的第二版，但实际上却是第一版。

1983 年 3 月，Oracle 第三版问世，这一版本的 Oracle 使用了 C 语言，从而使它具有了关键的特性——移植性。

1984 年 10 月，Oracle 公司发布了第 4 版产品。产品的稳定性在这一版本上得到了一定的增强，次年 Oracle 发布了 5.0 版。有用户说，这个版本才真正算得上是 Oracle 数据库的稳定版本。这也是首批可以在 Client/Server 模式下运行的 RDBMS 产品。

1988 年 Oracle 第 6 版发布。该版本引入了行级锁（Row- level Locking）这个重要的特性，也就是说，执行写入的事务处理只锁定受影响的行，而不是整个表。这个版本引入了还算不上完善的 PL/SQL（Procedural Language extension to SQL）语言。第 6 版还引入了联机热备份功能，使数据库能够在使用过程中创建联机的备份，这极大地增强了可用性。

1992 年 6 月 Oracle 第 7 版发布，该版本增加了许多新的性能特性：分布式事务处理功能、增强的管理功能、用于应用程序开发的新工具以及安全性方法，取得了巨大的成功。

1997 年 6 月，Oracle 第 8 版发布。Oracle8 支持面向对象的开发及新的多媒体应用，这个版本也为支持 Internet、网络计算等奠定了基础。同时这一版本开始具有同时处理大量用户和海量数据的特性。

1998 年 9 月，Oracle 公司正式发布 Oracle 8i。“i”代表 Internet，这一版本中添加了大量为支持 Internet 而设计的特性。同时这一版本为数据库用户提供了全方位的 Java 支持。

在 2001 年 6 月的 Oracle OpenWorld 大会中，Oracle 公司发布了 Oracle 9i。在 Oracle 9i 的诸多新特性中，最重要的就是 Real Application Clusters（RAC）。早在第 5 版的时候，Oracle 就开始开发 Oracle 并行服务器（Oracle Parallel Server ，OPS），并在以后的版本中逐渐的完善了其功能。

2003 年 9 月 8 日，旧金山举办的 Oracle World 大会上，甲骨文公司宣布下一代数据库产品为“Oracle 10g”。Oracle 应用服务器 10g（Oracle Application Server 10g）也将作为甲骨文公司下一代应用基础架构软件集成套件。“g”代表“grid ,网格”。这一版的最大的特性就是加入了网格计算的功能。

2007 年 11 月，Oracle 11g 正式发布，功能上大大加强。11g 是甲骨文公司 30 年来发布的最重要的数据库版本，根据用户的需求实现了信息生命周期管理（Information Lifecycle Management）等多项创新。大幅提高了系统性能安全性，全新的 Data Guard 最大化了可用性，利用全新的高级数据压缩技术降低了数据存储的支出，明显缩短了应用程序测试环境部署及分析测试结果所花费的时间，增加了 RFID Tag、DICOM 医学图像、3D 空间等重要数据类型的支持，加强了对 Binary XML 的支持和性能优化。

14.1.3　Oracle 特点

Oracle 为企业信息系统在可用性、可伸缩性、安全性、集成性、可管理性、数据仓库、应用开发和内容管理等方面提供全方位的支持，其主要特点如下：

① Oracle 7.X 以来引入了共享 SQL 和多线索服务器体系结构。这减少了 Oracle 的资源占用，并增强了 Oracle 的能力，使之在低档软硬件平台上用较少的资源就可以支持更多的用户，而在高档平台上可以支持成百上千个用户。

② 提供了基于角色（Role）分工的安全保密管理。在数据库管理功能、完整性检查、安全性、一致性方面都有良好的表现。

③ 支持大量多媒体数据，如二进制图形、声音、动画以及多维数据结构等。

④ 提供了与第三代高级语言的接口软件 PRO* 系列，能在 C、C++等主语言中嵌入 SQL 语句及过程化（PL/SQL）语句，对数据库中的数据进行操纵。加上它有许多优秀的前台开发工具如 POWER BUILD、SQL*FORMS、Visual BASIC 等，可以快速开发生成基于客户端 PC 平台的应用程序。

⑤ 提供了新的分布式数据库能力。可通过网络较方便地读写远端数据库里的数据，并有对称复制的技术。

⑥ 具有可移植性、可兼容性、可连接性。Oracle 数据库可以在不同的操作系统上运行，不同的操作系统的 Oracle 应用软件可相互移植，移植时其代码的修改率低。从一种操作系统移植到其他操作系统，不需修改或只修改少量的代码。同时，Oracle 支持符合工业标准的操作系统，Oracle 通过 SQL*Net、Net*8、Net8i 和 OracleNetServices 以允许不同类型的计算机、操作系统通过网络实现互连。

⑦ 具有动态可伸缩性。Oracle 引入了连接存储池和多路复用机制，提供了对大型对象的支持，当需要支持一些特殊数据类型时，用户可以创建软件插件来实现。

⑧ 具有可用性和易用性。Oracle 提供了灵活多样的数据分区功能，一个分区可以是一个大型表，也可以是索引易于管理的小块，可以根据数据的取值分区，有效地提高了系统操作能力及数据可用性，减少 I/O 瓶颈。Oracle 还对并行处理进行了改进，在位图索引、查询、排序、连接和一般索引扫描等操作引入并行处理，提高了单个查询的并行度。

14.1.4　Oracle 11g 新特性

Oracle 数据库 11g 可以帮助企业管理企业信息、更深入地洞察业务状况并迅速自信地做出调整以适应不断变化的竞争环境。新版数据库增强了 Oracle 数据库独特的数据库集群、数据中心自动化和工作量管理功能。Oracle 客户可以在安全的、高度可用和可扩展的、由低成本服务器和存储设备组成的网格上满足最苛刻的交易处理、数据仓库和内容管理等应用。Oracle 11g 具有以下新特性。

1. 实时应用测试组件缩短变化所需时间、降低有关风险和成本

Oracle 11g 具有先进的自助式管理功能和自动化功能，可帮助企业满足服务级别协议的要求。例如，对需要定期升级数据库和操作系统并改变硬件和系统的企业来说，Oracle 11g 的 Oracle 实时应用测试（Oracle Real Application Testing）组件非常适用。这一功能使 Oracle 11g 成为有史以来第一个能够帮助企业以可控和经济的方法，迅速测试并管理 IT 环境变化的数据库。

2. 提高灾难恢复解决方案的投资回报

Oracle 11g 的 Oracle Data Guard 组件可帮助客户利用备用数据库，以提高生产环境的性能，并保

护生产环境免受系统故障和大面积灾难的影响。Oracle Data Guard 组件可以同时读取和恢复单个备用数据库，这种功能是业界独一无二的，因此 Oracle Data Guard 组件可用于对生产数据库的报告、备份、测试和“滚动”升级。通过将工作量从生产系统卸载到备用系统，Oracle Data Guard 组件还有助于提高生产系统的性能，并组成一个更经济的灾难恢复解决方案。

3．增强信息生命周期管理和存储管理能力

Oracle 11g 具有极新的数据划分和压缩功能，可实现更经济的信息生命周期管理和存储管理。很多原来需要手工完成的数据划分工作在 Oracle 11g 中都实现了自动化，Oracle 11g 还扩展了已有的范围、散列和列表划分功能，增加了间隔、索引和虚拟卷划分功能。另外，Oracle 11g 还具有一套完整的复合划分选项，可以实现以业务规则为导向的存储管理。

Oracle 11g 以成熟的数据压缩功能为基础，可在交易处理、数据仓库和内容管理环境中实现先进的结构化和非结构化数据压缩。采用 Oracle 11g 中先进的压缩功能，所有数据都可以实现 2x 至 3x 或更高的压缩比。

4．全面回忆数据变化

Oracle 11g 具有 Oracle 全面回忆（Oracle Total Recall）组件，可帮助管理员查询在过去某些时刻指定表格中的数据。管理员可以用这种简单实用的方法给数据增加时间维度，以跟踪数据变化、实施审计并满足法规要求。

5．最大限度提高信息可用性

在保护数据库应用免受计划停机和意外宕机影响方面，甲骨文一直领先于业界。Oracle 11g 进一步增强了这种领先地位，数据库管理员现在可以更轻松地达到用户的可用性预期。新的可用性功能包括：Oracle 闪回交易（Oracle Flashback Transaction），可以轻松撤销错误交易以及任何相关交易；并行备份和恢复功能，可改善非常大数据库的备份和存储性能；“热修补”功能，不必关闭数据库就可以进行数据库修补，提高了系统可用性。另外，一种新的顾问软件——数据恢复顾问，可自动调查问题、充分智能地确定恢复计划并处理多种故障情况，从而可以极大地缩短数据恢复所需的停机时间。

6．Oracle 快速文件

Oracle 11g 具有在数据库中存储大型对象的下一代功能，这些对象包括图像、大型文本对象或一些先进的数据类型，如 XML、医疗成像数据和三维对象。Oracle 快速文件（Oracle Fast Files）组件使得数据库应用的性能完全比得上文件系统的性能。通过存储更广泛的企业信息并迅速轻松地检索这些信息，企业可以对自己的业务了解得更深入，并更快地对业务做出调整以适应市场变化。

7．更快的 XML

在 Oracle 11g 中， XML DB 的性能获得了极大的提高，XML DB 是 Oracle 数据库的一个组件，可帮助客户以本机方式存储和操作 XML 数据。Oracle 11g 增加了对二进制 XML 数据的支持，现在客户可以选择适合自己特定应用及性能需求的 XML 存储选项。XML DB 还可以通过支持 XQuery、JSR-170、SQL/XML 等标准的业界标准接口来操作 XML 数据。

8．透明的加密

Oracle 11g 进一步增强了 Oracle 数据库无与伦比的安全性。这个新版数据库增强了 Oracle 透明数据加密功能，将这种功能扩展到了卷级加密之外。Oracle 11g 具有表空间加密功能，可用来加密整个表、索引和所存储的其他数据。存储在数据库中的大型对象也可以加密。

9. 嵌入式 OLAP 行列

Oracle 11g 在数据仓库方面也引入了创新。OLAP 行列现在可以在数据库中像物化图那样使用，因此开发人员可以用业界标准 SQL 实现数据查询，同时仍然受益于 OLAP 行列所具有的高性能。

10. 新的连续查询通知（Continuous Query Notification）组件

新的连续查询通知（Continuous Query Notification）组件在数据库数据发生重要变化时，会立即通知应用软件，不会出现由于不断轮询而加重数据库负担的情况。

11. 连接汇合和查询结果高速缓存

Oracle 11g 中各项提高性能和可扩展性的功能可帮助企业维护一个高性能和高度可扩展的基础设施，以向企业的用户提供质量最高的服务。Oracle 11g 进一步增强了甲骨文在性能和可扩展性方面的业界领先地位，增加了查询结果高速缓存等新功能。通过高速缓存和重用经常调用的数据库查询以及数据库和应用层的功能，查询结果高速缓存功能改善了应用的性能和可扩展性。数据库驻留连接汇合（Database Resident Connection Pooling）功能通过为非多线程应用提供连接汇合，提高了 Web 系统的可扩展性。

12. 增强了应用开发能力

Oracle 11g 提供多种开发工具供开发人员选择，它提供的简化应用开发流程可以充分利用 Oracle 11g 的关键功能，这些关键功能包括：客户端高速缓存、提高应用速度的二进制 XML、XML 处理以及文件存储和检索。另外，Oracle 11g 还具有新的 Java 实时编译器，无须第三方编译器就可以更快地执行数据库 Java 程序；为开发在 Oracle 平台上运行的.NET 应用，实现了与 Visual Studio 2005 的本机集成；与 Oracle 快捷应用配合使用的 Access 迁移工具；SQL Developer 可以轻松建立查询，以快速编制 SQL 和 PL/SQL 例程代码。

13. 增强了自助式管理和自动化能力

Oracle 11g 的各项管理功能用来帮助企业轻松管理企业网格，并满足用户对服务级别的要求。Oracle 11g 引入了更多的自助式管理和自动化功能，将帮助客户降低系统管理成本，同时提高客户数据库应用的性能、可扩展性、可用性和安全性。Oracle 11g 新的管理功能包括：自动 SQL 和存储器微调；新的划分顾问组件自动向管理员建议，如何对表和索引分区以提高性能；增强的数据库集群性能诊断功能。另外，Oracle 11g 还具有新的支持工作台组件，其易于使用的界面向管理员呈现与数据库健康有关的差错以及如何迅速消除差错的信息。

14.1.5 Oracle 体系结构

Oracle 数据库是非常复杂的软件系统。体系架构是指 Oracle 数据库管理系统的组成部分和这些组成部分之间的相互关系，包括物理结构、逻辑结构与内存结构等。

1. 物理结构

Oracle 数据库在物理上是存储于硬盘的各种文件。它是活动的，可扩充的，随着数据的添加和应用程序的增大而变化。其主要由控制文件、数据文件、重做日志文件、参数文件、归档文件、密码文件组成。

控制文件：包含维护和验证数据库完整性的必要信息，例如，控制文件用于识别数据文件和重做日志文件，一个数据库至少需要一个控制文件。

数据文件：存储数据的文件。

重做日志文件：含对数据库所做的更改记录，出现故障可以启用数据恢复。一个数据库至少需要两个重做日志文件。

参数文件：定义 Oracle 例程的特性。例如它包含调整 SGA 中一些内存结构大小的参数。

归档文件：重做日志文件的脱机副本，这些副本可能对于从介质失败中进行恢复很有必要。

密码文件：认证哪些用户有权限启动和关闭 Oracle 例程。

2．逻辑结构

其主要由表、段、区、块等组成。

表逻辑结构空间：数据库的基本逻辑结构，是一系列数据文件的集合。

段：不同类型数据在数据库中占用的空间，有许多区组合而成。

区：目的是为数据一次性预留一个较大的空间。

块：最小的存储单位，在创建数据库时指定。

3．内存结构（SGA）

SGA 是用于存储数据库信息的内存区，该信息为数据库进程所共享。它包含 Oracle 服务器的数据和控制信息，是在 Oracle 服务器所驻留的计算机的实际内存中得以分配，如果实际内存不够再往虚拟内存中写。SGA 中内存根据存放信息的不同，可以分为如下几个区域：

（1）数据库高速缓存区：内存区中用来频繁访问的缓存池，存放数据库中数据库块的备份。它是由一组缓冲块所组成，这些缓冲块为所有与该实例相链接的用户进程所共享。缓冲块的数目由初始化参数 DB_BLOCK_BUFFERS 确定，缓冲块的大小由初始化参数 DB_BLOCK_SIZE 确定。大的数据块可提高查询速度。它由 DBWR 操作。

（2）共享池：包含用来处理的 SQL 语句信息。它包含共享 SQL 区和数据字典存储区。共享 SQL 区包含执行特定的 SQL 语句所用的信息。数据字典区用于存放数据字典，它为所有用户进程所共享。

（3）日志缓存池：日志缓冲区 Redo Log Buffer，存放数据操作的更改信息。它们以日志项（Redo Entry）的形式存放在日志缓冲区中。当需要进行数据库恢复时，日志项用于重构或回滚对数据库所做的变更。日志缓冲区的大小由初始化参数 LOG_BUFFER 确定。大的日志缓冲区可减少日志文件 I/O 的次数。后台进程 LGWR 将日志缓冲区中的信息写入磁盘的日志文件中，可启动 ARCH 后台进程进行日志信息归档。

（4）其他信息区：除了上述几个信息区外，还包括一些进程之间的通信信息（如封锁信息）；在多线索服务器配置下，还有一些程序全局区的信息，请求队列和响应队列等。

14.1.6 Oracle 开发套件

Oracle 为快速开发，将事务处理和商务智能特性结合在一起的商务应用程序和服务提供一个全面、集成化、开放式的开发环境，以支持任何开发方法、技术平台和操作系统。Oracle Developer Suite 就是这样一套完整的集成开发工具，使得开发人员能够轻易、快速地为个性化网络门户和托管软件服务创建下一代因特网应用程序。Oracle Developer Suite 有以下几个主要工具组成：

1．Oracle SQL Developer

Oracle SQL Developer 是一种用 Java 编写的图形化数据库开发工具。利用 Oracle SQL Developer 可以浏览数据库对象、运行 SQL 语句/脚本以及编辑和调试 PL/SQL 语句，还可以创建、保存和运行报表。

2．Oracle JDeveloper

Oracle JDeveloper 是一个基于 Java 集成式开发环境，用于快速提供高质量的 J2EE 应用程序和 Web Services。Oracle JDeveloper 涉及完整的 J2EE 应用程序和 Web Services 开发生命周期，并且提供 Java 商务组件（BC4J）——一个内置的 J2EE 框架用于实施 J2EE 设计样式来简化 J2EE 部署。

3．Oracle Forms Developer

Oracle Forms Developer 是一个高效、集成的快速应用程序开发工具，适用于 PL/SQL 开发人员。它使得开发人员能够迅速构建交互的表单、图表和商务逻辑——这些应用程序部署到 Oracle Application Server 中。自动生成的可扩展的 Java 客户端提供多种增强 Web 应用程序的方法（包括翻滚按钮、Web 链接类型和桌面集成）来访问本地文件系统。

4．Oracle Designer

Oracle Designer 提供一个直观的、面向任务的环境来建模和生成服务器定义文件和基于 Web 的应用程序。这类应用程序利用了 Java 和 HTML 用户界面的强大功能和可移植性。扩展的信息库深度以及新的集成的建模和生成工具，可以自动构建生成企业应用程序所需的全部功能。

5．Oracle Software Configuration Manager

Oracle Software Configuration Manager 是一个全面的软件配置管理（SCM）系统，与 Oracle Developer Suite 中包括的工具集成。它支持与软件开发生命周期相关的所有类型的文件和对象，并且通过版本管理、分支、相关性管理和影响分析，支持任何规模和分布形式的开发小组。

6．Oracle Reports Developer

Oracle Reports Developer 为事务开发人员提供一个强大的开发环境，来构建和发布高质量的、动态生成的 Web 报表。报表可以通过标准的 Web 浏览器，采用任何选定的形式，包括 HTML、HTML CSS、PDF、界定的文本、RTF、PostScript、PCL 或 XML。

7．Oracle Discoverer Administrator

Oracle Discoverer 是一个直观、开放、即时查询、报表、分析和 Web 发布的工具，它使得公司内的各级商务用户都能够即时访问关系数据仓库、数据中心或在线商务处理系统的信息。

8．Oracle Warehouse Builder

Oracle Warehouse Builder（OWB）利用 Oracle 数据库的 ETL，提供一个可扩展的框架用于设计、部署和管理企业数据仓库、数据中心和商务应用程序。 Oracle 仓库构建器具有易于使用的单一界面，使开发人员能够轻松地在目标仓库、中间存储区域和最终用户之间设计 ETL 流程。

9．Oracle Clickstream Intelligence Builder

Oracle Clickstream Intelligence Builder 是 Oracle Clickstream Intelligence 的开发环境。Clickstream Intelligence 是一个集成的应用程序，采用基于 Discoverer 的报表来测量 Web 通信量及提高网站的效率。

10．Oracle Business Intelligence Beans

Oracle Business Intelligence Beans（BI Beans——商务智能组件）是一组基于标准的 JavaBean，它使得 Java 开发人员能够使用预构建的、系统外的可重用组件，在 J2EE 和 Web Services 应用程序中开发商务智能功能。此外，Oracle 还提供有支持 Microsoft.NET 的系列工具，以方便使用 Oracle 数据库系统开发产品。

11．Oracle 应用服务器

Oracle 应用服务器（Application Server）是一个用于开发、部署和集成企业应用程序、Web 服务，针对网格计算而设计的、业界最全面的 Java 平台。Oracle 应用服务器为面向服务的体系结构（Service-Oriented Architecture，SOA）提供了可伸缩性、可用性、可管理性和安全性，从而可以使一个企业能在最大限度地降低运营成本的同时超越竞争对手。它具有如下 3 个显著优点：

- 超越竞争对手——快速、可伸缩的系统使 IT 能够随着企业的发展而变化。
- 降低运营成本——卓越的可管理性及自动化减少了保证系统正常运行所需的时间和费用。
- 最佳的 Oracle 产品组合——该产品系列可与其他 Oracle 产品组合紧密集成，并且为与其他系统的互操作提供了卓越支持。

14.2 MS SQL Server 数据库

14.2.1 SQL Server 简介

SQL Server 是由 Microsoft 开发和推广的关系数据库管理系统，是一个全面的、集成的、端到端的数据解决方案，它为企业中的用户提供了一个安全、可靠和高效的平台用于企业数据管理和商业智能应用。SQL Server 为 IT 专家和信息工作者带来了强大的、熟悉的工具，同时减少了在从移动设备到企业数据系统的多平台上创建、部署、管理及使用企业数据和分析应用程序的复杂度。通过全面的功能集和现有系统的集成性，以及对日常任务的自动化管理能力，SQL Server 为不同规模的企业提供了一个完整的数据解决方案。

14.2.2 SQL Server 发展简史

1988 年，Microsoft、Sybase 和 Ashton-Tate 三家公司合作开发了运行于 OS/2 平台的 SQL Server 的第一个 Beta 版本。后来 Ashton-Tate 公司退出 SQL Server 的开发，而由 Microsoft 公司和 Sybase 公司继续合作开发。

1993 年，微软公司与 Sybase 推出了 SQL Server 4.2。该版本是一个桌面数据库系统，功能较少。它与 Windows 集成并提供了易于使用的图形用户界面。

1994 年 Microsoft 公司和 Sybase 公司在数据库开发方面的合作中止，Microsoft 公司继续开发基于 Windows NT 的 SQL Server 版本，Sybase 公司则继续开发基于 UNIX 的 SQL Server 版本。

1995 年 SQL Server 6.05 发布，微软重写了核心数据库系统，提供了低价小型商业应用数据库方案。

1996 年微软公司公布了 SQL Server 6.5。

1998 年，经过两年努力，微软发布了具有重大变化的 7.0 版本。SQL Server 7.0 在数据存储和数据引擎方面发生了根本的变化，首次引入了 OLAP（OnLine Analytical Processing，联机分析处理）和 ETL（Extraction，Transportation and Loading，提取、转换和加载）功能。

2000 年 9 月微软发布了 SQL Server 2000，这是微软公司的第一个企业级 RDBMS。从 SQL Server 7.0 到 SQL Server 2000 的变化时渐进的，只是在 SQL Server 7.0 的基础上进行了增强，首次引入了通知服务和数据挖掘。

2005 年 11 月 SQL Server 2005 问世，它对于微软进军高端企业级市场具有着重要的意义。首先 SQL Server 2005 提供了一个完整的数据管理和分析方案，其次它还支持 32 位和 64 位计算，大大提高了性能。

2008 年 SQL Server 2008 发布，它引入了用于提高开发人员、架构师和管理员的能力和效率的新功能。不仅改进了包括 Transact-SQL 语句、数据类型和管理功能，还添加了许多新特性，并且引入了商业智能。

14.2.3 SQL Server 2008 新特性

SQL Server 2008 是一个重大的产品版本，它推出了许多新的特性和关键的改进，使得它成为至今为止的最强大和最全面的 SQL Server 版本。SQL Server 2008 包括以下新特性：

1．动态开发

SQL 2008 使用了有 LINQ（Language Integrated Query）的新的点 NET 框架 3.0。另外，对商业数据实体的数据同步选项也有了更有效的支持，也有新的 ADO 和 Visual Studio 开发选项。

2．实体数据服务

SQL Server 2008 和 ADO.NET 现在允许去创建高级商业对象如 Customers 或 Parts。这些实体的使用更胜于返回单独记录和表的标准方法。如果你在使用 E-R（实体关系）模型，那么你在 SQL 里的对象现在可以匹配你的模型。有几个新的 ADO.NET 框架可以访问这些实体，如 LOB（Line-of-Business）框架和实体查询语言（eSQL）。

3．LINQ

LINQ 对访问数据提供了一个标准的开发语法，而不管数据存在哪里。例如，相同的语法可以访问 SQL Server 或者 XML 数据。在应用程序语法如 C#或 VB 内部，LINQ 的使用更胜于 TSQL。

4．数据同步特点

SQL Server 2008、Visual Studio 和 ADO.NET 的联合使用给创建同步或经常要断开连接的应用程序带来了一个新的方法，它使创建要与中央数据库同步的客户端应用程序变得更加容易。SQL Server 2005 首先提供了对通过使用触发器来改变跟踪的支持。SQL Server 2008 的同步更加完整和优化。

5．超越关系型数据库

接下来的一组特点一起被称为“超越关系型”。它们包括新的存储区域、算法、日期和时间类型。另外，SQL Server 2008 内嵌了新的全文和文件流选项。

6．更大的 UDT

先前，在 SQL Server 2005 中，用户自定义类型（UDT）不能大于 8000 字节。在 SQL Server 2008 中，不再有任何存储量的限制，允许存储非常大的 UDT。

7．日期和时间

SQL 2008 中有新的日期和时间数据类型。Date 是仅有日期、没有时间的数据类型。Time 数据类型没有日期部分。精度可以达到 100 纳秒。

Date Time Offset 该数据类型将存储通用协调时间（UTC）时区所识别的值。

8．文件流

新的数据类型 VarBinary（Max）FileStream 允许使用 TSQL Select、Insert、Update 和 Delete 语句去操作二进制数据。在过去，为了存储二进制数据，通常要通过 Dot.Net 应用程序去访问。 现在，SQL 的功能如触发器、全文搜索和备份恢复都可用于二进制数据。

9．空间数据

新的空间数据类型允许纬度、经度和基于 GPS 的数据按照它们本来的样子存到 SQL Server 里。数据类型遵从几个工业标准如 Open Geospatial Consortium（OGC）Simple Features for SQL 和 ISO 19125 Simple Feature Access。

10．表值参数

在 SQL Server2008 以前的版本里，是不能把表直接传递给存储过程的。通常的做法是传递一个大的 Varchar 或 XML 类型，然后解析它。在 SQL Server 2008 里，可以将表作为参数进行传递。

11．全文搜索

集成的全文检索使得在全文检索和关系数据之间可以无缝的转换，同时使全文索引可以对大型文本字段进行高速的文本检索。

12．报表服务

在 SQL Server 2008 报表服务里的内存管理得到了改善。运行大报表不会消耗所有可用的内存。另外，报表透视图也比以前更加一致。

14.2.4　SQL Server 系统结构

1．系统数据库

默认情况下，在安装 SQL Server 时会自动创建 master、msdb、model、resource 和 tempdb 共 5 个系统数据库：

（1）Master 数据库是 SQL Server 最重要的数据库，它记录了 SQL Server 实例的所有系统级信息。这些系统级信息包括登录信息、系统设置信息、SQL Server 的初始化信息等。

（2）Msdb 数据库是代理服务数据库，用于 SQL Server 代理计划警报、任务调度和记录操作员操作。

（3）Model 数据库用作 SQL Server 实例上创建的所有数据库的模版。对 Model 数据库进行的修改（如数据库大小、排序规则、恢复模式和其他数据库选项）将应用于以后创建的所有数据库。

（4）Tempdb 数据库是连接到 SQL Server 实例的所有数据库都可用的全局资源，它为所有的临时表、临时存储过程及其他临时操作提供存储空间。

（5）Resource 数据库是一个只读数据库，包含 SQL Server 的系统对象。系统对象物理上保存在 Resource 数据库中，逻辑上像是在每个数据库的 sys 架构中。

2．系统表

SQL Server 将定义服务器配置及其所有表的数据存储在一组特殊的表中，这组表称为系统表。系统表不能直接修改，但是可通过存储过程或 T-SQL 提供的系统函数修改。系统表中信息遭到损害，有可能会造成一些难以诊断的错误甚至导致系统瘫痪。

3．存储过程

SQL Server 存储过程是一个被命名的存储在服务器上的 Transaction-Sql 语句集合，是封装重复性工作的一种方法，它具有支持用户声明的变量、条件执行和其他强大的编程功能。SQL Server 存储过程一共分为三类：用户定义的存储过程、扩展存储过程以及系统存储过程。其中，用户定义的存储过程又分为 Transaction-SQL 和 CLR 两种类型。

14.2.5　SQL Server 的工具和组件

SQL Server 包含了一些用于设计、开发、部署和管理关系数据库、Analysis Services 多维数据集、数据转换包、复制拓扑、报表服务器和通知服务器所需的多个图形化管理工具。下面将会对各个主要工具加以介绍。

1．SQL Server Management Studio

SQL Server Management Studio 是供数据库管理员和数据库开发人员使用的集成环境，用于访问、配置、管理和开发 SQL Server 的所有组件，其核心是功能强大的对象资源管理器，能够用来筛选和浏览所有的 SQL Server 服务器（数据库引擎、Analysis Services、Reporting Services 等）。

2．SQL Server Configuration Manager

SQL Server Configuration Manager 即 SQL Server 配置管理器，用于管理与 SQL Server 相关联的服务，配置 SQL Server 使用的网络协议，以及从 SQL Server 客户端计算机管理网络连接配置。SQL Server Configuration Manager 继承了 SQL Server 2000 的服务器网络实用工具、客户端网络实用工具和服务管理器工具。

3．Business Intelligence Development Studio

Business Intelligence Development Studio 类似于 SQL Server Management Studio，不同的是针对 BI 进行了优化，用于开发 Integration Services 包、Reporting Services 报表和 Analysis Services 多维数据集以及进行数据挖掘。

4．SQL Server Profiler

SQL Server Profiler 是一种捕捉某个阶段服务器活动的查询分析和跟踪工具，用来监视 SQL Server 的流量和事件。它可以捕捉关于每个数据库事件的消息，并将选定的信息显示到屏幕上或将其保存到表或文件中。SQL Server Profiler 非常适合用于调试应用程序和调整数据库。

5．SQL Server 外围应用配置器

为减少 SQL Server 的暴露程度，增加系统的安全性，默认情况下 SQL Server 的一些功能、服务和连接将被禁止或停止。通过外围应用配置器，可以启用、禁用、开始和停止 SQL Server 的这些功能、服务和连接。

6．数据库优化顾问

数据库优化顾问可以对一系列查询进行分析，并提供有关如何修改索引和分区的建议以提高性能。

7．命令行工具

除上面介绍的工具，SQL Server 还提供了一组命令行工具，如 SQLCmd、Bulk Copy 等，使得开发人员能够在 DOS 提示符下或命令行调度程序中执行 SQL 代码或大容量复制操作。

14.3　DB2 数据库

14.3.1　DB2 数据库简介

基于 SQL 的 DB2 关系数据库产品，是 IBM 公司的主要数据库产品。IBM 公司成立于 1914 年，是世界上最大的信息工业跨国公司之一。早在 20 世纪 70 年代初，IBM 的 San Jose 研究中心的 E.F.Codd 先生就第一个提出了关系数据库模型，对数据库的发展产生了深远的影响。在跨入 21 世纪时，IBM 继续拓展其优越的数据库技术，使其拥有更多的功能，支持更多的平台。今天，DB2 通用数据库是世界上最先进的数据库之一，并且同时支持世界上最多的系统平台（如 IBM OS/390、IBM OS/400、IBM RS/6000、IBM OS/2、SUN Solaris、HP-UX、Microsoft Windows NT、SCO Openserver 和 Linux）。IBM 不仅自行研发，还通过收购其他数据库产品补充了很多关键技术。这也正是 IBM 成功的关键因素。目前在中国，DB2 已经广泛地应用于各行各业，范围涉及社会的方方面面，包括银行、电信、保险、证券、公安、社保、政府、医疗、航空、制造、流通和销售等领域。

14.3.2 DB2 发展简史

1973 年 IBM 研究中心启动了 System R 项目，研究多用户与大量数据下关系型数据库的可行性，它为 DB2 的诞生打下了良好基础。

1983 年 IBM 发布了 Database 2（DB2）for MVS，DB2 正式诞生。此后十年又发布了许多 DB2 版本，功能不断地增强。

1993 年 IBM 发布了 DB2 for OS/2 V1 和 DB2 for RS/6000 V1，这是 DB2 第一次在 Intel 和 UNIX 平台上出现。平台上运行的对象-关系数据库产品，并能提供充分的 Web 支持。DataJoiner for AIX 也因此诞生。

1995 年 IBM 发布 DB2 V2，这是第一个能够支持异构数据库的关系数据库。

1996 年 IBM 发布 DB2 V2.1.2，这是第一个真正支持 JDBC 的数据库产品。并在这一年，IBM 实现了基于 DB2 的数据源的数据挖掘。

1998 年 IBM 发布了 DB2 OLAP Server，这是一个基于 DB2 的完整的 OLAP 解决方案。

1999 年 DB2 增加了能够识别 XML 语言的文本检索功能，从而引入了 XML 支持。同时 IBM 发布了 Intel 平台上的 DB2 UDB for Linux，DB2 开始支持 Linux。

2000 年 DB2 提供了内置的数据仓库管理功能，同年，IBM 发布了用于管理数字资产的 Content Manager。

2002 年 DB2 通过基于 SOAP 的 Web 服务扩展了数据联邦（federation）的能力。并可以作为 Web 服务的使用者出现在 Web 服务架构中。

2006 年 IBM 发布了 DB2 9.0，该新版本将传统的高性能、易用性于 XML 相结合，使其成为交互式的数据服务器。

14.3.3 DB2 核心数据库特点

DB2 数据库核心又称为 DB2 公共服务器，采用多进程多线索体系结构，可以运行于多种操作系统之上，并分别根据相应平台环境做了调整和优化，以便能够达到较好的性能。

DB2 核心数据库的特色：

- 支持面向对象的编程
- 支持多媒体应用程序
- 支持备份和恢复能力
- 支持存储过程和触发器，用户可以在建表时显示的定义复杂的完整性规则
- 支持递归 SQL 查询
- 支持异构分布式数据库访问
- 支持数据复制

14.3.4 DB2 工具

DB2 为日常的管理和维护提供了许多工具，这些工具分为命令行工具、一般管理工具、信息工具、监视工具和设置工具等几类。下面简要介绍每类工具。

1．命令行工具

包括 Command Editor 和 Command Line Processor（CLP），以及 Command Window。Command Window 的使用方式与 CLP 完全相同，只是所有 DB2 命令必须加上 'db2' 前缀，因为 CLP 是在交互式输入模式下启动的，而 Command Window 不是。

2. 一般管理工具

包括 Control Center、Journal、Replication Center 和 Task Center。Journal 可以用来查看以前的任务、数据库操作和消息。Replication Center 允许用户管理数据库的复制环境。最后，Task Center 可以以脚本的形式来调度任务并将结果通知用户。

3. 信息工具

包括 Information Center，它可以用来寻找任何 SQL 或 DB2 命令和语法的帮助。

4. 监视工具

让用户能够监视系统的状态（采用快照形式，或者进行持续监视）。用户可以使用 Event Analyzer 查看性能事件监视器的输出。使用 Health Center 用户可以查看数据库的总体状态和健康情况，并在内存或锁等资源达到预定义的阈值时收到警告。Indoubt Transaction Manager 允许用户对有疑问的事务（indoubt transactions）（由于崩溃等原因处于不完整状态的事务）执行必要的操作。事务可以被提交、回滚或者从日志中完全删除。最后，管理员可以使用 Memory Visualizer 监视与内存相关的系统和数据库健康情况，比如当前内存使用情况和分配。

5. 设置工具

帮助用户设置系统和数据库。Configuration Assistant 帮助用户配置数据库，以便从不同的客户机或应用程序访问数据库。First Steps 向用户提供关于 DB2 的信息。在设置工具中，用户还可以找到使用附件将数据库开发环境注册到 Microsoft Visual Studio 的选项。最后，Satellite Synchronizer 允许用户将配置信息上传到控制服务器。

可以使用基于文本的 CLP 或图形化用户界面（GUI）来管理 DB2。Control Center 是主要的 GUI 管理工具之一，它允许对 DB2 对象执行各种操作，比如创建和更改。这些任务中的大多数也可以使用 Command Line Processor（CLP）执行，这取决于用户的个人喜好。

6. 命令行处理器

Command Line Processor（CLP）是基于文本的 DB2 界面。它允许用户输入任何命令并在标准输出中接收文本输出。它还对在命令行上可用的任何命令的语法提供帮助，并解释 SQL 代码。

7. Control Center

Control Center（CC）是一个基于 GUI 的工具，通常用来管理 DB2 系统、数据库和对象。用户可以使用 Control Center 创建和管理实例、数据库和数据库对象，以及对这些实例和数据库进行配置和调优。Control Center 提供了向导来帮助用户创建或修改不同的对象，同时提供了各种对象视图，可以根据用户的需要修改这些视图。例如，用户可以过滤出一组能够在一个对象（比如表）上执行的操作，从而方便执行日常操作。

8. Command Editor

Command Editor 与 CLP 非常相似，它允许使用基于文本的命令管理 DB2 数据库。它还接受 DB2 命令、SQL 语句和操作系统命令。与 CLP 不同，Command Editor 允许用户将命令复制并粘贴到剪贴板以帮助编写脚本，还可以轻松地使用 GUI 获得以前的命令。

14.3.5 WebSphere 应用服务器

WebSphere 是 IBM 的集成软件平台。它包含了编写、运行和监视全天候的工业强度的随需应变 Web 应用程序和跨平台、跨产品解决方案所需要的整个中间件基础设施，如服务器、服务和工具。WebSphere 提供了可靠、灵活和健壮的集成软件。另外，WebSphere 是随需应变的电子商务时代的最主要的软件平台，可以用来开发、部署和整合新一代的电子商务应用，如 B2B 电子商务，并支持从简单的网页内容发布到企业级事务处理的商业应用。WebSphere 改变了业务管理者，合作伙伴和雇员之间的关系，例如通过 WebSphere 可以做如下工作：

① 创建高效的电子商务站点增强网上交易的质量和数量。

② 把应用扩展到联合的移动设备上使销售人员可以为客户提供更快捷的服务。

③ 整合已有的应用并提供自动简捷的业务流程。

14.3.6 开发工具

IBM 提供了许多开发工具，主要有 Visualizer Query、VisualAge、VisualGen。

Visualizer 是客户-服务器环境中的集成工具软件，主要包括 Visualizer Query 可视化查询工具和 Visualizer Ultimedia Query 可视化多媒体查询工具。

① Visualizer chart 可视化图标工具。

② Visualizer procedure 可视化过程工具。

③ Visualizer statistics 可视化统计工具。

④ Visualizer Plans 可视化规划工具。

⑤ Visualizer Development 可视化开发工具。

⑥ VisualAge 是一个功能很强的可视化的面向对象的应用开发工具，可以大幅度的提高软件开发效率。其主要特征有：

- 可视化程序设计工具。
- 部件库。包括支持图形用户接口的图形部件，以及包含数据库查询、事务和本地、远程函数的通用部件。
- 关系数据库支持。
- 群体程序设计。
- 支持增强的动态连接库。
- 支持多媒体。
- 支持数据共享。

⑦ VisualGen 是 IBM 所提供的高效开发方案中的重要组成部分。它集成了第四代语言、客户-服务器与面向对象技术，给用户提供了一个完整、高效的开发环境。

14.4 MySQL 数据库

14.4.1 MySQL 数据库简介

MySQL 是 MySQL AB 公司开发、销售和支持的开放源代码的数据库管理系统。由于速度快，可靠性高，易于使用，价格便宜等优点，MySQL 市场占有率逐步调高。尤其是在 LAMP（Linux+Apache+MySQL+PHP）架构的提出之后，MySQL 的应用更是找到了一个较为合理的发挥平台。目前 MySQL 被广泛地应用在 Internet 上的中小型网站中。

14.4.2 MySQL 发展简史

MySQL AB 公司的前身是 TeX 公司，在 1979 年 TcX 公司设想使用 mSQL 数据库系统，配合自己开发的快速底层（LSAM）例行程序来连接到数据库表，但在经过一些测试之后发现 mSQL 还不够灵活，最终他们开发了一个新的 SQL 接口，即 MySQL。MySQL 带有几乎与 mSQL 完全相同的 API 接口。这个 API 接口允许为了使用 mSQL 而写的第三方代码，使其方便地成为使用 MySQL 的端口。

1996 年 MySQL 的第一个版本 Version 3.11.0 发布，在此之前，只有开发者自己使用 MySQL。从一开始，MySQL 就是一个开源的产品。从 2000 年开始，MySQL 已经根据 GPL 中指定的规则来发布了。在第一个版本发布仅仅 3 年之后，也就是 1999 年，TcX 发展成为 MySQL AB 公司。2006 年 MySQL 5.0.18 发布，与第一个商业版本相比，MySQL 发生了很多变化，特别是 SQL 语言已经大大扩展。在 2008 年 1 月，MySQL AB 公司被 Sun 公司收购。2009 年，SUN 又被 Oracle 收购。 Mysql 的前途变得扑朔迷离。但在 2009 年年初，MySQL 5.4 版预览本已放出。

14.4.3　MySQL 特点

MySQL 是开源的，因此我们有机会从代码级了解 MySQL 的特性。MySQL 具有以下主要特性：

① 开发语言为 C/C++，支持多种编译器，如 gcc，cc，xlc，aCC 等。

② 从某种意义上说 MySQL 是开放的，支持多种平台，如 AIX、Solaris、HP、FreeBSD、Tru64、SGI、Windows 等。

③ 使用内核线程的完全多线程，可充分发挥系统的特点，避免在多 CPU 系统中出现仅使用单 CPU 的现象。

④ MySQL 为几乎所有的编程语言提供了 API，开发人员可以通过 C/C++、Eiffel、Java、Perl、PHP、Python 和 TC 等访问 MySQL 数据库。

⑤ 对磁盘表的管理采用拥有索引压缩的非常快速的 B-树磁盘表，提高了磁盘访问速度。

⑥ 使用基于线程内存分配系统，提高了内存申请速度。

⑦ 支持多种数据类型，包括不同字节长的带符号和不带符号的整数，浮点数等。

⑧ 支持固定长度和可变长度的记录。

⑨ 灵活、安全的权限和密码系统，密码在传输中加密传送，允许主机端验证密码。

⑩ 客户端可以通过 TCP/IP、Unix 套接字、命名管道（NT）连接到 MySQL 数据库服务器。

⑪ MySQL 支持几种不同的字符集和不同的字符集排序，还提供了不同语言的错误信息。

与其他的开源数据库系统相比，MySQL 不仅在性能指标方面高出一截，在应用范围和实际装机容量方面也遥遥领先。MySQL 正是以其适用面广、性能优异、运行稳定和性价比高等特点，被越来越广泛的使用。

14.4.4　MySQL 工具

1. MySQL Migration Toolkit

MySQL Migration Toolkit 是一个由 MySQL 公司提供的图形界面的数据库移植工具，能帮助用户将任何数据源（如 Oracle、SQL Server 等）转换成 MySQL 的数据，也可以将 MySQL 的数据转换为其他类型的数据。MySQL Migration Toolkit 需要 Java 提供支持。

2. MySQL Administrator

MySQL Administrator 是一个能够提供数据库管理操作的工具，如设置、监控、开启或关闭 MySQL 服务器以及管理用户和连接数，执行数据备份和其他一些管理任务。MySQL Administrator 使得用户更容易管理和监测 MySQL 环境，并对数据库取得更好的能见度。

3. MySQL Query Browser

MySQL查询浏览器是为MySQL数据库服务器创造、执行和优化SQL查询的最简单的可视化工具。MySQL Query Browser主要特色功能：

（1）查询工具栏导航按钮

浏览查询历史，可以回顾及执行以前的查询。可以保存查询，打开查询文件 *.qbquery。

（2）使用结果窗口轻松管理多个查询

比较多个查询通过查看制表符分隔，或是纵向或是横向联合的显示在结果窗口。此外，解释按钮，可以用来获得解释，输出为当前查询。比较按钮允许快速比较两个查询的结果，确定在何处行已插入、更新或删除。

（3）脚本编辑与调试

脚本区域的特点是编号和语法突出。另外，脚本调试按钮，使用户可以设置断点和控制执行该语句和脚本。

（4）内置帮助

即时帮助用户获得搜选的对象、参数和职能，可以查看mysql syntax语句句法、函数、参数。

4. MySQL Workbench

MySQL Workbench是MySQL AB公司发布的可视化的数据库设计软件。利用可视化的界面设计数据库并导出SQL脚本以生成设计好的数据库。

14.5 数据库产品的简略比较

开发数据库应用，选择一个适合项目的数据库是非常重要的。目前数据库市场上数据库产品有很多，由于篇幅有限，本节只对Oracle、SQL Server和DB2进行粗略比较，为读者提供数据库管理系统产品选型参考。需要说明的是，由于各种数据库产品版本更新很快，比较中可能没有完全包含最新版本的功能，具体选择时还应以具体版本为准。

1. 开放性

（1）SQL Server

支持异构数据库环境和几乎所有的网络协议，但只能在Windows上运行，可以用ADO、DAO、OLEDB、ODBC连接。操作系统的稳定性对数据库是十分重要的。Windows 9X系列产品是偏重于桌面应用，NT Server只适合中小型企业。Windows平台的可靠性、安全性经过了最高级别的C2认证。在处理大数据量的关键业务时提供了较好的性能。

（2）Oracle

能在所有主流平台上运行（包括Windows）。完全支持所有的工业标准。采用完全开放策略，支持多层次网络计算和多种工业标准，可以用ODBC、JDBC、OCI等连接。可以使客户选择最适合的解决方案。

（3）DB2

有较好的开放性，能在所有主流平台上运行，最适于海量数据。跨平台，多层结构，支持ODBC, JDBC等客户。在大型的国际企业中得到最为广泛的应用，在全球的500家最大的企业中，大部分采用DB2数据库服务器。

2．可伸缩性，并行性

（1）SQL Server

早期版本的 SQL Server 并行实施和共存模型并不成熟。很难处理大量的用户数和数据卷，伸缩性有限。新版本性能有了较大的改善，在 Microsoft Advanced Servers 上有突出的表现，超过了它的主要竞争对手。

（2）Oracle

平行服务器通过使一组结点共享同一簇中的工作来扩展 Window NT 的能力，提供高可用性和高伸缩性的簇的解决方案。如果 Windows NT 不能满足需要，用户可以把数据库移到 UNIX 中。具有很好的伸缩性。

（3）DB2

DB2 具有很好的并行性。DB2 把数据库管理扩充到了并行的、多结点的环境。数据库分区是数据库的一部分，包含自己的数据、索引、配置文件和事务日志。数据库分区有时被称为结点或数据库结点。但 DB2 在伸缩性上有限。

3．安全性

（1）SQL Server

Microsoft Advanced Server 获得最高安全认证，服务器平台的稳定性是数据库的稳定性的基础，新版本的 SQL Server 的安全性有了极大的提高

（2）Oracle Server

获得最高认证级别的 ISO 标准认证。

（3）DB2

获得最高认证级别的 ISO 标准认证。

4．性能

（1）SQL Server

早期版本在多用户时性能不佳，新版本的性能有了明显的改善，各项处理能力都有了明显的提高。保持了多项 TPC-C 记录。

（2）Oracle

性能最高，保持 Windows NT 下的 TPC-D 和 TPC-C 的世界记录。

（3）DB2

性能较高，适用于数据仓库和在线事物处理。

5．使用风险

（1）SQL Server

完全重写的代码，性能和兼容性有了较大的提高，与 Oracle，DB2 的性能差距明显减小。该产品的出台经历了长期的测试，为产品的安全和稳定进行了全面的检测，安全稳定性有了明显的提高。

（2）Oracle

长时间的开发经验，完全向下兼容，可以安全的进行数据库的升级。Oracle 得到了广泛的应用，使用风险小。

（3）DB2

在巨型企业得到广泛的应用，向下兼容性好，风险小。

6. 易维护性和价格

(1) SQL Server

从易维护性和价格上SQL Server明显占有优势。基于Microsoft的一贯风格，SQL Server的图形管理界面带来了明显的易用性，微软的数据库管理员培训进行的比较充分，可以轻松的找到很好的数据库管理员，数据库管理费用比较低，另外SQL Server的价格也是很低的。

(2) Oracle

从易维护性和价格体来说，Oracle的价格是比较高的，管理比较复杂，由于Oracle的应用很广泛，经验丰富的Oracle数据库管理员可以比较容易的找到，从而实现Oracle的良好管理。因此Oracle的性价比是非常高的。

(3) DB2

DB2价格高，管理员少，在中国的应用较少，因此运行管理费用相对很高，适用于大型企业的数据仓库应用。

附录 A　HIS 案例

为了系统地讲述数据库系统的原理和应用，本书专门设计了贯穿全书的医院信息系统（Hospital Information System，HIS）应用数据库实例。该实例源于真实使用的 HIS 应用数据库，但为了方便讲述，本书极大地简化医院的业务模型，并对实际使用的数据库进行了相应的结构变化。

本案例涉及实体类型有：组织机构、患者、医生、药品、处方等，能够简要地描述医院的患者就诊和处方收费等医疗管理业务。简化 HIS 能够实现的主要目标如下：

- 医院的组织机构管理
- 维护医生、患者、处方和药品等信息
- 患者与医生之间的就诊关系
- 医生、患者与处方之间的治疗关系
- 患者与药品之间的交费关系
- 处方与药品之间的用药关系

这个简要的描述只提供了系统实现的一个出发点，但是没有详细到可以把它作为项目设计和编码实现的程度。本书将用 HIS 的开发贯穿全文。

A.1 HIS 中涉及的缩写说明

HIS 案例中可能涉及的简写或前缀，以及它们对应的中英文含义见表 A.1。

表 A.1 HIS 案例中的缩写含义对照表

简写或前缀	全　称	中 文 含 义
D	Doctor	医生
M	Medicine	药品
F	Fee	费用
R	Recipe	处方
P	Patient	患者
DG	Diagnosis	诊断

A.2 HIS 中的实体与联系图

实体-联系方法（Entity-Relation Approach，简称 E-R 方法）是描述概念模型的常用工具。为了介绍本书的教学案例，首先用 E-R 图描述 HIS 涉及的实体和联系。

简化的 HIS 案例涉及的实体类型有组织机构（Dept）、患者（Patient）、医生（Doctor）、处方（Recipe）和药品（Medicine）等，实体之间的联系有就诊（Diagnosis）、治疗（Cure）和交费（Pay）等。省略了属性的实体-联系如图 A.1 所示。

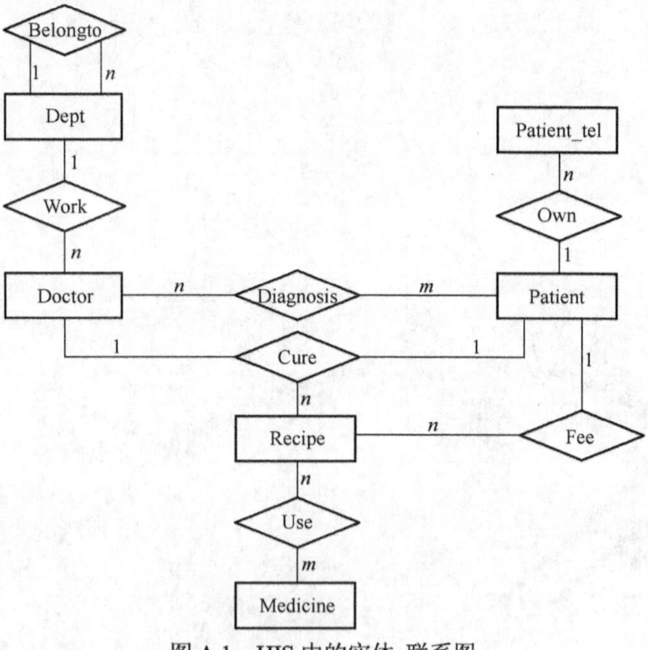

图 A.1 HIS 中的实体-联系图

本案例假设实体之间有如下的关联关系。

① 组织机构是一种层次结构，可以采用树形数据结构描述，在组织机构实体中通过父级部门编号进行自关联，组织结构（Dept）实体内部存在属于（Belongto）联系。一个部门可以包含 0～n 个子级部门，而每个部门有且仅有 1 个父级部门（根结点除外，因为整个医院作为根结点没有父级部门）。因此，在组织机构这个自关联的实体中，部门与父级部门属于多对一的联系。

② 医生（Doctor）与部门（Dept）之间存在工作（Work）联系。一个部门可以有多名医生，而一位医生只能在一个部门工作。因此，医生与部门之间是一对多的联系。

③ 患者（Patient）与其联系电话（Patient_tel）之间存在拥有（Own）联系。一位患者可以拥有多个电话号码，而一个电话号码可以属于一个或多个患者。因此，患者与电话号码之间是多对多的关系。而此处将患者电话单独作为一个实体，主要目的是为了讲述多值属性和多值依赖。

④ 患者（Patient）与医生（Doctor）之间存在就诊（Diagnosis）联系。每位医生可以为多名患者看病，而每位患者可以求诊不同的医生。因此，患者与医生之间是多对多的关系。

⑤ 医生（Doctor）、患者（Patient）和处方（Recipe）之间存在治疗（Cure）联系。一位医生为一位患者可以开具多份处方，但一份处方只能由一位医生开具，一份处方只能针对一位患者。因此，医生、患者与处方之间是 1∶1∶n 的关系。

⑥ 处方（Recipe）与药品（Medicine）之间存在用药（Use）联系。一份处方可以包含多种药品，而一种药品可以用于多份处方。因此，处方与药品之间是多对多的联系。

⑦ 患者（Patient）与处方（Recipe）之间存在交费（Fee）联系。一位患者可以为多份处方交纳费用，而一份处方只属于一位患者。因此，处方与患者之间是一对多的联系。

A.3　HIS 中涉及的各种实体类型及实例数据

① 医院的组织机构实体类型（Dept）。Dept 能够描述树状结构的组织机构。通过自关联属性“ParentDeptNo”描述上下级部门的层次关系。Dept 的实体类型说明见表 A.2 所示；Dept 的实例数据见表 A.3。

表 A.2　组织机构（Dept）实体类型说明

属性名称	中文释义	类　型	键描述
DeptNo	部门编号	Char	PK
DeptName	部门名称	Char	
ParentDeptNo	父级部门编号	Char	FK，参照 Dept（DeptNo）
Manager	部门经理编号	Char	FK，参照 Doctor（Dno）

表 A.3　组织机构（Dept）的示例数据

DeptNo	DeptName	ParentDeptNo	Manager
00	XX 医院		
10	门诊部	00	
101	消化内科	10	82
102	急诊内科	10	368
103	门内三诊室	10	21
20	社区医疗部	00	
201	家庭病床病区	20	73

② 医生实体类型（Doctor）。Doctor 的实体类型说明见表 A.4；Doctor 的示例数据见表 A.5。

表 A.4　医生（Doctor）实体类型说明

属性名称	中文释义	类　型	键描述
Dno	医生编号	Char	PK
Dname	医生姓名	Char	
Dsex	性别	Char	
Dage	年龄	Integer	
Ddeptno	所属部门编号	Char	FK，参照 Dept（DeptNo）
Dlevel	技术等级（职称）	Char	
Dsalary	工资	Decimal	

表 A.5　医生（Doctor）的示例数据

Dno	Dname	Dsex	Dage	Ddeptno	Dlevel	Dsalary
140	郝亦柯	男	28	102	主治医师	2400
21	刘伟	男	43	103	副主任医师	2800
368	罗晓	女	27	102	主任医师	3200
73	邓英超	女	43	201	主治医师	2400
82	杨勋	男	36	101	副主任医师	2800

③ 患者实体类型（Patient）。Patient 的实体类型说明见表 A.6；Patient 的实例数据见表 A.7。

表 A.6　患者（Patient）实体类型说明

属性名称	中文释义	类　型	键描述
Pno	患者编号	Char	PK
Pname	患者姓名	Char	
Psex	性别	Char	
Page	年龄	Int	
Pino	社会保险号	Char	
Pid	身份证号	Char	

表 A.7　患者（Patient）的示例数据

Pno	Pname	Psex	Page	Pino	Pid
161	刘景	男	66	120167699	678112194103088610
181	陈禄	男	69	120400180	546102193808151119
201	曾华	女	75	080092007	123111193209013373
421	傅伟相	男	60	070023515	490102194705172312
481	张珍	女	54	120043267	345112195312068920
501	李秀	女	71	069201544	334111193604154525

④ 患者联系电话实体类型（Patient_tel）。Patient_tel 的实体类型说明见表 A.8；Patient_tel 的实例数据见表 A.9。

表 A.8　患者联系电话（Patient_tel）实体类型说明

属性名称	中文释义	类　型	键描述
Pno	患者编号	Char	FK，参照 Patient（Pno）
Pteltype	电话类型	Char	
Ptelcode	电话号码	Char	

表 A.9　患者联系电话（Patient_tel）的示例数据

Pno	Pteltype	Ptelcode
161	手机	12988011007
161	家庭电话	01166699988
161	单位电话	01244552277

⑤ 药品实体类型（Medicine）。Medicine 的实体类型说明见表 A.10；Medicine 的实例数据见表 A.11。

表 A.10　药品（Medicine）实体类型说明

属性名称	中文释义	类　型	键描述
Mno	药品编号	Char	PK
Mname	药品名称	Char	
Mprice	价格	Decimal	
Munit	包装单位	Char	
Mtype	药品类型	Char	

表 A.11 药品（Medicine）的示例数据

Mno	Mname	Mprice	Munit	Mtype
314172	卡托普利片	0.037	片	西药
314418	替硝唑葡萄糖针	11.5	瓶	西药
314941	肾石通颗粒	27.1	盒	西药
315189	心胃止痛胶囊	26.9	盒	西药
315501	阿奇霉素胶囊	21	盒	西药
315722	L-谷氨酰胺胶囊	26.9	盒	西药
315805	盐酸雷尼替丁胶囊	0.1267	粒	西药
315977	胃立康片	26.5	盒	西药
316792	复方雷尼替丁胶囊	2.3	粒	西药
316910	依诺沙星注射液	46	支	西药
317660	蒲公英胶囊	25.5	盒	中成药

⑥ 处方实体类型（Recipe）。Recipe 的实体类型说明见表 A.12；Recipe 的实例数据见表 A.13。

表 A.12 处方（Recipe）实体类型说明

属性名称	中文释义	类型	键描述
Rno	处方编号	Char	PK
Dno	医生编号	Char	FK，参考 Doctor（Dno）
Pno	患者编号	Char	FK，参考 Patient（Pno）
Rtime	处方时间	Datetime	

表 A.13 Recipe 的示例数据

Rno	Dno	Pno	Rdatetime
1282317	481	140	2007-7-21 01:12:01
1282872	201	21	2007-7-22 10:10:03
1283998	161	82	2007-7-23 10:59:42
1284041	181	82	2007-7-23 11:11:34
1284256	501	73	2007-7-23 02:01:05
1458878	421	368	2008-1-8 05:17:03

A.4 HIS 中涉及的各种联系及实例数据

① 患者与医生之间的就诊联系（Diagnosis）。Diagnosis 的类型说明见表 A.14；Diagnosis 的实例数据见表 A.15。

表 A.14 患者与医生之间的就诊（Diagnosis）联系类型说明

属性名称	中文释义	类型	键描述
DGno	诊断编码	Char	PK
Pno	患者编号	Char	FK，参考 Patient（Pno）
Dno	医生编号	Char	FK，参考 Doctor（Dno）
Symptom	症状描述	Char	
Diagnosis	诊断结论	Char	
DGtime	诊断时间	Datetmin	
Rfee	挂号费用	decimal	

② 处方与药品之间的用药联系（Use）。为了方便使用，将用药联系命名为处方从表（RecipeDetail）。RecipeDetail 的类型说明和实例分别见表 A.16 和表 A.17。

表 A.15　Diagnosis 的示例数据

DGno	Pno	Dno	Symptom	Diagnosis	DGtime	Rfee
1645	481	140	呼吸道感染	伤风感冒	2007-7-21 01:12:01	3
2170	201	21	皮肤和软组织感染	细菌感染	2007-7-22 10:10:03	5
3265	161	82	胃溃疡	螺杆菌感染	2007-7-23 10:59:42	5
3308	181	82	消化不良	胃病	2007-7-23 11:11:34	5
3523	501	73	心力衰竭	高血压	2007-7-23 02:01:05	7
7816	421	368	肾盂结石	肾结石	2008-1-8 05:17:03	3

表 A.16　处方从表（RecipeDetail）联系类型说明

属性名称	中文释义	类　型	键描述
Rno	处方编号	Char	FK，参考 RecipeMaster（Rno）
Mno	药品编号	Char	FK，参考 Medicine（Mno）
Mamount	药品数量	Decimal	

表 A.17　RecipeDetail 的示例数据

Rno	Mno	Mamount
1282317	314418	1
1282317	316910	2
1282872	315501	1
1282872	317660	1
1283998	315189	2
1283998	316792	12
1284041	315722	2
1284041	315805	30
1284041	315977	2
1284256	314172	200
1458878	314941	1

③ 患者（Patient）与处方（Recipe）之间的收费（Fee）联系。Fee 的类型说明见表 A.18；Fee 的实例数据见表 A.19。在收费（Fee）联系中，属性 Fsum 是冗余的，因为 Fsum 可以通过计算某处方上的药品数量（Ramount）与药品价格（Mprice）乘积的和而得到。但这种冗余可以大大提高某些查询操作的性能，如当日统计收入等。

表 A.18　患者与处方之间的收费（Fee）联系类型说明

属性名称	中文释义	类　型	键描述
Fno	收费编码	Char	PK
Rno	处方编码	Char	FK，参考 RecipeMaster（Rno）
Ftime	收费时间	Datetime	
Fsum	收费总金额	Decimal	

表 A.19　Fee 的示例数据

Fno	Rno	Fdatetime	Fsum
1281645	1282317	2007-7-21 01:12:01	103.5
1282170	1282872	2007-7-22 10:10:03	46.5
1283265	1283998	2007-7-23 10:59:42	81.4
1283308	1284041	2007-7-23 11:11:34	110.6
1283523	1284256	2007-7-23 02:01:05	7.4
1457816	1458878	2008-1-8 05:17:03	27.1

参考文献

[1] 陶宏才．数据库原理及设计（第2版）．北京：清华大学出版社，2007．

[2] 陶宏才．数据库原理及设计．成都：西南交通大学出版社，2001．

[3] HAN J, KEMBER M. 数据挖掘概念与技术．范明，孟晓峰等．北京：机械工业出版社，2001．

[4] Michael V. Mannino. 数据库设计应用开发与管理（第2版）．唐常杰，张天庆，陈安龙，李川等．北京：电子工业出版社，2005．

[5] 王珊，萨师煊．数据库系统概论（第四版）．北京：高等教育出版社，2006．

[6] Philip M.Lewis，Arthur Bernstein，Michael. 数据库与事务处理．施伯乐，周向东，方锦城等．北京：机械工业出版社，2005．

[7] Thomas Connolly，Carolyn Begg. 数据库系统——设计、实现与管理．宁洪等．北京：电子工业出版社，2003．

[8] Peter Rob，Carlos Coronel. 数据库系统设计、实现与管理．陈立军等．北京：电子工业出版社，2004．

[9] Elmasri，Navathe. 数据库系统基础．张伶，杨健康，王宇飞．北京：中国电力出版社，2006．

[10] Jeffrey D.Ullman，Jennifer Widom. 数据库系统基础教程．史嘉劝等．北京：清华大学出版社，1999．

[11] Hector Garcia-Molina，Jeffrey D.Ullman Jennifer Widom. 数据库系统全书．岳丽华等．北京：机械工业出版社，2003．

[12] Patrick O'Neil，Elizabeth O'Neil．数据库原理、编程与性能．北京：机械工业出版社，2002．

[13] Raghu Ramakrishnan，Johannes Gehrke．数据库管理系统（第二版）．北京：清华大学出版社，2000．

[14] Jeffrey D.Ullman，Jennifer Widom．数据库系统基础教程（第二版）．北京：机械工业出版社，2003．

[15] 张莉，王强，赵文，董莉．SQLSERVER 数据库原理及应用教程．北京：清华大学出版社，2003．

[16] 陈志泊，李冬梅，王春玲等．数据库原理及应用教程．北京：人民邮电出版社，2002．

[17] 施伯乐，丁宝康，汪卫．数据库系统教程（第2版）．北京：高等教育出版社，2003．

[18] 王能斌．数据库系统．北京：电子工业出版社，1995．

[19] Abraham Silberschatz，Henry F.Korth，S.Sudarshan. 数据库系统概念（第三版）．杨冬青，唐世渭．北京：机械工业出版社，2002．

[20] 邬伦，刘瑜等．地理信息系统：原理、方法和应用．北京：科学出版社，2005．

[21] Baklarz. G，Wong．B. DB2 UDB v8.1 for Linux，UNIX，Windows 数据库管理．龚玲等．北京：机械工业出版社, 2003．

[22] Paul A. Longley, Michael F. Goodchild, David J. Maguire 著．地理信息系统与科学．张晶，刘瑜，张洁．北京：机械工业出版社，2007．

[23] 张超．地理信息系统．北京：高等教育出版社，1995．

[24] Michael N. DeMers. Fundamentals of geographic information systems. 武法东，付宗堂，王小牛等．北京：电子工业出版社, 2001．

[25] 朱光，赵西安，靖常峰．地理信息系统原理与应用．北京：科学出版社，2010．

[26] 黄杏元，马劲松．地理信息系统概论．北京：高等教育出版社，2008．

[27] Tor Bernhardsen. information systems，an introduction. 王浒，李浩川．北京：机械工业出版社，2006．

[28] Shashi SheKhar, Sanjay Chawla. 北京：机械工业出版社，谢昆青，马修军，杨冬青等．空间数据库．2004.1．

[29] http://www.mysql.com/.

[30] http://www.sybase.com.cn/.
[31] http://www.oracle.com.
[32] http://www.supermap.com.cn.
[33] http://www.esri.com.
[34] http://www.mapgis.com.cn/.
[35] http://www.kuqin.com/datawarehouse.
[36] http://www.itisedu.com/phrase.
[37] http://www.miiceic.org.cn.